连铸设备的热行为及力学行为

Thermal and Mechanical Behavior of Continuous Casting Equipment

（第2版）

秦 勤 吴迪平 邹家祥 等编著

北 京
冶 金 工 业 出 版 社
2018

内 容 提 要

本书系统地论述了连续铸钢设备及其运行过程中的热行为和力学行为，包括钢包、钢包回转台、结晶器及其振动机构、扇形段及凝固末端轻压下的力学特性的设计计算及仿真。本书还通过连铸设备介绍了现代机械设计理论方法以及现代检测方法。

本书可供机械、冶金等专业的本科生和研究生使用，也可供有关设计院所及工厂技术人员参阅。

图书在版编目(CIP)数据

连铸设备的热行为及力学行为/秦勤等编著.—2版.
—北京：冶金工业出版社，2018.4
ISBN 978-7-5024-7795-0

Ⅰ.①连… Ⅱ.①秦… Ⅲ.①连铸设备—热学—研究 ②连铸设备—力学—研究 Ⅳ.①TG233.6

中国版本图书馆CIP数据核字(2018)第071771号

出 版 人 谭学余
地　　址 北京市东城区嵩祝院北巷39号 邮编 100009 电话 (010)64027926
网　　址 www.cnmip.com.cn 电子信箱 yjcbs@cnmip.com.cn
责任编辑 刘小峰 曾 媛 美术编辑 彭子赫 版式设计 孙跃红
责任校对 王永欣 责任印制 牛晓波
ISBN 978-7-5024-7795-0
冶金工业出版社出版发行；各地新华书店经销；三河市双峰印刷装订有限公司印刷
2013年4月第1版，2018年4月第2版，2018年4月第1次印刷
787mm×1092mm 1/16；19.25印张；464千字；294页
99.00元

冶金工业出版社 投稿电话 (010)64027932 投稿信箱 tougao@cnmip.com.cn
冶金工业出版社营销中心 电话 (010)64044283 传真 (010)64027893
冶金书店 地址 北京市东四西大街46号(100010) 电话 (010)65289081(兼传真)
冶金工业出版社天猫旗舰店 yjgycbs.tmall.com
(本书如有印装质量问题，本社营销中心负责退换)

第 2 版前言

本书自 2013 年出版以来，经过两次印刷，广大读者的反响较好，同时也收到许多读者的反馈和建议。随着科学技术的进步和研究成果的不断取得，有必要对本书进行相应的修订。

在本次修订中，既注意保留原书的优点，又充实了一些新的内容，使之更符合教学和科研要求。修订总的原则是：

（1）基本保持全书的体系不变：考虑到最新的科学技术发展和最新成果，补充修订相关内容，特别是补充最新的成熟成果。

（2）考虑科学知识的系统性，增加了铸坯的高温力学性能和本构关系，并尽可能地增加一些成功的工程案例。

（3）对原版中的一些语言叙述进行了调整，对文字错误进行了订正。

经修订后，基本保留了前 7 章和第 12 章的题目和结构，更新了部分内容，并适当增加了工程案例；增加了第 8 章铸坯的高温力学性能和本构关系；第 9 章增加了高温铸坯蠕变材料模型的确定；第 10 章增加了临界应变和板坯动态轻压下的案例；第 11 章增加了板坯连铸鼓肚变形计算模型改进等方面的内容。新增加的内容一般融汇于相关章节中，使得本书在反映最新技术的同时，也保证其系统性和实用性。

本书的修订工作主要由秦勤完成，田明亮、蒲金森、杨政霖等协助完成了本次修订。在修订本书的过程中，作者参考了许多国内外有关文献资料（详见参考文献），并引用了其中的部分资料和图表，在此深表谢意。更多未能在参考文献一一列明的，在此一并表示感谢！

修订内容中的研究工作得到国家自然科学基金资助项目“铸坯在辊列中的黏塑性变形及高温蠕变遗传机理研究”（51375041）资助；北京科技大学为本书的出版提供了经费支持，在此表示感谢。

编著者

2018 年 2 月

第1版前言

近年来，随着我国钢铁工业的迅猛发展，特别是连续铸钢技术的进步，彻底改变了炼钢生产的流程和物流控制，使之成为连续化、大型化、优质高效的生产模式。科学技术的进步推动了连续铸钢生产，连续铸钢生产反过来又促进了连铸技术的发展。围绕连铸设备和机型的发展，相伴产生了新的设计计算方法和成套的计算软件。针对现代连铸技术的进步，考虑到冶金机械工程教学和冶金机械工程技术人员继续教育的需要，我们编著了本书。本书在内容安排上，结合我们的科研成果和生产实践，重点突出连铸设备的设计原理、新的设计理念和计算方法，并将计算机模型、仿真技术融入其中，同时也注意介绍现代连铸设备的最新技术与发展趋势。希望书中内容能对读者有所启发，特别是对工程技术人员的创新能力有所帮助。

本书共11章。第1、2章简述了连续铸钢生产技术的发展及主要设备简介；第3章结合连铸工艺和生产实践，介绍了连铸坯的热行为；第4~7章介绍了钢包、钢包回转台和结晶器及其振动技术的力学行为；第8~10章介绍了连铸坯顶弯及矫直、凝固末端轻压下及扇形段的力学特性研究；第11章简要介绍了一些连铸过程检测技术。

本书由邹家祥（第1章部分、第2章部分、第4章、第5章部分）、章博（第1章部分、第2章部分）、臧勇（第5章部分）、吴迪平（第8~10章）和秦勤（其余各章）编写；尚书协助完成了一些整理编排工作；秦勤担任主编工作。

全书由潘毓淳教授审阅，特致谢忱。武汉大西洋连铸工程技术有限公司刘联群先生从本书选题立意、编写到出版给予了支持和帮助，特表示诚挚的感谢。

在编写本书过程中，作者参阅了国内外有关文献、资料。书中也列举了一些文献作者的工作成果，包括北京科技大学和武汉大西洋连铸工程技术有限公司合作的共同研究成果，在此一并表示感谢。

由于编著者水平所限，书中难免存在疏漏和不足之处，诚恳地欢迎广大读者批评指正。

编著者

2012年3月于北京科技大学

目　　录

1 连续铸钢生产及技术的发展

20 世纪钢铁工业发展迅猛，生产面貌焕然一新，钢铁产量迅速增长，产品品质大幅提升，生产效率显著提高，生产成本明显降低，环境污染得到有效控制。究其本质因素，核心推动力来自钢铁行业的技术进步，即：以氧气转炉炼钢、炉外精炼、连续铸钢、连轧与控轧控冷为核心的四项技术革新带动的钢铁生产流程的技术进步。作为四项重大技术革新之一的连铸技术彻底改变了炼钢生产流程和物流控制，使得单元化、间隙式炼钢生产模式转变为连续化、大型化、专业化、优质化、高效的生产模式，同时推动了冶炼、精炼和轧制工序的技术革新。

1.1 连续铸钢生产的特点

连续铸钢（连铸）生产的最典型特点[1,2]是：高温钢水通过带有活底的铜模后凝固成壳，随着活底被拉出铜模，形成带液芯的铸坯，并在随后的冷却工序中完全凝固成型，通过控制拉坯速度和凝固速度，使得生产过程可持续进行。采用连续铸钢的生产方式，大大简化了从钢水到固态坯料的成型工艺流程。连铸生产工艺和设备如图 1-1 所示。

连铸的主要设备包括钢包、中间包、结晶器及其振动装置、二冷区支导装置、拉矫机、切割装置和辊道等。一般情况下，冶炼合格的钢水送到连铸车间后首先进行炉外精炼处理，然后用钢包转送到连铸机，再通过中间包注入结晶器内。结晶器是强制水冷、无底的铜模，在浇铸前必须先装上引锭杆。引锭杆起类似活底的作用，当结晶器内的钢水冷却成壳时，其头部就和钢坯相互凝结在一起，而引锭杆的尾部夹持在拉坯机的拉辊中。当结晶器内的钢水液面达到一定高度后，拉坯机开动，以一定的拉坯速度将引锭杆从结晶器中拉出。

为防止铸坯在浇铸过程中与结晶器粘连，或因阻力过大导致铸坯断裂，采用结晶器振动装置对其进行上下往复振动，并对其内壁进行润滑；铸坯在拉出结晶器后，为保证能迅速凝固，需设置二冷段对其进行强制冷却。这样，钢水不断地被浇铸到结晶器内，铸坯被不断地拉出，形成连续的生产过程。

采用连铸工艺进行生产，相对传统的模铸工艺具有以下优势：

（1）简化了工序，缩短了工艺流程。相对于模铸技术，连铸技术省去了脱模、整模、钢锭均热、开坯等工序，可节省基建投资 40%、减少占地面积 30%、节省劳动力 70%。随着薄板坯连铸连轧等新技术的出现，连铸工艺和工序得到了进一步简化，又省去了粗轧机组，这样减少厂房面积 40%、连铸机设备质量减轻 50%，大大缩短了从钢液到薄板坯的生产周期，成本得到了大幅降低。

（2）优化了生产流程，实现了连续化、紧凑化生产，由经验控制改变为全流程恒温、恒速的精确控制，生产效率显著提高。

（3）金属收得率高。采用连铸工艺生产铸坯，切头切尾的损失仅为 1%~2%，和模铸

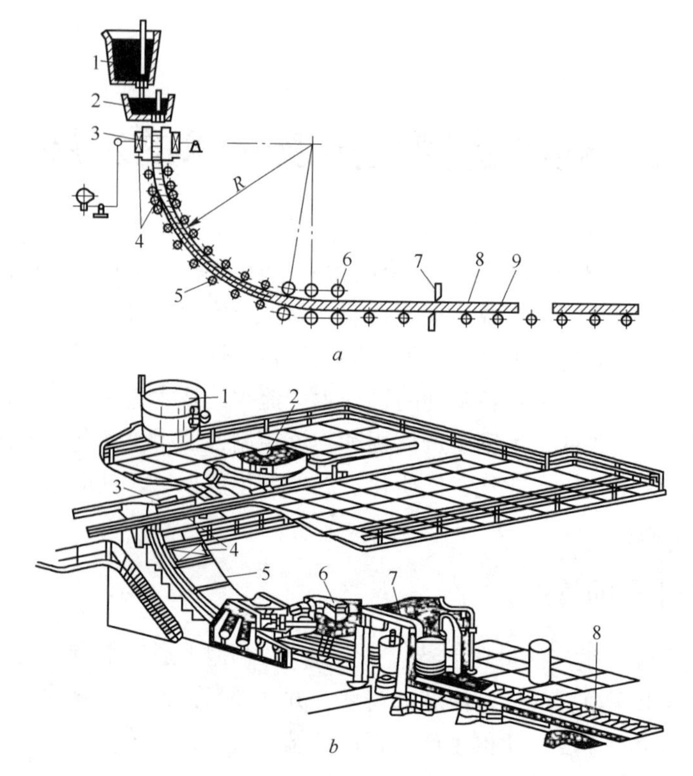

图 1-1 连铸生产工艺和设备

a—连铸生产工艺；*b*—连铸设备

1—钢包；2—中间包；3—结晶器及振动装置；4—电磁搅拌器；

5—二冷区支导装置；6—拉矫机；7—切割装置；8—辊道；9—轧件

生产相比，金属收得率提高了 8%~14%；采用连铸工艺生产得到的产品更接近最终形状，省去了模铸的加热、开坯工序，进一步减少了金属损失，金属收得率又可以提高大约 9%。

（4）能源消耗低。采用连铸工艺，省去了模铸的开坯、加热等工序的燃烧、动力消耗，能源消耗可以降低 1/4~1/2。据统计，生产 1t 铸坯，连铸工艺和模铸工艺相比，可以降低能源消耗 400~1200MJ，相当于节省重油 10~30kg。

（5）机械化、自动化水平高。近十年来的技术发展，使得连铸生产中的自动控制和机械化程度越来越高，人均生产率迅速增长，企业的管理手段和水平也随之不断提升。

1.2 连续铸钢技术的发展

1.2.1 世界连铸技术的发展历程

连续浇铸技术从提出到世界上第一台工业生产用连铸机建成（1950 年）经过了一百余年；之后又经过五十年，连铸生产工艺、设备、产品质量各方面不断发展与完善。世界连铸技术发展大体经历 6 个阶段[3,4]：

（1）连续浇铸方法提出到初步连铸法（20 世纪 30 年代至 40 年代）。19 世纪 40 年代，美国的塞勒斯（G. E. Sellers）、莱恩（J. Lainy）、英国的贝塞麦（H. Bessemer）提出了各种连续浇铸有色金属的方法。

20 世纪 30 年代至 50 年代，连铸机的各种专利机型和设备竞相投入试验生产，如倾斜式连续铸钢机（苏联），水平式连铸机（苏联、美国、英国、德国、日本、中国都有不同的研究和应用），轮带式连铸机等。

（2）立式连铸机进入钢生产领域（20 世纪 50 年代）。由德国人德伦（R. M. Daelen）提出立式连铸机的雏形，与 S · 容汉斯（S. Junghans）的结晶器振动技术组合，1933 年第一台浇铸黄铜的立式连铸机取得成功。随后又建立浇钢的试验机组。1946～1947 年，美国、英国、日本、奥地利都建了试验机组。1950～1958 年，德国曼内斯曼（Mannesman）公司、苏联红十月冶金厂、英国巴路厂（Barrotw）、加拿大阿特拉斯厂以及中国的重庆第三钢铁厂都建立了不同型式的生产型立式连铸机。

（3）弧形连铸机的应用（20 世纪 60 年代）。弧形连铸机由于其技术的优越性，从应用开始很快得到了推广。20 世纪 70 年代占连铸机的 54%，到 80 年代初已达 78%，所占比例大幅提高。德国于 1963 年建成一台 200mm×200mm 断面的弧形连铸机，1964 年又建成大型板坯（2100mm）弧形连铸机。此间，瑞士康卡斯特（Concast）设计的弧形连铸机投入热试车。中国由徐宝陞等设计的重钢三厂 1500mm 宽弧形连铸机也投入热试车。

（4）连铸技术迅速进入大规模生产（20 世纪 70 年代）。20 世纪 70 年代，世界发生能源危机，促进了节省工序和能耗的连铸技术的推广应用，如当时的日本，连铸比从 1970 年的 5.6%上升到 1980 年的 59.5%，是连铸比上升最快的国家。意大利、法国、德国、美国、苏联，连铸坯产量每年增加 100 万吨以上。到 1980 年，全世界已建成连铸机 1000 多台，一大批大型炼钢厂实现了全连铸，年生产能力都超过 200 万吨。

（5）连铸技术全面高速发展时期（20 世纪 80 年代至 90 年代）。这一时期连铸技术在生产上广泛被采用，连铸装备、工艺及相关技术全面高速发展。

生产工艺流程采用炼钢—精炼—连铸的优化组合，中间包冶金受到高度重视。中间包容量扩大，包内钢液深度由 60 年代的 300～400mm 增长到 800～1200mm。结晶器的变化：板坯结晶器普遍采用在线调宽；方坯结晶器注重内型的构造，如以钻石形、凸形、抛物线形锥度结晶器替代以往的单锥度、双锥度结晶器；结晶器可快速吊装更换与对中、液压振动技术。

为提高铸坯质量，提高拉坯速度，防止板坯鼓肚，板坯二冷区普遍采用气-水喷雾替代水喷嘴，二冷导辊改用多支点分节辊、小辊径密排布置、多点矫直、多点弯曲、流道辊缝收缩或轻压下、动态轻压下。计算机的介入不仅为自动控制提供了方便，并为监测、数据收集分析、前后工序的联系，建立生产过程控制系统，包括冶炼、连铸、轧钢一体化以及质量保证体系在内的过程控制系统。

连铸技术的进步与高速发展是相辅相成的。1980 年世界连铸比为 29.9%，1990 年连铸比达 64.1%，2000 年连铸比达到 86%。连铸比超过 90%的国家或地区有 40 个以上。

（6）连铸的技术进步与发展时期（20 世纪 90 年代及 21 世纪）。高效连铸技术的发展为连铸机实现高效率生产创造了条件，拉速、作业率、漏钢率、铸坯无缺陷率等指标均得到改善，一些工厂的连铸生产效率全面上升。

高效连铸在方坯连铸上也取得很大成功，方坯实现高效率的主要措施是用抛物线形锥度、钻石形、凸面形等替代传统的单锥度结晶器，提高振动精度，改进二冷制度等。连铸拉速得到提高。与此同时，连浇记录不断创新。据国际组织调查统计，世界各国连浇炉数的平均值也是成倍增长。

进入20世纪80年代，近终形（接近最终成品断面形状）连铸引起广泛关注。德国、奥地利、意大利、英国、法国、日本等主要工业国都投入力量开展研究开发，近终形连铸技术是当时最受关注的。薄板坯连铸连轧和薄带连铸是当前近终形连铸中的重点。其中，薄板坯连铸连轧（TSCR）工艺率先取得成功，并用于工业生产，最先投入工业生产的是德国的施罗曼·西马克（Schloemann Siemag，简称SMS）公司开发的用漏斗形结晶器浇铸厚度为50mm的薄板坯连铸连轧工艺CSP（compact strip production），1987年美国纽柯（Nucor）公司率先建设生产线。随后CSP工艺生产线在世界上许多国家推广应用。

继SMS公司宣布CSP成功后，德国曼内斯曼·德马格（MDH）宣布ISP试验成功（inline strip production）。意大利达涅利（Danieli）公司研究开发的FTSC薄板坯连铸连轧，采用H^2结晶器（高效、高质量），该生产线在加拿大阿尔戈马厂于1997年10月投产。

奥地利的CONROLL中薄板坯连铸连轧工艺近似于传统板坯连铸，板坯结晶器厚度为90~130mm，在二冷区将铸坯压薄，其结晶器厚度大，有利于钢液流场分布和夹杂物上浮等。

日本住友金属的薄板坯连铸连轧的专利技术称为QSP，1997年在美国Trico公司和北极星公司投产。阿维迪公司的无头连铸连轧（ESP）于2009年建成投产。

薄带连铸技术（strip casting）：早在150多年前由贝塞麦提出了双辊法浇铸薄带，到20世纪80年代，作为近终形连铸技术的开发，备受冶金界重视，法国、意大利、德国、英国、澳大利亚、美国、韩国、中国等研究机构、大专院校、钢铁公司都投入很大的研究力量，对双辊连铸薄带的研究做出了很大努力。

薄带连铸进入工业化试验的有：欧洲的EuroStrip，由法国的西诺公司、德国的蒂森-克虏伯集团、意大利AST公司。后来，奥地利的奥钢联加入，在意大利的特尔尼（Terni）厂试验，浇铸不锈钢、硅钢、碳钢，薄带尺寸为（2~5）mm×1400mm；澳大利亚的M工程是BHP和日本IHI公司联合开发研究，于1994年建成一台可生产厚2mm、宽1900mm的薄带铸机，美国纽柯（Nucor）公司应用M工程的研究成果在印第安纳州建设生产性试验工厂，钢包容量为100t，薄带尺寸为（0.7~2.0）mm×2000mm，该生产线由纽柯公司、澳大利亚的BHP公司和日本IHI公司合资建造。纽柯公司在布莱斯维尔厂建设了第二条CAStrip生产线，带钢宽度1680mm、厚度0.7~2.0mm。日本的新日铁与三菱重工、中国上海钢研所、东北大学、宝钢都先后开展此项研究，并取得较好成绩。

1.2.2 我国连铸技术的发展历程

连铸在我国发展经历，大致可以分为研究开发与产业化、相持发展、规模建设、高速发展四个阶段[5]。具体介绍如下：

（1）研究开发与产业化阶段（1954~1967年）。在此阶段，冶金部钢铁研究总院、北京钢铁学院、上海交通大学、重庆钢铁厂等单位开始了连铸的试验研究，研究与实验内容包括：连铸结晶器振动、二冷、拉矫机、直流变速、液压切割等关键设备；机型设计包括：水平、倾斜、弧形、立弯、立直等。值得一提的是弧形连铸机的诞生：立式连铸机有很多优点，但是整个装备过于高大，铸坯的定尺长度作业率及生产效率受到限制。为了降低设备高度，北京钢铁学院（今北京科技大学）徐宝陞教授提出采用弧形结晶器的设想。1959 年，他在重钢三厂用一个结晶轮和一块弧形结晶块组成的装置进行了试验。1960 年，在北京钢铁学院附属钢厂建成一台简易的试验用弧形连铸机，浇出了 200mm×200mm 方坯。为了进行工业生产性试验，1962 年北京钢铁学院和重钢三厂合作设计，由重钢三厂制造设备，于 1964 年 6 月 24 日在该厂建成并投产了一台圆弧半径为 6m、厚 150mm、宽 1700mm 的板坯、方坯两用弧形连铸机。这是世界上最早的工业用弧形连铸机之一。可以肯定，20 世纪 60 年代初期与中期我国连铸技术的研发与生产取得了与世界同步的成绩。

（2）相持发展阶段（1967~1982 年）。这一阶段连铸技术的完善与发展在我国基本处于停滞状态，直至 1980 年我国连铸比稍见增长，1982 年全国连铸比为 7.6%，连铸坯产量 275 万吨。1979 年武钢第二炼钢厂从德国引进了 R 10m 的弧形板坯连铸机，起到了一定的示范作用。此外，我国平炉慢节奏生产客观上阻碍了连铸的发展。15 年的徘徊不前，使我国连铸生产大大地落后于欧、日等发达国家，连铸比仅为日本连铸比的十几分之一。

（3）规模建设阶段（1983~1989 年）。在 1983 年召开的全国炼钢工作会议上，冶金工业部钢铁司明确提出加快发展连铸技术和连铸生产的任务。组织了对西马克-康卡斯特引进的板坯连铸机的消化吸收和对上钢一厂国产板坯连铸机的联合攻关工作，1985 年，武钢第二炼钢厂成为我国第一个全连铸炼钢厂。1988 年，冶金工业部召开了第一次全国连铸工作会议，总结了 30 年来连铸发展的经验和教训，第一次提出了“以连铸为中心，炼钢为基础，设备为保证”的连铸生产技术方针。1988 年和 1989 年，在连铸机建设速度增加的同时，连铸比年增长达到 1.6 个百分点，年增铸坯超过 110 万吨，增强了全行业加快发展连铸的信心。

（4）高速发展阶段（1990~2008 年）。在实现全连铸生产和炼钢—炉外处理—连铸“三位一体”组合优化等技术目标的引领下，我国连铸取得了长足进步，连铸成为我国钢铁生产突破模铸生产“瓶颈”，加快淘汰平炉，促进高炉、转炉高效长寿，实现流程优化和跨越式发展的关键因素。1990 年，我国连铸比为 25.07%；1993 年后，我国连铸坯的年增长量超过产钢的年增长量；1996 年，我国连铸比首次突破 50%；2001 年连铸比达 88.2%，首次超过了世界平均连铸比 86.8%的水平。从 2008 年起，我国连铸比一直保持在 98%以上，基本确立了我国在连铸生产第一大国的领先地位。在此期间，连铸技术发展主要在两个方面：常规连铸生产与技术的高速发展；近终形连铸技术的开发与引进生产线建设。

1.3 现代连铸技术的研究及应用

1.3.1 现代化连铸机的主要技术特征

中国金属学会和中国钢铁工业协会在 2012 年出版的《2011~2020 年中国钢铁工业科学与技术发展指南》指出，现代常规板坯连铸机采用的新技术主要包括：

（1）全程无氧化保护浇铸；

（2）钢包下渣检测；

（3）大容量及流场优化的中间包；

（4）结晶器液面和中间包液面自动控制；

（5）高精度结晶器液压振动装置；
（6）连续（或多点）弯曲和连续（或多点）矫直；
（7）铸坯导向段全程多支点密排辊；
（8）动态调节的二冷气水冷却；
（9）全程动态轻压下；
（10）结晶器在线调宽；
（11）结晶器漏钢预报及控制系统；
（12）计算机控制、管理及质量判定；
（13）在线辊缝自动测量；
（14）中间包浸入式水口快换及线外维修；
（15）中间包快换技术；
（16）主机设备的整体吊换及线外维修；
（17）在线喷印及去毛刺技术；
（18）板坯热送热装技术。

1.3.2 高效连铸技术

从连铸技术的发展趋势看，高效连铸技术仍然是最主要的研发方向，其中确保高质量无缺陷铸坯生产的基础上，稳定提高浇铸速度，并实现恒速和智能化生产的系统技术仍是重点。

高效连铸技术的内涵是：以高拉速为核心，以高质量、无缺陷铸坯生产为基础，实现高连浇率、高作业率的系统生产技术。其核心技术包括：高效结晶器技术、电磁连铸技术、振动优化技术、带液芯压下技术、二冷动态控制技术、连续弯曲与矫直技术等。高效连铸与传统连铸的技术指标对比见表1-1。高效连铸的应用，获得了铸机产能提高一倍以上、品种几乎覆盖所有钢种的冶金效果。

表1-1 高效连铸与传统连铸的技术指标对比

技术参数	高效连铸	传统连铸	备 注
拉坯速度/m · min^{-1}	约4.2	1.8~2.3	铸坯断面为120mm×120mm
	约3.0	1.5~1.8	铸坯断面为150mm×150mm
	约1.8	0.8~1.0	铸坯厚度≥180mm
连铸机作业率	≥90%	约70%	
连铸坯无缺陷率	≥95%	约80%	生产普碳钢、低合金钢

1.3.2.1 高效结晶器技术

高效结晶器技术[4~8]是当今连铸技术优化发展的核心技术之一，其目标是：提高结晶器内热流密度，增加坯壳凝固厚度；改善结晶器传热均匀性，均匀凝固坯壳；均匀内壁与铸坯表面的摩擦，提高结晶器铜板（管）的寿命。以方坯连铸连续锥度结晶器技术为例，通过优化结晶器铜管内腔锥度，实现了强化初生凝壳在结晶器内边、角部位置的传热，均匀纵断面方向热流分布的目标。

各种高效结晶器的特征介绍如下：

（1）厚板坯连铸机的直结晶器。从传统的弧形结晶器到直结晶器的采用，保证在整个结晶器长度内铸流、坯壳与结晶器铜板的均匀接触，使坯壳快速均匀生长，降低拉漏危险。而且，非金属夹杂物容易上浮到熔池，保证铸坯的优良内部质量。

（2）小方坯的多段结晶器。多段结晶器对高速小方坯连铸降低漏钢率较为有效，它由一个主筒结晶器和与之相连的长约 320mm 的刚性第二段组成。第二段由四块固定在底板上的水冷铜板组成，通过一个支架和基板套在主结晶器的外面。连铸过程中，冷却板通过弹簧作用轻压铸坯，冷却板喷冷却水加快热传输，冷却水直接垂直喷射到小方坯盖板上。这种工艺中，铸速可达 4~4.3m/min，高于传统有足辊结晶器连铸机的 3.5m/min；而且，漏钢率也较传统连铸机降低 0.5%~1.0%。

（3）锥度结晶器。锥度结晶器可用于大方坯/小方坯和板坯连铸机，抛物线结晶器的引入成为连铸历史的转折点。结晶器锥度依赖于钢种和铸速，结晶器设计上考虑铸坯在结晶器内的铸坯收缩，以使结晶器与铸坯接触，保证良好传热。在高速浇铸下，钢在结晶器内停留的时间非常短，因此坯壳必须有足够的强度以承受液态钢水的静压力，为此，结晶器筒在不同段设计成不同锥度，主要考虑钢水收缩，保证钢坯与结晶器的良好接触。

另一个发展方向是在板坯连铸机结晶器采用有倒角的抛物线锥度，保证整个结晶器长度内铸坯与铜板直接接触，促进坯壳快速均匀生长。倒角减小了结晶器摩擦，因此可减少铜板磨损。其应用可改善铸态组织、减少铸坯角部和内部质量缺陷、降低侧边鼓肚。

（4）小方坯铸机的结晶器。对高速小方坯，提高结晶器筒长 100~200mm，使总长超过传统的 900mm，提高钢在结晶器内的停留时间，从而提高坯壳强度。

（5）薄板坯连铸结晶器。薄板坯连铸连轧工艺中，结晶器是关键设备。为便于在薄板坯连铸中使用传统的浸入式水口和保护浇铸技术，薄板坯连铸结晶器的弯月面区域必须要有足够的空间，以方便插入浸入式水口，且必须满足以下要求：

1）水口壁与结晶器壁之间无凝固桥生成；

2）弯月面区有足够容积，使钢水温度分布均匀，有利于保护渣熔化；

3）弯月面区钢水流动平稳，防止产生大的紊流而卷渣；

4）结晶器几何形状应使坯壳在拉坯过程中承受最小的应力。

目前开发的结晶器类型主要有漏斗形结晶器（如 CSP 工艺）、平板形结晶器（如 ISP 工艺）、透镜形双高 H^2 结晶器（如 FTSC 工艺）。这三种结晶器是专门为薄板坯连铸工艺设计的，均已在生产中取得良好的效果。

德国西马克公司的漏斗形结晶器首次突破板坯连铸结晶器任意横截面均为等矩形截面的传统，使结晶器型腔内凝固壳的形状及大小按非矩形截面逐步缩小的规律变化。意大利达涅利公司的 H^2 结晶器与西马克公司漏斗形结晶器的主要区别在于坯壳在结晶器内的变形从结晶器进入到扇形段，出结晶器时铸坯带凸度经 7~8 对带辊型的夹持辊压平，沿整个高度凝固壳的形状和大小均按非矩形截面逐步缩小的规律变化。采用平板形结晶器易于确保铸坯质量，由于其熔池狭小，适宜浇铸厚度为 70~90mm 或 80~100mm 的铸坯，并需要采用电磁制动装置。

与常规连铸特别是常规板坯连铸结晶器不同的是，固定式薄板坯连铸结晶器按照其内腔宽面形状可分为平板形结晶器和漏斗形结晶器两类。其中，漏斗形结晶器按照漏斗区的大小或形状通常分为大漏斗形结晶器、小漏斗形结晶器、ISP 改进型结晶器等。图 1-2 所示为四种典型薄板坯连铸结晶器内腔宽面形状示意图。薄板坯连铸结晶器按照内腔形状分类如图 1-3 所示。

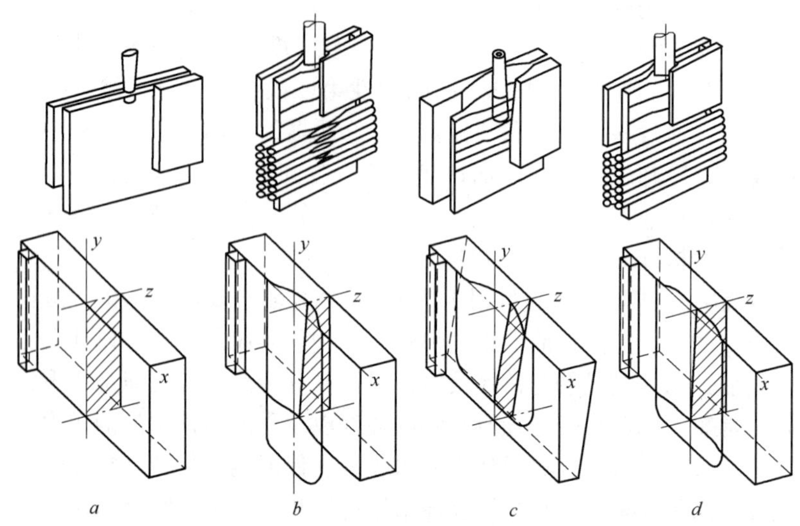

图 1-2 四种典型薄板坯连铸结晶器内腔宽面形状

a—平板形；*b*—大漏斗形；*c*—小漏斗形；*d*—ISP 改进型

结晶器内腔形状
- 平板形：奥钢联、住友金属
- 漏斗形
  - 大漏斗形曲面：达涅利
  - 小漏斗形曲面：西马克
  - ISP 改进型曲面：德马格
  - 低曲率变化率曲面：邯钢
  - 低应力曲面：宝钢
  - 其他

图 1-3 薄板坯连铸结晶器按照内腔形状分类

1.3.2.2 电磁连铸技术[4,9]

电磁技术在连铸工艺中有着广泛的应用，概括地讲可以分为如下几个方面：

(1) 电磁力学特性的利用，如铸流约束、电磁制动、电磁搅拌、电磁软接触等；

(2) 电磁热特性的利用，如中间包感应加热等；

(3) 电磁物理特性的利用，如电磁下渣检测、液面检测等。

已被用于工业生产的电磁冶金技术主要是电磁制动技术和电磁搅拌技术。

电磁搅拌技术（简称 EMS）应用于连铸生产中，有助于改善铸坯凝固结构，扩大铸坯内部组织的等轴晶比例，改善铸坯表面和内部质量，提高钢的纯净度，扩大品种。电磁搅拌通过对铸坯液相穴施加一定磁感应强度的磁场，当磁场以一定速度切割钢水时，钢水产生感应电流，载流钢水与磁场的相互作用产生电磁力，驱动钢水运动。液相穴内钢水的运动对消除钢水过热度、改善结晶结构和成分偏析具有重大影响。

与其他钢水搅拌方法（如振动、吹气）相比，电磁搅拌技术具有以下特点：

(1) 通过电磁感应实现能量无接触转换，不和钢水接触就可将电磁能转换成钢水的动能，也有部分转变为热能。

（2）电磁搅拌器的磁场可以人为控制，因而电磁力也可人为控制，也就是钢水流动方向和形态也可以控制。钢水可以是旋转运动、直线运动或螺旋运动。可根据连铸钢钢种质量的要求调节参数，获得不同的搅拌效果。

（3）电磁搅拌是改善连铸坯质量、扩大连铸品种的一种有效手段。

按电磁搅拌器在连铸机上的安装位置来分，电磁搅拌可分为结晶器电磁搅拌（M-EMS）、二冷区电磁搅拌（S-EMS）和凝固末端电磁搅拌（F-EMS），如图1-4所示。

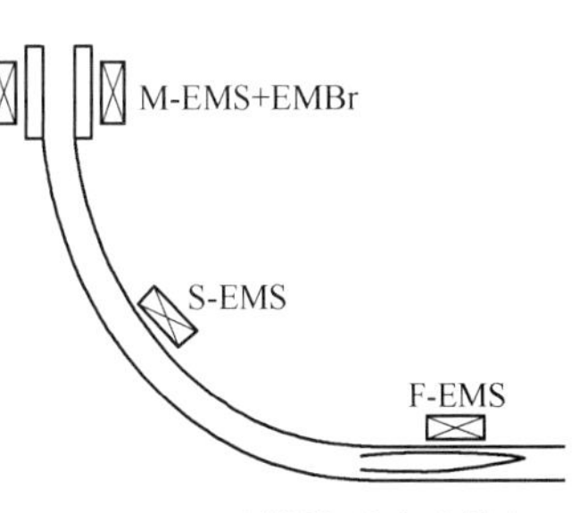

图1-4 电磁搅拌器在连铸机上的安装位置

电磁制动（EMBr）是通过改变结晶器内的钢液流动，进而改变结晶器的传热和铸坯内的溶质分布，以改善连铸坯的凝固组织。与常规连铸相比，电磁制动能够降低结晶器内钢水向下冲击的深度，促进凝固前沿非金属夹杂物的上浮，稳定弯月面的波动，促进保护渣的均匀分布。

电磁制动的作用包括：当拉速处在高拉速的情况下，其作用力可以让板坯外壳充分冷却，使得漏钢发生概率降低；当拉速变化时达到稳定拉速的作用，从而达到抑制结晶器液位波动、减少钢水偏析、提高板坯质量的作用。目前，应用电磁制动主要作用的措施是在板坯结晶器两个宽面处外加两个恒定磁场，从水口侧孔吐出的注流，以相当大的速度垂直切割磁场，从而在钢水中产生一个电磁力，其方向与铸流方向相反，使铸流减弱并分散开，在结晶器引起了搅拌运动，活跃了结晶器钢-渣界面。使用结晶器电磁制动后，可以减少铸坯内部和表面夹杂物，提高铸坯清洁度；也可以减少铸坯皮下气孔，减轻流股对凝固坯壳的冲刷；减少角裂和漏钢概率，同时还可适当提高拉速。

近几十年来开发了各种形式的电磁制动技术，电磁制动器产生的水平直流磁场可覆盖在整个铸流宽度上，控制结晶器内钢水的流动形态，使弯月面附近钢水的流速降低并使其波动变小，浸入深度降低50%。同时浸入深度的降低也有利于非金属夹杂物浮向液面分离，相应的夹杂物和结晶器保护渣卷入减少的效果可在板坯表面以下夹杂物聚集区反映出来。电磁制动技术成为高速连铸的重要技术手段。

对于薄板坯连铸过程，由于拉速比常规板坯连铸高很多（5~6m/min），使得结晶器内的钢液产生剧烈的湍流，液面波动相当剧烈，很易产生卷渣现象，也促进凝固壳对夹杂物的捕获，因此控制薄板坯结晶器内钢液流场是提高铸坯质量和产量的关键。薄板坯结晶器采用电磁制动技术使拉速不断提高。

1.3.2.3 结晶器振动优化技术[10,11]

连铸过程中，结晶器和坯壳间的相互作用影响着坯壳的生长和脱模，其控制因素是结晶器的振动和润滑。连铸在采用固定结晶器浇铸时，铸坯直接从结晶器向下拉出，由于缺乏润滑，易与结晶器发生黏结，从而导致出现拉不动或者拉漏事故，很难进行浇铸。结晶器振动对于改善铸坯和结晶器界面间的润滑是非常有效的，由于振动结晶器的发明引进，工业上大规模应用连铸技术才得以实现。可以说，结晶器振动是浇铸成功的先决条件，是连铸发展的一个重要标志。这一成果对于推动连铸技术的发展，使其从实验室走向工业化应用做出了开拓性的贡献。表1-2列出了连铸结晶器振动技术的发展演变过程。

表 1-2　连铸结晶器振动技术的发展演变过程

年份	发明者	振动形式	原理或目的
1917	凡·兰斯特	正弦	用偏心机构形成相对运动以防止坯壳黏结
1933	S·容汉斯	非正弦	3∶1 模型，但下降时无相对运动，以保证最高的传热效果
1949	S·容汉斯，I·罗西	非正弦	第一次将振动结晶器应用到钢的连铸中
1951	萨瓦日	非正弦	振幅和频率根据结晶器摩擦而变化的弹簧吊挂式结晶器
1953	I·罗西	非正弦	在 1∶1 和 1∶4 模型之间，以避免结晶器向上运动时撕裂坯壳
1953	哈立德	非正弦	使用机械往复式 3∶1 模型结晶器，向下运动时有负滑脱
1954	海森堡，萨瓦日	非正弦	应用弹簧吊挂式结晶器加上液压机构的 3∶1 模型，在结晶器向下运动时有“压缩释放”
1957	鲁斯特海尔，Scheneider	非正弦	用弹簧吊挂式结晶器加上液压机构的 3∶1 模型，以避免振动
1958	Signora，Caroano	正弦	以偏心机构形成稳定、简单的正弦波振动
1959	Michelsen	非正弦	3∶1 模型，只在向下运动最后阶段产生负滑脱以改善传热
1959	萨瓦日，Morton	非正弦	3∶2 模型，降低向上运动的加速运动以尽量避免撕裂坯壳
1960	荀周，Zacytydt	非正弦	用安装在弹簧吊挂结晶器上的两个叠加的偏心机构形成复杂的模型
1967	考伯乐	非正弦	0.5~1.0s 的负滑脱焊合时间
1968	科奈尔	正弦	55%~80%的向下运动时间为负滑脱时间
1971	鲍曼	正弦	在大方坯浇铸中采用高频小幅振动以减轻振痕
1979	Tomono	正弦	碳含量对振痕深度的影响
1981	Okazaki	正弦	第一次用 400r/min 振动频率的板坯连铸机
1982	沃尔夫	正弦	在整个浇铸速度范围内负滑脱时间 t_N 恒定
1984	米如	正弦	在 f 和 v_c 之间呈抛物线式的同步模型
1984	米朱卡米	非正弦	带液压驱动装置的 1∶2.5 模型，以高速浇铸板坯
1985	戴维斯	正弦	低频小振幅高速浇铸易黏结钢种
1985	Mikio Suzuki	非正弦	上行时间比下行时间长，用液压伺服传动机构浇铸板坯
1988~1990	A. Delhau Demag 和 Arvedi 公司共同开发		液压伺服传动机构，允许在浇铸期间对振动波形、频率、振幅进行调整
1998	李宪奎	非正弦	连杆式机械传动，通过改变杆长比和初相角实现结晶器非正弦波振动，振动波形调整方便

结晶器振动技术是连铸的一个基本特征，基于不同的理论，结晶器振动技术也经历了复杂的过程，早期主要由凸轮实现的非正弦振动，由于波形单一，在线不能调节，未能实现振动波形的优化；由于采用偏心机构使机械动作更加简便，故结晶器正弦振动得到了发展，并不断地对其振动参数进行优化，实现高频振动以改善铸坯表面质量；目前开发的液压振动，其波形选择范围宽，并且调节容易，振动机构具有很高的稳定性，对于改善结晶器内的润滑效果、降低摩擦阻力以及为初始凝壳的顺利形成创造最合适的条件，可以实现连铸过程振动的最优化。在改善铸坯表面质量、提高拉坯速度方面，液压振动技术以其突

出的优越性在连铸生产中获得广泛的应用，其核心是实现结晶器的非正弦振动，通常指与正弦振动相对应、具有一定偏斜的波形。

结晶器非正弦振动与正弦振动相比其具有如下特点：结晶器上升时间长且速度平缓，可减少初生坯壳所承受的拉伸应力；结晶器下降时间短且速度快，对初生坯壳施加了压应力，有利于脱模；负滑脱时间明显减少，可减少振痕深度，提高铸坯表面质量。

1.3.2.4 液芯压下（LCR）技术和动态轻压下（DSR）技术

液芯压下技术是融浇铸凝固与塑性变形、连铸与轧制于一体的新工艺技术，其具体形式有辊式轻压下技术和锻压式轻压下技术[5]。

液芯压下的主要作用概括为以下四个方面：（1）在连铸坯的凝固末端进行适量压下，以减小铸坯中心宏观偏析及疏松，改善铸坯质量；（2）在结晶器下方进行压下，以扩大结晶器容积，利于稳定薄板坯连铸结晶器内钢液面，促进钢中夹杂物的上浮；（3）提高薄板坯连铸保护渣的润滑效果，改善铸坯表面质量；（4）可以灵活地改变铸坯厚度，增加产品规格范围，使生产组织具有更大的灵活性。

西马克公司首先将液芯压下技术应用于 CSP 工艺，现在薄板坯连铸工艺多采用该技术，只是具体做法不相同。液芯压下技术已成为薄板坯连铸连轧工艺流程中的一个重要组成部分，并已成功应用于实际生产过程中。液芯压下是在铸坯出结晶器后，通过逐渐收缩二冷段的辊缝，在紧接其后的扇形段设置液压缸，外弧侧固定，内弧侧用液压缸推动将铸坯压下到出连铸机的厚度规格。由于液相穴直通结晶器，铸坯在压下辊的作用下向内挤压钢水，使芯部钢水向上运动，这种运动使正在凝固的钢水混合，产生下列有益于铸坯内部质量的效果：

（1）使钢水中的溶质均匀，消除成分偏析；

（2）使铸坯中心温度较高、已部分偏析的钢水与枝晶顶点接触使其重新熔化，并通过与具有较少偏析元素的钢水熔合而得以稀释，减轻中心疏松；

（3）固液界面再熔化晶体从界面处分离出来，由对流运动送到液态中，有利于中心的凝固并形成细晶组织；

（4）枝晶间再熔化吸收了钢液的热量，降低了液相温度，从而加强了中心的冷却，有利于中心凝固。

液芯压下技术有利于减轻薄板坯的中心偏析和疏松，细化了晶粒，可以提高轧机的生产效率及产量。

1.3.2.5 重压下技术

随着中国装备制造业向大型化、智能化和精密化的方向发展，国防军工、石油化工、轨道交通、海洋工程和机械装备等重要领域对大断面、高质量的特厚连铸坯的需求在不断的增加。但大断面的连铸坯往往存在着内部冷却条件差、铸坯疏松和缩孔严重、溶质元素分布不均匀等缺点，这些缺陷很难通过轧制及热处理工艺消除，直接影响了大断面连铸坯的产品质量。在解决连铸坯中心偏析和中心疏松等问题上，轻压下是一项早期开发且已经广泛应用的技术。然而大断面连铸生产过程中，凝固坯壳对压下量的耗散作用随其厚度的增加而倍增，常规的轻压下变形量已不能渗透至铸坯心部，无法充分焊合凝固缩孔，根除中心疏松，因此增加连铸坯凝固末端变形量势在必行。

连铸重压下技术可充分利用铸坯内外温差超过500℃的温度梯度，实现变形量向铸坯心部的高效传递，达到焊合中心缩孔、改善中心疏松、全面提升铸坯致密度的工艺效果。然而，随着压下量的倍增，各宏观、微观行为复杂多变且交互影响，已远远超过了常规连铸理论研究范畴，在装备、工艺上也存在诸多难点。

在宽厚板连铸生产方面，日本住友金属公司（现新日铁住金公司）、韩国浦项公司已投产建成了两条具有重压下功能的板坯连铸生产线，其技术实施方案如图1-5所示。日本住友金属公司提出了板坯缩孔控制技术（porosity control of casting slab，PCCS），通过在凝固末端安装一对轧辊，来实施大的压下量。目前采用300mm厚板坯试制成功600MPa级高强度150mm特厚板，但因其安装位置固定，只能通过调整拉速以保证不同钢种、规格连铸坯的压下，且由于单点压下后反弹较大，其无法改善后继铸坯内外冷却收缩不一致而导致的持续收缩。韩国浦项公司提出了浦项重压下工艺（POSCO heavy strand reduction process，PosHARP），即在连铸坯内两相区的起始位置进行了5~20mm/m的压下，以强行中断铸坯内部的凝固进程，实现改善中心偏析缺陷的目的。目前已采用300mm厚板坯试制成功120mm厚SM490TMC特厚板（相当于国内低合金结构钢Q345），然而由于压下位置大多位于弧形段，极易导致中间裂纹与中心白亮带缺陷。此外，中冶东方工程技术有限公司也提出了与PCCS相类似的液芯大压下轧制技术，通过实施单道次大的压下量，以实现改变内部组织结构和改善内部质量的目的。

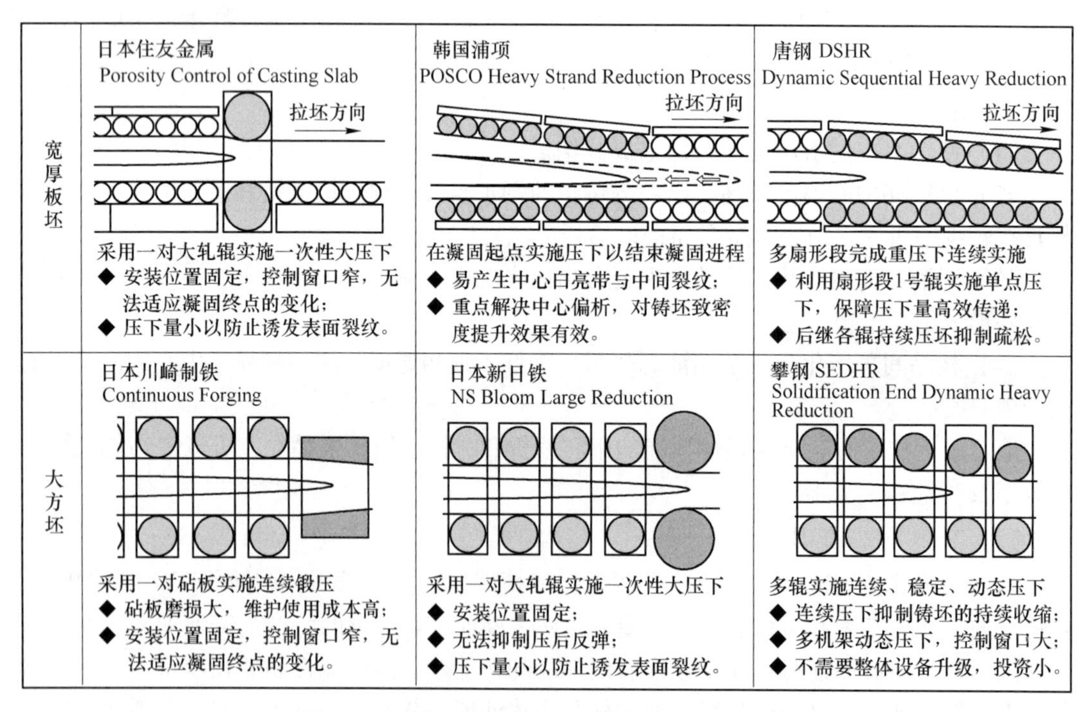

图1-5 具有重压下功能的连铸生产线技术方案

在大方坯连铸方面，日本川崎制铁公司提出了连续锻压技术（continuous forging），即通过在凝固末端安装一对大砧板，挤压排出中心糊状区域内的溶质富集钢液，同时破碎柱状晶，从而起到细化晶粒的效果。但该项技术对砧板压下能力及设备维护使用要求较高。

日本新日铁公司提出了新日铁大压下技术（NS bloom large reduction），通过在大方坯刚刚结束凝固位置安装凸型辊，避开两侧已凝固区域，实现对铸坯中心区域的挤压。该技术仅采用了一组安装位置固定的凸辊，在拉速、过热度波动等情况下导致凝固终点偏移预设压下位置，从而影响了压下效果。

为改善宽厚板连铸坯的缩孔、疏松和偏析缺陷，河钢唐钢公司建成投产了国内首条宽厚板连铸坯重压下生产线。通过低倍和金属原位分析试验对比分析了不同压下量对连铸坯内部质量的影响。试验结果表明：随着压下量从0mm增加到24mm，连铸坯中心偏析等缺陷逐渐得到改善，24mm重压下时中心偏析等级仅为C0.5级；通过原位分析试验发现，相较于轻压下，重压下后铸坯碳的最大偏析度由1.355降低到1.193，硫的最大偏析度由3.772降低到1.631，磷的最大偏析度由2.246降低到1.336，铸坯的致密度由96.76%提升到97.40%，说明板坯重压下是实现高致密度、均质化大断面铸坯生产的有效技术[3]。

1.3.3 薄板坯连铸连轧技术

薄板坯连铸连轧技术开发初衷体现在以下三方面：最大限度地减少加工工序；最大限度地节能；最大限度地使薄板坯温度均匀。在大约240m空间跨度和3h时间跨度内，实现了从冶炼到热轧薄板卷成品的冶金过程。

与传统板坯连铸工艺相比，薄板坯连铸连轧具有如下特点：

（1）工艺简化，设备简单，生产线缩短：薄板坯连铸连轧省去了粗轧和部分精轧机架，生产线一般仅200多米，降低了单位基建造价，缩短了施工周期，可较快地投产并发挥投资效益。

（2）生产周期短：从冶炼钢液至热轧板卷输出，仅需1.5h，可节约流动资金，降低生产成本，企业可很快取得较好的经济效益。

（3）节约能源，提高成材率：由于实现了连铸连轧，可直接节能66kg/t材、间接节能145kg/t材，成材率提高11%~13%。

自20世纪90年代后期开始，薄板坯连铸连轧技术在世界范围得到了快速的发展，现在世界范围能够投入工业生产的薄板坯连铸连轧技术大致可分为七种类型：

（1）CSP（compact strip production），为德国西马克（SMS）公司技术所有，薄板坯厚度范围为40~90mm，在世界范围内共27条薄板坯连铸连轧生产线，占世界薄板坯连铸连轧生产线的43.55%。

（2）ISP（inline strip production），为德国德马格（Demag）公司（现已与德国西马克（SMS）公司合并）技术所有，薄板坯厚度范围为40~100mm，在世界范围内共12条薄板坯连铸连轧生产线，占世界薄板坯连铸连轧生产线的19.35%。

（3）FTSR（flexible thin slab rolling），后改称为FTSC，为意大利达涅利（Danieli）公司技术所有，薄板坯厚度范围为45~100mm，在世界范围内共13条薄板坯连铸连轧生产线，占世界薄板坯连铸连轧生产线的20.97%。

（4）CONROLL，为奥地利奥钢联（VAI）公司技术所有，薄板坯厚度范围为75~130mm，在世界范围内共3条薄板坯连铸连轧生产线，占世界薄板坯连铸连轧生产线的4.84%。

（5）QSP（quality strip production），为日本住友（Simitomo）公司技术所有，薄板坯厚度范围为 90~100mm，在世界范围内共 3 条薄板坯连铸连轧生产线，占世界薄板坯连铸连轧生产线的 4.84%。

（6）ASP（angang medium-thin slab continuous casting and rolling technology），为中国鞍钢公司技术所有，其连铸机的技术与 CONROLL 相仿，薄板坯厚度范围为 100~170mm，在中国共 4 条薄板坯连铸连轧生产线，占世界薄板坯连铸连轧生产线的 6.52%。

（7）ESP（endless strip production），使无头连铸连轧开始工业化应用。2009 年，阿尔维迪公司克莱蒙纳厂建成投产了世界上第一条 ESP 无头连铸连轧生产线。ESP 生产线总长仅有 191m，能够在 4.5min 内完成从钢水到卷取的全连续生产。最大铸速 6.0m/min，连铸炉次 9×250t，非常适合薄规格板带生产。其中，厚度不大于 2.0mm 的产品占约 50%，厚度不大于 1.5mm 的产品超过 21%，最薄带钢为 0.8mm×1540mm。

这些典型的薄板坯连铸机机型以 CSP 技术在工业中的应用最广。各种薄板坯连铸连轧技术的主要特点见表 1-3，工艺布置图如图 1-6 所示。

表 1-3　不同薄板坯连铸技术的主要特点

基本特征	CSP	ISP	FTSR	CONROLL	QSP
坯厚/mm	50~70	60~75，90（100）/70	40~80，90/70	70~80，75~125	100/80，90/70
机型	立弯式	直弧	直弧	直弧	直弧
结晶器	漏斗形结晶器，上口 170mm，长 1100mm，漏斗长 700mm	平板形直结晶器，全弧-直弧-小漏斗	H^2 结晶器，上口 180mm，长 1200mm，全长漏斗	平板形直结晶器，长 900mm	平板形直结晶器（多锥度），长 950mm
铸坯支撑	结晶器下采用格栅，2~4 个垂直扇形段进入弧形弯曲段	多点弯曲矫直密排分节辊扇形段，无拉矫机，大压下轧机	结晶器下 7~8 对带凸度密排分节辊，多点弯曲矫直扇形段密排分布辊	渐进弯曲矫直密排分节辊扇形段	多点弯曲矫直密排分节辊扇形段
冷却	水冷，气-水	气-水	气-水	气-水	气-水
弧形半径/m	3.0~3.5	5~6	5	5	3.5
冶金长度/m	6.0~9.7	11.0~15.1	约 15	5	11.2，15.7
是否液芯压下	未采用-采用	采用	动态轻压下	无	采用-未采用
拉坯速度/m·min^{-1}	4~6，最大 6	3.5~5.0，最大 5.5~6.0	3.5~5.5，最大 5.5~6.0	3.0~3.5	3.5~5.0，最大 5.5

注：铸坯厚度指结晶器出口处的厚度，采用液芯压下后连铸机的厚度将减薄 10~20mm。

薄板坯连铸连轧技术自 1989 年实现工业化以来，在世界范围内得到广泛应用[12]。截至 2015 年年底，世界上共建设薄板坯连铸连轧生产线 66 条，共计 100 流，年生产能力 11284 万吨，部分统计数据见表 1-4。

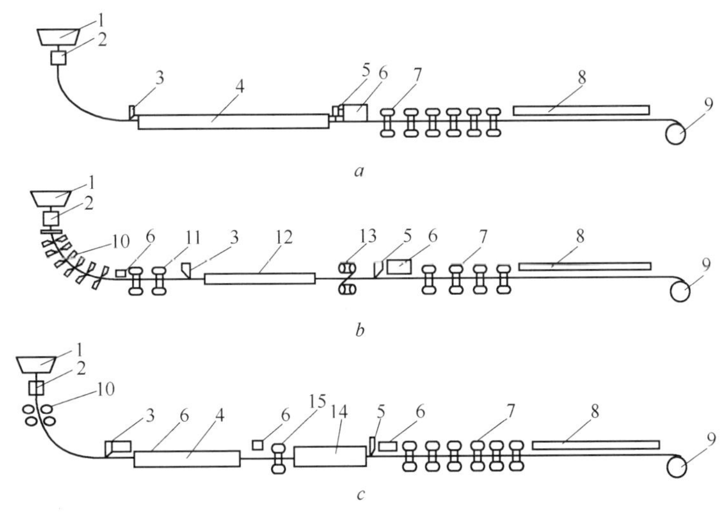

图 1-6 不同薄板坯连铸连轧技术工艺布置图

a—CSP 技术；*b*—ISP 技术；*c*—FTSR 技术

1—中间包；2—结晶器；3—切断剪；4—均热炉；5—事故剪；6—除鳞机；7—精轧机；8—层流冷却；9—卷取机；10—液芯压下；11—预轧机；12—感应加热炉；13—热卷箱；14—热辊道；15—粗轧机

表 1-4 薄板坯连铸连轧生产线和年产能统计[12]

国家和地区	生产线/条								年生产能力/万吨	铸机流数
	CSP	ISP	FTSR	QSP	CONROLL	TSP	ESP	ASP		
美国	9			2	1	2			2098	19
印度	5								800	7
意大利	1	1					1		310	3
韩国	1	1	1				1		830	7
中国	7		3				3	3	3946	31
其他	11	4	5	1	3				3300	33
总计	34	6	9	3	4	2	5	3	11284	100

注：统计数据截止到 2015 年年底。

除此之外，薄板坯连铸连轧技术在国际上的发展还具有以下特点：

（1）无头连铸连轧技术已开始工业化应用。这是近年来薄板坯连铸连轧技术发展的最大亮点。继 2009 年 2 月意大利 Arvedi 公司克莱蒙纳厂无头轧制技术的 ESP 生产线投入工业化生产之后，2009 年 5 月由意大利达涅利（Danieli）公司负责改造的韩国 POSCO 钢铁公司 High Mill 无头轧制生产线也投入了工业化生产。

世界第二条、国内第一条批量生产超薄热轧产品的 ESP 生产线于 2015 年 2 月在日照钢铁公司成功产出了第一卷钢卷，2018 年 4 月，4 号 ESP 顺利出卷。目前，日钢拥有全球仅有 5 条 ESP 生产线中的 4 条。日钢已经成功开发 1.2mm×1500mm 超薄宽规格 RE700L 高强钢产品，实测屈服强度 730MPa 以上，突破了国内外热轧高强带钢 1500mm 宽度最薄规格记录，填补超薄宽规格热轧高强钢市场空白。

日钢的ESP生产线较传统工艺节能50%~70%，节水70%~80%，省地2/3，成本降低40%，生产效率提高50%，从钢水到热轧卷成材率高达97%~98%；效益显著，较传统薄规格钢增值6%~13%，低合金高强度钢可增值16%~24%。无头轧制技术的工业化应用，为高效化、大规模、低成本生产超薄规格带钢，实现以热代冷提供了技术支撑。

（2）薄板坯连铸的拉速不断提高。随着薄板坯连铸连轧技术对产能需求的提高，尤其是仅采用单台连铸机的无头连铸连轧生产技术对产能的需求更为迫切，世界各薄板坯连铸连轧技术的开发商以及冶金企业非常注重以提高薄板坯连铸机拉速为目标的连铸结晶器系统技术的开发，这些技术包括：漏斗形结晶器内腔形状与冷却结构优化、电磁制动技术、大通量浸入式水口、保护渣技术以及结晶器振动优化技术等，目前80mm厚铸坯最大拉速已达到7.2m/min（印度Ispat厂的CSP连铸机可生产厚度为55mm的铸坯，最高拉速达到7.8m/min），结晶器单位时间的通钢量最大可以达到6.0t/min。这为薄板坯连铸连轧生产线经济效益的发挥提供了基础性支撑。

（3）据报道，意大利AST特尔尼厂的CSP生产线由于不锈钢质量无法满足欧洲市场的需求，该厂已将CSP生产线拆除，改由传统大板坯连铸流程生产不锈钢。

意大利AST特尔尼厂CSP生产线的拆除是否意味着薄板坯连铸连轧工艺在生产不锈钢薄板方面还达不到商业化竞争的目标，值得注意。

（4）利用薄板坯连铸连轧技术商业化生产中低牌号的无取向硅钢已露端倪，国内外一些企业已经开始了规模化生产。

（5）2009年以来，中国的薄板坯连铸连轧生产建设与发展呈现良好势头，新增薄板坯连铸连轧生产线5条。武钢以薄板坯连铸连轧生产硅钢为主要方向，于2009年2月新上CSP生产线1条，生产线设计年产量为253万吨，其中硅钢原料卷年产量为97.8万吨。日钢2015年投产3条ESP生产线，年产量为222万吨。中国薄板坯连铸连轧生产线建设状况见表1-5。

表1-5 中国薄板坯连铸连轧生产线建设状况

钢铁公司	工艺类型	铸机流数	设计年产量/万吨	轧机	投产年份
珠钢	CSP	2	180	6CVC机架	1999
邯钢	CSP	2	247	1+6CVC轧机	1999
包钢	CSP	2	200	7CVC机架	2001
唐钢	FTSR	2	250	2+5PC轧机	2002
马钢	CSP	2	200	7CVC机架	2003
涟钢	CSP	2	220	7CVC机架	2004
鞍钢	ASP	2	250	1+6ASP轧机	2000
鞍钢	ASP	4	500	1+6ASP轧机	2005
本钢	FTSR	2	280	2+5PC轧机	2004
通钢	FTSR	2	250	2R+5PC轧机	2005
酒钢	CSP	2	200	6CVC机架	2005
济钢	ASP	2	250	1+6ASP轧机	2006
武钢	CSP	2	253	7CVC机架	2009

续表 1-5

钢铁公司	工艺类型	铸机流数	设计年产量/万吨	轧机	投产年份
日钢	ESP	1	222	3+5 机架	2015
日钢	ESP	1	222	3+5 机架	2015
日钢	ESP	1	222	3+5 机架	2015
合计		31	3946		

1.3.4 薄带连铸技术[13,14]

薄带连铸技术是 21 世纪冶金及材料研究领域的前沿技术，该生产流程将连续铸造、轧制甚至热处理等整合为一体，省去了再加热和热轧工序，生产的薄带坯稍经冷轧就一次成型，具有投资成本低、改造费用少、产品周期短的优点。

研究中的薄带连铸工艺方案众多，主要区别在结晶器，如图 1-7 所示。薄带连铸机按结晶器的不同可分为带式、辊式和辊带式三大类。带式又可分为单带式、双带式；辊式又可分为单辊式、双辊式等。其中研究最多、发展最快的是双辊式薄带连铸工艺。

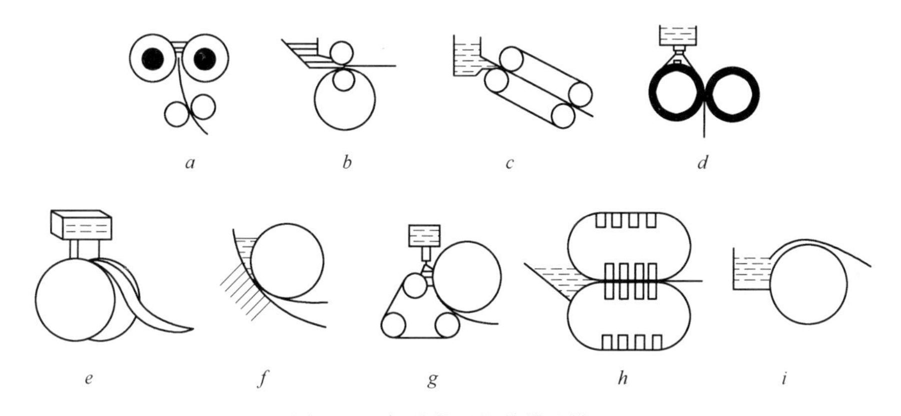

图 1-7 各种类型的薄带连铸机

a—双辊铸机；*b*—Hazelet 环形铸机；*c*—双带式铸机；*d*—喷射铸机；*e*—单辊铸机；*f*—内轮式铸机；*g*—辊带式铸机；*h*—移动模块式铸机；*i*—拖拽式铸机

1.3.4.1 单辊连铸

中间包钢水从侧面流至旋转辊的表面，钢水在辊面上随着结晶形成带钢。带钢厚度不超过 3mm（多数为 1mm），由于是单向冷却，造成带钢内部组织不均匀，长度方向上的厚度也不均匀。

1.3.4.2 辊带结合连铸

将钢水浇铸到冷却钢带上，上面通过与辊接触或作为自由面凝固，下面通过与冷却钢带接触而凝固成型。

1.3.4.3 带式连铸

带式连铸机又称为哈兹雷特双带式铸轧机，由上下两个机架组成，每个机架内均有两个带环形槽沟的大辊，外套一条薄带钢制的冷却带。在两个机架的冷却带上分左右设置一对钢制的侧端挡块链。在冷却带和挡块链之间构成直平面的铸型。根据上部机架可能抬高的高度和挡块高度及挡块链间距的不同，可以获得不同厚度和宽度的带钢。

1.3.4.4 双辊铸带连铸

双辊铸带是以转动的轧辊为结晶器，依靠双辊的表面冷却液态钢水并使之凝固生产薄带钢的技术。其特点是液态金属在结晶凝固的同时，承受压力加工和塑性变形，在很短的时间内完成从液态到固态薄带的全过程。在双辊系统中，可以获得组织均匀且厚度差相对较小的带钢。

目前世界上正在致力接近最终产品形状连铸研究的项目有70余项（见表1-6），其中双辊法37项，日本独占了19项。双辊式连铸机的开发情况见表1-7。总的来讲，直接铸带技术在世界范围受到普遍重视，研究活动广泛而深入。

表1-6 近终形连铸研究项目统计

<table>
<tr><th>工艺方法
国家和地区</th><th>单辊</th><th>双辊</th><th>1带/1辊</th><th>喷射沉积</th><th>移动结晶器</th><th>固定结晶器</th><th>合 计</th></tr>
<tr><td>德国</td><td>1</td><td>3</td><td>1</td><td>1</td><td></td><td>4</td><td>10</td></tr>
<tr><td>欧洲（除德国）</td><td>5</td><td>10</td><td></td><td></td><td></td><td>1</td><td>16</td></tr>
<tr><td>日本</td><td></td><td>19</td><td></td><td></td><td>7</td><td>3</td><td rowspan="2">32</td></tr>
<tr><td>中国</td><td></td><td>2</td><td></td><td></td><td></td><td>1</td></tr>
<tr><td>美国</td><td>6</td><td>3</td><td>1</td><td></td><td></td><td>2</td><td>12</td></tr>
<tr><td>世界</td><td>12</td><td>37</td><td>2</td><td>1</td><td>7</td><td>11</td><td>70</td></tr>
</table>

表1-7 世界双辊式连铸机的开发情况

公 司	方法	厚度/mm	宽度/mm	产 品	炉子容量/kg	进展程度
日本川崎钢铁公司	双辊	0.2~0.6	350~500	薄带，硅钢	500	试制中（1984年开始）
日本日立造船公司	双辊	6	350	碳钢	200	试制中（1986年开始）
日本金属工业公司Ⅰ	异径双辊	2	300	薄带，不锈钢	300	试制中（1985年开始）
日本金属工业公司Ⅱ	异径双辊	1.5~2	650	薄带，不锈钢	1500	与德国克虏伯联合开发（1986年开始）进行中试
日本神户钢铁公司	双辊	1.5	300	薄带，不锈钢	100	试制中
日本冶金工业公司	双辊	1	600	带，不锈钢	1500	进行中试
日本新钢公司Ⅰ	双辊	1.5~2	300	薄带，不锈钢	120	试制中
日本新钢公司Ⅱ	双辊	1.5~2	600	薄带，不锈钢		进行中试
日本钢管公司	双辊	3.5	400	薄带，不锈钢	250	试制中
日本新日铁公司Ⅰ	双辊	0.1~0.8	100	不锈钢	5~8	试制中

续表 1-7

公　司	方法	厚度/mm	宽度/mm	产　品	炉子容量/kg	进展程度
日本新日铁公司Ⅱ	双辊	0.1~0.8	800	不锈钢	1000	进行中试
日本钢公司	双辊	1	200	薄带，不锈钢		试制中
日本早稻田大学Ⅰ	异径双辊	1~1.5	100	铸铁，不锈钢，硅钢	20	试制中（1967 年开始）
日本早稻田大学Ⅱ	异径双辊	1~1.5	300	铸铁，不锈钢，硅钢	20	与日本冶金工业公司联合研究开发
德国 Thyssen+Aachen	双辊	0.1~2	150	薄带，硅钢	100	试制中
法国 IRSID	双辊	2~10	200	带，薄带，不锈钢	300~800	试制中
法国 IRSID+Clecim	双辊	1.5~5	800	带，薄带，不锈钢	8~90t	进行中试（1990 年开始）
意大利 CSMⅠ	双辊	5~25	150	薄带，非合金化钢	300	试制中
意大利 CSMⅡ	双辊	5~25	400~700	薄带，非合金化钢	4~20t	进行中试（1989 年开始）
德国 Krupp	异径双辊	1~4	600	薄带，不锈钢	3000	进行中试（1989 年开始）
奥地利 Voest+AlpineⅠ	双辊	0.5~8	250	带，薄带		试制中
奥地利 Voest+Alpine Ⅱ	双辊	2~8	250~500	碳钢	55t	1985 年 12 月开始进行不同的碳钢试验
英国 BSC Ⅰ	双辊	2	76	薄带，不锈钢	250	试制中（1985 年开始）
英国 BSC Ⅱ	双辊	3	400	薄带，不锈钢	4000	进行中试
美国 Armco+Inland+Weirton+Bethlebem	双辊	2~5	300	薄带	300	试制中（1984 年开始）
东北大学	异径双辊	1~5	210	高速钢，碳钢，不锈钢，硅钢	150	试制中（1985 年开始）
上海钢研所	双辊	1~5	250	不锈钢	150	试制中（1986 年开始）

参 考 文 献

[1] 任吉堂，朱立光，等．连轧连铸理论与实践［M］．北京：冶金工业出版社，2004.
[2] 王雅贞，张岩，等．新编连续铸钢工艺与设备［M］．北京：冶金工业出版社，2003.
[3] 干勇．现代连续铸钢实用手册［M］．北京：冶金工业出版社，2010.
[4] 杨吉春．连续铸钢生产技术［M］．北京：化学工业出版社，2011.
[5] 干勇，等．连续铸钢在钢铁生产流程中的作用及现代连铸技术简介［J］．中国科学，2008，38（9）：1384~1390.
[6] 蔡开科．连铸技术发展［J］．山东冶金，2004，26（1）：1~9.
[7] 蔡开科．连铸技术的进展（续完）［J］．炼钢，2001，17（3）：6~14.

[8] 张海军，等．连铸技术的最新发展趋势［J］．宽厚板，2005（12）：41~45.
[9] 毛斌，等．连续铸钢用电磁搅拌的理论与技术［M］．北京：冶金工业出版社，2012.
[10] 李宪奎，张德明．连铸结晶器振动技术［M］．北京：冶金工业出版社，2000.
[11] 曹悦霞，等．结晶器振动技术的发展［J］．河北冶金，2002，132（6）：7~10.
[12] 殷瑞钰，张慧．新形势下薄板坯连铸连轧技术的进步与发展方向［J］．钢铁，2011，46（4）：1~9.
[13] 潘秀兰，等．世界薄带连铸技术的最新进展［J］．鞍钢技术，2006（4）：12~19.
[14] 李国义，等．双辊连铸技术发展概述［J］．江苏冶金，2006（4）：8~11.

2 连铸机机型及主要设备

2.1 连铸机的主要机型

连铸机的分类方法很多，按照浇铸产品的截面形状可以分为方坯连铸机、圆坯连铸机、板坯连铸机、异型坯连铸机等。按照钢水静压程的高度可以分为高水头型连铸机、低水头型连铸机、超水头型连铸机等[1~3]。

若按照结晶器是否移动，可以将连铸机分为两类：一类是采用了固定/固定振动式结晶器的连铸机，如立式连铸机、立弯式连铸机、弧形连铸机、椭圆形连铸机、水平连铸机等，这些分类已囊括了现代连铸机的主要机型，如图 2-1 所示。另一类是铸坯与结晶器同步运动的连铸机，如各种薄带连铸机。

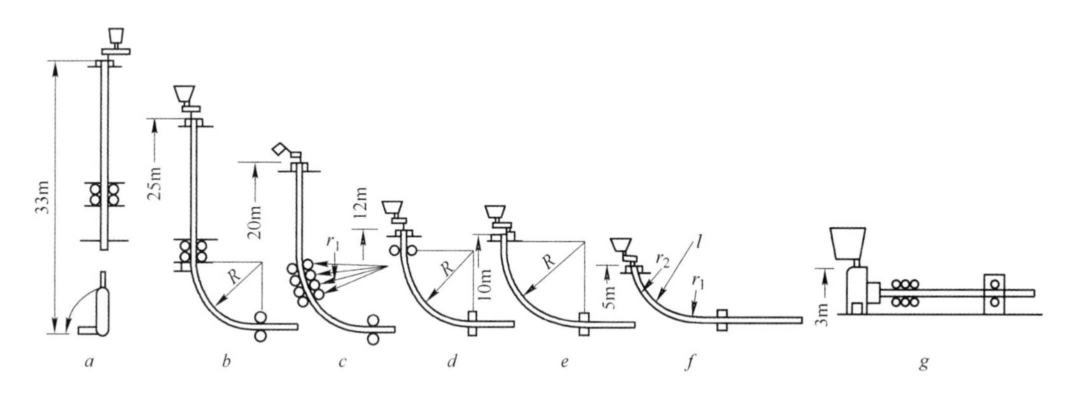

图 2-1 现代连铸机机型示意图

a—立式连铸机；*b*—立弯式连铸机；*c*—直结晶器多点弯曲连铸机；*d*—直结晶器弧形连铸机；*e*—弧形连铸机；*f*—多半径弧形（椭圆形）连铸机；*g*—水平式连铸机

2.1.1 立式连铸机

立式连铸机是 20 世纪 50~60 年代之前的主要机型，其结构示意图如图 2-2 所示。这种连铸机的钢水浇铸系统、结晶器、切割装置以及钢坯出口位置都布置在连铸机的垂直轴线上，整个设备在车间内占用了很大的高度空间。立式连铸机生产时，铸坯在结晶器和二冷段内凝固，由于是垂直布置，液态金属内的非金属夹杂物易于上浮、铸坯四周散热也比较均匀，并且铸坯在拉制过程中不受其他的弯矫力作用，所得的铸坯质量好，不易发生裂纹，因此比较适合生产合金钢以及其他对裂纹敏感的钢种。但这种连铸机的高度过大、基建和设备的投资大、维护也比较困难，并且由于是高水头浇铸，铸坯下段在钢水静水压力作用下易发生鼓肚变形，因此只适合生产小断面的铸坯。

2.1.2 立弯式连铸机

立弯式连铸机是在立式连铸机基础上发展起来的一种过渡类机型。它的上部和立式连铸机一样，不同之处在于：立弯式连铸机利用顶弯装置，在铸坯完全凝固后将其顶弯 90°，使铸坯在水平方向出钢并切割。立弯式连铸机部分降低了整机的高度，但是由于是在铸坯完全凝固后再将其顶弯，因此生产时容易发生裂纹等缺陷，主要用于小截面坯料的生产。

2.1.3 弧形连铸机

弧形连铸机是世界范围内应用最广泛的一种机型。它的结晶器、二次冷却段、拉坯矫直机等都布置在相同半径的 1/4 圆周上，铸坯在 1/4 圆周内完全凝固，在水平切线处经一点矫直后沿水平方向拉出，随后进行定尺切割[3~5]。

2.1.3.1 全弧形连铸机

全弧形连铸机又称为单点矫直弧形连铸机。全弧形连铸机的结晶器二冷装置以及拉矫设备都布置在一个圆的 1/4 弧度上（见图 2-3）。铸坯在结晶器内形成弧形，拉出后沿着弧形轨道运动，接受喷水冷却，直至完全凝固。全凝固后的铸坯到水平切点处进行矫直，然后拉出连铸机切割成定尺，从水平方向输出。连铸机高度基本等于圆弧半径。通常把连铸机的外弧半径称作弧形连铸机的圆弧半径。

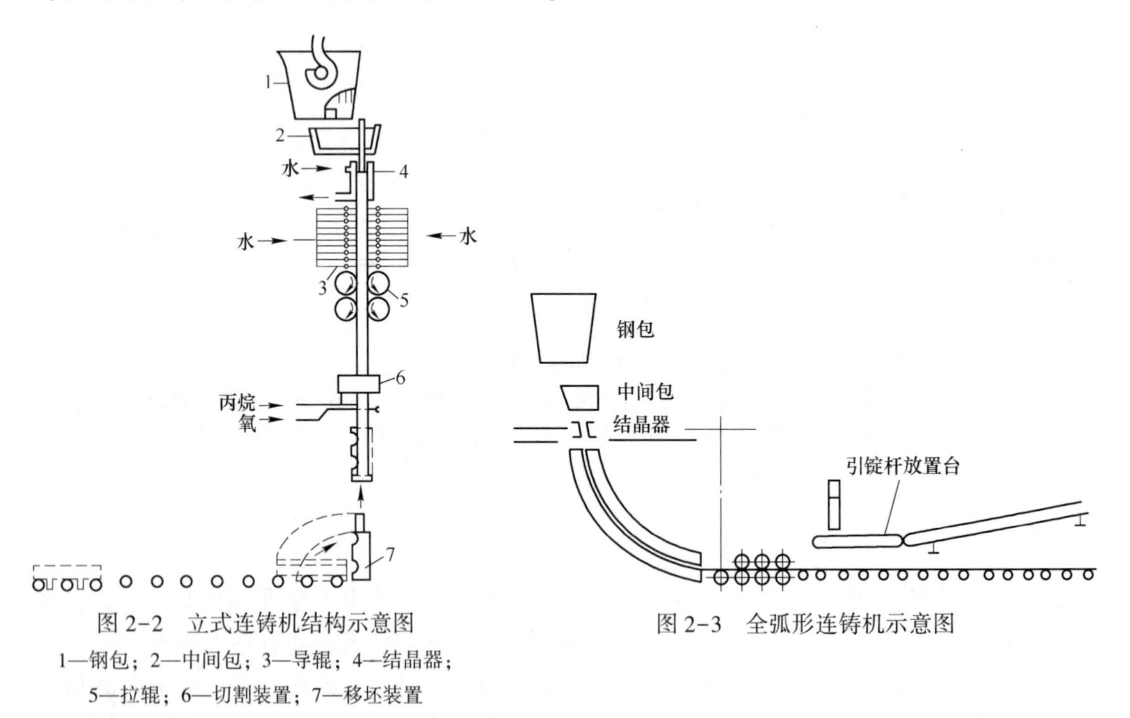

图 2-2 立式连铸机结构示意图

1—钢包；2—中间包；3—导辊；4—结晶器；5—拉辊；6—切割装置；7—移坯装置

图 2-3 全弧形连铸机示意图

主要优点：

（1）由于它布置在 1/4 圆弧范围内，因此它的高度比立式、立弯式低，设备质量较轻，投资费用较低，设备安装和维护方便，因而应用广泛；

（2）由于设备高度低，铸坯在凝固过程中承受的钢水静压力相对较小，可减少因鼓肚变形而产生的内裂和偏析，有利于提高拉速和改善铸坯质量。

主要缺点：

(1) 钢水在凝固过程中，非金属夹杂物有向内弧聚集的倾向，易造成铸坯靠内弧侧约1/4处的夹杂物富集的缺陷；

(2) 为防止产生内裂，要求铸坯在矫直前完全凝固，限制了拉速的提高，影响生产能力。

2.1.3.2 多点矫直弧形连铸机

多点矫直弧形连铸机示意图如图2-4所示。随着连铸机拉速的提高，铸坯到矫直点时不能完全凝固，带液芯的铸坯在进行单点矫直时，由于固液界面变形量大，铸坯中心区易产生裂纹缺陷。因此，采用多点矫直技术将总的应变分散到每一矫直点的应变中去，使铸坯固液界面变形率降低。这样，铸坯可以带液芯矫直，而不产生内部裂纹，有利于提高拉速。

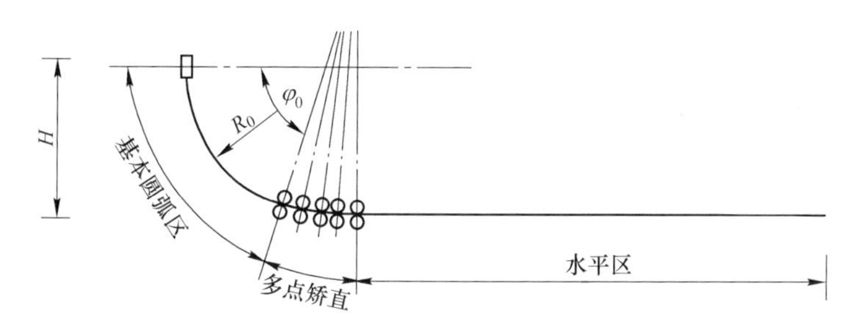

图2-4 多点矫直弧形连铸机示意图

2.1.3.3 直结晶器弧形连铸机

直结晶器弧形连铸机（直弧形连铸机）采用直结晶器，结晶器往下配有2.5~3.5m的直线段，带有液芯的铸坯经过直线段后，被逐渐弯曲成弧形，以后的过程与多点矫直弧形连铸机完全一样。

主要优点：

(1) 保留有立式连铸机的优点，钢水在直结晶器及其下部的直线段凝固过程中，有利于钢液中大型夹杂物的上浮和均匀分布，避免了铸坯内弧侧1/4处夹杂物富集的缺陷，对生产高洁净钢效果明显；

(2) 由于铸坯采用带液芯渐近弯曲成弧形，因而仍具有弧形连铸机设备高度较低、建设费用较低的优点。

主要缺点：直弧形连铸机多一个弯曲过程，对于裂纹敏感钢种增加了在外弧侧产生裂纹的可能性。

应该说，直结晶器弧形连铸机是集立式和弧形连铸机优点于一体的新型连铸机，目前越来越多钢厂的板坯连铸机采用这种机型，因为它能更好地满足铸坯质量要求，提高生产效益。

2.1.3.4 超低头连铸机

超低头连铸机示意图如图2-5所示。其铸流轨迹是由椭圆的1/4及其水平切线组成，故又称为椭圆形铸机。由于其几何特征，可使基本圆弧半径 R 选取得较小，矫直点取得较多，过渡圆弧半径取得较大，以达到降低连铸机高度和钢水静压力。

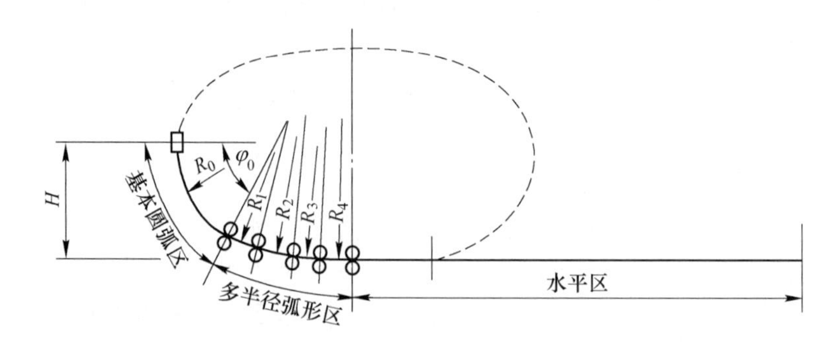

图 2-5 超低头连铸机示意图

主要优点：

(1) 基本半径 R 可在 3~8m 之间选取，较弧形连铸机高度降低，投资节省，设备制造、维修简化，适宜在老厂房内布置；

(2) 钢水静压力小，铸坯鼓肚的可能性小，中心裂纹及中间裂纹等缺陷得到改善。

主要缺点：进入结晶器钢水中的夹杂物几乎无上浮机会，铸坯的夹杂物缺陷严重。因此，这种机型在对铸坯质量日益严格的形势下，已无发展前景。

2.1.4 水平连铸机

水平连铸机的中间包、结晶器、二冷段和拉坯机、切割设备布置在同一水平位置上，或与地面成微小角度的倾斜线上，如图 2-6 所示。设备高度更低，投资省，适用于老车间改造。水平连铸机采用全封闭浇铸，铸坯质量好，凝固过程无弯曲和矫直，适合浇铸有色金属，也有用于浇铸合金钢和特殊钢。

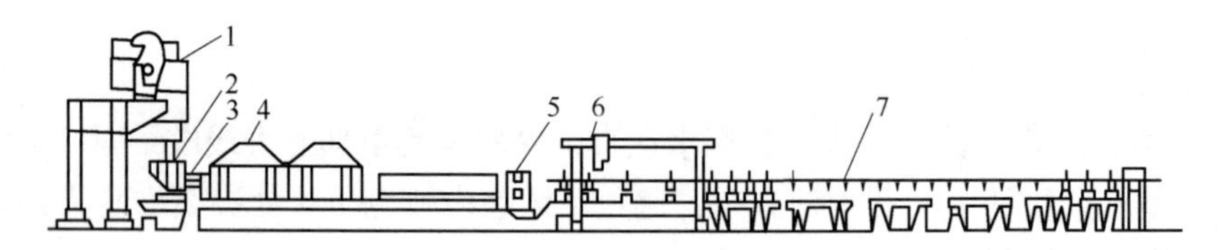

图 2-6 水平连铸机结构示意图

1—钢包；2—中间包；3—分离环；4—二冷区；5—拉坯机；6—同步切割机；7—输运辊道

2.1.5 旋转式连铸机

旋转式连铸机也称旋转离心连铸机，用于浇铸圆坯。其结晶器、二冷段导辊和拉坯机在浇铸过程中都与铸坯一起绕垂直中心线旋转，铸坯在旋转中下行。旋转式连铸机设备较复杂，投资费用大，维护困难。其结构如图 2-7 所示。

旋转产生的离心力，使坯壳与结晶器表面紧密接触，从而形成均匀致密的结晶组织和光滑的表面，获得无缺陷铸坯。

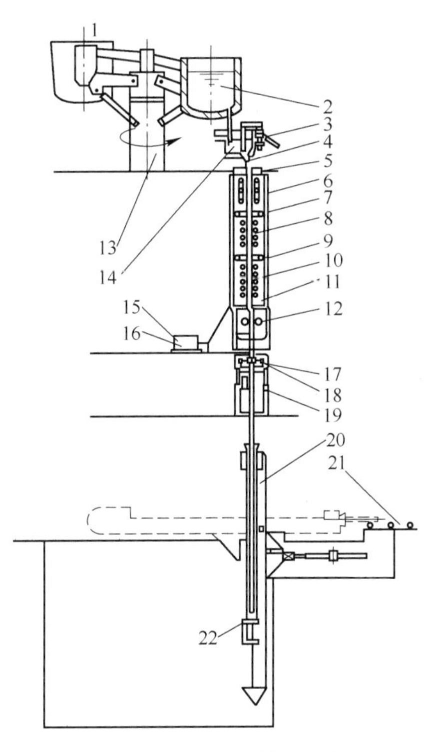

图 2-7　旋转式连铸机结构

1—用天车运送钢包；2—钢包；3—旋转塞棒；4—浇铸管；5—结晶器；6—1 区；7—导辊 1；8—2 区；9—导辊 2；10—3 区；11—机架框；12—拉坯机；13—回转台；14—中间包；15，16—旋转和拉坯用电动机；17，18—剪切装置和飞锯；19—滑动千斤顶；20—翻倒机；21—输出场地；22—小车

2.2　连铸车间的主要设备

2.2.1　连铸设备的构成

连铸机主要由钢包运载装置、中间包、中间包车、结晶器、结晶器振动装置、二次冷却装置、拉坯矫直装置、切割装置和铸坯运送装置等部分组成，如图 2-8 所示。

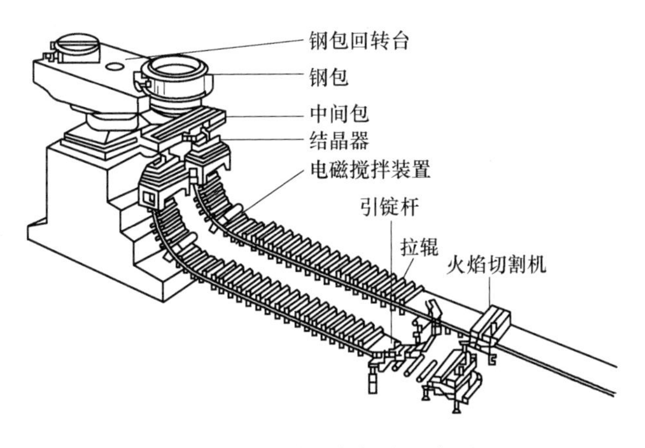

图 2-8　连铸设备构成示意图

以弧形连铸机为例，连铸机由主体设备和辅助设备两大部分组成：

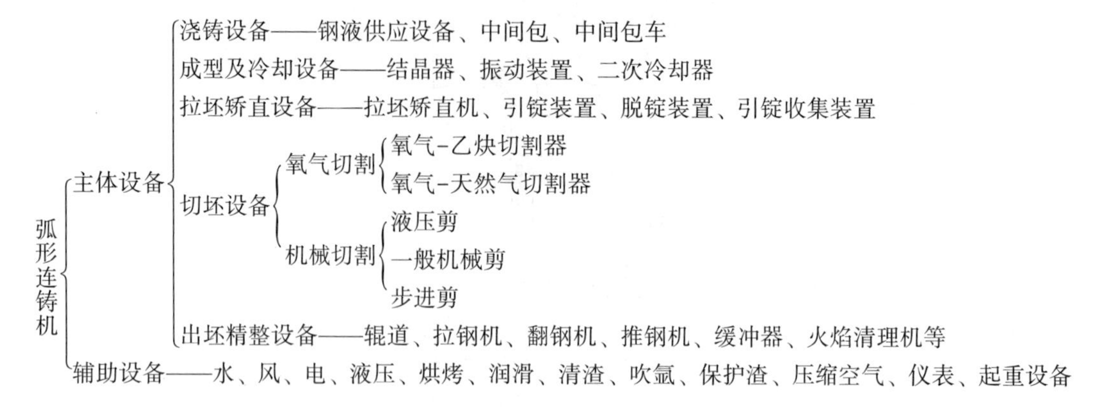

2.2.2 钢包及钢包回转台

钢包也称为盛钢桶，是盛接钢水并进行浇铸的设备。钢包的容量应与炼钢炉的最大出钢量相匹配，同时考虑出钢量的波动及下渣量，留有10%的余量和一定的炉渣量；大型钢包的炉渣量应是金属量的3%~5%，小型钢包的炉渣量为金属量的5%~10%。此外，为方便在钢包内进行炉外精炼操作，钢包上口要留有200mm以上的净空。

钢包由外壳、内衬和铸流控制机构、底部供气装置等部分组成，如图2-9所示。钢包的外壳用锅炉钢板焊接而成，包壁钢板厚度14~30mm，包底钢板厚度24~40mm，同时钢包外壳上钻有一些直径8~10mm的小孔，便于烘烤时顺利排出耐火材料的水分，钢包外壳腰部还焊有加强箍和加强筋，耳轴对称地安装在加强箍上。

钢包回转台是运载和承托钢包进行浇铸的设备，通常设置于钢水接收跨与浇铸跨柱列之间。用钢水接收跨一侧的吊车将钢包放在回转台上，通过回转台回转，将钢包停在中间包上方。浇铸完的空包可以通过回转台回转，再运回钢水接收跨。

钢包回转台主要由转臂、座架、传动装置以及电、气动控制系统组成。正常操作时由电力驱动，发生故障时，气动电动机工作，以保证生产安全。转臂的升降用机械或液压驱动，为保证回转台定位准确，驱动装置设有制动和锁定机构。

回转台的主要设计参数包括公称容量、回转半径、旋转速度、升降行程及电机功率等。

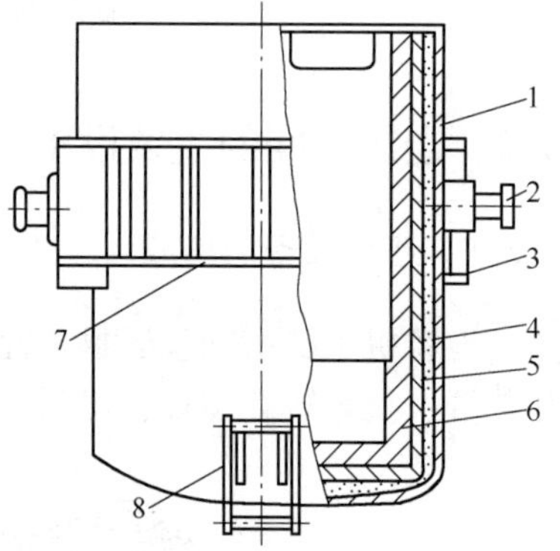

图2-9 钢包结构示意图

1—包壳；2—耳轴；3—支撑座；4—保温层；5—永久层；6—工作层；7—腰箍；8—倾翻吊环

2.2.3 中间包及中间包车

2.2.3.1 中间包

中间包又称为中间罐或中包，是钢包和结晶器之间的浇铸设备。中间包用于接受钢包钢水并向结晶器内注入，且有分流作用，使钢流平稳，减少钢流对结晶器内钢液的冲击和搅动。中间包可使大型非金属夹杂物和有害气体有机会上浮，连炉浇铸时更换钢包，不中断浇铸。中间包也有调节钢水浇铸温度的作用。

为发挥中间包冶金作用，中间包设计要考虑以下几点：

（1）容量和最佳的内腔形状。20 世纪 90 年代中后期，小方坯连铸机（四机四流）配备的中间包容量可达 20~40t，板坯用中间包容量可达 80t，而中间包钢水液面深度为 500~850mm。大方坯、合金钢方坯和板坯连铸机的中间包钢水液面高度为 800~1000mm。

（2）钢水在中间包停留足够的时间，应不小于 7~10min，使夹杂物有充分上浮的条件，使包内钢水温度尽量均匀，各水口处钢水温度差最小（通常应小于±(3~5)℃）。

（3）钢包长水口中心到中间包水口连线的距离应不小于 400mm。20 世纪 90 年代后期，趋势是 600mm。

中间包外形最初大都是矩形，现有多种形状，如 T 形、梯形、三角形（见图 2-10）。根据现场条件及浇铸工艺确定中间包形状。

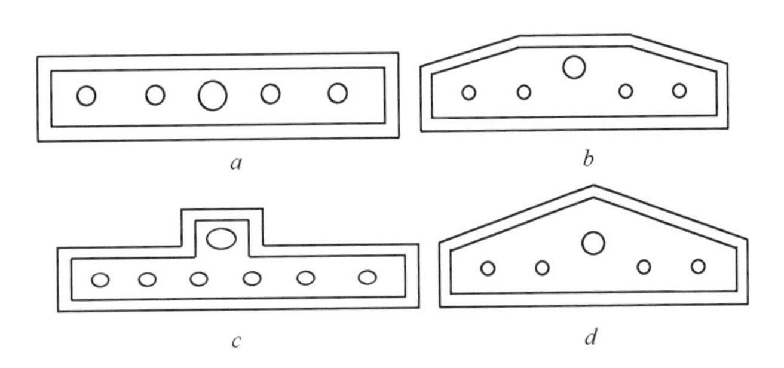

图 2-10 各种中间包外形

a—矩形中间包；*b*—梯形中间包；*c*—T 形中间包；*d*—三角形中间包

三角形中间包具有钢包流股到中间包水口中心连线较长距离的最佳形状。另外三角形外形也使中间包的内腔形状更加合理，温度场更均匀，有利于夹杂物上浮。

中间包外壳钢板应有均匀的排气孔及加强筋，以保证烘烤时水汽的逸出和中间包良好的抗变形性（刚度），尤其是包底，防止变形，以利于水口安装。

2.2.3.2 中间包车

中间包车的功能为：

（1）中间包车是中间包的运载工具和称重工具；

（2）完成中间包的对中，即上下、左右对中及前后微调对中；

（3）浇钢时能够迅速将事故中间包驶离浇铸位，避免事故扩大；

（4）保证正常的多炉连浇及正常的烘烤浇铸转换操作；

（5）升降中间包，便于浸入式水口的装卸。

中间包车的工艺技术要求为：

（1）利于浇钢操作；

（2）方便观察结晶器钢液面、捞渣以及中间包车的行走、升降、横移、微调精确对中等；

（3）可实现换中间包连浇，换包时间不大于 2min。

每台铸机常配有两台中间包车，对称布置在结晶器两边。

中间包车由中间包车车体、走行装置、升降装置、对中装置、称量装置、长水口机械手、溢流槽及其台车、电缆拖链、润滑给脂装置及钢包操作用台架等组成。

中间包车按中间包水口相对主梁的位置及轨道的布置方式可分为门型、半门型和悬臂型（其中有单侧全悬挂和双侧全悬挂）、高架型、半高架型。门型中间包车应用较为普遍，特别是在板坯连铸机上用得较多。

门型中间包车的轨道铺设在浇铸平台上结晶器内外弧的两侧，骑跨在结晶器的上方。

门型中间包车两侧轨道均布置在浇铸平台上，如图 2-11 所示，其重心处于车筐中心，安全可靠，适用于大型板坯连铸机使用。

半门型中间包车的轨道布置在结晶器内弧侧浇铸平台上方的高架梁上，如图 2-12 所示。

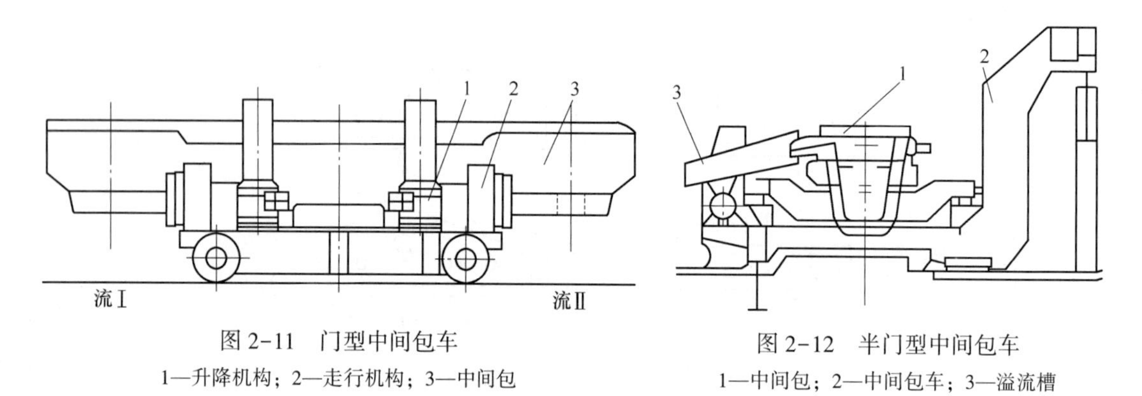

图 2-11 门型中间包车
1—升降机构；2—走行机构；3—中间包

图 2-12 半门型中间包车
1—中间包；2—中间包车；3—溢流槽

2.2.4 结晶器及振动装置

2.2.4.1 结晶器的功能

结晶器是连续铸钢机的心脏。钢水在结晶器中初步凝结成铸坯的外形，生成一定厚度的坯壳，并被连续地从结晶器下口抽拉出去，进入二次冷却区。在结晶器内凝成的坯壳，其两相区表面呈现凹凸不平形状，但要求其相对的两边大致相同，以免在机械应力及热应力的综合作用下产生明显的扭曲变形，或被拉破。

一个良好的结晶器应具有以下性能：

（1）有较好的导热性能；

（2）有较高的结构刚度，且便于加工制造，易于拆装和调整；

（3）有较好的耐磨性及较高的热疲劳性；

（4）质量要轻，以便在振动时有较小的惯性力。

2.2.4.2 结晶器的分类

按结晶器的外形可分为直结晶器和弧形结晶器。直结晶器用于立式连铸机、立弯式连铸机和直弧形连铸机；弧形结晶器用于全弧形连铸机和椭圆形连铸机。按结晶器的结构可分为管式结晶器和组合式结晶器。小方坯、圆坯和小型矩形坯浇铸多用管式结晶器；大方坯、矩形坯和板坯浇铸多用组合式结晶器。

A 管式结晶器

管式结晶器由无缝弧形铜管、钢质外套和足辊组成。铜管和钢质外套之间形成约7mm的冷却水缝，冷却水以0.39~0.59MPa的工作压力从给水管进入下水室，以6~8m/s的速度流经水缝，进入上水室，从排水管排出。管式结晶器的结构如图2-13所示。管式结晶器结构简单、易于制造和维护，主要用于小方坯连铸。

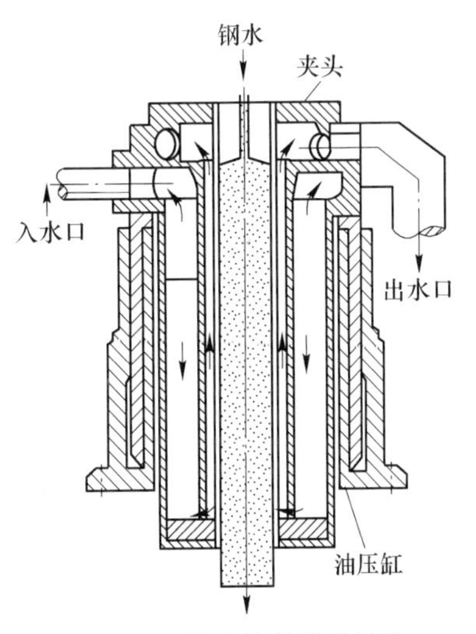

图2-13 管式结晶器的结构

B 组合式结晶器

组合式结晶器分为调宽和不调宽两种。

组合式结晶器由四块壁板组成，每块壁板由一块铜板和一块钢板用螺栓联结而成。铜板上铣出很多沟槽，在铜板和钢板之间形成冷却水缝，冷却水从一下部水管进入，经水缝从上部排出。组合式结晶器的结构如图2-14所示。组合式结晶器用于浇铸大方坯、矩形坯和板坯。

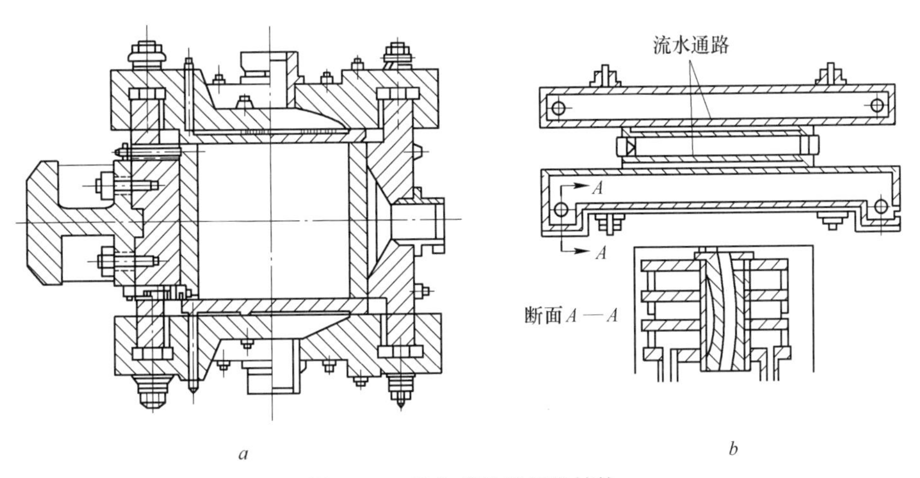

图2-14 组合式结晶器的结构

a—方坯组合结晶器；*b*—板坯组合结晶器

C 多级结晶器

多级结晶器是为提高拉速而开发的，多级结晶器即在结晶器下口安装足辊或铜板。与带足辊的结晶器相比，多级结晶器由两级结晶器组成，第二级结晶器由四块铜板组成，用弹簧轻轻压在铸坯上，铜板由喷嘴喷水冷却。

2.2.4.3 结晶器振动装置

振动装置的作用为：利于保护渣的渗入，形成保护渣的润滑膜，减少拉坯时的摩擦阻力，防止铸坯在凝固过程中与铜管黏结而发生粘挂拉裂及漏钢事故，保证拉坯顺行。

对振动装置的技术要求为：

(1) 振动曲线（波形）符合规范要求；

(2) 振动装置的水平偏摆应不大于±(0.2~0.3)mm；

（3）振动装置性能稳定，运动精度高，寿命长；

（4）容易安装、检修，易于操作；

（5）在线调频、调幅、调波形（液压振动）。

振动波形及特点：

（1）同步振动。振动装置的下降速度与铸坯拉速相同，上升速度等于拉坯速度的3倍，这种振动方式是通过凸轮机构实现，对减少拉坯阻力，防止漏钢事故，改善铸坯质量是有效的；但振动在上升到下降的速度转折点上加速度很大，产生较大的冲击力。

（2）负滑脱振动。振动过程中结晶器下降速度大于拉坯速度，铸坯与结晶器壁有相对滑动，结晶器下降时对铸坯产生一种压力，有利于坯壳表面细小横裂的焊合和脱模，称为负滑脱。

（3）正弦波振动。以偏心轮代替凸轮的正弦波振动方式，这种振动过程的波形呈正弦曲线，结晶器从向上到往下运动转变时振动冲击小、加速度小，易于实现高频振动，脱模效果好，有利于改善铸坯表面质量。偏心轮制造简单，目前正弦波振动已被广泛采用。

（4）非正弦波振动。非正弦波振动是结晶器在振动时可以分别控制结晶器上升与下降的速度与时间，具有很大的灵活性。其优点是：

1）振动时结晶器上升时间相对较长，速度平稳，减少对坯壳的拉伸应力；

2）下降速度快，对坯壳施加压应力较大，利于修复裂的坯壳和脱模顺利；

3）负滑脱时间减少，可减轻振痕深度，振痕轻；

4）减少结晶器的摩擦阻力和拉坯阻力。

非正弦振动装置类型有：

（1）导轨型振动机构；

（2）长臂型振动机构；

（3）差动齿轮型振动机构；

（4）短臂四连杆型振动装置；

（5）四偏心振动机构；

（6）复式短臂四连杆振动机构；

（7）平板簧振动装置；

（8）全板簧振动装置；

（9）串接式全板簧振动装置。

2.2.5 二次冷却装置

二次冷却装置又称为二冷系统装置、二次冷却区或二冷区。二冷区具有以下作用：

（1）带液芯的铸坯从结晶器下口拉出后进入二冷区，继续喷水雾或汽水雾直接冷却，使铸坯快速完全凝固；

（2）对未完全凝固的铸坯起支撑、导向作用，防止铸坯的变形；

（3）在上引锭杆时对引锭杆起支撑、导向作用；

（4）对于直结晶器的弧形连铸机，二冷区的第一段还要完成直铸坯弯曲成弧形坯；

（5）对多辊拉矫机而言，二冷区的部分夹辊本身又是驱动辊，起到拉坯作用；

（6）对于椭圆形连铸机，二冷区本身又是分段矫直区。

弧形连铸机的二冷装置也直接影响铸坯的质量、设备的运行和铸机作业率。

小方坯铸坯断面小，在出结晶器时已形成足够厚度的坯壳，一般情况下，不会发生变形现象。因此，很多小方坯连铸机的二次冷却装置非常简单，如图 2-15 所示，通常只在弧形段的上半部沿结晶器弧线长度装有排列密度不同的喷嘴喷水冷却铸坯，下半段不喷水。

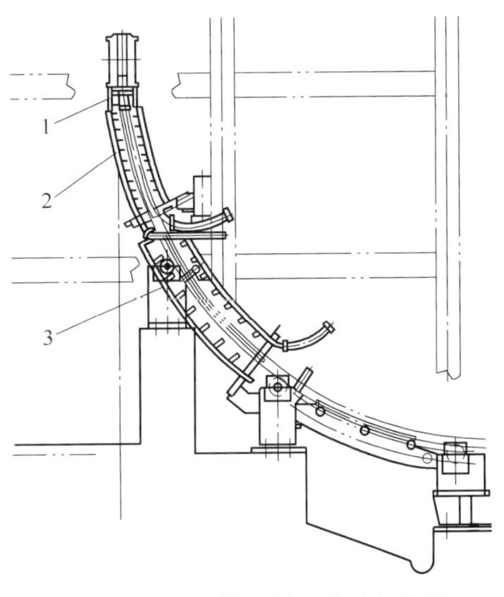

图 2-15 方坯铸机的二次冷却装置

1—足辊段；2—可移动喷淋段；3—固定喷淋段

大方坯铸坯较厚，出结晶器下口后铸坯有可能发生鼓肚变形，其二次冷却装置分为两部分：上部四周均采用密排夹辊支撑，喷水冷却；二冷区的下部铸坯凝固壳增厚，坯壳强度足够，此处可像小方坯连铸机下部那样不设夹辊。

结晶器以下的辊子组称为二冷零段，一般是 10~12 对密排夹辊，可以用长夹辊，也可以用多节夹辊。

从零段以后的各扇形段的结构、段数、夹辊的辊径和辊距，根据铸机的类型、所浇钢种和铸坯断面的不同有很大差别。扇形段如图 2-16 所示，由夹辊及其轴承座、上下框架、辊缝调节装置、夹辊的压下装置、冷却水配管、给油脂配管等部分组成。

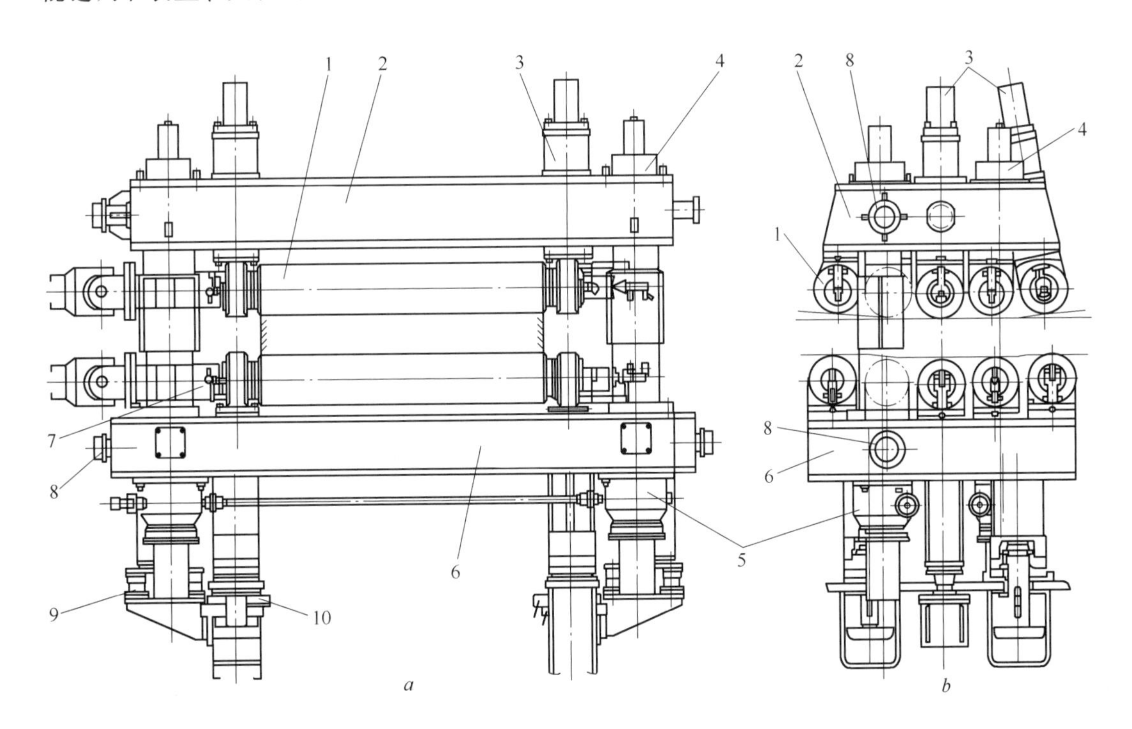

图 2-16 扇形段

1—辊子及轴承支座；2—上辊架；3—压下装置；4—缓冲装置；5—辊间隔调整装置；6—下框架；7—中间法兰；8—拔出用导轮；9—管离合装置；10—扇形段固定装置

扇形段可以设有动力装置，起拉坯、弯曲和矫直作用。现在一般由交流变频电机驱动。

扇形段的辊缝调节装置一般采用液压机构。结晶器、二冷零段、各扇形段必须严格对中。

2.2.6　拉坯矫直装置

所有的连铸机都装有拉坯机，因为铸坯的运行需要动力的拉动。拉坯机实际上是具有驱动力的辊子，又称为拉坯辊。弧形连铸机的铸坯需矫直后水平拉出，因而早期的连铸机的拉坯辊与矫直辊装在一起，称为拉坯矫直机或拉矫机。

现代化板坯连铸机采用多辊拉矫机，辊列布置“扇形段化”，驱动辊已伸向弧形区和水平段，实际上拉坯传动已分散到多组辊上。

对拉坯矫直装置有以下要求：

（1）应具有足够的拉坯力，以在浇铸过程中能够克服结晶器、二冷区、矫直辊、切割小车等一系列阻力，将铸坯顺利拉出。

（2）能够在较大范围内调节拉速，适应改变断面和钢种的工艺要求。拉坯系统应与结晶器振动、液面自动控制、二冷区配水实现计算机闭环控制。

（3）采用交流变频调速电机，能够适应拉矫机调节拉速、正反方向转动的要求、造价低、维护方便、能耗小，用在连铸机上取得了好的效果。

（4）具有足够矫直力，以适应可浇铸的最大断面和最低温度铸坯的矫直，并确保在矫直过程中铸坯质量。

（5）在结构上除了适应铸坯断面变化和输送引锭杆的要求外，还要考虑使未矫直的冷铸坯通过。

（6）能够达到多流连铸机布置的特殊要求，结构简单，安装调整方便。

拉坯矫直方式主要有以下几种：

（1）一点矫直。对弧形连铸机，从二次冷却段出来的铸坯是弯曲的，必须矫直。若通过一次矫直，称为一点矫直；经过二次以上的矫直，称为多点矫直。小断面铸坯是在完全凝固后一点矫直。图 2-17 所示的五辊拉矫机，用于多流小方坯连铸机上。传动系统放在拉矫机上方，拉矫机布置紧凑，可缩小多流连铸机流间距离；此外，拉矫机是整体快速更换机构，缩短了检修时间，提高了连铸机生产率。

（2）多点矫直。大断面铸坯采用多点矫直，多点矫直可以集中把一点的应变量分散到多个点完成，从而消除铸坯产生内裂的可能性，可以实现铸坯带液芯矫直。

多辊拉矫机增加了辊子数目，有十二辊、三十二辊甚至更多辊，对铸坯进行多点矫直。

（3）连续矫直。连续矫直技术是在多点矫直基础上发展起来的。其基本原理是铸坯在矫直区内应变连续进行，那么应变率就是一个常量，这对改善铸坯质量非常有利。在近 2m 的矫直区内铸坯两相区界面的应变值是均匀的，不致产生内裂纹。这种受力状态对进一步改善铸坯质量极为有利，非常适用于铸坯带液芯矫直。

（4）压缩浇铸。压缩浇铸又称为压缩矫直，其基本原理是：在矫直点前设一组驱动辊，给铸坯一定推力；在矫直点后面布置一组制动辊，给铸坯一定的反推力；铸坯在处于

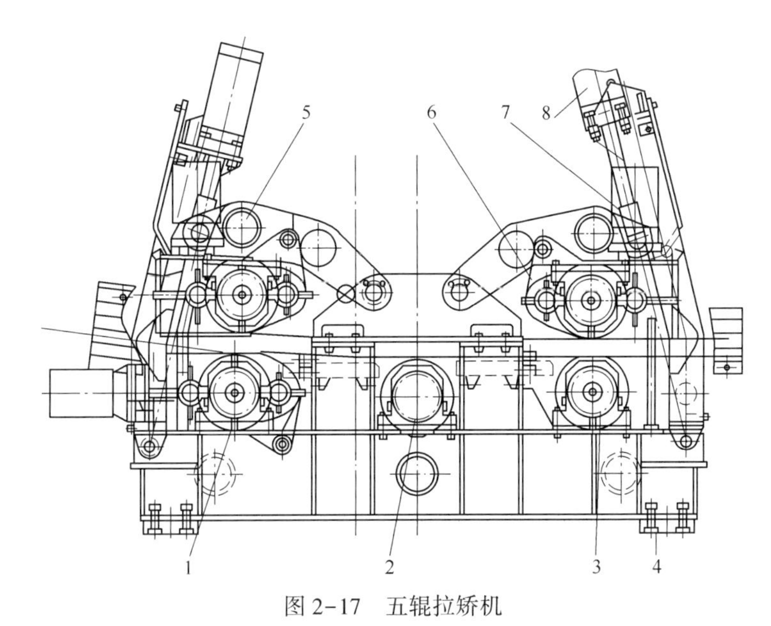

图 2-17 五辊拉矫机

1—拉坯辊；2—自由辊；3—矫直辊；4—机架；5—转臂；6—减速器；7—电机；8—液压缸

受压状态下矫直。通过控制可使铸坯内弧侧的拉应力减小甚至为零，从而能够实现带液芯铸坯的矫直，实现铸机的高拉速，提高铸机的生产能力。压缩浇铸无论在单辊拉矫机还是多辊拉矫机上都可应用。

2.2.7 引锭装置和铸坯切割装置

引锭装置包括引锭头、引锭杆和引锭杆存放装置。引锭杆是结晶器的活底，开浇前用它堵住结晶器下口；开浇后，结晶器内的钢水与引锭头凝结连在一起，经拉矫机的牵引，铸坯随引锭杆连续地从结晶器下口拉出，直到铸坯通过拉矫机，与引锭杆脱钩为止，引锭装置完成任务，铸机进入正常拉坯状态。引锭杆运至存放位置，留待下次浇铸时使用。

引锭杆的长度按其头部进入结晶器下口 150~200mm、尾部还留在拉辊之外 300~500mm 来计算。引锭杆由引锭头及引锭杆本体组成。

引锭头的形状与铸坯断面相同，送入结晶器内不能擦伤结晶器内壁，所以引锭头端面尺寸要稍小于结晶器下口，每边小 2~5mm。

引锭杆有挠性和刚性两种结构。挠性引锭杆一般制成链式结构。链式引锭杆又有长节距和短节距之分。

长节距引锭杆由若干节弧形链板铰接而成。引锭头和弧形链板的外弧半径等于连铸机的曲率半径。节距长度大于辊距长度，一般为 800~1200mm。引锭头做成钩状，在五辊拉矫机上能自动脱钩与铸坯分离，如图 2-18 所示。

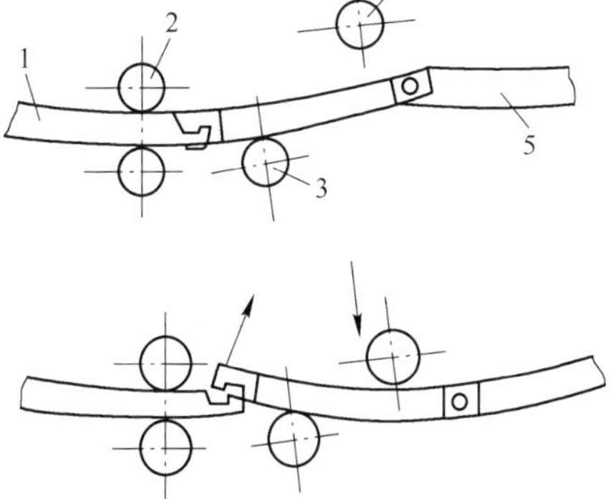

图 2-18 拉矫机脱锭示意图

1—铸坯；2—拉辊；3—下矫直辊；4—上矫直辊；5—长节距引锭杆

短节距链式引锭杆的节距长度小于辊距长度，约 200mm。短节距链式引锭杆如图 2-19 所示，适用于多辊拉矫机。短节距链式引锭杆节距短，加工方便，使用不易变形。

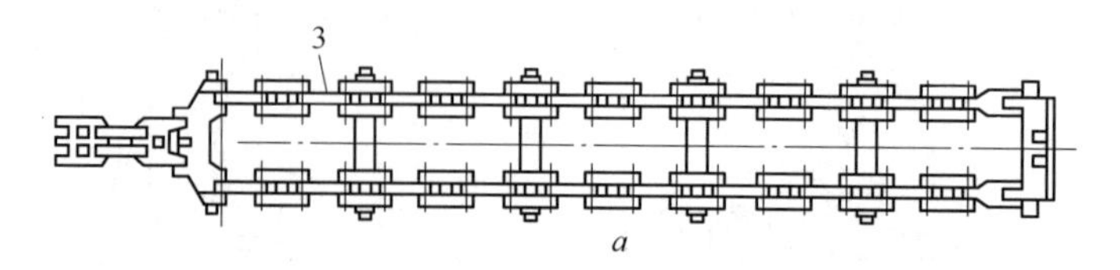

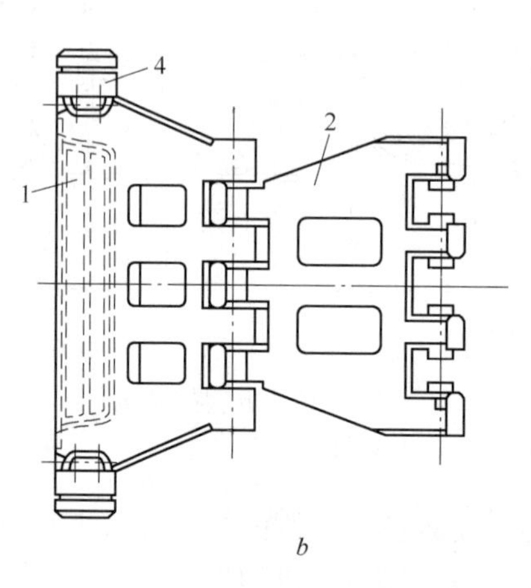

图 2-19　短节距链式引锭杆

a—引锭链；*b*—钩式引锭头

1—引锭头；2—接头链环；3—短节距链环；4—调宽块

刚性引锭杆实际上是一根带钩头的实心弧形钢棒，适用于小方坯连铸机。图 2-20 所示为罗可普小方坯连铸机使用的刚性引锭杆。

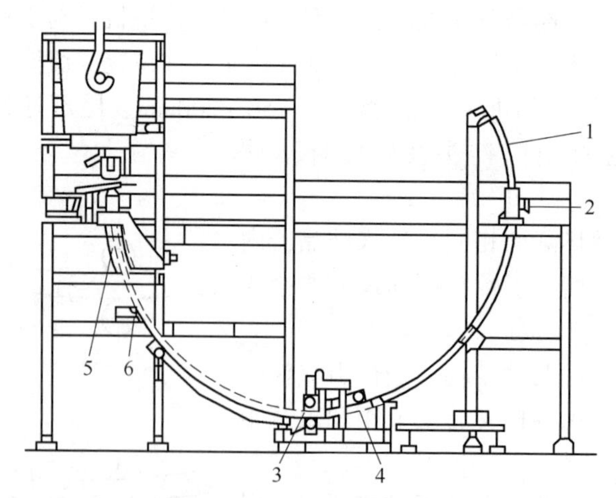

图 2-20　罗可普小方坯连铸机使用的刚性引锭杆

1—引锭杆；2—驱动装置；3—拉辊；4—矫直辊；5—二冷区；6—托坯辊

铸坯切割装置分火焰切割机和机械切割机两类：火焰切割机具有投资少、切割设备质量轻、切口平整、灵活的特点。但切口有金属消耗，铸坯收得率减少；机械切割机剪切速度快，无金属消耗，操作安全可靠。但设备质量大，切口不平整。

一般小方坯采用机械切割，大方坯、圆坯和板坯大多采用火焰切割。

参 考 文 献

[1] 王雅贞，张岩，等．新编连续铸钢工艺与设备［M］．北京：冶金工业出版社，2003.
[2] 潘毓淳．炼钢设备［M］．北京：冶金工业出版社，1992.
[3] 干勇．现代连续铸钢实用手册［M］．北京：冶金工业出版社，2010.
[4] 张晓明．实用连铸连轧技术［M］．北京：化学工业出版社，2008.
[5] 杨吉春．连续铸钢生产技术［M］．北京：化学工业出版社，2011.

3　连铸坯的热行为研究

连续铸钢是通过强制冷却，将高温的钢水释放大量的热量而凝固成为连铸坯，凝固传热贯穿在整个连铸过程中，由于这种放热过程是伴随着凝固进行，因此凝固传热比一般传热问题更为复杂。凝固过程中的传热强度直接决定了凝固速度，制约着铸坯的形成过程和物理化学性质的均匀程度，同时还影响着连铸设备的使用寿命。认识和掌握连铸凝固传热的规律性，对于连铸机的设计、连铸工艺的制订和连铸坯质量的控制都有重要意义。

3.1　连铸凝固传热过程及特点

3.1.1　连铸凝固传热的过程

通常可将连铸坯凝固传热过程划分为四个阶段：

(1) 高温钢水在结晶器中快速冷却，形成较薄的坯壳，坯壳在钢液静压力作用下产生变形，贴靠于结晶器内壁，坯壳与结晶器壁紧密接触，此时冷却较快，铸坯表面温度明显下降。

(2) 随着凝固壳厚度增加，铸坯逐渐收缩，坯壳与结晶器壁间产生气隙，导致铸坯冷却速度减慢。

(3) 当坯壳达到安全厚度后，铸坯从结晶器中拉出，在二冷区继续受到强制冷却，中心逐渐凝固。但由于铸坯表面温度下降快，铸坯中心温度显著高于表面温度。

(4) 铸坯在空气中较缓慢地冷却，铸坯中心的热量传导给外层使铸坯外层变热，表面温度回升。但随着时间的推移，整个铸坯断面上温度逐渐趋于均匀。

事实上，由于结晶器内气隙形成过程的不稳定以及二冷区内铸坯与夹辊和喷淋的冷却水交替接触，铸坯实际温度在一定范围内波动。

实际生产过程中连铸坯的温度变化曲线如图3-1所示。

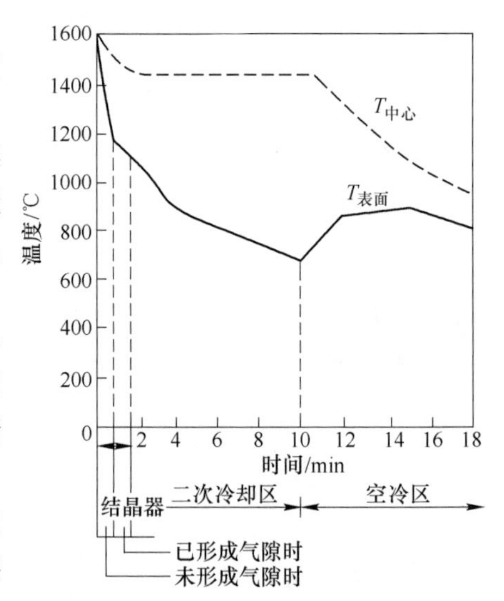

图 3-1　实际生产过程中连铸坯的温度变化曲线

3.1.2　连铸凝固传热特点

连铸坯的凝固实质上是一个复杂的传热过程，典型连铸坯凝固传热过程的热平衡见表3-1[1]。

表 3-1 典型连铸坯凝固传热过程的热平衡

断面、拉速与热量 / 项目	板坯，(200~245)mm×(1030~1730)mm；$v=1$m/min		扁坯，400mm×175mm；$v=0.6$m/min		小方坯，100mm×100mm；$v=3$m/min		方坯，144mm×144mm；$v=0.8$m/min	
	$kJ \cdot kg^{-1}$	%	$kJ \cdot kg^{-1}$	%	$kJ \cdot kg^{-1}$	%	$kJ \cdot kg^{-1}$	%
钢液带走	1340	100	1340	100	1340	100	1340	100
结晶器带走	63	4.7	287	21.4	138	10.3	214	16
二冷带走	314	23.3	363	27.1	226	16.8	308	23
切割前空冷带走	188	14	165	12.3	276	20.6	134	10
切割后空冷带走	775	58	525	39.2	699	52.3	684	51

从表 3-1 中可以看出，连铸坯凝固过程热平衡包括以下几方面内容：

(1) 从热平衡来看，钢水经过结晶器、二冷区、空冷区后，大约有 50%的热量释放后铸坯才能完全凝固，释放这部分热量的速度决定了铸机生产率和铸坯质量。铸坯切割成定尺后大约还有 50% 的热量，为了利用这部分热量和节约能源，现有连铸坯热装、连铸坯直接轧制工艺等新工艺应用。

(2) 由于高温钢水在结晶器内形成初生坯壳，通过结晶器散出的热量最高时可占总散热量的 20%左右。因此，保证结晶器有足够的冷却能力十分重要，它对初生坯壳的形成具有决定性的影响。增加结晶器水流量、降低进水温度、增加冷却水进出温差可在一定程度上增加结晶器冷却能力。但结晶器冷却能力也受到诸多因素的限制，当水缝面积一定时，增加流量需要提高流速来实现，而流速过高对水压和结晶器结构提出更严格的要求，并且当冷却水流速超过一定极限时，对改善传热影响很小，也不经济。

(3) 铸坯在被切割前，主要依靠结晶器和二次冷却系统散热，其中二冷区释放热量最多，占总热量的 16%~27%，这些热量绝大部分是由二冷水所吸收。由于二冷水量调节方便，它的冷却能力可以在很大范围内变化，坯壳在结晶器内形成后，控制二冷强度是使整个铸坯完全凝固的关键。

连铸是一个涉及凝固的复杂过程，其复杂性表现在四方面：

(1) 由于连铸坯凝固是在铸坯运行过程中，沿液相穴在凝固区逐渐将液体变为固体。因此，在固液交界面的糊状区存在一个凝固脆化区。一般将断面收缩率 $\psi=0$ 的温度，称为零塑性温度；将强度 $\sigma=0$ 的温度，称为零强度温度。一般来讲，零塑性温度和零强度温度之间的温度区间是一个裂纹敏感区，固-液交界面的糊状区晶体强度和塑性都非常小。有人认为，临界强度为 $1\sim3N/mm^2$，由变形至断裂的临界应变为 0.2%~0.4% ($\dot{\varepsilon}=1.3\times10^{-3}\sim1.6\times10^{-3}/s$)，当凝固坯壳受应力作用后变形超过上述临界值时，铸坯就在固-液交界面产生裂纹。铸坯在二冷区内产生线收缩，坯壳温度分布不均匀以及受其他机械力的作用等也易使铸坯产生裂纹。

(2) 铸坯从上向下运行，坯壳不断收缩，若铸坯冷却不均，会造成坯壳中温度分布不均匀，从而导致较大的热应力。

（3）液相穴中液体处于不断流动中，这对铸坯凝固结构、夹杂物分布、溶质元素的偏析和坯壳的均匀生长都有着重要的影响。

（4）从冶金方面看，坯壳在冷却过程中，随着温度的下降，坯壳发生相变，特别是在二冷区，坯壳温度的反复下降和回升，使铸坯组织发生变化，就相当于铸坯热处理过程。这也将影响溶质偏析和硫化物、氮化物在晶界的沉淀，从而影响钢的高温性能和铸坯质量。

3.2　结晶器传热与凝固

3.2.1　钢水在结晶器中的凝固过程

高温钢水在结晶器内形成具有一定厚度的坯壳，结晶器内初生坯壳的形成和生长具有如下一些特点[2]：

（1）高温钢水进入结晶器与铜板接触后，由于钢水表面张力和密度的缘故，在钢液上部形成一个较小半径的弯月面（见图 3-2）。在弯月面的根部，由于冷却速度较快（可达 100℃/s），初生坯壳迅速形成。随着钢水不断流入结晶器以及坯壳不断向下运动，新的初生坯壳连续不断地生成，已生成的坯壳厚度则不断增加。

（2）已经凝固的坯壳因发生 δ→γ 的相变，坯壳向内收缩，从而脱离结晶器铜板，在初生坯壳与结晶器铜板之间形成气隙，这样坯壳因得不到足够冷却而开始回热，强度降低，钢水静压力又将坯壳贴向铜板。

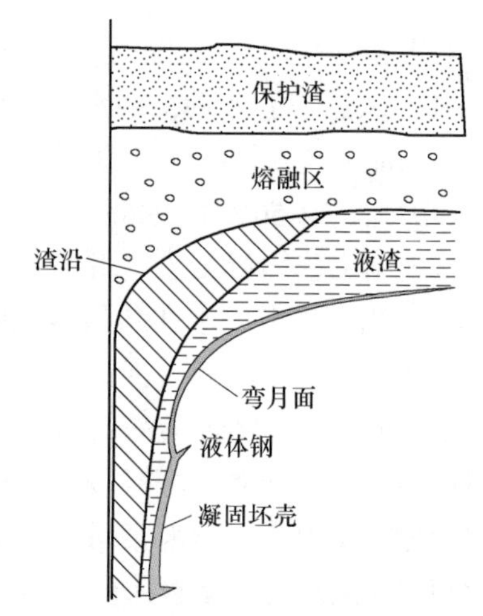

图 3-2　连铸板坯角部坯壳厚度示意图

（3）上述过程反复进行，直至坯壳离开结晶器。由于坯壳在结晶器内的生长是在上述反复的过程中进行的，坯壳的不均匀性总是存在的，大部分表面缺陷就是源于这个过程。

（4）由于结晶器角部的传热是二维的，因此，刚开始时这部分凝固最快，最早收缩，最早形成气隙；但是，钢水静压力更容易使铸坯的中部与铜板接触而消除气隙，所以在结晶器内后续的凝固过程中，角部的传热始终小于其他部位，导致角部区域坯壳最薄（见图 3-3），这也是产生角部裂纹和发生漏钢的原因所在。

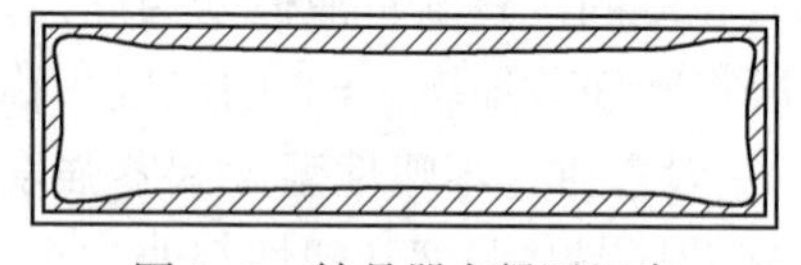
图 3-3　结晶器内凝固坯壳

根据钢水在结晶器中的凝固过程，可将结晶器内的传热划分为五个过程（见图 3-4）：

（1）钢水对初生坯壳的传热。在浇铸过程中，通过浸入式水口侧孔出来的高温钢水对初生的凝固坯壳形成强制对流运动，钢水的热量就这样传给了坯壳，这是一个强制对流传热过程。

（2）凝固坯壳内的传热。由于坯壳靠近钢水一侧的温度较高，而靠近铜板一侧的温度较低，这是单方向的传导传热，这个传热过程中的热阻取决于坯壳的厚度和钢的热导率。

(3) 凝固坯壳向结晶器铜板的传热。这一传热过程比较复杂，它取决于坯壳与钢板的接触状态。在气隙形成以前，即在靠近弯月面的下方，这一传热过程主要以传导方式为主，热阻主要取决于保护渣膜的热导率和厚度；而气隙形成后，界面的传热过程则以辐射和对流方式为主，当然，这时的热阻是整个结晶器传热过程中最大的。

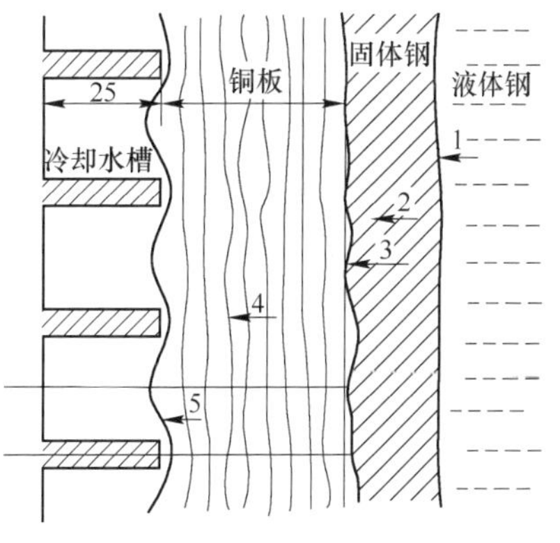

图 3-4 结晶器传热过程

(4) 结晶器铜板内部传热。这一过程也是一个典型的传导传热过程，其热阻取决于铜的热导率和铜板厚度。由于铜板具有良好的导热性，因此这一过程的热阻较小。

(5) 结晶器铜板对冷却水的传热。这是一个典型的强制对流传热过程，热量被通过水缝中高速流动的冷水带走，传热系数主要取决于冷却水的速度和流量。

3.2.2 结晶器传热量的计算

分析高温钢水在结晶器中的凝固过程，可以发现结晶器热阻可分为五类，即[2]：

(1) 高温钢水与凝固坯壳界面对流传热的热阻；

(2) 凝固坯壳传导传热的热阻；

(3) 凝固坯壳与结晶器界面热阻（包括气隙的辐射传热和对流传热）；

(4) 结晶器铜壁传导传热的热阻；

(5) 冷却水与铜壁对流传热的热阻。

在这五类热阻中，其中第一、第四、第五类热阻较小，而第二类热阻是随坯壳厚度的增加而变化的，最大的热阻是来自于坯壳与结晶器壁之间的气隙，气隙热阻占总热阻的80%以上，对结晶器传热起了决定性作用。但结晶器横断面气隙的形成是不均匀的。这主要是由于角部开始传热好，坯壳凝固最快，最早收缩，气隙首先形成，传热减慢，凝固也减慢；随着坯壳下移，气隙从角部扩展到中部，由于钢水静压力作用，结晶器中间部位气隙比角部小，因此角部坯壳最薄，是产生裂纹和拉漏的敏感部位。除保证结晶器内钢水形成足够的坯壳厚度外，还应尽量减轻坯壳厚度的不均匀性。因此，要合理设计结晶器，特别要注意如下几方面，即内腔形状和锥度合理、冷却水槽中水流分布均匀、保护渣合理、坯壳与结晶器之间的保护渣膜分布均匀、浇铸温度合理、水口设计合理并严格对中、结晶器液面稳定、防止结晶器变形等。

3.2.2.1 铸坯液芯与坯壳间的传热

高温钢水通过中间包水口注入结晶器内，钢流造成了钢水的复杂运动，过热的液芯与坯壳之间产生对流热交换，不断地把热量传给坯壳。实验数据表明：当钢水过热度为30℃时，两者的热流密度为30W/cm²，并且液芯与坯壳之间热流密度随钢水过热度的增高而加大。法国钢铁研究院等单位曾研究过这种热交换过程，并给出了计算液芯与坯壳之间传热系数的经验式：

$$h = \frac{2}{3}\rho cw \left(\frac{c\mu}{\lambda}\right)^{-\frac{2}{3}} \left(\frac{lw\rho}{\mu}\right)^{-\frac{1}{2}} \tag{3-1}$$

式中 h——液芯与坯壳的对流传热系数，W/(cm^2 · ℃)；

λ——钢水热导率，W/(cm · ℃)；

ρ——钢水的密度，g/cm^3；

μ——钢水的黏度，g/(s · m)；

l——传热处的结晶器高度，cm；

c——钢水的比热容，J/(g · ℃)；

w——钢水的流速，cm/s。

由于钢水的热对流，可以保证从液芯向坯壳传热的均匀性，导致钢水的过热度很快消失。因此，虽然可以忽略过热度对结晶器总热流的影响，但把过热度限制在一定范围内是很有必要的。

3.2.2.2 坯壳与结晶器间的传热

若忽略沿拉坯方向的传热，可以认为在凝固坯壳内的传热是单方向的，并且是垂直于拉坯方向。所以，坯壳对液芯过热量特别是二相区的凝固潜热向外传递构成了很大热阻。

当钢水注入结晶器时，除了在弯月面附近有很小面积的结晶器壁表面与过热钢水直接接触进行对流热交换之外，其余绝大部分结晶器壁表面是与凝固坯壳之间进行的固-固表面之间的热交换。根据接触条件的不同，可以把铸坯与结晶器表面接触的区域划分为三个不同的区域（见图 3-5）：

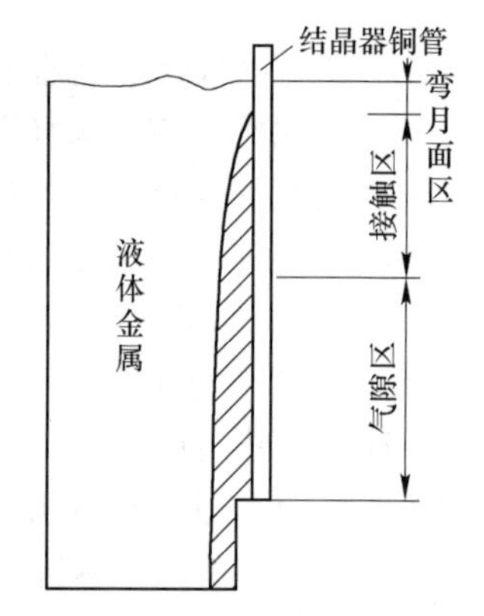

图 3-5 铸坯与结晶器表面接触的区域划分

（1）弯月面区。钢液与铜壁直接接触时，热流密度相当大，高达 150~200W/cm^2，这可使钢水迅速凝固成坯壳，冷却速度高达 100℃/s。

（2）接触区。在钢水静压力作用下，坯壳与铜壁紧密接触，两者以无界面热阻的方式进行导热热交换，此时导热效果比较好。

（3）气隙区。当坯壳凝固到一定厚度时，坯壳外表面温度的降低使坯壳开始收缩，因而在坯壳与铜壁之间形成气隙。在气隙中，坯壳与铜壁之间的热交换以辐射和对流方式进行。由于气隙造成了很大界面热阻，降低了热交换速率，因此坯壳在气隙处可出现回温膨胀，当抵抗不住钢水静压力时，坯壳重新紧贴到铜壁上，使气隙很快消失。气隙消失后，界面热阻也随之消失，导热量增加会使坯壳再度降温收缩，从而重新形成气隙，然后再消失、再形成，如此循环不已，导致坯壳与铜壁的接触表现为时断时续。实验表明，气隙一般都是以不连续的小面积形式分布在铜壁与坯壳之间，气隙出现的位置具有随机性。但统计结果表明，距弯月面越远，气隙出现得越多，气隙厚度也越大。所以，结晶器应具有一定倒锥度，以便减少气隙、增强结晶器冷却效果。

3.2.2.3 结晶器铜壁与冷却水之间的传热

在结晶器中，冷却水通过强制对流迅速将铜壁的热量带走，保证铜壁温度不至过高，使结晶器不发生永久变形。但铜壁与冷却水的界面状态对传热具有重要影响。结晶器铜壁与冷却水界面的热流曲线如图 3-6 所示。

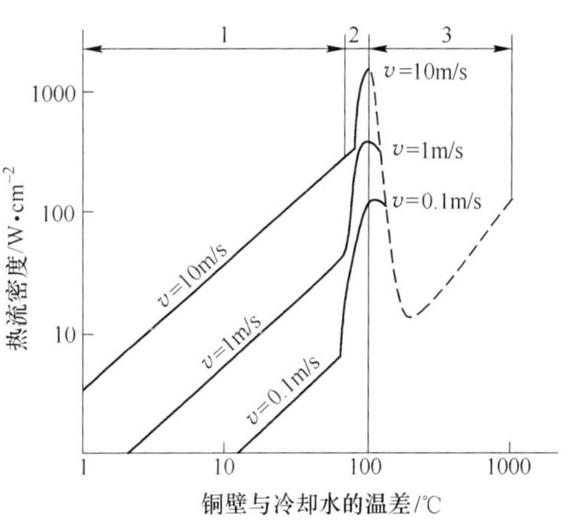

图 3-6 结晶器铜壁与冷却水界面的热流曲线

从图 3-6 中可以看出，结晶器铜壁与冷却水界面有三个传热区：

（1）强制对流传热区。热流与铜壁温度呈线性关系，可根据水缝中的流速和水缝形状计算对流传热系数：

$$\frac{h_e D_e}{\lambda_e} = 0.023\left(\frac{D_e v_e \rho_e}{\mu_e}\right)^{0.8}\left(\frac{c_e \mu_e}{\lambda_e}\right)^{0.4} \qquad (3-2)$$

式中 h_e——冷却水与铜壁对流传热系数；

D_e——水缝的当量直径；

λ_e——水的热导率；

v_e——水的流速；

μ_e——水的黏度；

c_e——水的比热容；

ρ_e——水的密度。

（2）核沸腾区。铜壁局部区域处于高温状态，靠近铜壁表面过热的水层中有水蒸气产生沸腾，当气泡离开铜壁表面在较冷的水流内凝结时产生搅动作用，加强结晶器与冷却水之间的热交换，此时传热不决定于水的流速，而主要决定于铜壁表面的过热、水压力和液体性能。热流由罗斯（Rohsenow）定律计算：

$$\frac{c_e(T - T_{sat})}{H_{fg}} = C_{sf}\left(\frac{q_b}{\mu_e H_{fg}}\left(\frac{\sigma}{g(\rho_e - \rho_v)}\right)^{0.5}\right)\left(\frac{c_e \mu_e}{\lambda_e}\right)^{s} \qquad (3-3)$$

式中 c_e——水的比热容；

C_{sf}——经验常数；

T_{sat}——水的饱和温度；

q_b——水的沸腾热流；

H_{fg}——水的蒸发潜热；

μ_e——水的黏度；

σ——水与蒸汽界面的表面张力；

ρ_e——水的密度；

ρ_v——蒸汽的密度；

g——重力加速度；

λ_e——水的热导率；

T——铜壁温度。

对于水与铜壁的情况：C_{sf}为 0.013；s 为 1.0。

（3）模态沸腾区。当热流超过极限值时，结晶器铜壁表面温度将突然升高，使结晶器发生永久变形，这对结晶器来说是不允许的。因此，在设计结晶器时，应保证得到第一种传热状态，而避免后两种传热方式。理论分析和实践证明，当水缝（一般为 5mm）中水的流速大于 6m/s 时就可避免水的沸腾，保证良好的传热。同时应控制好结晶器进出水的温度差，一般控制为 5~6℃，不能超过 10℃。

3.2.3 影响结晶器传热的因素

影响结晶器传热的因素有拉速、钢水成分、钢水过热度、保护渣、冷却水流速等[2,3]。下面具体进行介绍。

3.2.3.1 拉速

拉速与结晶器平均热流密度以及坯壳厚度的关系曲线分别如图 3-7 和图 3-8 所示。从图中可以看出：拉速增加，结晶器导出热流增加、结晶器铜板热面温度升高；但拉速增加，钢水在结晶器停留时间减少了，结晶器内单位重量钢水放出的凝固潜热减少，导致出结晶器坯壳厚度减薄。一般来讲，拉速增加 10%，出结晶器坯壳厚度约减少 5%。

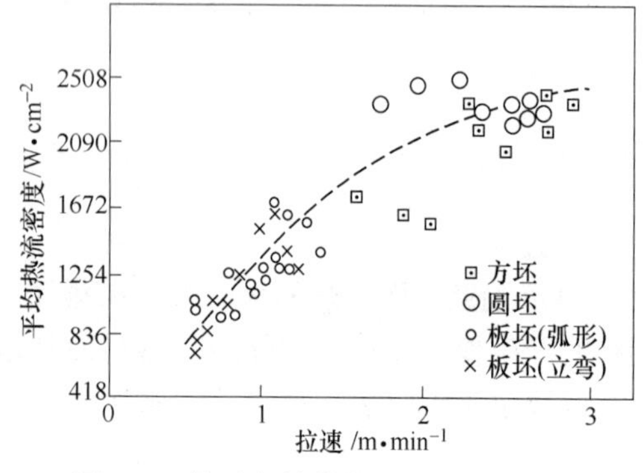

图 3-7 拉速与结晶器平均热流的关系

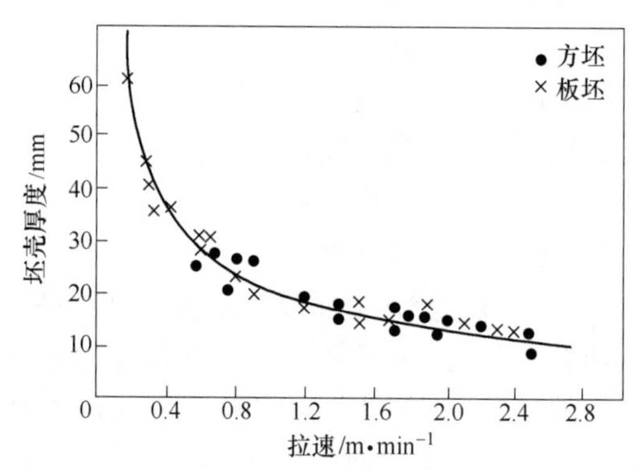

图 3-8 拉速与结晶器坯壳厚度的关系

3.2.3.2 钢水成分

研究表明，钢水含碳量对连铸的实际操作的影响非常大，钢水含碳量对结晶器平均传热的影响如图 3-9 所示。从图 3-9 中可以看出：当钢中含碳量在 0.1%左右时，热流值最小，结晶器铜壁温度波动较大，甚至高达 100℃，观察漏钢坯壳得出，凝固坯壳最薄，坯壳内表面有褶皱，外表面粗糙甚至有凹陷。随着含碳量的增加，当［C］>0.15%左右时，结晶器导出热流增大，坯壳褶皱减轻；当［C］>0.25%左右时，热流基本不变，坯壳表面趋于平滑，坯壳厚度均匀。

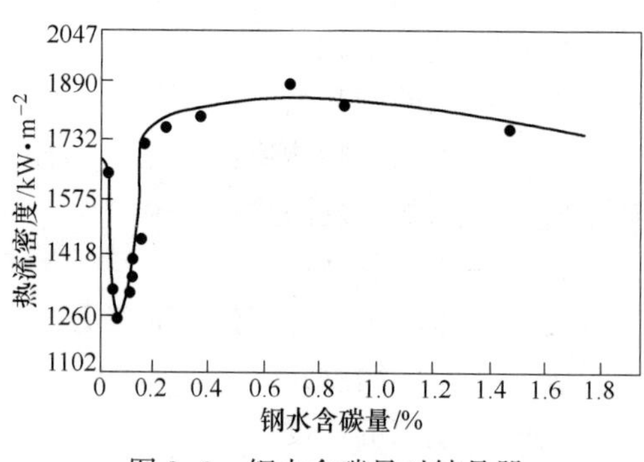

图 3-9 钢水含碳量对结晶器热流密度的影响

3.2.3.3 钢水过热度

钢水的过热度与结晶器热流基本无关，对结晶器铜板的温度影响很小。但过热度增加，铸流使初生坯壳冲击点处减薄，增加了坯壳厚度的不均匀性，且出结晶器坯壳温度有所增加，降低了高温坯壳强度，增加了漏钢概率，所以应把钢水过热度控制在合适的范围内。

3.2.3.4 保护渣

用保护渣进行润滑时，保护渣在结晶器钢水面上形成液渣层，由于结晶器振动，液渣从弯月面渗漏到坯壳与铜壁之间的气隙处，形成均匀渣膜，起润滑作用。实测表明：渣膜导热系数比气隙的导热系数大 13 倍左右，从而明显改善结晶器的传热，使坯壳均匀生长，形成足够厚的坯壳，防止热裂纹的产生。不同类型保护渣对结晶器导出热量的影响如图 3-10 所示。从图 3-10 中可以看出：拉速一定时，使用不同类型的保护渣从结晶器导出的热量有明显的差别。这与坯壳与铜板间液渣渗漏渣膜均匀性有关，而渣膜的均匀性决定于液渣层厚度和渣子的黏度。因此有人认为，拉速 v 与黏度 η 的乘积在 0.10~0.35Pa·s·m/min 之间为合适值，此时液渣渣膜均匀，坯壳与铜板壁润滑良好。同时，坯壳与铜板间渣膜的稳定性决定了铜板温度的均匀性。

3.2.3.5 冷却水流速

冷却水流速对结晶器传热影响如图 3-11 所示。

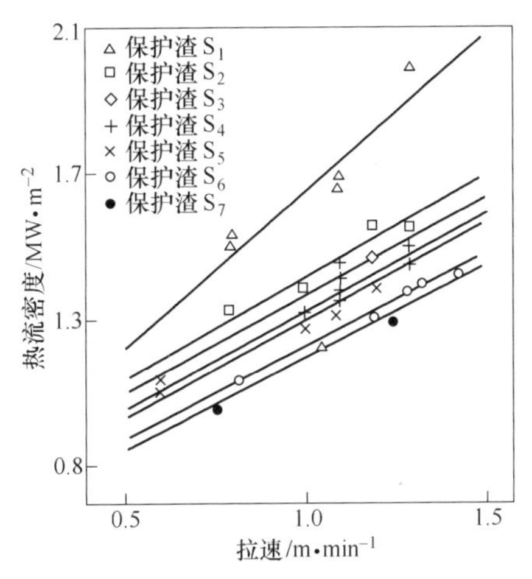

图 3-10 不同类型保护渣对结晶器导出热量的影响

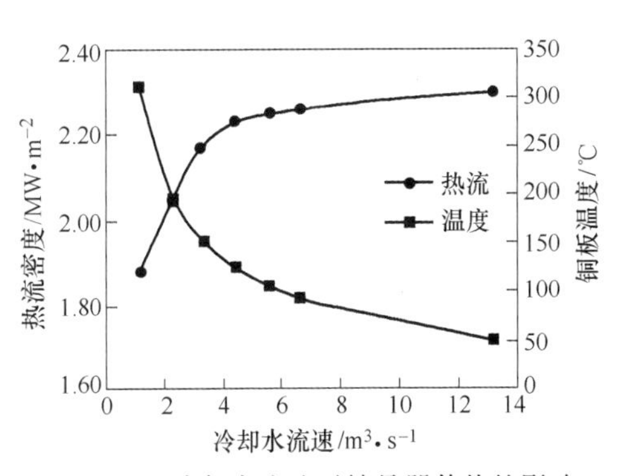

图 3-11 冷却水流速对结晶器传热的影响

由图 3-11 可以看出：

(1) 随着冷却水量的增加，水槽中水流的流速也相应增加，导出热量增大；但当冷却水流速从 6.0m/s 增加到 13.2m/s 时，热流密度仅从 2.25MW/m^2 增加到 2.29MW/m^2，只增加 1.8%。即当流速增加到一定程度后，再增加水量对带走热量影响不大。有的试验研究指出：冷却水流速从 6m/s 增加到 12m/s，带走热量增加量有限，但结晶器冷却系统阻力却增加 4 倍。

(2) 当冷却水流速小于 4m/s 时，铜板冷面温度将超过 100℃，可能会处于核态沸腾状态；但当冷却水流速大于 6m/s 时，铜板冷面温度将低于 100℃，处于强制对流状态。

3.2.3.6 结晶器铜板厚度

板坯结晶器铜板厚度包括冷却水槽深度和铜板有效厚度（承受温度梯度）两部分。铜板厚度选择决定于结晶器热流和铜板的工作温度。从铜板承受的热流强度来看，在弯月面区热面铜板温度不应超过铜再结晶温度，冷面水槽温度不应超过 100℃。因此，铜板厚度的选择应与结晶器热流强度和铜板温度相适应。

3.2.3.7 铜板表面状况

若将铜板热面设计成有一定深度的刻槽或波浪形，传热面积将增加8%~9%，这将有利于改善传热、减少气隙，以及坯壳均匀生长。但铜板冷面水槽内如有灰白色沉淀物（$CaCO_3$）或黑色的沉积物（铁质、生物质），会明显降低传热效果。分析表明，若冷面水槽内的水垢厚度为0.05~0.1mm时，由于水垢的导热性很差（$\lambda=2.2W/(m\cdot℃)$），将导致热流降低，热面铜板温度升高约100℃，从而使铜板表面产生热裂纹，降低使用寿命。因此，必须重视结晶器的冷却水质监控。

3.2.3.8 结晶器铜板水槽尺寸

结晶器是一个高热负荷的换热器。结晶器铜板冷却系统设置要使整个结晶器周边热负荷均匀一致，为此在铜板冷面刻有均匀分布的不同尺寸的水槽。铜板水槽尺寸（深×宽）对控制铜板热面温度非常重要。不同水槽尺寸铜板从热面到冷面铜板的温度场分布示意图如图3-12所示。由图可以看出：要得到良好的结晶器传热状态，应该保证：

（1）铜板厚度上温度分布要均匀，不应有热积累；

（2）水槽间距越大，水槽越深，铜板温度分布越不均匀；

（3）水槽内应保持强制对流传热。

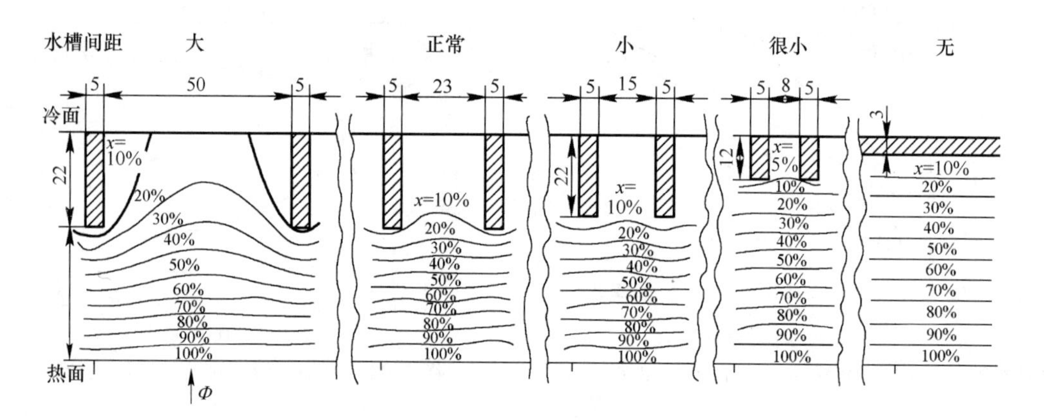

图3-12 铜板厚度等温线分布

研究表明：为了提高结晶器铜板寿命和铸坯表面质量，应该对铜板水槽尺寸和间距进行优化设计，获得均匀传热效果。

3.2.3.9 结晶器锥度

铜壁与坯壳间产生气隙，会使传热不均匀，导致坯壳生长厚度不均匀，容易形成表面缺陷或裂纹，故应设置一个倒锥度以补偿凝固坯壳的收缩。结晶器锥度太小，坯壳易鼓胀；锥度太大，坯壳与结晶器铜板摩擦力增加。结晶器锥度与热流关系如图3-13所示。因此，应根据钢种、铸坯宽面和拉速来选择结晶器锥度。

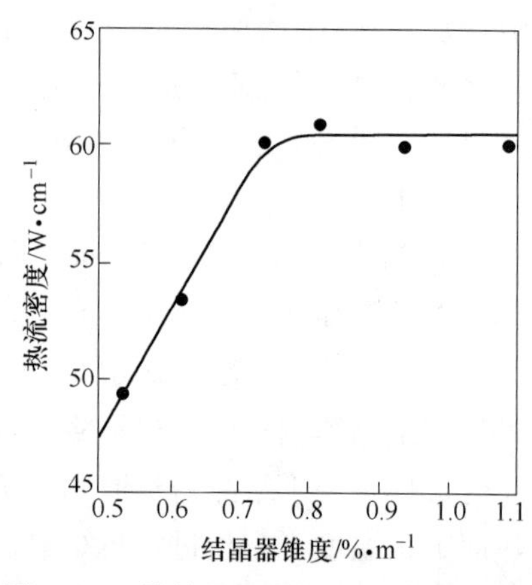

图3-13 结晶器锥度与热流密度的关系

3.2.3.10 结晶器长度

在连铸发展历史上，由于对结晶器产生气隙的认识不同，结晶器长度的选择曾出现过两种观点：长结晶器长度为1.2m；短结晶器长度为0.4m。分析表明：结晶器长度应随拉速增加而有所加长，以保证出结晶器的坯壳厚度稳定而不漏钢。目前传统板坯和方坯结晶器长度一般为0.7~0.9m，CSP高拉速连铸结晶器长度一般为1.0~1.2m。

3.2.4 结晶器冷却强度与坯壳厚度的关系

在连铸过程中，钢水进入结晶器后，在水冷结晶器壁上凝固成坯壳。但在铸坯未凝固部分则有注入的钢流造成钢液运动，钢流对坯壳有冲刷作用，因此会使坯壳减薄，且在钢水静压力作用下形成纵裂和漏钢。另外，铸坯被拉出结晶器后，进入二冷区还要承受一定的热应力与机械应力，如果坯壳强度过低往往会发生漏钢事故，因为钢在凝固点附近强度很低，其强度极限仅为0.2~0.4MPa。所以，必须保证坯壳具有一定的厚度。而坯壳厚度与结晶器的冷却强度和拉坯速度有直接的关系。由于现代连铸机的拉坯速度不断提高，这就必须使结晶器具有足够的冷却速度。

在结晶器弯月面形成初生坯壳，随着铸坯向下运动，凝固坯壳厚度继续生长。凝固坯壳厚度的增长服从凝固定律：

$$E = K\sqrt{t} - c \tag{3-4}$$

或

$$E = K\sqrt{t} \tag{3-5}$$

式中 E——凝固坯壳厚度，mm；

K——凝固系数，mm/min$^{1/2}$；

t——凝固时间，min。

式（3-4）中，c值是由于考虑钢水凝固受过热度的影响。过热度高使坯壳生长推迟，凝固坯壳厚度减薄。钢水过热度为20~30℃时，c值可忽略。

从理论上可导出K值：

$$K = \sqrt{\frac{2\lambda_m}{L_f\rho}(T_s - T_0)} \tag{3-6}$$

式中 λ_m——凝固坯壳导热系数，W/(m·K)；

L_f——钢水的凝固潜热，kJ/kg；

ρ——钢水密度，kg/m^3；

T_s——钢水的固相线温度，℃；

T_0——凝固坯壳表面温度，℃。

由式（3-6）可知，K值决定于钢本身热物理性能。在弯月面凝固刚开始时（$t=0$、$E=0$），钢水温度为液相线温度。随着凝固继续进行，坯壳增厚，K值也增加。

结晶器凝固坯壳生长是与结晶器导出热量直接相关的。生产统计表明，结晶器热流与钢水在结晶器停留时间有关，其关系为[3]：

传统板坯：
$$Q_m = 7.3t_m^{-0.5} \tag{3-7}$$

薄板坯：
$$Q_m = 9.5t_m^{-0.5} \tag{3-8}$$

结晶器导出热流促使凝固坯壳生长，出结晶器坯壳厚度与结晶器热流关系为：

$$E_{m} = 4.55Q_{0}^{-0.5} \tag{3-9}$$

$$Q_{0} = Q_{m}\frac{t_{m}}{3.6} \tag{3-10}$$

式中 Q_m——结晶器热流密度，MW/m²；

t_m——钢水在结晶器停留时间，s；

E_m——出结晶器坯壳厚度，mm。

由结晶器导出热流可以计算出结晶器凝固坯壳厚度。

在上面的计算出结晶器坯壳厚度的公式中，一般都忽略了坯壳生长过程中释放的凝固潜热以及未凝固的钢水对坯壳的冲刷作用。所以钢水与冷却水之间的传热计算是不够准确的；另外，对坯壳厚度的计算只能用凝固平方根定律进行近似的估算，而且凝固系数一般只能通过实验来确定。

为了较为准确地计算出坯壳在结晶器任一水平层的厚度，可以根据斯蒂芬凝固定律，通过分析钢水与结晶器冷却水之间的传热关系，推导出了坯壳厚度与结晶器冷却强度及拉坯速度的关系。在计算中，以钢水弯月面处为原点，拉坯方向为 z 轴正向，计算示意图如图 3-14 所示，坯壳厚度的计算公式为：

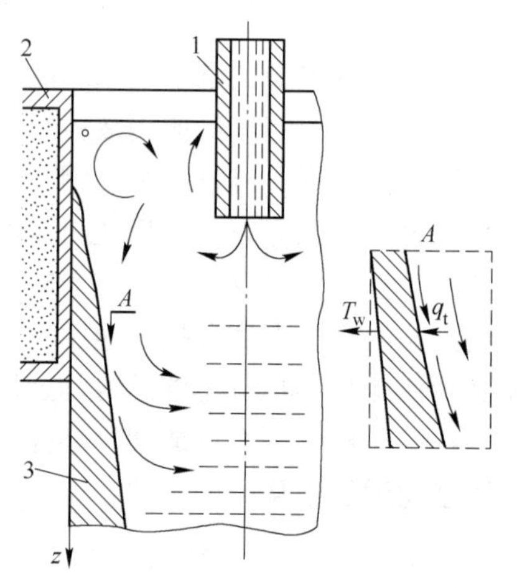

图 3-14 铸坯中的热流示意图

1—浸入式水口；2—结晶器；3—铸坯

$$e(z) = \frac{z}{\rho L v}\left(\frac{cI}{A}\Delta T_{w} - 2h_{t}\Delta T_{t}\right) \tag{3-11}$$

式中 e——坯壳厚度；

ρ——钢水的密度；

L——钢水的凝固潜热；

v——拉坯速度；

c——钢水的比热容；

I——冷却水的流量；

ΔT_w——冷却水的进出口温差；

A——结晶器的有效换热面积；

ΔT_t——钢水与固相线的温度差（过热度）。

利用式（3-11）计算出结晶器口的坯壳厚度，尽管计算精度有所提高，但仍然存在较大的计算误差。为了准确模拟铸坯出结晶器的厚度，现在普遍采用的方法是通过模拟铸坯离开结晶器后的温度场来模拟计算铸坯厚度。如某厂车轮钢断面直径为 ϕ450mm 的圆坯在结晶器出口的温度场如图 3-15 所示[4]，结晶器出口铸坯坯壳厚度为 19mm；某厂材质为 Q235 的 1900mm×250mm 板坯[5]在过热度为 25℃，拉速为 1.5m/min，比水量为 1.184L/kg 的工况条件下的结晶器出口温度场如图 3-16 所示，结晶器出口铸坯中部坯壳厚度约为 18.4mm。

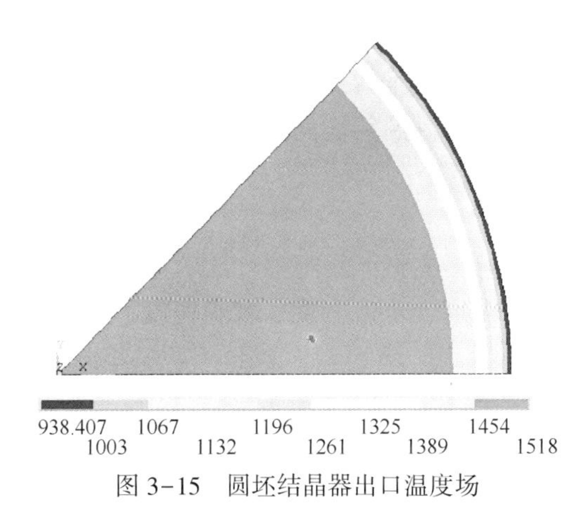

图 3-15 圆坯结晶器出口温度场

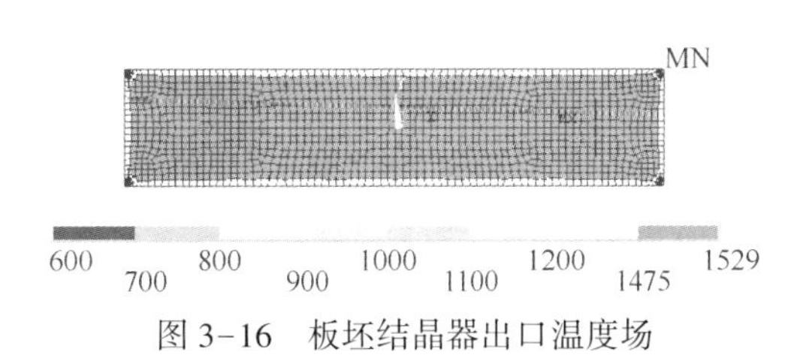

图 3-16 板坯结晶器出口温度场

3.3 二冷区的传热与凝固

从结晶器拉出来的铸坯凝固成一个薄的外壳，而中心仍为高温钢水。由于铸坯凝固速度比拉坯速度慢很多，随着浇铸的进行，铸坯内形成一个很长的液相穴。为使铸坯继续凝固，从结晶器出口到拉矫机前的一定范围内设置二冷区，在该区向铸坯表面喷射雾化水滴进行冷却，同时，该区按弧形排列的辊子对铸坯起到支承铸坯和导向作用。二冷区冷却的好坏对铸机产量和铸坯质量都有很大影响。因此，对二冷区的冷却要求是：(1) 冷却效率要高，以加速热量的传递；(2) 喷水量合适，使铸坯表面温度分布均匀；(3) 铸坯在矫直前尽可能完全凝固；(4) 矫直时铸坯表面温度应大于900℃；(5) 有良好的铸坯表面和内部质量。

3.3.1 二冷区的传热

根据铸坯凝固热平衡的测定计算，二次冷却区带走的热量占总热量的23%~28%。二冷区铸坯表面热量传递方式根据连铸机的类型和操作条件不同可能有很大的区别，一般包括以下方式[6]：(1) 纯辐射，占25%；(2) 喷雾水滴蒸发，占33%；(3) 喷淋水加热，占25%；(4) 辊子与铸坯的接触传导，占17%。

对小方坯二冷区主要是 (1) 和 (2) 两种传热方式，而对板坯和大方坯则有上述四种传热方式。工艺、设备条件一定时，辐射传热和支承辊的传热基本变化不大，占主导地位的还是喷雾水滴与铸坯表面之间的热交换。水滴与铸坯表面之间的传热是一个复杂的传热过程，它受喷水强度，铸坯表面状态（表面温度、氧化铁皮），冷却水温度和水滴运动速度等多种因素影响。可用对流传热方程来描述这一传热过程：

$$\Phi = h(T_b - T_w) \tag{3-12}$$

式中 Φ——热流，W/m^2；

h——传热系数，$W/(m^2 \cdot K)$；

T_b——铸坯表面温度，K；

T_w——冷却水温度，K。

实际上热流与铸坯表面温度不呈线性关系，说明二冷区铸坯传热除 T_b、T_w 有影响外，还受上述提到的其他因素的影响，总的传热效果可归结到传热系数 h 上。因此，要提高二冷区冷却效率就是要得到较高的 h 值；要得到良好的铸坯质量就是要得到二冷区铸坯合理的 h 值分布。在连铸工艺确定的条件下，了解喷雾水滴与高温铸坯间的传热系数，是设计合理的二冷制度的基础。

3.3.2　影响二冷区传热的因素

影响二冷区传热的因素很多，主要包括铸坯表面温度、水流密度、水滴速度、水滴直径、喷嘴使用状态、铸坯表面状态等[1,6]。

3.3.2.1　铸坯表面温度

铸坯表面温度与热流密度的关系如图 3-17 所示。

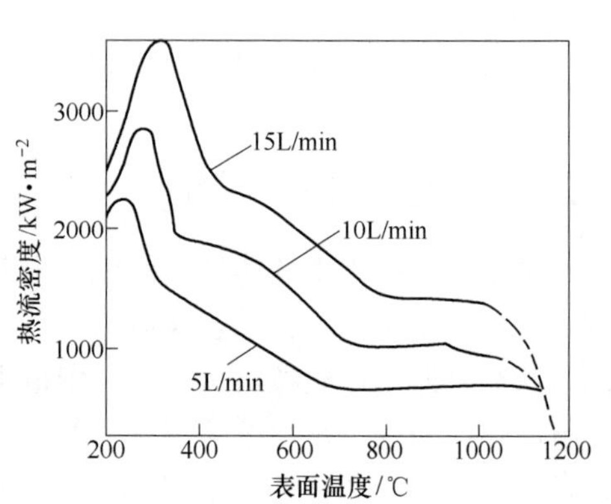

图 3-17　铸坯表面温度与热流密度的关系

由图 3-17 可以看出，热流密度与表面温度呈非直线关系，具体表现为：

（1）T_s<300℃，热流密度随 T_s 增加而增加，此时水滴润湿高温表面为对流传热；

（2）300℃<T_s<800℃，随温度提高热流密度下降，在高温表面有蒸汽膜，呈核态沸腾状态；

（3）T_s>800℃，热流密度几乎与铸坯表面温度无关，甚至呈下降趋势，这是由于高温铸坯表面形成稳定蒸汽膜阻止水滴与铸坯接触。

事实上，二冷区铸坯表面温度在 1000~1200℃之间，因此应改善喷雾水滴状况来提高传热效率。

3.3.2.2　水流密度

水流密度是指铸坯在单位时间、单位面积上所接受的冷却水量。试验表明，水流密度增加，传热系数增大，从铸坯表面带走的热量也增多。传热系数 h 与水流密度 W 的关系可由经验公式表示：

$$h = AW^n \tag{3-13}$$

不同研究者所得的公式，由于试验条件不同有所差异，也有表示为：

$$h = AW^n(1 - bT_w) \tag{3-14}$$

式中　A，n，b——不同的常数；

T_w——冷却水温度，℃；

W——水流密度，L/(m^2 · s)；

h——传热系数，W/(m^2 · ℃)。

常用的 h 与 W 的经验公式有以下几种形式：

（1）菲格洛（Phiguro）：

$$h = 0.581W^{0.541}(1 - 0.0075T_w) \tag{3-15}$$

（2）佐佐木（Sasaki）：

$$h = 708W^{0.75}T_b^{-1.2} + 0.116 \quad (W<41.7\text{L/(m}^2\cdot\text{s)},\ 700℃<T_b<1200℃) \tag{3-16}$$

式中 T_b——铸坯表面温度，℃。

(3) 岛田 (Shimada)：

$$h = 1.57W^{0.55}(1 - 0.0075T_w) \tag{3-17}$$

(4) 穆勒 (Müller)：

$$h = 82W^{0.75}v_s^{0.4} \tag{3-18}$$

式中 v_s——水滴速度，m/s。

(5) 波尔 (Bolle)：

$$h=0.423W^{0.556} \quad (1L/(m^2 \cdot s)<W<7L/(m^2 \cdot s),\ 627℃<T_b<927℃) \tag{3-19}$$

$$h=0.36W^{0.556} \quad (0.8L/(m^2 \cdot s)<W<2.5L/(m^2 \cdot s),\ 727℃<T_b<1027℃) \tag{3-20}$$

对于气-水喷嘴则有：

$$h = 0.35W + 0.13 \tag{3-21}$$

(6) 卡斯特尔 (Kaestle)：

$$h = 0.165W^{0.75} \tag{3-22}$$

虽然各研究者的试验条件有所差异，但在一定范围内所得的结果还是比较接近的。

3.3.2.3 水滴速度

水滴速度取决于喷水压力、喷嘴孔径、喷嘴形状和水的清洁度。水滴速度增加，穿透蒸汽膜到达铸坯表面的水滴数增加，从而提高了传热效率。水滴速度为 6m/s、8m/s、10m/s 时，冷却效率分别为 12%、17%、23%。

由伯努利理论导出水滴从喷嘴出口处的速度 v_0：

$$v_0 = \sqrt{\frac{(p_1 - p_0)\dfrac{2}{\rho_w} + \left(\dfrac{Q}{15\pi D^2}\right)}{1 + \xi}} \tag{3-23}$$

式中 v_0——喷嘴出口处的水滴速度，m/s；

p_1——喷水压力，Pa；

p_0——大气压，Pa；

ρ_w——水滴密度，kg/m³；

Q——水流量，m³/s；

D——喷嘴前水管直径，m；

ξ——阻力系数。

水滴在空气中的运动状态处于牛顿阻力区（雷诺系数 $Re>500$），水滴喷到铸坯表面的速度由式（3-24）确定：

$$v_t = v_0\exp\left[-0.33\left(\frac{\rho_a}{\rho_w}\right)\frac{S}{d}\right] \tag{3-24}$$

式中 v_t——水滴喷到铸坯表面的速度，m/s；

v_0——喷嘴出口处的水滴速度，m/s；

ρ_a——空气密度，kg/m³；

ρ_w——水滴密度，kg/m³；

d——水滴直径，m；

S——喷嘴出口至铸坯表面距离，m。

3.3.2.4 水滴直径

水滴直径的大小是雾化程度的标志，水滴直径越小，单位体积内水滴个数就越多，雾化越好，这有利于均匀地冷却铸坯，提高传热效率。水滴的平均直径为：压力水喷嘴，200~600μm；气-水喷嘴，20~60μm。水滴越细，传热系数越高。

3.3.2.5 喷嘴使用状态

喷嘴堵塞、喷嘴安装位置、喷嘴新旧程度等对铸坯传热也有重要影响，因此要注意二冷水质处理和定期检修。

3.3.2.6 铸坯表面状态

对碳钢表面生成 FeO 的试验表明，用氩气保护加热碳钢，FeO 生成量为 0.08kg/m²；而在空气中加热，FeO 生成量为 1.12kg/m²，表面有氧化铁的传热系数比无氧化铁要低 13%。使用气-水喷嘴，由于吹入的空气使铁鳞容易剥落，提高了冷却效率。

3.3.3 二冷区坯壳的生长

二冷区的喷水冷却加快了铸坯的凝固速度，根据液相穴凝固前沿释放的凝固潜热等于凝固壳的传导传热原理，可得下式[1]：

$$e_m = \frac{2\lambda_m(T_a - T_b)}{\rho L_f}\sqrt{t} \tag{3-25}$$

$$e_m = K\sqrt{t} \tag{3-26}$$

式中 e_m——坯壳厚度，mm；

λ_m——钢水的热导率，W/(m · K)；

ρ——钢水的密度，kg/m³；

L_f——凝固潜热，kJ/kg；

T_a——凝固前沿温度，℃；

T_b——铸坯表面温度，℃；

t——凝固时间，min；

K——凝固系数，mm/min$^{1/2}$。

由上式可知，二冷区坯壳的生长服从平方根定律。由于水直接喷射到铸坯表面上，冷却强度较大，凝固速度较快，因此坯壳生长厚度与二冷水量有关。

经典计算与实际存在一定误差，为了提高计算精度，现在多采用有限元分析等现代计算方法。

3.4 连铸坯凝固传热的数学模型

3.4.1 凝固传热微分方程

连铸坯冷却是传导、对流、辐射同时存在并伴随有相变的三维瞬态传热过程，其传热微分方程可以表示为[2]：

$$\rho c_p \frac{\partial t}{\partial \tau} = \frac{\partial}{\partial x}\left(\lambda \frac{\partial t}{\partial x}\right) + \frac{\partial}{\partial y}\left(\lambda \frac{\partial t}{\partial y}\right) + \frac{\partial}{\partial z}\left(\lambda \frac{\partial t}{\partial z}\right) + Q \tag{3-27}$$

在模拟铸坯的凝固过程中做如下假设：

(1) 铸坯凝固过程，内部存在固相区、液相区和固液糊状区三个区域；

(2) 计算不考虑偏析的影响；

(3) 忽略拉坯方向上的纵向传热。

经理论计算，垂直方向散热量占总散热量的3%~6%，因此可以把三维传热模型简化为二维传热模型。温度场的计算可以在铸坯横截面的二维平面上进行。传热为二维非稳态传热，传热方程简化为：

$$\rho c_p \frac{\partial t}{\partial \tau} = \frac{\partial}{\partial x}\left(\lambda \frac{\partial t}{\partial x}\right) + \frac{\partial}{\partial y}\left(\lambda \frac{\partial t}{\partial y}\right) + Q \tag{3-28}$$

由于在连铸过程中存在两相区，因此对式（3-28）进行处理可得：

(1) 在固相区和液相区可用式（3-29）计算：

$$\rho c_p \frac{\partial t}{\partial \tau} = \frac{\partial}{\partial x}\left(\lambda \frac{\partial t}{\partial x}\right) + \frac{\partial}{\partial y}\left(\lambda \frac{\partial t}{\partial y}\right) \tag{3-29}$$

铸坯在固相区和液相区有完全相同的凝固方程，唯一不同的是其导热系数不同，液相区的导热系数一般为固相区的4~7倍。在固相区和液相区都不考虑相变潜热，因为在铸坯的凝固过程中，相变潜热与凝固潜热相比小得多，所以方程内热源 Q 等于零。

(2) 在固液两相区采用等效比热容的方式，物性参数随着温度的不同而不同，即：

$$\rho c_{\mathrm{eff}} \frac{\partial t}{\partial \tau} = \frac{\partial}{\partial x}\left(\lambda_{\mathrm{ls}} \frac{\partial t}{\partial x}\right) + \frac{\partial}{\partial y}\left(\lambda_{\mathrm{ls}} \frac{\partial t}{\partial y}\right) \tag{3-30}$$

式中 c_{eff}——等价比热容，J/(kg · K)；

λ_{ls}——固液两相区的导热系数，W/(m · K)；

ρ——固液两相区的密度，kg/m^3。

在讨论固液两相区传热时，由于固液两相区有凝固潜热的释放，因此存在微元体内单位时间生成热量 Q，即传热微分方程的内热源 Q 不等于零。对于凝固潜热的处理一般可采取热焓法、等效比热法、温度补偿法。

3.4.2 初始条件及边界条件的确定

3.4.2.1 初始条件

以铸坯的浇铸温度为初始条件，二冷区的初始温度为铸坯出结晶器时的温度场，通常取浇铸温度为1540℃，即 $t=0$ 时，$T=1540$℃。

3.4.2.2 边界条件[2,4,5]

A 结晶器内传热计算

钢水在结晶器中冷却时，钢水传给结晶器铜板的热量被高速流动的冷却水带走，并形成足够厚度的坯壳。坯壳厚度以不发生漏钢，且出结晶器后足以抵抗钢水静压力的作用为原则。实际上，结晶器传出的热量就等于冷却水带走的热量。根据这一热平衡关系，即可计算出结晶器散热的平均热流密度为：

$$\bar{q} = \frac{Q_{\mathrm{w}} c_{\mathrm{w}} \Delta T_{\mathrm{w}}}{F} \tag{3-31}$$

式中　$\bar{q}$——平均热流密度；

Q_w——冷却水流量；

c_w——水的比热容；

ΔT_w——结晶器进出水温差；

F——结晶器有效受热面积。

B　二冷区传热计算

从结晶器拉出来的铸坯只有一个薄的外壳，其中心仍为高温液体，在二冷区要对铸坯表面实施喷水或气雾冷却，以使铸坯继续散热、凝固。

水滴与铸坯表面之间的传热是一个复杂的传热过程，它受喷水强度，铸坯表面状态（表面温度、氧化铁皮），冷却水温度和水滴运动速度等多种因素影响。

C　空冷区传热计算

出二冷区以后，铸坯在空气中冷却，热量主要以辐射方式散失，铸坯内外温度很快趋于均匀，随后逐渐降低。

在此区内，铸坯表面被空气冷却时，除了自然对流以外，主要靠辐射向外散热，其热流密度可表示为：

$$q = \varepsilon\sigma\left[\left(\frac{T_b}{100}\right)^4 - \left(\frac{T_w}{100}\right)^4\right] \tag{3-32}$$

式中　ε——铸坯的黑度系数，取 0.7~0.8；

σ——斯忒藩-玻耳兹曼常数，$\sigma = 5.67\times10^{-8}\,\mathrm{W/(m^2\cdot K^4)}$。

对于铸坯截面不同位置的加载条件可以表示如下：

（1）铸坯中心：

$$-\lambda\frac{\partial T}{\partial x}\bigg|_{x=0} = 0 \tag{3-33}$$

对于铸坯的中心位置传热边界，可以认为是绝热边界。

（2）铸坯表面：

$$-\lambda\frac{\partial T}{\partial y}\bigg|_{y=-\frac{H}{2}} = q_1 \tag{3-34}$$

$$-\lambda\frac{\partial T}{\partial y}\bigg|_{y=-\frac{H}{2}} = q_2 \tag{3-35}$$

$$-\lambda\frac{\partial T}{\partial x}\bigg|_{x=-\frac{D}{2}} = q_3 \tag{3-36}$$

式中　H，D——分别为铸坯的厚度和长度；

q_1，q_2，q_3——分别为各面的热流密度。

3.4.3　物性参数的确定

3.4.3.1　密度、比热容和导热系数的确定[1,7]

铸坯在凝固冷却过程中体积会发生变化，其密度与钢种、温度和相变有关。对低碳钢，液相密度 $\rho_l = 7000\mathrm{kg/m^3}$、高温固相密度 $\rho_s = 7400\mathrm{kg/m^3}$。在一定温度下，钢中碳增加时，密度仅有轻微变化。

材料的比热容 c 和导热系数 λ 可以通过资料查得，也可由经验公式求得。导热系数与温度和钢种有关，对于固相区的导热系数 λ_s 一般视为常数或为温度的线性函数。常温下碳素钢的导热系数（W/(m · ℃)）可根据经验公式（3-37）算出，也可以查阅相关的手册：

$$\lambda_s = 69.8 - 10.1[C\%] - 16.7[Mn\%] - 33.7[Si\%] \tag{3-37}$$

对低碳钢来讲，通常也可以采用 $\lambda_s = 13.82 + 0.011T$ 来估算其导热系数。

对于液相区的导热系数 λ_l，由于流动引起钢水强制对流运动，会加速钢水过热度的消除，一般相当于固相区的热导率的 4~7 倍来综合考虑对流传热的作用（方坯取下限、板坯取中上限）。对于固液两相区，树枝晶的生长削弱了对流运动，所以两相区的等效热导率应处于固相与液相之间，可按以下方法处理：依据固相分数确定有效导热系数，即 $\lambda_{eff} = \lambda_s + \dfrac{\lambda_l - \lambda_s}{T_l - T_s}(T - T_s)$。

钢的比热容 c_p 与钢种和温度等因素有关。一般来讲，比热容随温度升高而增大，但在高温下比热容变化不大，故也可将比热容作为常数处理，即液相 $c_{pl}=0.80\sim0.86$kJ/(kg · K)；固相 $c_{ps}=0.5\sim0.7$kJ/(kg · K)，也可处理为与温度呈线性关系 $c_{ps}=a+bT$；或者也可以按照下式处理：

固相：
$$c_{ps} = 0.6 \tag{3-38}$$

液相：
$$c_{pl} = 0.7 + 0.00011T \tag{3-39}$$

液固两相之间：
$$c_{sl} = 0.7 + 0.00011T \tag{3-40}$$

3.4.3.2 钢的液、固相温度[1,7]

钢的液、固相温度取决于化学成分，根据钢中元素含量，用经验公式计算。液相线温度计算公式：

$$T_l = T_f - \sum \Delta T \cdot i \tag{3-41}$$

式中 T_l——液相线温度；

T_f——纯铁熔点；

ΔT——铁液中每加入 1%的元素 i 使熔点降低值；

i——元素 i 的质量分数。

常用的计算液相线温度公式如下：

$$\begin{aligned} T_l = 1536 - \{&78[C\%] + 7.6[Si\%] + 4.9[Mn\%] + 34[P\%] + \\ &30[S\%] + 5.0[Cu\%] + 3.1[Ni\%] + 1.3[Cr\%] + \\ &3.6[Al\%] + 2.0[Mo\%] + 2.0[V\%] + 18[Ti\%]\} \end{aligned} \tag{3-42}$$

$$\begin{aligned} T_l = 1536 - \{&90[C\%] + 6.2[Si\%] + 1.7[Mn\%] + 28[P\%] + \\ &40[S\%] + 2.6[Cu\%] + 2.9[Ni\%] + 1.8[Cr\%] + 5.1[Al\%]\} \end{aligned} \tag{3-43}$$

常用的计算固相线温度公式如下：

$$\begin{aligned} T_s = 1471 - \{&25.2[C\%] + 12[Si\%] + 7.6[Mn\%] + 34[P\%] + \\ &30[S\%] + 5.0[Cu\%] + 3.1[Ni\%] + 1.3[Cr\%] + \\ &3.6[Al\%] + 2.0[Mo\%] + 2.0[V\%] + 18[Ti\%]\} \end{aligned} \tag{3-44}$$

$$T_s = 1536 - \{415.5[C\%] + 12.3[Si\%] + 6.8[Mn\%] + 124.5[P\%] + 183.9[S\%] + 4.3[Ni\%] + 1.4[Cr\%] + 4.1[Al\%]\} \tag{3-45}$$

$$T_s = T_{sc} - \{20[Si\%] + 6.5[Mn\%] + 500[P\%] + 700[S\%] + 11[Ni\%] + 2[Cr\%] + 6[Al\%]\} \tag{3-46}$$

式中 T_{sc}——铁碳合金系的固相线温度。

钢液凝固过程，不仅有凝固潜热要释放出来，而且相变潜热也要释放出来。但经过研究，将两者相比可知，相变潜热小得多，所以目前求解铸坯温度场时，均将相变潜热忽略掉，而仅考虑凝固潜热的释放问题。由于凝固潜热的释放与钢种、温度有关，造成了求解的极大困难，故许多计算者采用其平均值，$L=272\text{J/g}$。

但在有限元模拟中，在液固交界面放出的潜热用数学模型计算时，采用等效热容法消除以 q_v 的形式表达在传热方程中的凝固潜热，即在两相区比热容为：

$$c_{eff} = c + \frac{L_f}{T_l - T_s} \tag{3-47}$$

3.5 连铸坯温度场计算实例

3.5.1 圆坯温度场仿真[6]

某厂连铸机是目前世界上断面直径最大的圆坯连铸机之一，可以生产车轮钢 CL60 和轮毂钢 LG61，该产品的最大的铸坯断面尺寸为 ϕ450mm。下面以车轮钢断面直径为 ϕ450mm 的圆坯为例，模拟铸坯从弯月面至二冷室出口的铸坯温度变化，模拟的工况条件为：过热度 40℃、拉速 0.45m/min、二冷比水量 0.29L/kg。

连铸坯的凝固传热属于有内热源的三维非稳态传热问题，但针对圆坯连铸的工艺特点。由于沿铸坯前进方向的传热约占总传热的 3%~6%，仿真模拟中忽略沿铸坯前进方向的传热，可把圆坯连铸凝固传热模型简化为二维模型，进行相应的简化：

（1）距圆坯截面中心对称性取 1/8 截面建模，有限元模型如图 3-18 所示；

（2）结晶器、二冷区、空冷区采用不同的等效热流密度，并采用时间步长细化各区域的等效热流密度；

（3）在某一拉速下达到稳定状态后，传热条件不随时间变化；

（4）铸坯内、外弧传热条件对称；

（5）沿拉坯方向由温度梯度引起的传热很小，可忽略不计；

（6）采用放大导热系数的方法将钢液对流引起的传热等效为导热。

二冷室出口铸坯截面温度场如图 3-19 所示。凝固过程中，铸坯表面、芯部、中部温度以及坯壳厚度变化情况如图 3-20 所示。

仿真分析结果表明：铸坯凝固过程中早期坯壳沿铸坯表面生长，坯壳厚度均匀，结晶器出口铸坯坯壳厚度为 19mm；出结晶器口铸坯表面温度为 938.407℃，出二冷室铸坯表面温度为 966.861℃，均高于 900℃，避开了矫直脆性区。

为了分析工艺参数对圆坯凝固过程的影响，下面就过热度、拉速、二冷强度等工艺参数对铸坯温度场的影响进行分析。

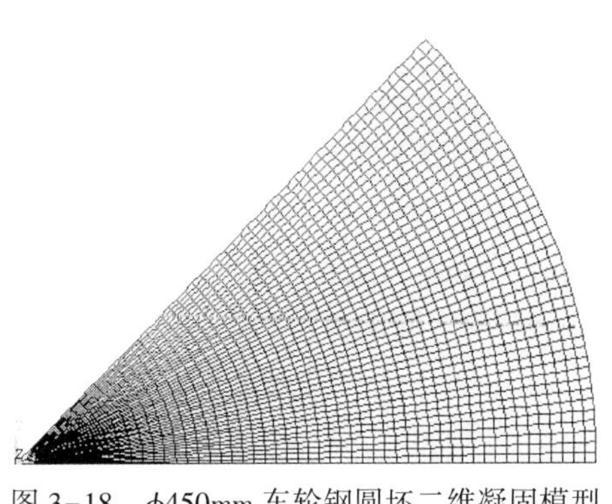

图 3-18 ϕ450mm 车轮钢圆坯二维凝固模型

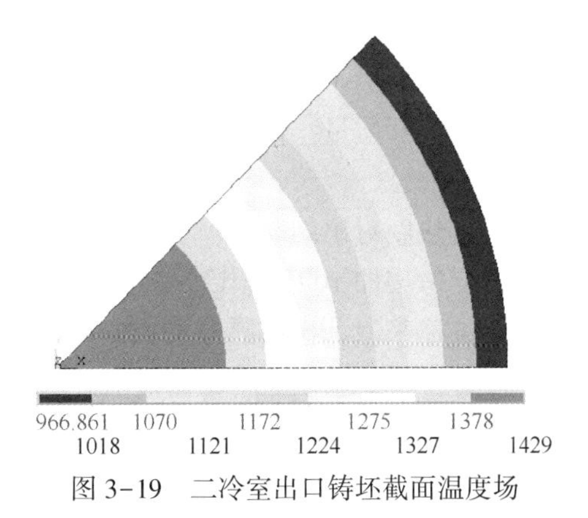

图 3-19 二冷室出口铸坯截面温度场

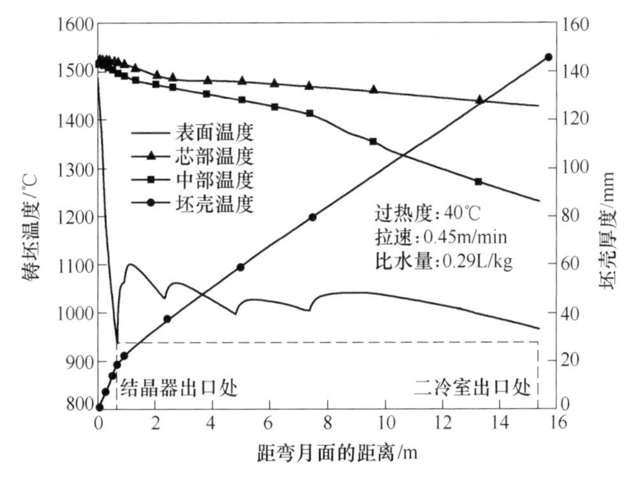

图 3-20 铸坯表面、芯部、中部温度及坯壳厚度在凝固过程中的变化

3.5.1.1 过热度对圆坯凝固过程的影响

保持拉速和比水量不变的情况下，改变浇铸温度即过热度，得到铸坯表面温度、坯壳厚度变化曲线，如图 3-21 和图 3-22 所示。

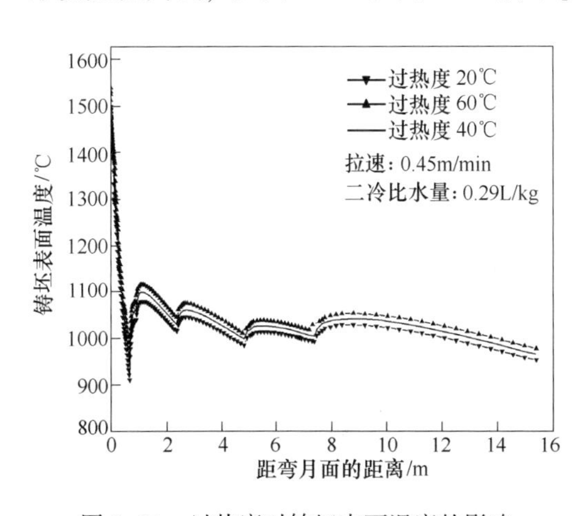

图 3-21 过热度对铸坯表面温度的影响

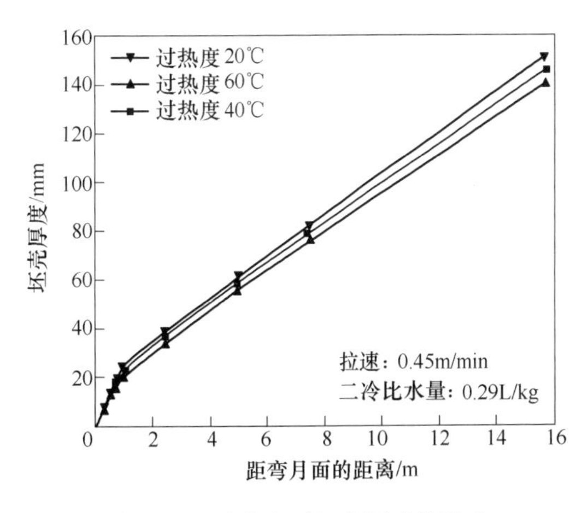

图 3-22 过热度对坯壳厚度的影响

分析表明：过热度每增加10℃，铸坯表面温度平均增加6.56℃。可见，过热度对铸坯表面温度影响很小，铸坯表面温度随过热度的增加而略微升高。但是过热度过高，会影响到铸坯的内部质量。因此，应根据钢种和产品质量要求把钢水过热度控制在合适的范围内。

钢水过热度对出结晶器坯壳厚度也有影响，随着过热度增大，出结晶器坯壳厚度减小。过热度每增加10℃，出结晶器坯壳厚度减薄约0.45mm。因此，在生产中过热度增大时要降低拉速来保证出结晶器坯壳的厚度，从而确保不发生漏钢事故。

3.5.1.2 拉速对圆坯凝固过程的影响

保持浇铸温度和比水量不变的情况下，改变拉速，得到铸坯表面温度、坯壳厚度变化曲线，如图3-23和图3-24所示。

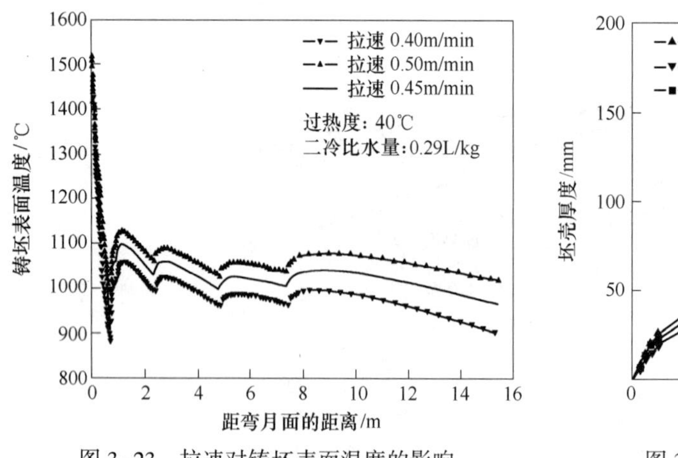

图3-23 拉速对铸坯表面温度的影响

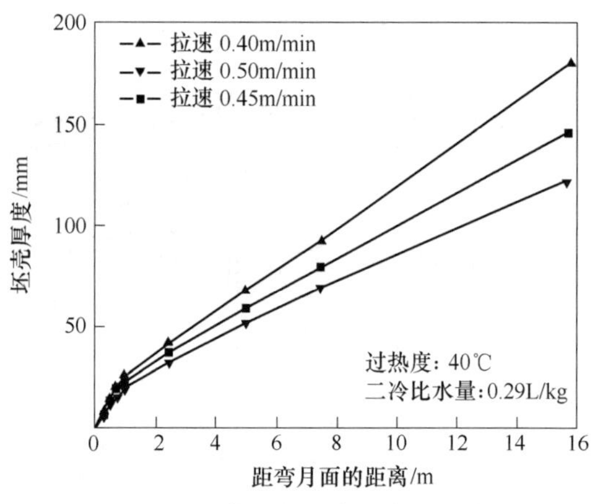

图3-24 拉速对坯壳厚度的影响

拉速对二冷传热过程影响极其明显，随着拉速的提高，铸坯表面温度明显上升。铸坯表面温度随拉速的提高而增大，拉速每提高0.10m/min，铸坯表面温度平均增加107℃。由此可见，拉速对铸坯表面温度影响非常明显。

拉速对出结晶器坯壳厚度也有着显著影响。随着拉速的提高，出结晶器坯壳厚度减小。拉速每提高0.1m/min，出结晶器坯壳减薄约0.25mm。

由此可见，在一定的工艺参数条件下，制定合理的拉坯速度，是生产合格铸坯的重要保障。拉速改变使铸坯在冷却区停留的时间变长或变短，导致铸坯过冷或冷却不足。要解决这一问题，唯一的方法是当拉速增大或减小时相应地增大或减小冷却水量。在目前的二冷控制上，多采用参数控制或动态控制的方式得出最佳工控参数，以保证拉速在一定范围内变化时铸坯表面温度保持稳定。

3.5.1.3 二冷强度对圆坯凝固过程的影响

保持浇铸温度和拉速不变的情况下，改变二冷比水量，得到铸坯表面温度、坯壳厚度变化曲线，如图3-25和图3-26所示。

分析表明：二冷比水量对铸坯表面温度的影响也非常明显，将其与拉速对铸坯表面温度影响比较可以看出：在四个水冷段，由二冷比水量改变所引起的铸坯表面温度变化要大于由拉速引起的温度变化；但在空冷段，其对铸坯表面温度的影响程度要小于拉速。这表明在四个水冷段二冷强度在所有影响到铸坯凝固进程的因素中占主导地位。因此，根据钢种和拉速采用合理的冷却制度，进而控制凝固过程以满足工艺要求，这对于防止铸坯内部缺陷的发生将起到至关重要的作用。

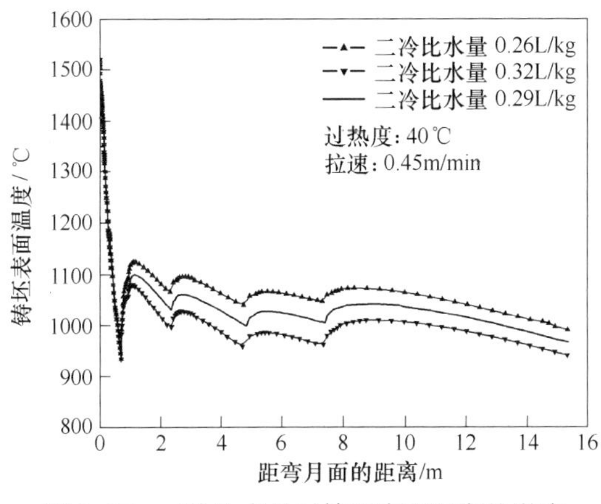

图 3-25 二冷比水量对铸坯表面温度的影响

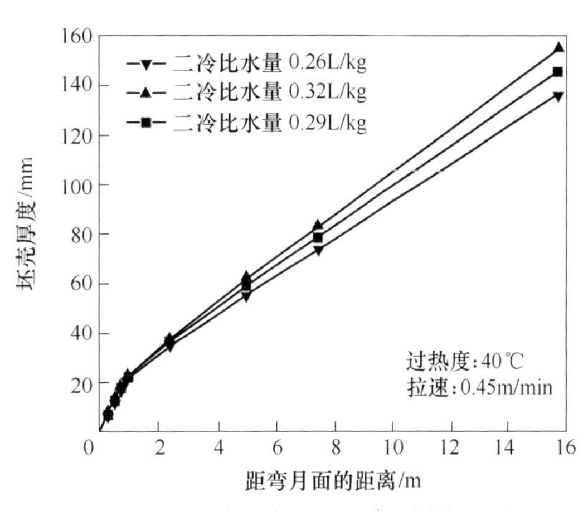

图 3-26 二冷比水量对坯壳厚度的影响

3.5.2 板坯温度场仿真

某厂的板坯连铸机浇铸的板坯的最大规格为 1900mm×250mm，主要材质为 Q235，正常浇铸速度 1.0~1.6m/min，最大浇铸速度 1.8m/min，下面将以此铸坯为研究对象进行凝固过程仿真分析。

由于沿铸坯前进方向的传热约占总传热的 3%~6%，仿真模拟中忽略沿铸坯前进方向的传热，可把板坯连铸凝固模型简化为二维模型，并做以下处理：

(1) 在某一拉速下达到稳定状态后，传热条件不随时间变化；

(2) 铸坯内弧和外弧传热条件对称；

(3) 沿拉坯方向由温度梯度引起的传热很小，可忽略不计；

(4) 采用放大导热系数的方法将钢液对流引起的传热等效为导热；

(5) 二冷区铸坯表面的辐射传热、与支撑辊的接触传热，以及二冷水的冷却传热用综合传热系数一并考虑，并采用时间步长细化各区域的综合换热系数；

(6) 距截面中心对称性取 1/4 截面建模；

(7) 考虑到边角与铸坯中部的散热条件不同，采用不同的热流密度。

经过简化处理后的铸坯仿真分析模型如图 3-27 所示。

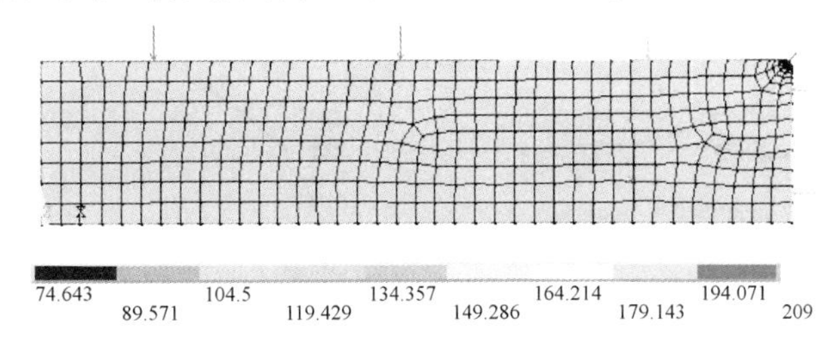

图 3-27 简化处理后的铸坯仿真分析模型

对 Q235 钢的 1900mm×250mm 板坯，在过热度 25℃、拉速为 1.5m/min、比水量 1.184L/kg 的工况条件下进行仿真分析，其典型位置坯壳形状及铸坯截面温度场分布仿真结果如图 3-28 所示。

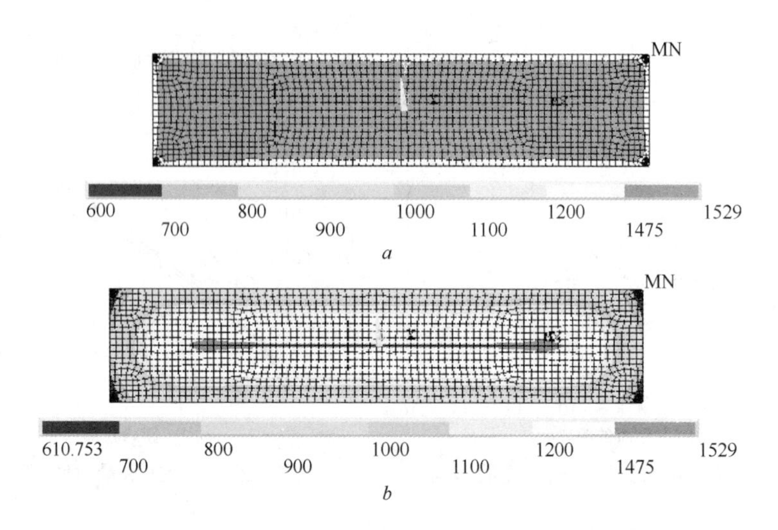

图 3-28 铸坯典型位置坯壳形状及截面温度场分布仿真结果

（0.235 钢，1900mm×250mm 板坯）

a—结晶器出口（坯壳厚度 18.4mm）；*b*—最后凝固点在距液面 29980mm 处

利用此分析模型，铸坯温度纵向变化规律如图 3-29 所示。

通过板坯的温度场仿真分析，可以发现：铸坯凝固过程中早期坯壳沿四周生长，坯壳厚度均匀，但由于坯壳角部为双向散热，角部坯壳生长速度大于边部和中部坯壳的生长速度。结晶器出口铸坯中部坯壳厚度约为 18.4mm。铸坯在距离弯月面为 29.98m 处完全凝固，即液相穴的长度为 29.98m；随着铸坯的前进，液芯的形状发生了由四边形向椭圆形的转变；坯壳表面温度存在中部温度高、角部温度低的分布规律。图 3-30 所示为坯壳厚度增长规律，可见坯壳厚度增长存在结晶器及足辊区快速增长、二冷区大部分区域稳定增长、凝固最后阶段再快速增长的变化规律。

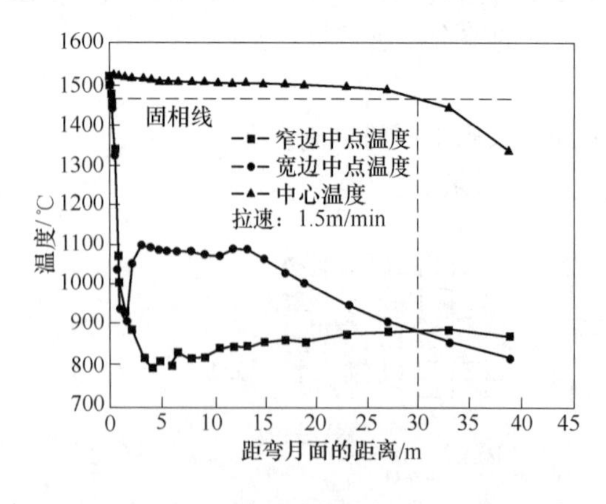

图 3-29 铸坯温度纵向变化规律

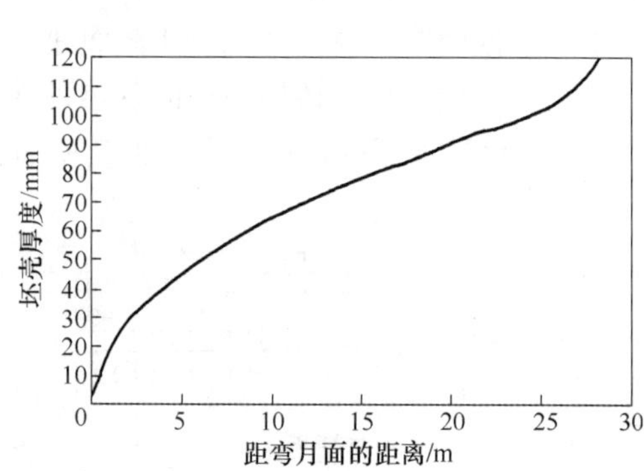

图 3-30 坯壳厚度增长规律

3.5.3 圆坯凝固过程应力和应变有限元仿真

在铸坯的热行为分析中，除了铸坯的凝固分析外，还经常需要分析铸坯在凝固过程中的应力和应变，铸坯应力和应变分析是在凝固过程分析的基础上进行的，下面就以圆坯为例，详细阐述铸坯应力和应变分析的过程[4,8]。

3.5.3.1 高温力学性能参数

在铸坯的应力和应变分析过程中，除了凝固分析需要的物性参数外，还需要补充弹性模量、泊松比、热膨胀系数、铸坯在高温条件下的应力和应变曲线等物性参数。

A 弹性模量

钢的弹性模量对温度和应变率都相当敏感，钢温度每升高 100℃，弹性模量下降 3%~5%，这正是钢在高温下容易进入塑性状态的原因。国外很多学者对高温下钢的弹性模量进行了测定，其中具有代表性的结果如图 3-31 所示。由图 3-31 可以看出，不同研究者的测量值间存在较大差别。造成这种差异的原因是测试条件和测量方法上存在差别。

由于 Kozlowski 等人较好地模拟了连铸高温条件下铸坯的力学行为，采用的数据来自 Mizukami 等人得出的实验数据回归公式：

$$E = 968 - 2.33T + 1.9 \times 10^{-3}T^2 - 5.18 \times 10^{-7}T^3 \tag{3-48}$$

式中 E——弹性模量，MPa；

T——温度，℃。

因此，在应力、应变分析过程中，可以采用式（3-48）求出的弹性模量来进行分析。

B 泊松比

钢的泊松比也随温度的变化而变化，但变化很小，如图 3-32 所示。根据车轮钢高温下的特点可选取泊松比为：

$$\nu = 0.278 + 8.23 \times 10^{-5}T \tag{3-49}$$

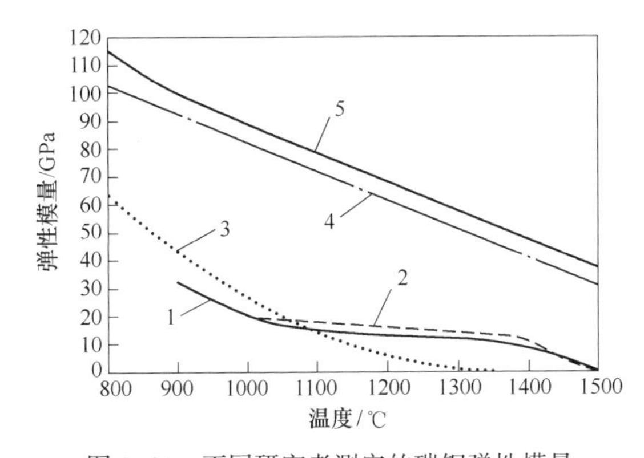

图 3-31 不同研究者测定的碳钢弹性模量

1—Mizukami；2—Uehara；3—Ramacciotii；4—Grill；5—Harste

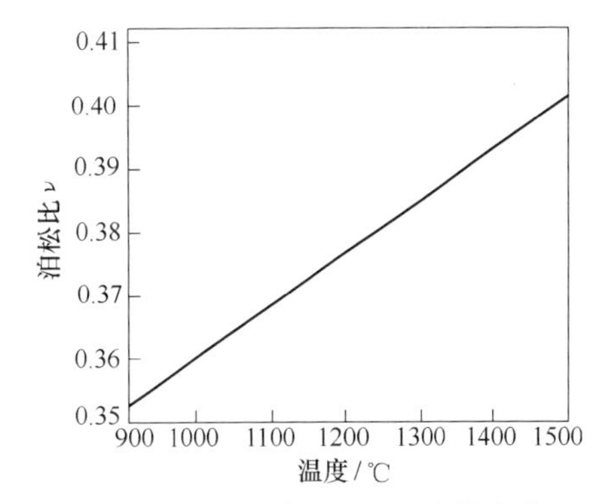

图 3-32 钢的泊松比随温度的变化

C 热膨胀系数

在数值模拟中，材料的收缩行为通过热膨胀系数来实现。热膨胀系数通常可以查阅力学性能手册获得，本次模拟采用的热膨胀系数为 $2.0\times10^{-5}/℃$。

D　铸坯在高温下的应力、应变曲线

由于多数铸坯材料在高温条件下的高温力学性能数据未见文献报道。为了保证计算结果的精确，更接近实际情况，通常采用高温热模拟的方法来获取车轮钢在高温状态下的应力、应变曲线。在本次模拟分析中采用的车轮钢的高温抗拉强度曲线和塑性曲线分别如图3-33和图3-34所示。

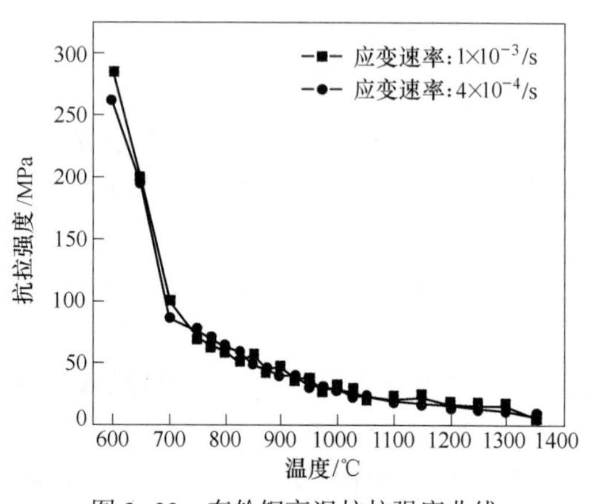

图 3-33　车轮钢高温抗拉强度曲线

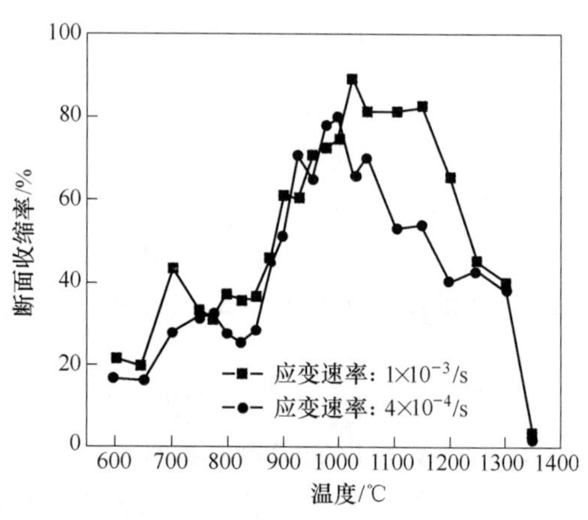

图 3-34　车轮钢高温塑性曲线

3.5.3.2　初始条件和边界条件

A　初始条件

初始条件是铸机在正常工作条件下平稳运行时的铸坯温度场，是通过上面铸坯凝固传热过程仿真获得，再根据不同的工艺参数导入不同的温度场。

B　边界条件

铸坯两边约束处理：铸坯是一个连续的整体，约束坯壳沿着铸流方向产生位移。

铸坯内表面约束处理：铸坯内表面主要承受的是钢水静压力，由于铸坯凝固时两相区的存在，钢水静压力的计算是一个比较复杂的作用过程，并且沿铸流方向的钢水静压力因距弯月面的距离不同而不同。在弯月面下某一位置，每一时间步长的钢水静压力增量用式（3-50）表示：

$$\Delta p = \rho g v \Delta t \tag{3-50}$$

式中　ρ——钢水密度，kg/m^3；

g——重力加速度；

v——拉速，m/s；

t——时间步长，s。

3.5.3.3　模型的建立

根据铸坯形状的特点、几何特点及高温特性，对圆坯连铸凝固过程的应力应变模型做如下处理：

（1）钢水静压力作为节点力来处理；钢水静压力垂直作用于凝固前沿，具体到有限单元即假设钢水静压力垂直作用于单元的边；凝固前沿无切向荷载；钢水静压力均匀分布于凝固前沿。

(2) 将圆坯温度场模拟得到的节点温度作为“体力”载荷施加在应力分析中来实现热-应力耦合分析；并直接在传热模型中剔除液芯，即清除液芯位置的单元来得到应力分析的有限元模型（加载后），如图 3-35 所示。

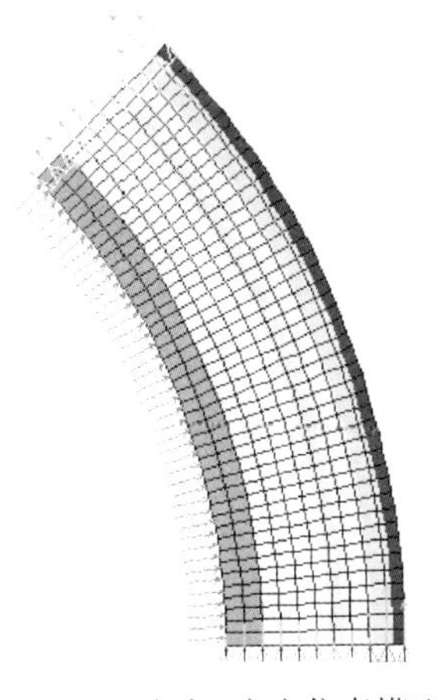

图 3-35 应力-应变仿真模型

3.5.3.4 *应力应变模拟*

图 3-36 和 图 3-37 所示分别为圆坯凝固坯壳在结晶器出口处的等效应力、应变分布。

在结晶器出口处，圆坯初始凝固坯壳存在较强应力，其中在凝固坯壳表面的应力最大，最大值为 0.262×10^8Pa。凝固坯壳中还存在应变，其中在固相线处坯壳应变较大，达 0.341%~0.484%；在其他部位，应变较低，处于 0.055%~0.293%之间。

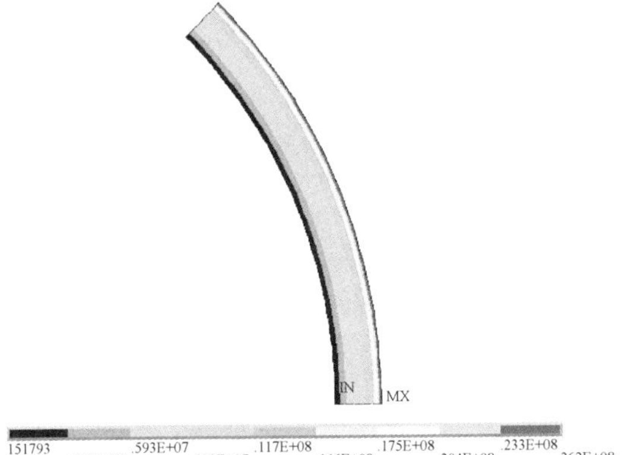

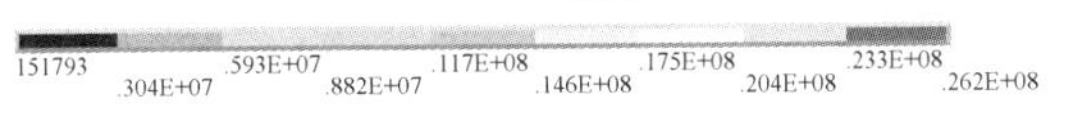

图 3-36 凝固坯壳在结晶器出口处的等效应力分布

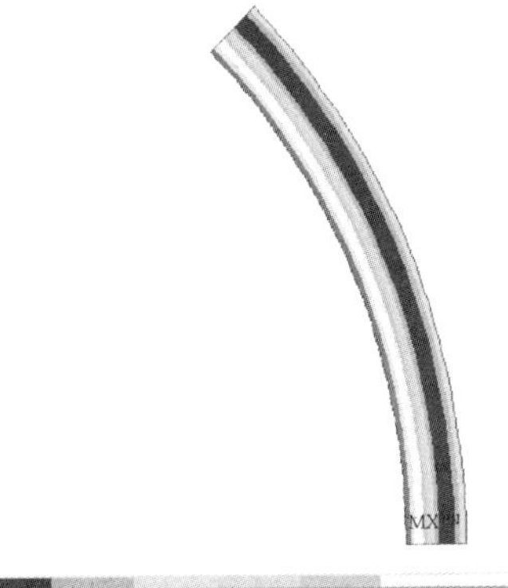

图 3-37 凝固坯壳在结晶器出口处的等效应变分布

在足辊区，圆坯初始凝固坯壳存在较强应力，其中在凝固坯壳表面的应力最大，最大值为 0.172×10^8Pa，该值与结晶器出口处相比有所下降，但是变化不大，表明足辊区冷却强度和结晶器下方的冷却强度相当。在固相线处凝固坯壳应变较大，达 0.301%~0.440%；在其他部位，应变较低，处于 0.023%~0.208%之间，该值相比结晶器出口处应变值有所下降。

分析应力、应变模拟结果可以发现，圆坯在表面形成应力集中区域，其应力最大值出现在结晶器出口处，为 0.262×10^8Pa，此时铸坯表面温度在 900~950℃之间。从图 3-33 中不难看出，铸坯表面应力处于抗拉强度极限范围之内，因此在此应力作用下，不足以使铸坯产生表面裂纹，其他部位应力更不会使之产生表面裂纹。

由凝固坯壳在各区段凝固前沿的应变状态可以看出，铸坯自结晶器出口处至移动段，凝固前沿都存在较大应变。应变最大值出现在结晶器出口处，达到了 0.484%。在其后的足辊区和移动段前端分别为 0.440%和 0.411%。此外，在移动段下部也达到了 0.372%。在此后各部位，虽然应力变化一直处于波动状态，但都处于抗拉强度极限范围之内，而应变却呈现明显的下降趋势，其变化趋势如图 3-38 所示。

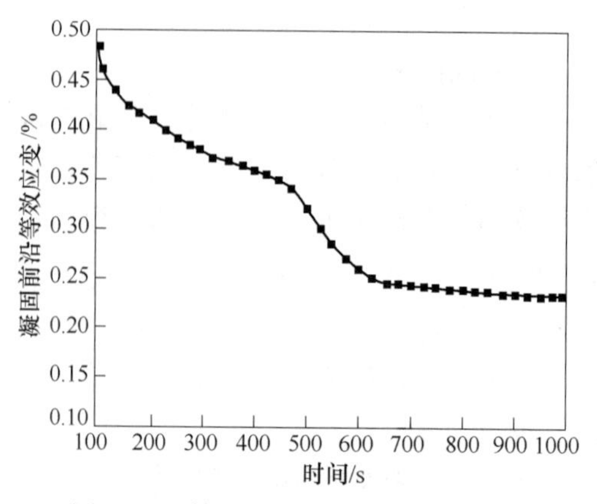

图 3-38　铸坯凝固前沿等效应变变化

参 考 文 献

［1］贺道中．连续铸钢［M］．北京：冶金工业出版社，2007.
［2］孙蓟泉，等．连铸及连轧工艺过程中的热分析［M］．北京：冶金工业出版社，2010.
［3］蔡开科，等．连铸结晶器［M］．北京：冶金工业出版社，2008.
［4］章香林．车轮钢圆坯连铸内裂纹研究［D］．北京：北京科技大学，2008.
［5］马特．连铸辊缝波动对浇铸状态的影响［D］．北京：北京科技大学，2009.
［6］蔡开科，程士富．连续铸钢原理与工艺［M］．北京：冶金工业出版社，2009.
［7］任吉堂，朱立光，等．连铸连轧理论与实践［M］．北京：冶金工业出版社，2004.
［8］章香林，秦勤，等．圆坯连铸二冷系统优化［J］．炼钢，2009（1）：47~50.

4　钢包回转台的力学行为研究

钢包回转台是一种钢包运载设备，其作用是将载满钢水的钢包回转到浇钢位置，同时将浇完钢水的空包回转至盛接钢水的位置并准备运走。钢包回转台通常设在转炉跨与连铸跨之间，其转臂可以从转炉跨的一侧的吊车接受钢包，旋转半周，停在连铸机的中间包之上，放出钢水，进行浇铸。与此同时，在回转台转臂的另一端可装上另一个钢包。只要转臂旋转半圈，就可迅速更换钢包，一般用时 1min 左右。

近代连铸设备中采用的钢包回转台具有如下特点：

（1）能迅速准确地将载满钢水的钢包运送至浇钢位置，并在浇钢过程中支撑钢包；

（2）更换钢包迅速，能适应多炉连浇的需要；

（3）发生事故或断电时，能迅速将钢包转移到安全位置；

（4）能实现保护浇铸，并通过安装钢水称重装置，使浇铸更顺利；

（5）占用浇铸平台面积小，有利于浇铸操作。

4.1　钢包回转台的分类及结构参数

4.1.1　钢包回转台的分类

钢包回转台按驱动方式可分为单驱动式和双驱动式，按转臂结构可分为整体摆动式和双臂摇摆式，按是否有炉外精炼可分为单功能型和多功能型。

4.1.1.1　*双驱动式钢包回转台*

双驱动式钢包回转台指回转台有两个转臂且两个转臂各有一套驱动回转系统，每个转臂可单独回转，并能在不同的转角接受钢包。这种型式回转台的特点是操作灵活；但结构复杂、制造和维修困难，设计中通常很少采用，只有在工艺上要求钢水运进方向必须对准回转台中心且垂直于连铸机中心线时才选用这种型式。双驱动式回转台有轨道式双摇臂双驱动回转台和双臂摇摆式双驱动回转台。

图 4-1 所示为轨道式双摇臂双驱动回转台。它有两个独立转臂 2 和 3 分别支撑两个钢包。两个转臂分别在其底盘的环形轨道上绕其中心立柱转动，转臂是通过车轮支撑在底盘轨道上的。车轮的驱动机构安装在转臂下面，它的动力是通过中心枢轴上的电刷获得的。由于环形轨道构成的底盘直径很大，可以直接安装在连铸机操作平台上面，这种回转台有较好的稳定性。

双臂摇摆式双驱动回转台有多种，图 4-2 所示为其中的一种蝶形钢包回转台，这种回转台又称蝴蝶式回转台。该回转台的双臂可单独回转、升降，也可同时回转、升降。转臂有使钢包保持水平的结构。回转台的下部由转盘、底座组成，中间用止推轴承连接，转盘上的销轴连接左、右两个臂，两个臂的升降由两端铰接的液压缸来推动。

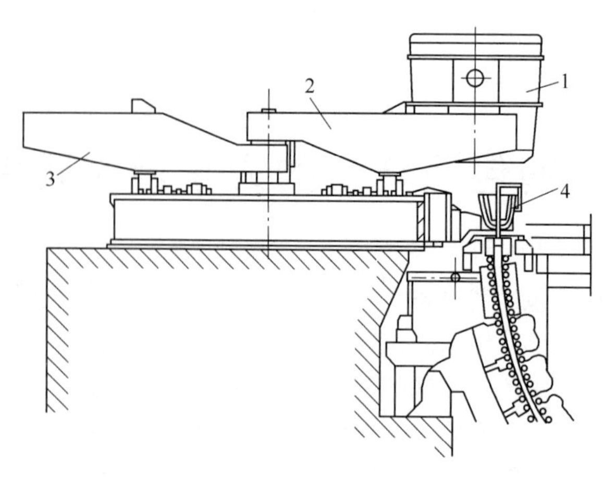

图 4-1 轨道式双摇臂双驱动回转台

1—钢包；2—上转臂及驱动装置；3—下转臂及驱动装置；4—中间包

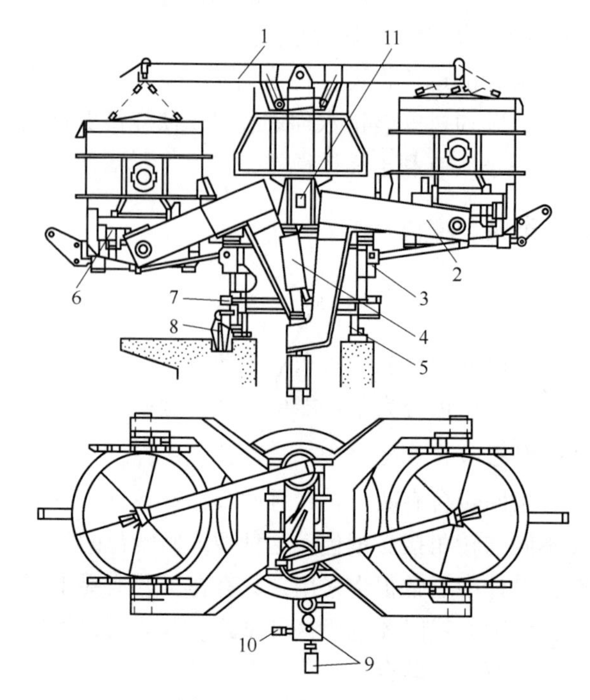

图 4-2 蝶形钢包回转台

1—钢包盖装置；2—叉形臂；3—旋转盘；4—升降装置；5—塔座；6—称量装置；7—回转环；8—回转夹紧装置；9—回转驱动装置；10—气动发动机；11—支撑梁

为防止钢水二次氧化，实现保护浇铸，现在的连铸机通常采用封闭式浇铸，即钢水在与空气隔绝的状态下浇铸。为此在钢包与中间包之间使用长水口装置，从而要求回转台具有使钢包升降的功能，这也是回转台为满足中间包升降的需要而必须具备的功能。钢包升降可采用机械式，即机械千斤顶式；也可采用液压式。机械升降同步性可靠，但结构复杂、效率低；液压升降同步控制难度大，系统也较复杂，并要防止系统漏油和采取防火措施。

4.1.1.2 单驱动式钢包回转台

单驱动式钢包回转台指回转台转臂只由一套传动系统来驱动。这种型式的回转台在现代连铸机上用得比较广泛。它较双驱动式钢包回转台结构简单、维修方便、制造成本低。凡是钢水需要过跨的连铸机，一般都选用这种型式的回转台。单驱动式钢包回转台包括单驱动整体转臂式、单驱动T形、单驱动整体摆动式和单驱动双臂摇摆式。

图4-3所示为一种单驱动整体转臂式钢包回转台。它是*R*5.25弧形连铸机上采用的回转台。这种回转台国内使用较多，它的两个钢包支撑在同一直臂的两端，同时做旋转运动，两个钢包可以同时做升降运动；有的也设计成在转臂两端装有单独升降装置和称重装置。

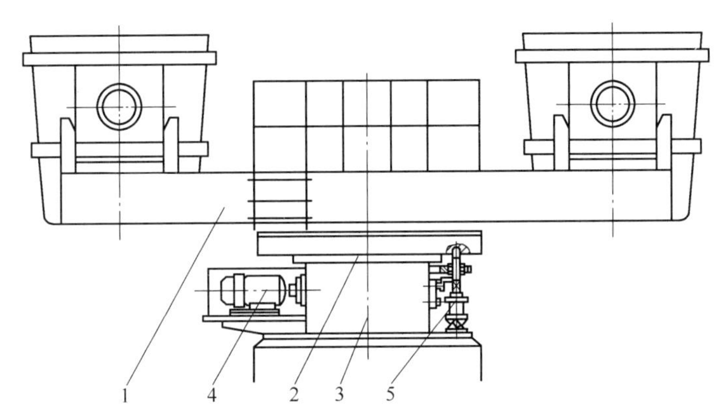

图4-3 单驱动整体转臂式钢包回转台
1—转臂；2—止推轴承；3—底座；4—驱动装置；5—定位装置

单驱动整体转臂式钢包回转台主要由转臂、底座、驱动装置、电气控制系统组成。

图4-4所示为板坯连铸机上使用的单驱动整体摆动式钢包回转台。它的横梁转臂1由水平枢轴3支撑在一个转盘2上，转盘与底座4之间用止推滚动轴承5连接，升降液压缸放在转臂与转盘之间，左右两个液压缸的运行由阀门及线路控制，一个顶起时，另一个则下降。另外，在液压缸下支点的一侧各安装了一个弹簧式缓冲器，用来减小转臂落下时的冲击力。

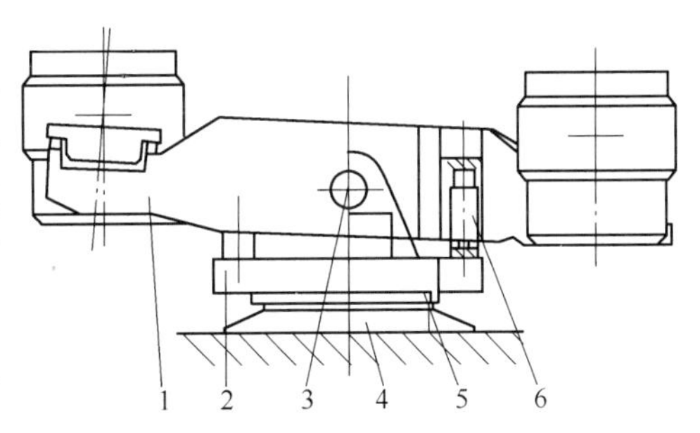

图4-4 板坯连铸机用钢包回转台
1—横梁转臂；2—转盘；3—水平枢轴；4—底座；5—止推滚动轴承；6—液压缸

4.1.1.3 多功能型钢包回转台

多功能型钢包回转台是指具有吹气调温、等离子加热钢包钢水、钢包加盖、钢包倾翻等功能之一的回转台。它是在单驱动式或双驱动式基础上结合其工艺特点形成的一种综合性回转台。

带有吹气装置和带有等离子加热装置的多功能型钢包回转台也各有特点。图4-5所示为带有吹气装置的钢包回转台。它是一台双臂摇摆式双驱动钢包鞍座用千斤顶升降的多功能回转台，整个吹气系统固定在回转台面上。在钢包运行到浇铸位置后，即放下吹气管，进行吹氩气或吹氮气。换包时，先升起吹气管，然后转动转臂，在另一个钢包进入操作位置后重复上述动作，实现吹气调温功能。带有等离子加热装置的回转台是由曼内斯曼·德马格公司开发的新技术。

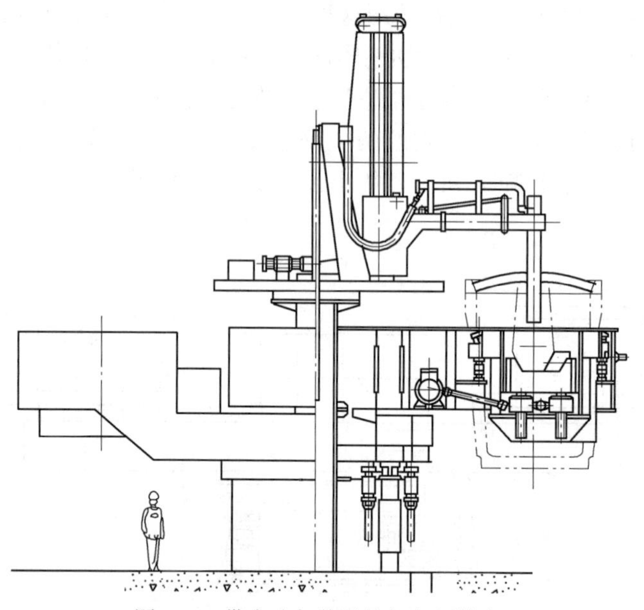

图 4-5 带有吹气装置的钢包回转台

图 4-6 所示为带有钢包盖装置的回转台，这种类型的回转台属于蝴蝶形回转台中的一类。钢包加盖系统及其塔架安装在回转台转盘的顶部，钢包盖用变幅摇臂吊着。对于 200t 以上的钢包回转台必须配有能给钢包加保温盖的功能。宝钢的 300t 钢包回转台，就是一种带有钢包盖装置的多功能回转台，属单驱动整体转臂式回转台中的一种。该回转台的加保温盖装置为龙门式，龙门架只能在转台大臂的轨道上移动，所以仅适用于大臂整体回转的转台。

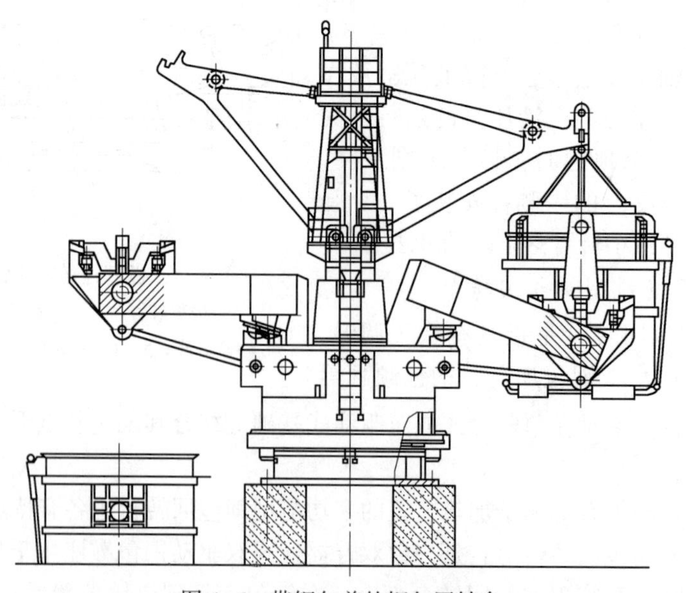

图 4-6 带钢包盖的钢包回转台

4.1.2 典型钢包回转台的主要参数

表 4-1 是 M. A. N. 公司钢包回转台的主要参数。

表 4-1 M. A. N. 公司钢包回转台的主要参数

回转台号数	公称容量/t	旋转半径/m	旋转速度/r · min^{-1}	电机功率/kW	电机转速/r · min^{-1}	减速机(速比)	开式齿轮速比	事故电机功率/kW	事故电机转速/r · min^{-1}
1	90	3.2	1.0	7.0	1800	120	7.37	3.0	500
2	110	3.6	1.0	7.0	1800	100	8.63	3.0	500
3	140	4.0	1.0	10.0	1800	100	9.14	5.9	500
4	180	4.3	1.0	15.0	1800	90	10.19	5.9	500
5	240	4.6	1.0	20.0	1800	90	10.43	11	500
6	300	5.0	1.0	30.0	1800	90	10.50	11	500
7	400	5.4	1.0	40.0	1800	63	10.91	25.7	500
8	500	6.0	1.0	50.0	1800	55	12.67	25.7	500
9	600	7.0	1.0	63.0	1800	50	13.90	41.2	500

表 4-2 是日本日立造船公司的几台钢包回转台的主要参数。

表 4-2 日本日立造船公司设计的回转台的主要参数

回转台号数	钢水质量/t	钢包总重/t	旋转半径/m	转速/r · min^{-1}	电动机功率(×台数)/kW	升降行程/mm	升降速度/mm · min^{-1}	升降电动机功率/kW	推力轴承直径/r · min^{-1}
A	120/300	170/400	8.3/6.3	0.5	60×2				4900
B	300	450	6.0	0.7	直流,55×2				5200
C	200	300	5.2	0.7	47×2				4900
D	42	62	6.0	1.0	7.5×1				3000
E	280	380	6.0	0.7	4.5×1	300	300	交流,150×2	4900
F	160	240	6.3	1.0	直流,33×2	600	600	交流,185×2	4300

表 4-3 列出了几种型式钢包回转台的主要参数。

表 4-3 几种型式钢包回转台的主要参数

机 型	钢包载重(×台数)/t	回转半径/m	转速/r · min^{-1}		电机功率/kW	气动电机功率/kW	升降行程/mm	升降速度/mm · min^{-1}	备 注
			正常	事故					
单驱动直臂式	54×2	3.3	1	0.5	5.5	1.87			*R*5.25
单驱动直臂式	60×2	3	1	0.52	4				上钢三厂

续表 4-3

机　型	钢包载重(×台数)/t	回转半径/m	转速/r · min^{-1}		电机功率/kW	气动电机功率/kW	升降行程/mm	升降速度/mm · min^{-1}	备 注
			正常	事故					
单驱动双臂摇摆式	280×2	6	1	0. 3	75		700	600(上升);1200(下降)	鞍钢
单驱动直臂式	440×2	6. 5	0. 1~1				700	600	宝钢
多功能式(双驱动双摇摆式)	85×2	5					600		见图 4-6
单驱动直臂式	180×2	6. 1	1				600	600	日本日新制铁厂

4. 2 钢包回转台主要部件的强度分析

钢包回转台回转臂的结构属于大型三维薄壁结构，传统的设计方法是使用解析法求解强度。但由于解析法的求解精度较差，目前已经较少使用了。为了提高计算精度，目前多采用有限元法来计算钢包回转台的强度。有限单元法能够更真实、全面地反映结构的应力分布状态，特别是结构的局部应力状态。对于复杂的结构，有限单元法计算更方便，结果更准确。

文献［1~3］分别对方坯连铸机钢包回转台、直角式钢包回转台和异形坯连铸机钢包回转台的主要部件进行了有限元计算，发现了原设备设计中的问题并进行了改进，或对新设计的设备进行了可靠性论证。

文献［4］针对我国自行设计的 *R*8m 五机五流连铸机使用的承重 70t 钢包回转台进行了较全面的结构优化设计。利用 ANSYS 工程分析软件对连铸机钢包回转台进行有限元分析，找出整个回转台的应力和应变分布情况，分析出回转台的薄弱环节，并在有限元分析的基础上进行优化设计，使得优化后的回转台结构在刚度和强度上都有很大提高，从而有针对性地解决了工程实际问题。

文献［5］按照三维 CAD 模型尺寸参数、结构特点及连接方式，利用通用 CAE 前后处理工具软件 HyperMesh 建立 CAE 分析的整体模型。在基本 CAE 模型的建立过程中，对于厚长比小于 1/15 的零件均采用板壳单元，而回转轴承、销轴、轴套等均采用三维实体单元。CAE 模型总单元数为 157560 个、总节点数为 174714 个，其中包括 774 个刚性和刚性连接单元及 7128 个接触单元。图 4-7 所示为钢包回转台支撑臂处在接放钢包状态时的三维 CAE 模型。通过分析得出了钢包回转台整体系统的应力和弹性变形位移结果。钢包回转台整体系统在高位满包、低位为空时的应力及分布云图如图 4-8 所示。表 4-4 给出钢包回转台整体结构（全域）最大应力值和所在的部位。

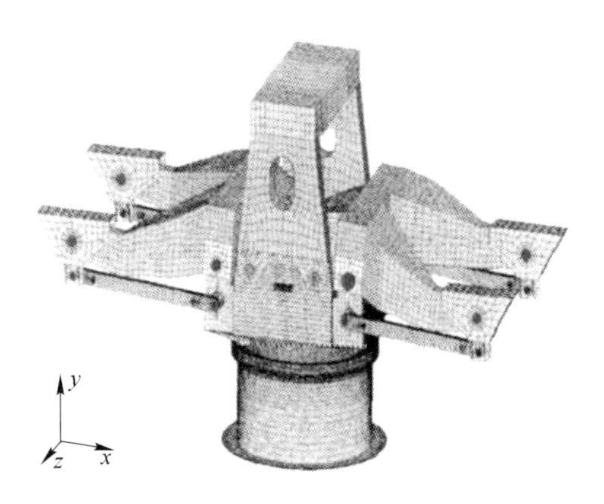

图 4-7 钢包回转台支撑臂在接放钢包状态时的三维 CAE 模型

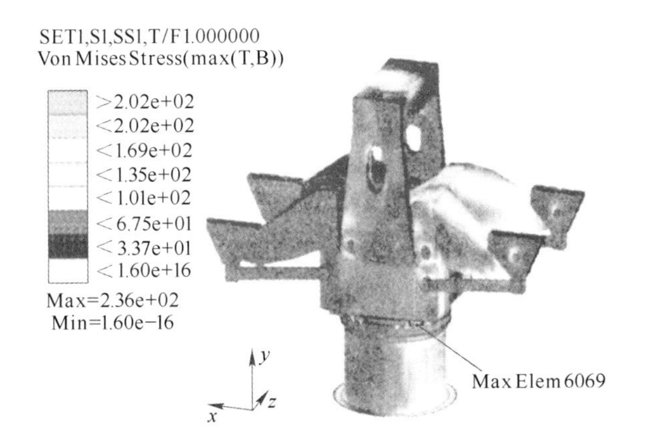

图 4-8 钢包回转台系统在高位满包、低位为空时的应力及分布云图

表 4-4 钢包回转台整体结构（全域）最大应力及所在部位

最恶劣工况	回转支座 σ_{max}/MPa	单元号及所在部位	升降臂 σ_{max}/MPa	单元号及所在部位
高位满包、低位为空	236.2（全域最大应力）	单元号 6069，圆筒外筋板（30mm）	197.7	单元号 713814，上盖板拐角处（40mm）

计算分析表明：

（1）在最恶劣工况“高位满包、低位为空”的情况下，最大应力为 236.2MPa，安全系数 1.38（325/236.2），发生在圆筒外筋板（30mm 厚）处。

（2）回转支座主要受倾翻力矩和轴向载荷影响，考虑到回转轴承模拟时采用了沿圆周的分段方法，建议在校核轴承时，最大倾翻力矩乘以 1.1 的系数。

（3）底座在该工况下出现最大应力 191MPa，主要是因为此时偏载严重，出现最大倾翻力矩。最大应力出现在安装地脚螺栓的钢板上（Q345-A，板厚 100mm，σ_s=275MPa），安全系数 1.44。

（4）在满包一侧的升降臂与回转支座之间连接的销轴和衬套上达到最高接触应力水平，销轴最大应力为 125MPa，远低于其材料的屈服极限（35CrMo，ϕ250～380mm，σ_s=

660MPa）。

文献［6］针对300t钢包回转台建立了三维实体模型和整体结构有限元分析模型。模型考虑了冲击的影响，通过对钢包回转台的有限元数值计算，获得了各构件的应力、应变和位移等参数。计算结果为钢包回转台的设计和改造提供了理论依据。

作者采用三维建模软件SolidEdge并结合大型有限元计算软件MSC. MARC对钢包回转台的整体结构进行有限元仿真计算，计算钢包回转台的变形和关键部件的应力状态。

钢包回转台主要包括：底座、回转环、主筒体、上筒体、叉形臂、连杆、鞍形座和液压缸等关键零件。有限元模型中采用接触中的黏合约束底座、回转环和主筒体之间没有相对运动。叉形臂与主筒体形成球面轴承连接，液压缸也与叉形臂和上筒体通过球面轴承连接；鞍形座与叉形臂及连杆、连杆与鞍形座及上筒体通过枢轴连接。通过枢轴和球面轴承相互连接的各件，在有限元模型中用接触对处理它们之间的连接关系。

由于接触对较多，要软件自动判断零件间的接触会造成计算成本大大增加，MSC. MARC软件允许用户指定各接触对，这样软件就只对用户定义的接触体间进行接触的判断对，可以大大缩短计算的时间。

图4-9所示为某300t钢包回转台的3D模型和有限元模型。三维几何模型采用Solid-Edge建立，几何模型利用MARC的分网工具进行单元的划分。

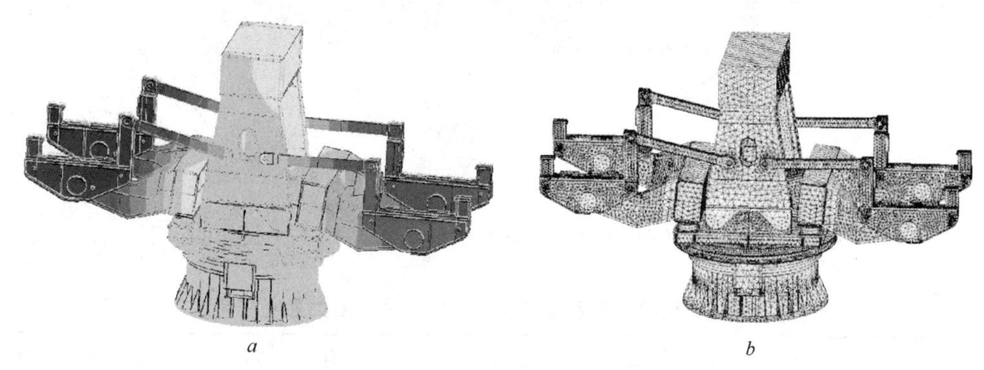

a　　　　　　*b*

图4-9　某300t钢包回转台模型

a—3D模型；*b*—有限元模型

钢包回转台结构非常复杂，因此采用三维实体单元进行离散。三维实体单元中，四面体单元的计算精度较低，而六面体单元具有较高的计算精度。模型采用八节点六面体三维实体单元，单元号为7，此种单元为一阶单元，单元的位移形函数用一次插值函数表示。

载荷工况包括：（1）两侧钢包为满包；（2）一侧钢包为满包，另一侧钢包为空包；（3）一侧钢包为满包，另一侧为空载。

载荷工况为（1）和（3）时，钢包回转台整体结构受载变形前后垂直方向的位移图如图4-10所示。

工况（3）即一侧满包（考虑冲击系数1.6）、一侧空载的载荷工况下，结构的应力水平和构件的位移最大，即该工况为最不利工况。这时，上筒体应力云图如图4-11所示。

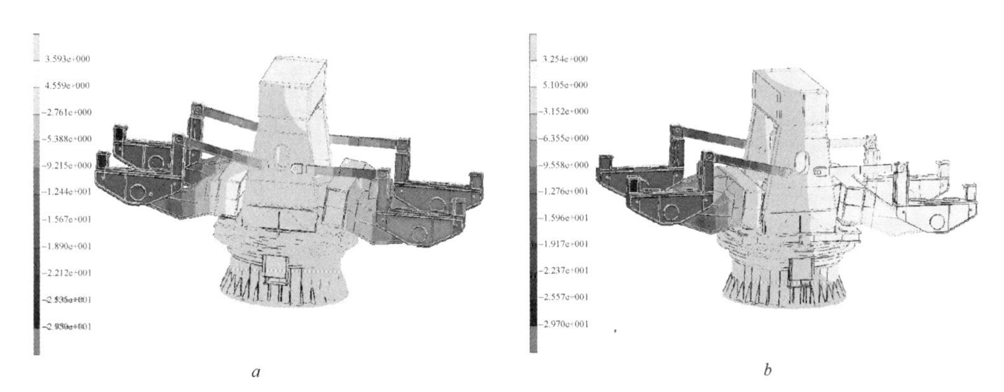

a　　　　　　　　　　*b*

图 4-10　钢包回转台整体结构受载变形前后

a—工况（1）；*b*—工况（3）

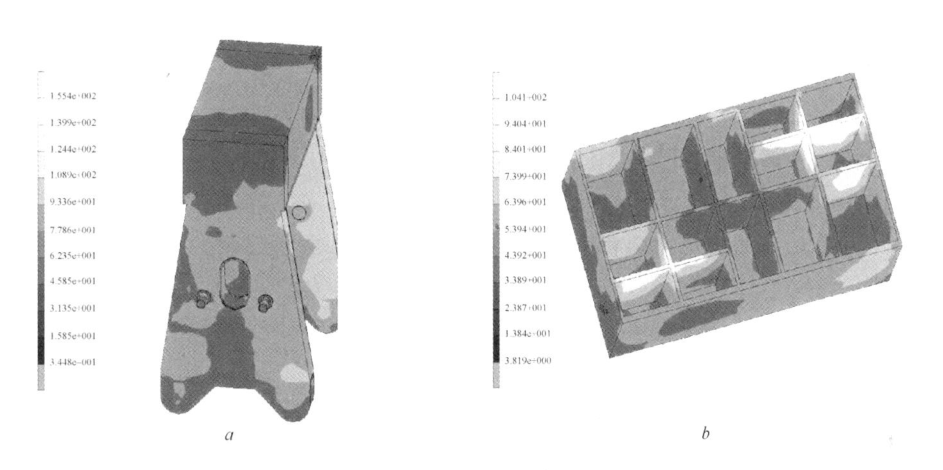

a　　　　　　　　　　*b*

图 4-11　工况（3）上筒体应力云图

4.3　钢包回转台动态特性

4.3.1　连杆式钢包回转台动态特性分析

为提高我国自行设计、制造钢包回转台设备，特别是大吨位级钢包回转台的水平，建立起一套可靠的设计计算体系，文献［7］中研究者依托攀钢 1350mm 板坯连铸机工程，结合我国自行设计的第一台大吨位级连杆式钢包回转台结构，对钢包回转台结构的动态特性进行了分析计算和现场实测。

攀钢 1350mm 板坯连铸机连杆式钢包回转台如图 4-12 所示。在连杆式钢包回转台结构中，转臂是承接钢包和实现钢包升降的直接受载构件。对于大吨位级回转台，即使是严格遵循操作规范，在加装钢包的过程中也可能会对结构产生突加冲击载荷的效应，所施加载荷会使转臂结构产生弯曲、扭转和拉伸的组合变形。转臂结构为大型三维板块组成的薄壁箱形结构，虽然结构具有几何对称性和结构约束的对称性，但考虑到载荷可能出现非对称情况，因此，在动态分析计算中取转臂整体结构建立计算模型。转臂以两球铰支撑，在加装钢包的特定位置，转臂尾部升降液压缸活塞杆沿轴线方向按刚性二力杆约束处理。

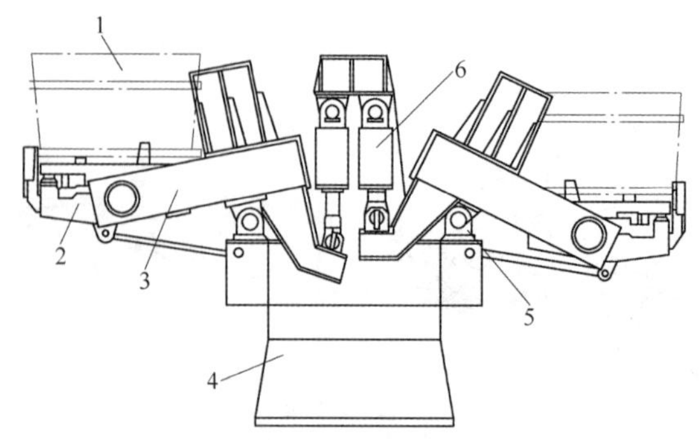

图 4-12　攀钢 1350mm 板坯连铸机连杆式钢包回转台

1—钢包；2—支撑臂；3—转臂；4—底台；5—球轴承；6—推力液压缸

转臂结构有限元动态分析模型采用板壳单元、三维块体单元、梁单元以及边界单元进行剖分。

对于钢包回转台转臂这样的大型复杂箱形结构，研究者采用子空间迭代法来求解其动态特性，即利用子空间迭代法求解圆频率、固有频率、固有周期。

钢包回转台转臂的前 6 阶振型图如图 4-13 所示。由图 4-13 可见，转臂的振型比较复杂，有拉压、弯曲、扭转以及组合变形的振型。图 4-13 中，第一、第二阶振型是弯曲振型，第三阶振型是弯曲、扭转组合振型，第四至第六阶振型较复杂，有拉压、弯曲及扭转等多种形式。

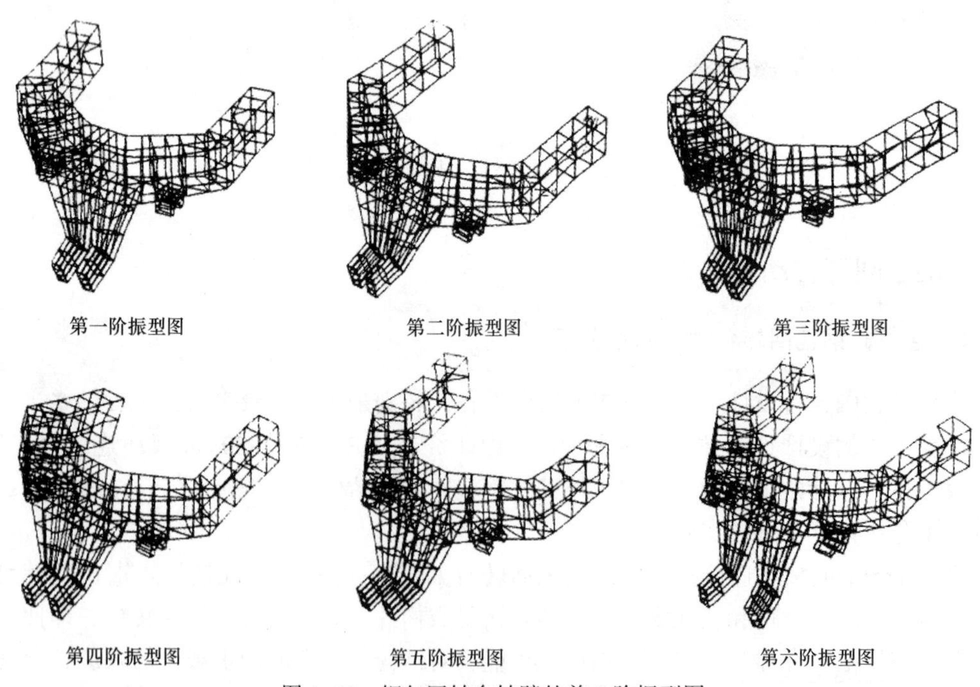

图 4-13　钢包回转台转臂的前 6 阶振型图

经过计算及电测分析得到，结构的前 30 阶固有频率分布在 18.63~301.00Hz 之间，固有频率分布相对较为密集，而且有重根现象。这不但反映了结构的对称性，而且也反映了结构变形的复杂性。

4.3.2 钢包回转台动荷系数计算研究

4.3.2.1 经验数据和初步计算

文献［8］中认为：冲击系数（动荷系数）即冲击负荷与静负荷之比。当钢包坐落于回转台上时，会产生一定的冲击力。为了确定冲击力的大小，我们曾在一台小方坯连铸机的回转台上进行实机测试。实验是在额定负荷及半负荷情况下，改变钢包下降速度进行测试的。当钢包按正常工作速度 $v=1.5\text{cm/s}$ 下降时，测得的冲击系数为 1.16；当 $v=8.3\text{cm/s}$ 时，动荷系数为 1.2。

在一些设计公司或重型机械厂的设计规范中，对钢包回转台的动荷系数 k_d 提出了经验数据，如德国德马格公司资料 $k_d=1.6$；日本东京制铁公司在 225t 钢包回转台上，用 1.45cm/s 的速度，载重 172t 时测得的动荷系数为 1.11。西马克公司给出的设计动荷系数为 1.2。设计时，为确保安全，可以取动荷系数为 1.25。

许多研究和试验也提出了计算动荷系数 k_d 值的不同方法。

文献［9］是日本较早期（1979 年）的简易理论模型和试验，分别得出冲击系数为 1.17 及 1.27。

文献［10］经过计算及试验，提出 k_d 大约为 1.35。认为冲击系数取为 2.0 过大。

文献［11］也由力学模型出发推出简易的计算公式，通过实例计算得 $k_d=1.9$，并得出实际设计时可以取偏小值的建议。

4.3.2.2 钢包回转台受包动态过程的有限元模拟和动荷系数计算

在计算冲击系数的过程中，由于钢包回转台结构的复杂性，采用传统的简化方法难以准确地对其冲击系数进行计算，有限元方法为解决这一问题提供了有效途径。

文献［12］中研究者针对某 320t 钢包回转台，在整体结构静力分析的基础上，通过对不同放包速度下回转台的动态响应过程进行有限元模拟，得到不同受包冲击情况下的动荷系数。

在有限元建模时，不考虑底座和地基之间的螺栓连接，因此模型中也略去了底座上的地脚螺栓孔。钢包回转台受包过程动态模拟有限元模型及其网格划分如图 4-14 所示。

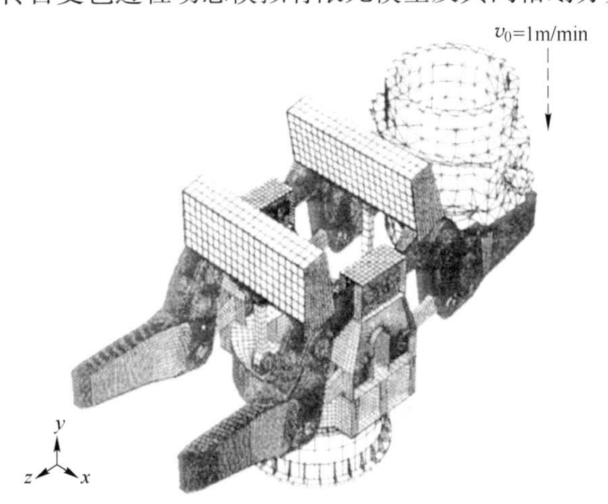

图 4-14 钢包回转台受包过程动态模拟有限元模型及其网格划分

采用两种加载方式，即瞬间放包和逐渐放包。逐渐放包加载方式钢包质量的释放有一个过程，其快慢取决于 t_1 的大小，分别计算了 t_1 选取 0.1s、0.2s 和 0.3s 的放包过程。

回转台受包动态过程的有限元模拟采用 ABAQUS/Standard 计算模拟放包动态过程，采用隐式积分方案，固定时间增量步长 Δt 为 0.01s。

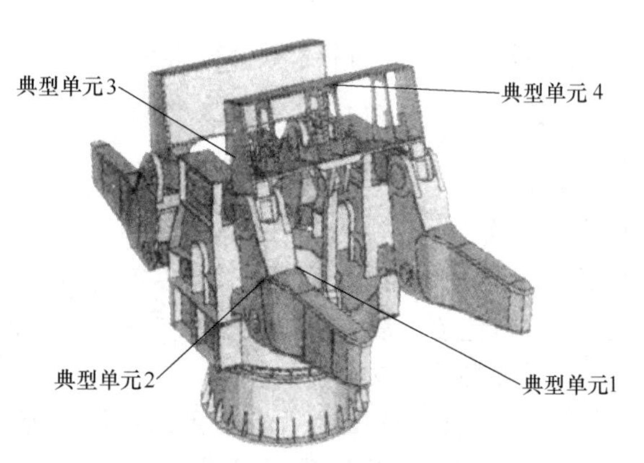

图 4-15　某 320t 钢包回转台典型单元位置

放包过程中结构的应力和变形是随时间变化的。某 320t 钢包回转台典型单元位置如图 4-15 所示。其中，在瞬间放包（$t_1=0$s）和逐渐放包（$t_1=0.1$s）两种情况下，典型单元 1 中心点的等效应力随时间的变化如图 4-16 所示。从图 4-16 中可见：在这两种情况下，单元 1 中心点的等效应力的大小均随时间振荡变化；在瞬间放包过程中其最大等效应力为 147.9MPa；在 $t_1=0.1$s 的逐渐放包过程中最大等效应力为 95.3MPa。由于计算模型中没有考虑系统的阻尼，因此放包后其结构的动力响应在其静力平衡位置上下做等幅振动。

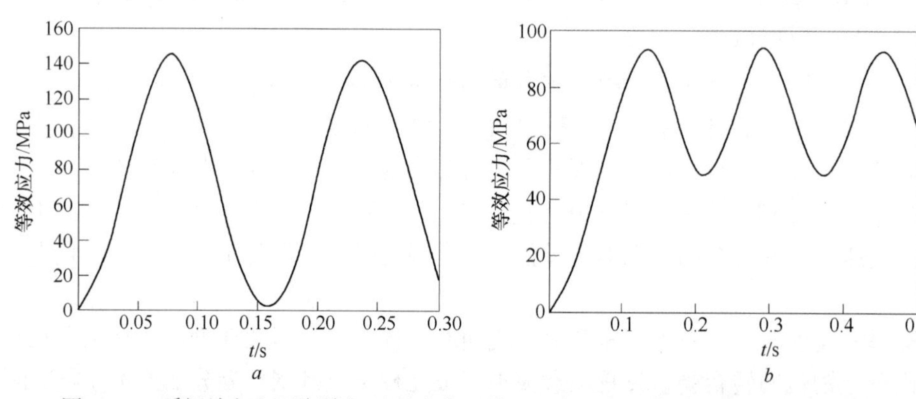

图 4-16　瞬间放包和逐渐放包过程中典型单元 1 中心点的等效应力随时间的变化

a—瞬间放包（$t_1=0$s）；*b*—逐渐放包（$t_1=0.1$s）

根据钢包回转台受包过程动力分析结果，确定冲击系数，即得到的最大应力与不考虑动载荷冲击系数时的静力计算应力之比的应力集中点。几种不同放包速度时的动载荷系数计算结果见表 4-5。图 4-17 所示为典型单元处冲击系数随放包时间的变化曲线。

表 4-5　不同放包速度时的动载荷系数计算结果

典型单元	静态应力/MPa	瞬间加载		0.1s 加载		0.2s 加载		0.3s 加载	
		最大应力/MPa	动载荷系数	最大应力/MPa	动载荷系数	最大应力/MPa	动载荷系数	最大应力/MPa	动载荷系数
1	70.4	147.9	2.10	95.3	1.35	82.0	1.16	79.62	1.13
2	64.1	140.4	2.19	88.1	1.37	75.0	1.17	73.79	1.15

续表 4-5

典型单元	静态应力/MPa	瞬间加载		0.1s 加载		0.2s 加载		0.3s 加载	
		最大应力/MPa	动载荷系数	最大应力/MPa	动载荷系数	最大应力/MPa	动载荷系数	最大应力/MPa	动载荷系数
3	168.8	330.9	1.96	217.3	1.29	205.8	1.22	199.14	1.18
4	46.9	93.6	2.00	60.5	1.29	57.4	1.22	55.55	1.18

计算结果表明，在瞬间放包的情况下，冲击系数为 2.0 左右；在逐渐放包的情况下，冲击系数随放包时间的延长而降低。当放包时间为 0.3s 时，冲击系数减小至 1.2 以下。回转台实际工作过程为逐渐放包过程，放包时间一般大于 0.3s，若以冲击系数 1.2 乘以放大系数 1.3 可得 1.56，近似为 1.6。为确保安全，建议实际应用中冲击系数取 1.6。

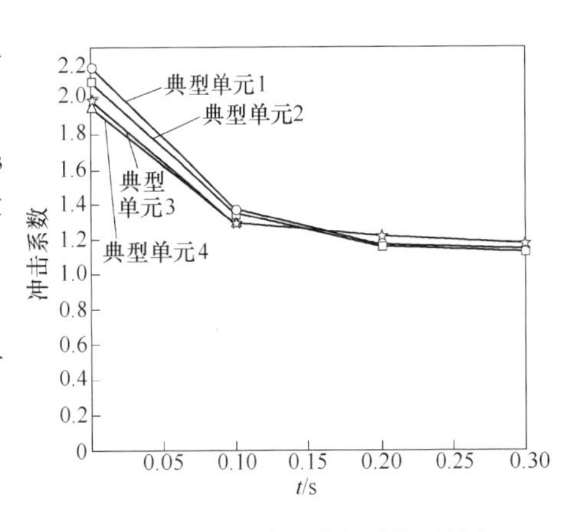

图 4-17 典型单元冲击系数随放包时间的变化关系

4.4 钢包回转台支撑臂疲劳寿命分析

钢包回转台的工作制度是不停地提包、受包、稳态工作循环进行的。钢包在一定速度下受包，具有冲击载荷。考虑动态因素的影响，要从疲劳强度方面加以研讨。

文献 [9] 设定钢包回转台使用年限定为 30 年，每天装载 20 次钢包，则使用年限内的总装载次数约为 11 万次。假设本结构装载钢包时发生振动，用波段法做振幅的频率分析。将加载时振动产生的动态效果换算成设计荷重下的反复作用，则约为 141 万次。根据日本钢结构协会疲劳设计指南算出本结构承受最大拉应力的部位的 141 万次疲劳许用应力为 9.4kg/mm^2，此值和实测值 6.5kg/mm^2 相比较可以看出，即使对疲劳强度进行评价，也足够安全。

景作军、肖琦在文献 [13, 14] 中以钢包回转台的疲劳分析为研究对象，首先分析了钢包回转台的载荷工况，确定了钢包回转台有限元计算与疲劳分析的载荷谱；采用 ADAMS 动力学仿真软件确定了钢包回转台支撑臂的动态响应，并据此确定了其动载系数，从而较科学合理地获得了钢包回转台支撑臂的载荷谱；用 MSC. MARC 软件对不同工况下的钢包回转台的部件进行了静态有限元计算分析；并对其承载最严重的部件——支撑臂的关键部位进行了子结构法的再分析计算，从而有效地提高了该关键部位的有限元分析精度；在对钢包回转台支撑臂进行疲劳分析时，根据国内 16Mn 的疲劳性能数据曲线（*S*-*N* 曲线）和 Miner 线性疲劳累积损伤原理，根据 Goodman 方法对其进行了非零应力均值修正，得到了支撑臂的疲劳特性曲线；最后用 MSC. FATIGUE 软件实现了支撑臂的疲劳寿命的计算，并根据年产量给出了钢包回转台的疲劳寿命。

4.4.1 支撑臂的载荷谱及疲劳校核点的选定

支撑臂载荷谱的制订时，根据现场的载荷规范，垂直冲击载荷系数取为 2.0，切向与径向冲击载荷系数取为 1.5，对钢包回转台的静力分析左右支撑臂间的载荷互相影响系数很小，可视为独立结构，并将整个工作循环视为单轴载荷。由此可获得钢包回转台支撑臂经一个工作循环后的载荷谱，如图 4-18 所示。图 4-19 为回转台支撑臂经一个工作循环后的应力谱。按照图 4-18 所示的加载情形结合有限元软件制订较简单的循环应力-时间响应图。

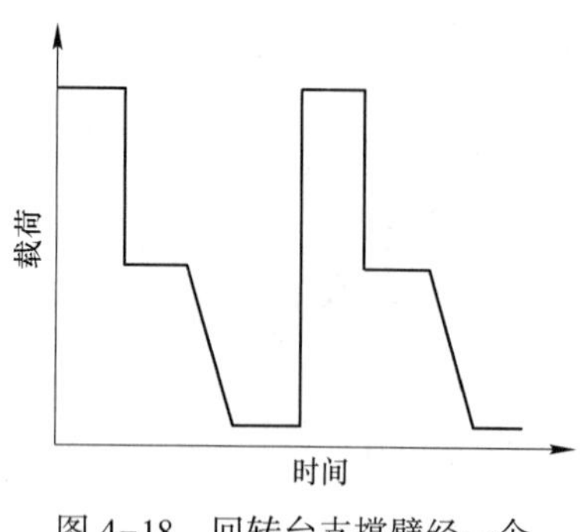

图 4-18 回转台支撑臂经一个工作循环后的载荷谱

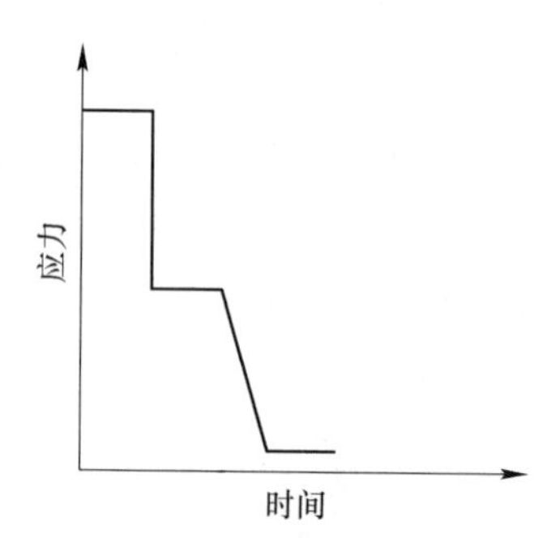

图 4-19 回转台支撑臂经一个工作循环后的应力谱

根据支撑臂的结构有限元模型，采用板单元进行网格划分，在铰链连接处采用三维实体单元，各应力集中的部位细分单元，共划分了 13753 单元、14708 个节点。边界条件严格按照实际工况设置。支撑臂与钢包的铰链处采用分布载荷的形式加载，其他铰链处采用球面接触约束。钢材为 16Mn（低合金结构钢），其屈服应力 σ_s 为 315MPa、强度极限 σ_b 为 470MPa。

图 4-20 所示为该模型在最大载荷作用下的计算结果，表明在此工况下，其最大等效应力仍在屈服极限下，整个构件仍处于线弹性变化范围，因此也决定了此构件的疲劳寿命分析处于高周疲劳问题。

从图 4-20 中可以看出，前方腿部拐弯附近的上表面和侧表面相交处以及中间的加强中间板的相交处的焊缝应力比较高（见图 4-21*a*），前腿与横梁箱体连接处的焊缝（见图 4-21*b*）也出现了应力集中，再考虑大臂拐弯应力集中处（见图 4-21*c*），选定这些焊缝作为疲劳校核目标。

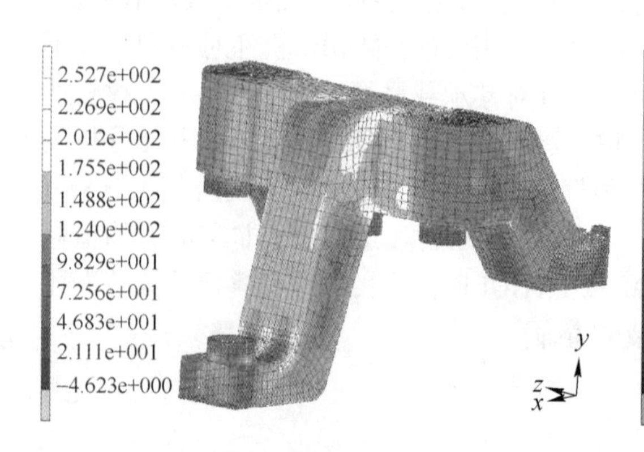

图 4-20 总体应力分布图

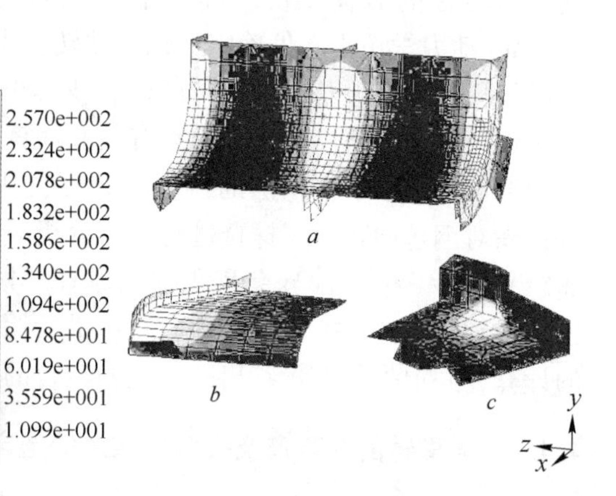

图 4-21 疲劳校核区域图

4.4.2 材料 *S*-*N* 曲线及支撑臂 *S*-*N* 曲线

材料的应力寿命曲线（*S*-*N* 曲线）常用的公式表达方法有指数函数公式、幂函数公式、Basquin 公式等。经过试验分析，16Mn 试件轧态加工，应力比为-1、存活概率 95%的 *S*-*N* 曲线可表示为：

$$\lg N = 27.3733 - 9.2019\lg\sigma \tag{4-1}$$

侧架的 *S*-*N* 曲线可由材料的 *S* *N* 曲线经过疲劳强度降低系数 K_f 的调整来得到。一般机械构件的疲劳缺口系数 K_f 不仅与理论应力集中系数 K_t 有关，还与材料的金相组织、内部缺陷、化学成分、表面状态、载荷特性及使用环境等多种因素有关。

基于场强法模型的 K_f 可用式（4-2）表示：

$$K_t = \frac{1}{V}\int_{\Omega} f(\bar{\sigma}_{ij})\varphi(r)\,\mathrm{d}v \tag{4-2}$$

式中 Ω——材料疲劳破坏区；

$f(\bar{\sigma}_{ij})$——破坏应力函数，只与试件的几何形状有关；

$\varphi(r)$——权函数，与材料和应力梯度有关。

在有限元模型上建立的计算，实际上已经考虑了理论应力集中系数。所以，基于有限元技术的疲劳寿命分析，在确定疲劳强度降低系数 K_f 时不再考虑理论应力集中系数。

在本例中，分析结果表明几个损伤部位的等效应力的方向基本保持不变，因此可以认为是单轴应力状态，因而采用上述建立在单轴基础上的材料 *S*-*N* 曲线以及支撑臂 *S*-*N* 曲线是合理的。经过分析计算得到简化的支撑臂 *S*-*N* 曲线，如图 4-22 所示。

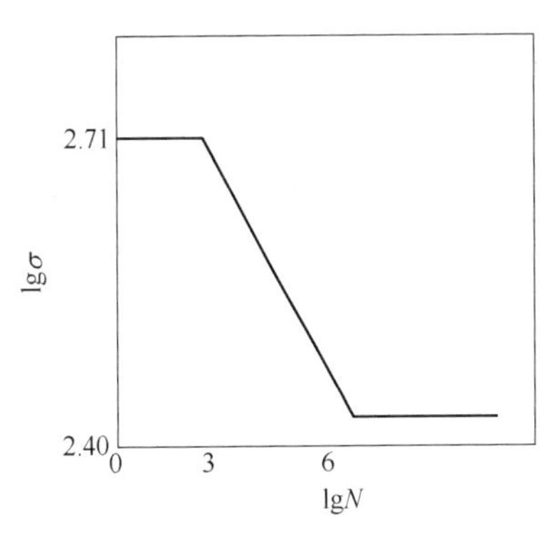

图 4-22 支撑臂 *S*-*N* 曲线

4.4.3 非零应力均值的修正和 Miner 损伤累积准则的应用

支撑臂的 *S*-*N* 曲线是在对称循环条件下得到的（$R=-1$，应力均值为零），而支撑臂上任何一点的应力都是非对称循环，即应力均值并不为零，为此，在计算过程中引入 Goodman 经验公式（4-3）对应力均值进行修正。

$$(S_a/S_n) + (S_m/S_u) = 1 \tag{4-3}$$

式中 S_a——应力幅度；

S_n——循环应力均值为零时的应力幅；

S_m——应力均值；

S_u——材料的拉伸极限。

本节采用 Miner 提出的线性疲劳累计法则（见式（4-5）），当各应力水平下的循环数 n 与各应力水平下的寿命 N 满足式（4-4）时，则试件发生疲劳破坏。

$$\sum_{i=1}^{n}\frac{n_i}{N_i} \geqslant 1 \tag{4-4}$$

使用上述的载荷谱对支撑臂进行疲劳寿命分析，每一次装包、流钢水为一个应力循环，每个循环的疲劳损伤的倒数即为该支撑臂的疲劳寿命循环次数。将年产量与每次装包的吨数的比值除疲劳寿命循环次数，就得到该支撑臂的疲劳寿命年数，见式（4-5）：

$$N_{年} = \frac{P_{年}}{P_{循环} \times D_{循环}} \tag{4-5}$$

式中　$D_{循环}$——每次循环的损伤；

$P_{循环}$——每次循环的产量；

$P_{年}$——年产量。

按照年产 100 万吨的产量，分别针对图 4-21 所示的疲劳校核点进行计算，结果见表 4-6。

表 4-6　疲劳校核点计算结果

疲劳校核点	单位循环损伤	疲劳寿命/a
A_1	2.175×10^{-5}	13.79
A_2	2.038×10^{-6}	147.20
A_3	1.055×10^{-5}	28.44
B	6.59×10^{-6}	45.52
C	3.68×10^{-7}	815.22

4.4.4　支撑臂焊缝的疲劳寿命计算

文献［15］针对某钢包回转台使用过程中支撑臂根部液压缸支撑座立板垂直、水平焊缝出现裂纹的问题，用 ANSYS 软件对支撑臂进行了有限元应力分析，并对最大应力点进行疲劳寿命计算，其有限元模型如图 4-23 所示。

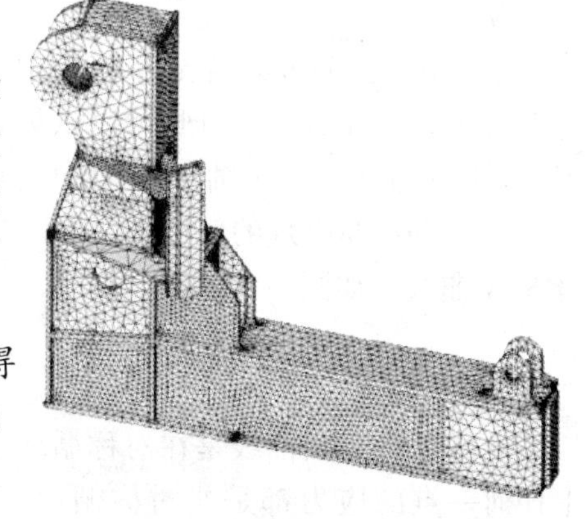

图 4-23　支撑臂的有限元模型

4.4.4.1　应力-循环次数（S-N）曲线的获得

使用近似法做材料的 S-N 曲线。在双对数坐标上取下列两点：

$N=10^3$，$\sigma=0.9R_m=0.9\times573=515.7$（MPa）；

$N=10^7$，$\sigma=0.45R_m=0.9\times573=257.9$（MPa）。

连接该两点得一斜线，即为所求的 S-N 曲线（见图 4-24）。

而支撑臂的 S-N 曲线的绘制，要考虑影响疲劳强度的各种因素，主要包括应力集中系数、尺寸、表面状态、载荷频率、工作环境等。在有限元模型计算时已经考虑了理论应力集中系数，绘制曲线时可不再考虑。支撑臂的 S-N 曲线如图 4-25 所示。

由于支撑臂几个损伤部位的等效应力方向基本不变，因此可以认为是单向应力状态。上述按单向应力状态绘制的 S-N 曲线是合理的。

材料的 S-N 曲线是在对称循环应力下绘制的，而支撑臂上任意一点的应力状态都是非对称的，应力均值不为零。

对于结构钢的脉动循环应力的疲劳极限可以使用经验公式估算。

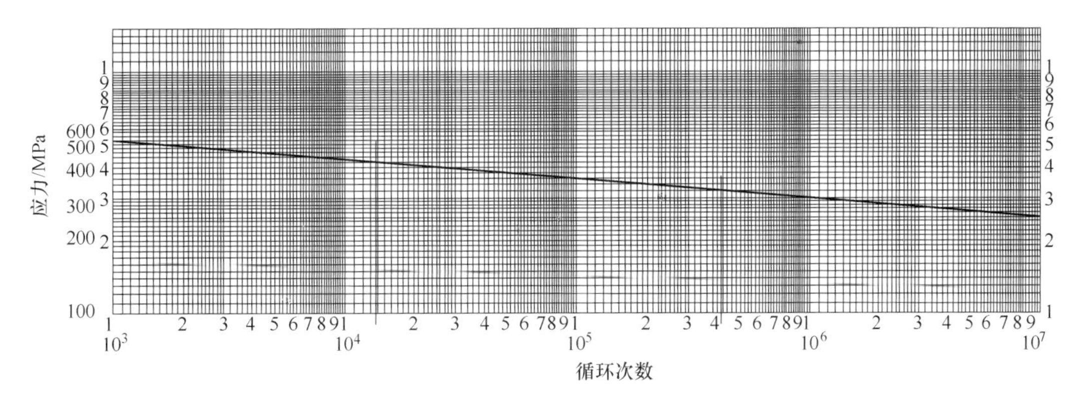

图 4-24　16Mn 的 S-N 曲线

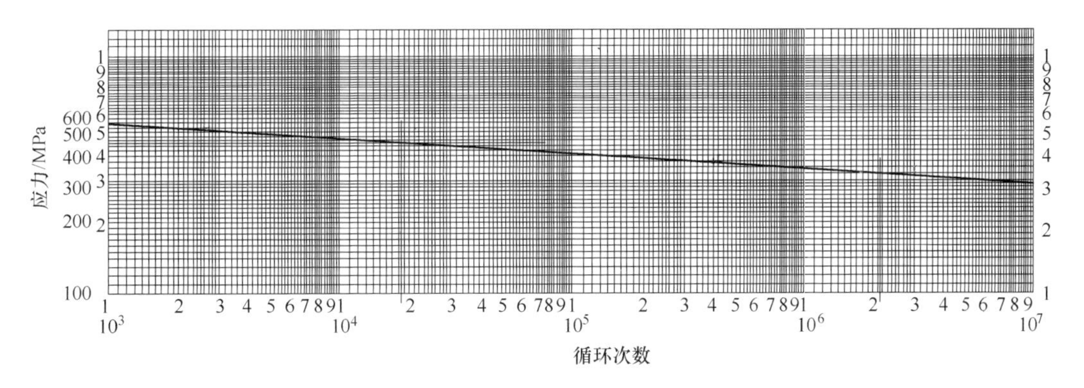

图 4-25　支撑臂的 S-N 曲线

在拉压状态下，对称循环应力的疲劳极限：

$$\sigma_{-1l} = 0.23 \times (R_e + R_m) = 0.23 \times (573 + 315) = 204(\text{MPa})\ (\text{有误差})$$

在拉压状态下，脉动循环应力的疲劳极限：

$$\sigma_{0l} = 1.42\sigma_{-1l} = 289(\text{MPa})$$

由图 4-25 可查出在最大应力下到达疲劳失效的应力循环次数 N。例如，立板垂直焊缝外侧为 2.15×10^6，立板水平焊缝外侧为 1.95×10^4。当应力小于 257.9MPa 时，应力循环次数大于10^7，视作对零件无损伤。

4.4.4.2　焊缝处疲劳寿命的估算

零件的疲劳寿命估计值为：

$$\text{一侧臂年应力循环次数} = \frac{\text{一侧臂的年产量}}{\text{一侧臂应力循环一次的产量}} = \frac{0.5\times250\times10000}{310} = 4032\ (\text{次})$$

$$\text{立板水平焊缝寿命} = \frac{\text{总应力循环次数}}{\text{一侧臂应力循环次数}} = \frac{1.95\times10^4}{4032} = 4.8\ (\text{年})$$

$$\text{立板垂直焊缝寿命} = \frac{\text{总应力循环次数}}{\text{一侧臂应力循环次数}} = \frac{2.15\times10^6}{4032} = 533\ (\text{年})$$

焊缝本是应力集中部位，支撑臂在结构上又致使此处所受应力过大，超过屈服极限，所以导致焊缝过早开裂。

4.5　钢包回转台螺栓强度分析

4.5.1　连接推力轴承的螺栓及地脚螺栓的计算

连接推力轴承的两圈螺栓及回转台的地脚螺栓，都是均布在高度不同的同心圆上。回转台工作时，施加于回转台的负荷使推力轴承同时受到压力和倾翻力矩的作用[16]。回转台旋转时，由倾翻力矩所产生的拉力，对每个螺栓来说是周期性变化的，如图 4-26 所示。图 4-26*a* 是负荷状态，其中 *G* 代表钢包重心位置；*d* 是地脚螺栓中心圆直径，或连接推力轴承的螺栓中心圆直径。图 4-26*b* 是螺栓的拉力 *P* 在回转台旋转时，随着转角（相位角）θ 的变化而变化的情况。因倾翻力矩使螺栓产生的拉力与相位角 θ 的余弦成比例，最大拉力产生在 $\theta = 180°$ 处。连接推力轴承的两圈螺栓（见图 4-26）及地脚螺栓承受了相同的倾翻力矩，由于其中心圆直径不同，所以螺栓的拉力不同，但其变化情况是相同的。

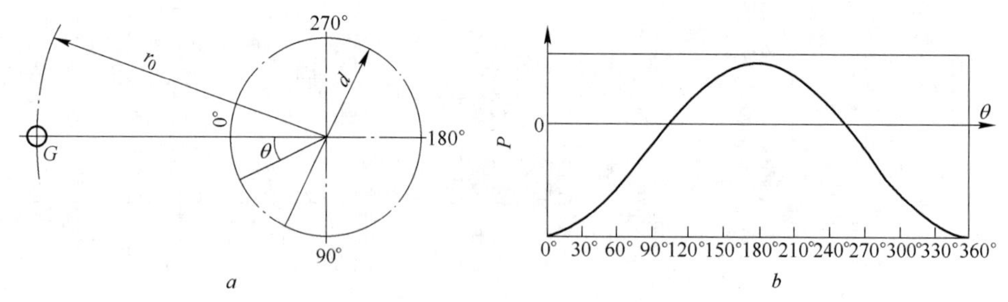

图 4-26　回转台的负荷情况

a—负荷状态；*b*—负荷变化情况

前已述及，上述各个螺栓在紧固时都要有一定的预紧力，以防止在承受倾翻力矩时发生松动，预紧力 P_0 一般取为工作拉力 *P* 的 1.35～1.5 倍，即：

$$P_0 = (1.35 \sim 1.5)P$$

螺栓受力与变形情况如图 4-27 所示。图中，直线 *AB* 表示螺栓受力与变形的关系；直线 *CD* 表示连接件的受力与变形关系。*AB* 与 *CD* 相交于 *E* 点，纵坐标 *EF* 表示预紧力 P_0。在预紧力 P_0 的作用下，螺栓的拉伸量为 Δ_1，连接件的压缩量为 Δ_2，如图 4-27*a* 所示。

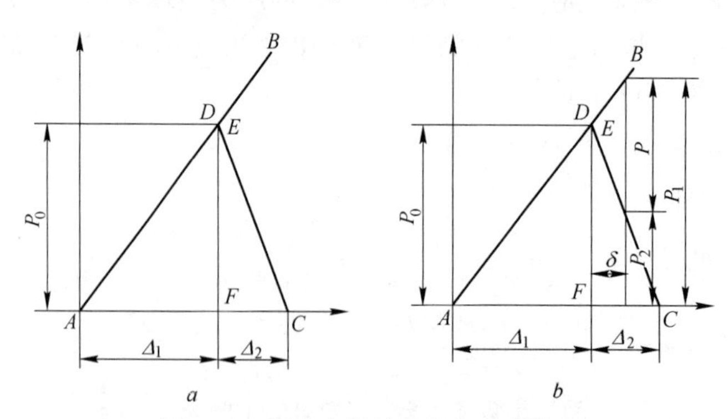

图 4-27　预应力螺栓受力与变形情况

a—紧固时螺栓的受力与变形；*b*—承受拉力时螺栓的受力与变形

当螺栓承受工作拉力 *P* 时，其作用力由 P_0 增加到 P_1，变形量由 Δ_1 增加了一个数量

δ；受压件的作用力由 P_0 变为 P_2，其变形量由 Δ_2 减少了一个数量 δ，如图 4-27*b* 所示。根据静力平衡条件有：

$$P_1 = P + P_2$$

即螺栓的总拉力等于工作拉力与连接件上剩余预紧力之和。

计算工作拉力时，须把冲击力考虑在内。冲击力一般为静负荷的 1.15~1.25 倍，由图 4-27 可见：

$$\delta = (P_1 - P_0)/C_1 = (P + P_2 - P_0)/C_1 \tag{4-6}$$

式中　C_1——螺栓的刚度系数。

同时还有

$$\delta = (P_0 - P_2)/C_2 \tag{4-7}$$

式中　C_2——连接件的刚度系数。

从式（4-6）及式（4-7）可得：

$$P_2 = P_0 - \frac{C_2}{C_1 + C_2}P \tag{4-8}$$

$$P_0 = P_2 + \frac{C_2}{C_1 + C_2}P \tag{4-9}$$

$$P_1 = P + P_2 + \frac{C_1}{C_1 + C_2}P \tag{4-10}$$

式中　$C_1/(C_1+C_2)$——相对刚度系数，设计计算时可取 $C_2 = 4C_1$，则其相对刚度系数为 0.2。

在 P_1 的作用下，螺栓的最小安全系数为 1.4~1.5。

计算倾翻力矩时，假定回转台上只放一个满包钢水。

文献［16~18］分别给出了钢包回转台地脚螺栓强度计算实例，在实际工程中可以参考。

4.5.2 钢包回转台连接螺栓和地脚螺栓强度及有限元分析

文献［19］采用 Inventor 三维建模软件建立了某 360t 解体式钢包回转台三维实体模型，利用 ABAQUS 有限元软件对连接座与回转支撑台之间的连接螺栓和底座与基础之间的地脚螺栓进行了有限元静力分析。通过对连接螺栓和地脚螺栓在施加螺栓预紧力和不施加预紧力的情况下局部区域的精细分析，给出了两种状态下螺栓连接区域的应力分布和变形，得到螺栓预紧力足够的结论。

目前，对钢包回转台连接螺栓的强度计算分析局限于传统的简化计算方法。由于钢包回转台的连接螺栓和地脚螺栓数目多，采用传统的简化分析方法难以准确地对其应力状态进行分析，有限元方法为解决这一问题提供了有效途径。本节以一台 360t 解体式钢包回转台的连接螺栓和地脚螺栓计算实例来说明。

4.5.2.1 建立连接螺栓精细分析模型

首先采用 Inventor 软件建立解体式钢包回转台二维实体模型，进而利用 Inventor 和 ABAQUS/CAE 之间的数据接口，将在 Inventor 中建立的实体模型导入 ABAQUS/CAE 中建立有限元模型。由于连接座与回转支撑台之间的连接螺栓达 100 多颗，且还有定位销。为了简化起见，连接螺栓有限元精细分析模型中将底座和处于低位的钢包支座和摆臂及连杆等简化为刚体，计算模型如图 4-28 所示。

位移边界条件为底座下表面固定。计算最危险工况，即一侧满包（考虑受包冲击载荷系数）、另一侧空载。受包冲击载荷系数取 1.6。

模型中上下连接板之间、螺栓与连接板之间以及定位销与连接板之间均采用接触定义，如图 4-29 所示。每一颗螺栓的螺帽与上下板之间均定义为接触对，加上上下连接板之间的接触关系，模型中总共定义了 314 对接触面对。接触分析中的摩擦系数取 0.15。

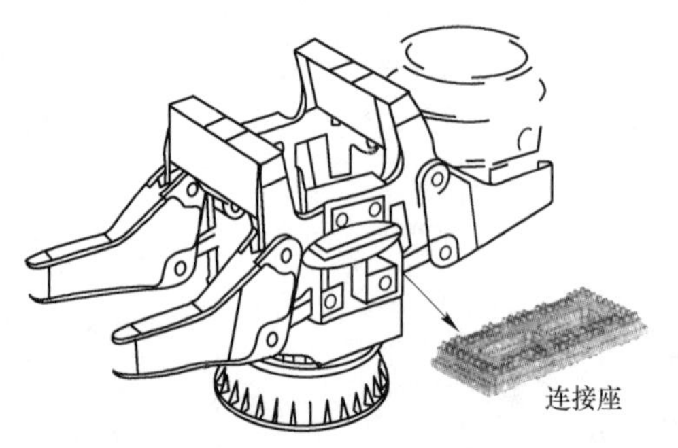

图 4-28　连接螺栓精细分析有限元模型

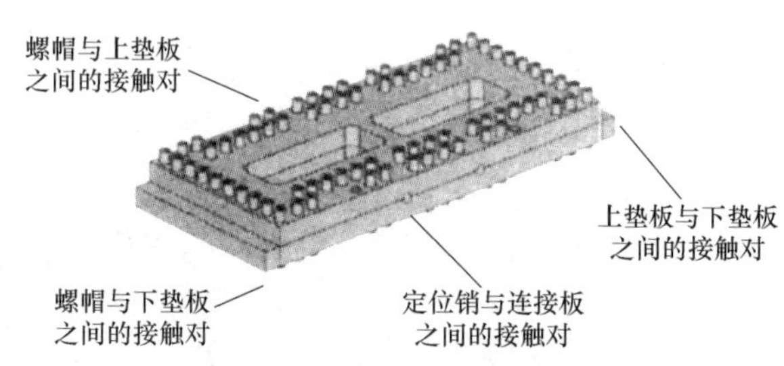

图 4-29　模型中的接触定义

设计中要求连接螺栓施加 460kN 的预紧力，为了考察所施加的预紧力是否足够大，有限元计算中须考虑预紧力。螺栓中的预紧力可以使用 ABAQUS/CAE 中的螺栓载荷模拟。

4.5.2.2　建立地脚螺栓精细分析模型

为了简化起见，建立的有限元模型中仅将混凝土基础以及底座视为弹性变形体，而将其他构件均简化为刚体。模型中位移约束条件为混凝土下表面固定、混凝土侧面径向位移约束。分析时考虑最危险工况，即高位满包（考虑受包冲击动载系数）、低位空载。设计中要求地脚螺栓要施加 700kN 的预紧力。

模型中底座与混凝土之间、螺帽与底座之间、螺帽与混凝土基础中钢板之间以及螺帽与混凝土之间均采用接触定义。每一颗螺栓的螺帽与底座、钢板、混凝土之间均定义接触对，加上底座与混凝土之间的接触关系，模型中总共定义了 181 对接触面。接触分析中的摩擦系数取 0.15。

混凝土、底座以及地脚螺栓等使用六面体单元离散，混凝土基础中的加强钢筋用空间梁单元，钢板和套筒用板壳单元模拟。这里主要考虑地脚螺栓的强度，地脚螺栓、混凝土基础和底座等区域采用了较细密的网格，网格划分如图 4-30 所示。

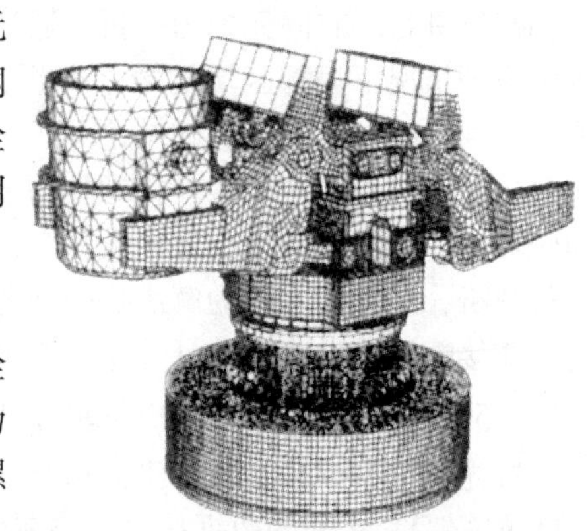

图 4-30　地脚螺栓精细分析模型网格划分

4.5.2.3　连接螺栓精细分析结果

计算可得到连接螺栓施加预紧力的情况下螺栓的等效应力分布，并得知其最大等效应力为 465.3MPa，产生这么大应力的原因是由于螺杆和螺帽之间过渡区的应力集中所致。

在连接螺栓未施加预紧力时，螺栓的应力水平较低。最大应力出现在邻近定位销的螺栓上。值得一提的是，虽然螺栓未施加预紧力时，其应力水平较施加了预紧力的低，但未施加预紧力时上下连接板会相互分离这是不容许的。

4.5.2.4 地脚螺栓精细分析结果

地脚螺栓精细分析模型变形图如图 4-31 所示。由图 4-31*a* 可见，在每颗地脚螺栓施加 700kN 预紧力的情况下，底座和混凝土在地脚螺栓连接处均没有发生分离。结果表明，地脚螺栓的预紧力足够大，连接区域具有足够的刚度。由图 4-31*b* 可见，地脚螺栓未施加预紧力时，在回转台左边钢包支座（高位）加载时，左边区域底座和混凝土基础上表面之间由于受压处于闭合状态，但是右边区域由于螺栓被拉长，底座和基础之间发生了分离，这是不容许发生的。因而，为确保回转台的安全运行，地脚螺栓必须能够施加足够的预紧力。

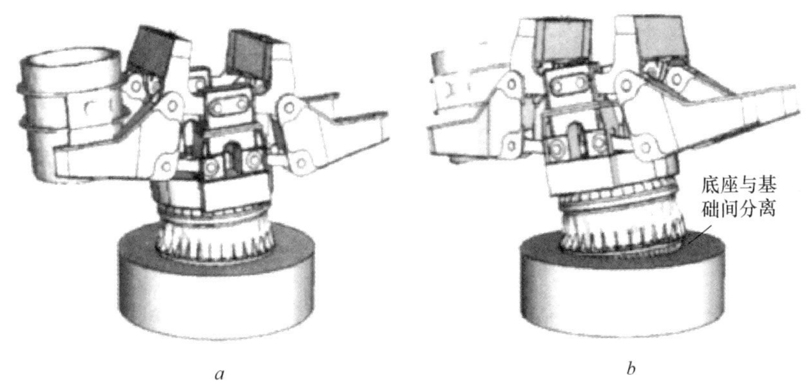

图 4-31 地脚螺栓精细分析模型变形图（位移放大 500 倍）
a—螺栓施加预紧力；*b*—螺栓未施加预紧力

通过分别对 360t 解体式钢包回转台的连接螺栓和地脚螺栓的局部有限元精细分析，得到如下结论：对于连接座与回转支撑台之间的连接螺栓，每颗施加 460kN 的预紧力足够，此时连接区域各构件的强度足够；连接螺栓不施加预紧力时各构件的强度也足够；但上下连接板之间会出现分离，这在实际中是不容许的。对于地脚螺栓，每颗施加 700kN 的预紧力足够，此时底座和基础各构件的强度足够；地脚螺栓不施加预紧力时各构件的强度也足够，但底座和基础之间会出现分离，这在实际中也是不容许的。

参 考 文 献

[1] 张振瑞，薛丽莉．钢包回转台回转臂的有限元分析［J］．河北冶金，1995，89（5）：55~59.

[2] 吴迪平，刘联群．直角式钢包回转台的有限元分析［J］．重型机械，1997（3）：38~40.

[3] 夏云强，张雅各．异形坯连铸机钢包回转台旋转框架有限元分析［J］．重型机械科技，2000（4）：1~9.

[4] 唐田秋，等．基于有限元分析的连铸机钢包回转台结构优化设计［J］．重型机械，2004（6）：35~37.

[5] 余飞，乔沙林，等．大型钢包回转台及其关键部件的强度分析［J］．重型机械，2009（6）：33~35.

[6] 张翀宇，崔福龙．钢包回转台整体结构数值计算［J］．连铸，2011（1）：21~24.

[7] 谭文锋，等．连杆式钢包回转台的动态特性分析与计算［J］．重型机械，1996（2）：24~29.

[8] 北京钢铁学院．炼钢机械［R］．北京钢铁学院内部资料，1985.

[9] 森肋良一，等．钢包回转台的结构分析［J］．重型机械，1980（4）：1~12.

[10] 曲庆璋，梁兴复．钢包回转台结构强度研究［J］．重型机械，1987（3）：32~37.

[11] 谢义武．钢包回转台受罐冲击系数理论计算分析［J］．冶金设备，1998，107（1）：24~25，35.

[12] 徐晓，等．钢水罐回转台受包冲击系数研究［J］．重型机械，2008（3）：28~31.

[13] 肖琦．连铸钢包回转台疲劳强度的应用研究［D］．北京：北方工业大学，2008.

[14] 肖琦，景作军．钢包回转台支撑臂疲劳分析［J］．设计与研究，2005（4）：32~34.

[15] 关丽坤，等．钢包回转台支撑臂的应力分析［J］．中国重型装备，2010（6）：23~26.

[16] 潘毓淳．炼钢设备［M］．北京：冶金工业出版社，1992.

[17] 金光振，等．钢包回转台地脚螺栓的预紧力研究［J］．湖北工学院学报，2003（4）：100~102.

[18] 黄俊杰，等．连铸机钢包回转台地脚螺栓载荷分析［J］．设备技术，2004（1）：21~23.

[19] 青绍平，严波，等．解体式钢水罐回转台螺栓强度有限元分析［J］．冶金设备，2009（2）：51~54.

5 钢包的热行为和力学行为

钢包是用于盛接钢液并进行浇铸的设备，也是炉外精炼的容器。钢包的容量应与炼钢炉的最大出钢量相匹配，并留有10%的余量和一定的炉渣量。一般钢包上口还应留有200mm以上的净空，用于精炼时，净空要更大些。

钢包由外壳、内衬和铸流控制机构三部分组成。钢包内衬一般由保温层、永久层和工作层组成。

随着科学技术的进步及钢包使用过程中出现的问题，人们着重针对钢包传热及热循环中的温度分布规律、各种工况下钢包的温度场、钢包工作时的应力状态等问题开展研究，以提高钢包的使用品质和使用寿命。

5.1 钢包传热及热循环过程

5.1.1 钢包传热研究的进步

钢包是炼钢生产过程中不可缺少的设备，是炼钢和连铸之间的中介容器。钢水从出炉后至浇铸结束，都盛装在钢包内，因此钢包在生产周转过程中的传热直接影响着出钢和盛钢过程中钢水的温度变化。而钢水温度的变化对于炉外精炼和浇铸过程也将产生很大影响，并最终会影响产品的质量。

钢包传热研究随着生产水平发展的需要和研究手段的进步不断深入[1]。20世纪80年代以后，随着连铸优质高产的需要和钢包冶金技术的发展，国内外越来越多的炼钢厂逐步采用高铝质、白云石、锆英石或镁质耐火材料作钢包衬。这些优质耐火材料比传统使用的黏土砖在导热系数、密度和容积比热等物理性质上有明显的增大，实际使用中，包内钢水温度波动和温降都很大。面对使用优质耐火材料带来的热工技术方面的新问题，许多国家的学者和科技人员针对不同炼钢厂的实际生产设备和操作工艺，定性或定量地研究了钢包在不同条件下的热损失，寻求减少钢包衬热传导损失、包衬蓄热损失和包口热辐射损失的措施。

H. Pferfer 等人[2]为了计算钢包内钢水上表面的热损失，分析了钢包锥形罩敞口及盖包盖的传热情况。他们假定钢包内钢水温度充分混匀，设渣面、渣面以上包衬表面、锥形罩和包盖的内表面为四个等温表面，建立了它们相互之间自辐射和反射的关系式，以此推导出射入辐射密度和表面纯热流的关系式。

H. Pferfer 等人将上述数学模型方法应用到了浇铸钢包热模拟模型的研究中，考虑了从出钢到浇铸结束过程中各主要工序的钢包传热现象。通过计算包壁、包底和渣层的热流，来分析钢水温度的变化。这一热模拟模型的理论计算值与从钢包上部间断测温的测量值的误差在10℃以内。H. Pferfer 等人研究工作的意义在于突破了以往孤立地研究钢包单体传热现象的框架，而将其置于出钢到浇铸的各工序系统中。这样，研究结果对实际生产有更多的指导作用。

近年来，将钢包热循环过程划分为一封闭系统，采用数学方法定量描述系统内各阶段钢包传热量，来评估对出钢温度和钢水温度变化影响的研究和应用工作，越来越受到各国学者的重视。L. M. Saunders[3]应用美钢联研究所开发的计算机模型，分析了某 350t 高铝衬钢包在不同预热和冷却条件下，包衬内的温度分布及对钢水温度的影响。A. Grandillo[4]等人采用加拿大麦吉尔大学开发的 FASTP 系统，对麦克马斯特厂的 80t 白云石衬钢包热循环进行了理论仿真。总之，钢包热循环计算机模拟越来越成为炼钢生产者的一种十分有用的工具，对指导他们加强钢包冶金及连铸工艺过程中的钢水温度控制，获得理想的浇铸温度，实现优质、高产、低耗的生产目的，发挥着重要的作用。

近十几年来，国内的许多钢铁厂对钢包的散热损失、钢包热循环过程中的温降也越来越重视。合理的温度制度是提高产品质量、降低生产成本的有效手段，但目前的实际情况表明，出钢温度偏高、钢水温度命中率低的现象仍是大部分钢厂共同面临的问题。就宝钢而言，钢水温度命中率仅为 69.0%。因此，对钢包流场温度场的计算，分析钢包热循环过程中的温降机理，寻求提高钢水温度命中率、减少钢包温降的措施，成为国内许多冶金科研人员的研究工作。

5.1.2 钢包热循环实测研究

文献［5］研究者对宝钢炼钢厂 300t 整体钢包的整个周转过程热状态进行了跟踪测试，对各阶段的测试结果进行分析，并得出了周转过程各阶段钢包包衬温度变化规律，在此基础上提出缩短烘烤时间、加盖保温等提高热循环效率的措施。

针对一炉钢水及其钢包自烘包、出钢、精炼、连铸整个循环进行测试，选定以下测试点：（1）钢包烘烤点；（2）出钢前钢包台车；（3）出钢完毕，钢包台车开出；（4）到达精炼站钢包台车；（5）精炼完毕，钢包台车开出；（6）钢包开浇前；（7）浇铸过程；（8）钢包冷却或修理过程。

整体浇筑钢包的烘烤过程分 3 个阶段进行：前期的烘烤温度低，主要为保证钢包耐火材料不致发生裂纹和剥落；中期的烘烤温度迅速升高，可使钢包包衬耐火材料的温度迅速达到热饱和；后期的烘烤温度有所降低，保持钢包耐火材料温度的稳定。前期烘烤时间约为 35h，中期烘烤时间约为 22h，后期烘烤时间约为 11h。

由于出钢前等待时间较长，导致钢包上部耐火材料温度下降，而中下部耐火材料基本不受影响；出钢后，由于钢水与包衬之间存在较大的温度梯度，包衬温度迅速升高；精炼处理开始后，由于钢水温度下降，以及钢水与包衬耐火材料的温度梯度降低，导致升温速度有所下降。从钢包使用的动态过程来看，新包投入运转的前 6 个周期，包衬一直处于蓄热状态，此时应该考虑钢水温度补偿，而运转 6 个周期以后，包衬蓄热和散热相当平衡。

钢包冷却过程的实测数据表明，钢包冷却过程中包衬内各点的温度均匀下降；包衬工作层的温降明显大于永久层的温降，包衬上部的冷却速度略大于中部和下部的冷却速度，原因是钢包空冷时上表面没有加包盖，其散热的主要方式是辐射传热，因此采取加盖措施可以得到较好的保温效果。

文献［6］根据实测钢水入包前包衬的温度分布，并由传热模型计算，得出大冶特钢 60t 钢包内表面预热温度为 500℃和 900℃的钢包，两者钢水温降相差约 50℃，前 20min 内钢水温度几乎呈直线下降，35min 左右钢包衬蓄热基本达到饱和。

经计算，包壁耐火材料的温度分布如图 5-1 所示，包底内衬耐火材料的温度分布如图 5-2 所示，以此作为出钢时钢包耐火材料的初始温度。

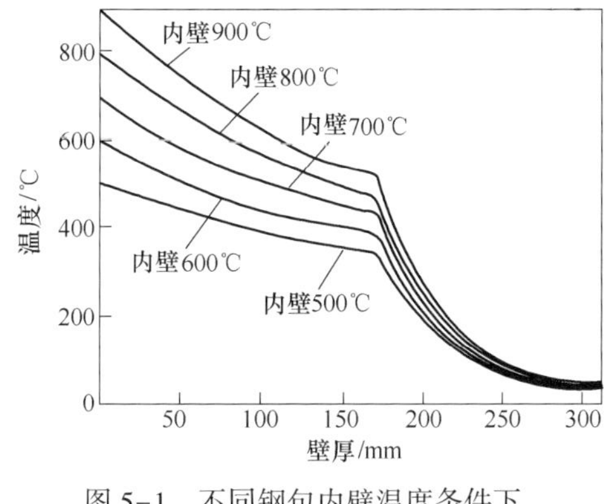

图 5-1 不同钢包内壁温度条件下，包壁耐火材料的温度分布

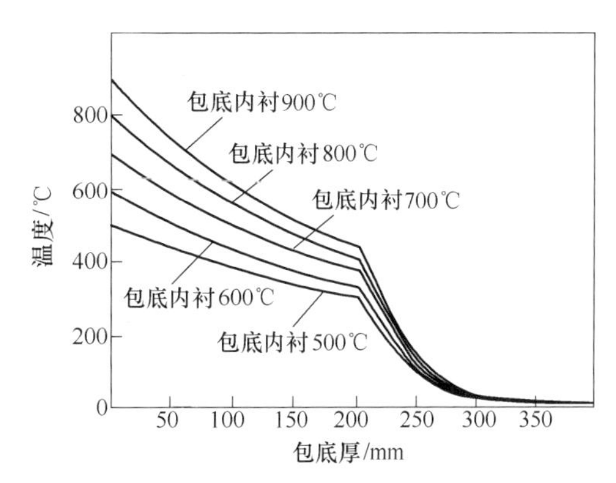

图 5-2 不同包底内表面温度条件下，包底内衬耐火材料的温度分布

包衬蓄热及包壳散热计算表明，钢包的热状况不同，包衬的蓄热和钢壳的散热也不同，对钢水温降产生不同的影响。在应用传热模型及确定的初始条件计算时，有以下假设条件：

（1）钢水进入钢包后，钢水温度均匀，即为出钢温度减去钢流散热和合金加入引起的钢水温降；

（2）忽略包衬中不同耐火材料之间的接触热阻；

（3）由于吹氩搅拌，认为钢水内温度均匀。

在以上假定条件下，计算了大冶特钢 60t 钢包在出钢温度为 1640℃时，包衬预热温度对钢水温降的影响，其结果如图 5-3 所示。

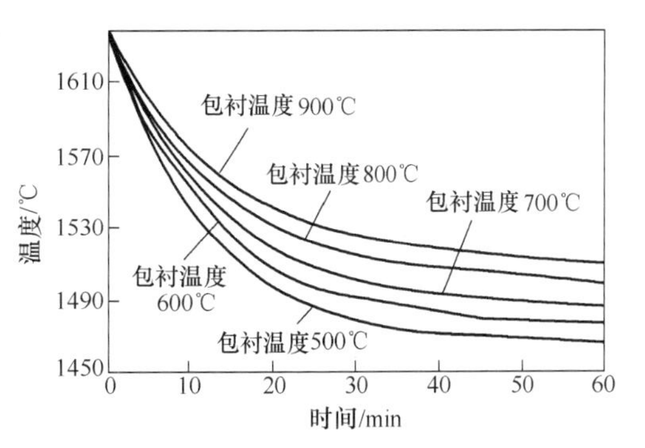

图 5-3 包衬预热温度对钢水温度的影响

研究的结论认为：

（1）连用时钢包衬温度不均匀，渣线以下由包底向上温度逐渐降低。

（2）钢包预热温度越高，钢水热损失越少。预热温度为 500℃ 和预热温度为 900℃ 的钢包相比，钢水温降相差 50℃ 以上。

（3）对于大冶特钢 60t 钢包，钢水入包 35min 后，包衬的蓄热基本达到饱和。

5.2 钢包温度场数值模拟及测试

5.2.1 烘烤过程钢包包壳及包壁温度场研究

钢包在出钢、精炼、连铸等运行周期循环之前，首先要进行烘烤蓄热，以免承受严重的热冲击；同时，钢包在出钢前的热状态，直接影响着出钢和盛钢过程钢水的温度变化。

钢包烘烤过程的热状态变化是转炉制定钢水温度补偿制度的重要因素之一。因此，研究钢包在烘烤状态下的温度场分布，对钢包的日常维护、延长使用寿命等方面有着重要的指导意义。

文献［7］针对新型300t钢包，采用现场测量和有限元数值模拟的方法，对其包壳烘包阶段的温度场进行了研究。

采用红外测温仪对处于烘包状态及投入使用一个运行周期后的包壳表面温度进行了现场测量，上、下渣线处的包衬材料为镁碳砖，工作层和永久层为高铝砖。现场测量的钢包包壳表面温度测点位置分布如图5-4所示，测试点主要分布在钢包的高度方向、包体与包底的连接环焊缝区域。

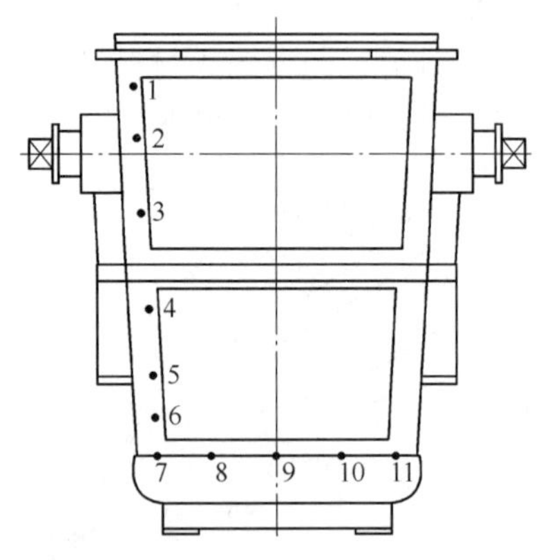

图5-4 现场测量的钢包包壳表面温度测点位置分布

钢包在烘包状态及投入使用一个周期后包壳表面各点的温度测试结果见表5-1。

表5-1 包壳表面各点的温度测试结果

测 试 点	1	2	3	4	5	6	7	8	9	10	11
烘包时间 13：00	91	75	40	42	46	51	54	50	52	52	48
烘包时间 14：00	112	95	44	44	47	48	51	52	56	54	52
烘包时间 15：00	143	98	47	46	52	54	57	56	60	58	55
烘包时间 16：00	212	125	55	50	52	52	53	60	65	58	53
烘包时间 17：20	235	166	65	65	68	65	68	74	83	75	68
烘包时间 18：20	260	200	70	65	72	70	75	81	90	76	72
烘包时间 19：20	245	218	100	80	77	75	76	96	100	84	80
烘包时间 20：20	215	220	90	87	86	82	81	91	100	90	91
烘包时间 21：20	210	225	99	89	85	84	82	90	109	98	99
烘包时间 22：20	240	230	100	95	90	88	82	105	111	100	98
烘包时间 23：20	243	235	90	100	100	90	97	102	110	99	94
盛钢水时间 0：20（次日）	252	256	100	120	125	100	100	117	120	117	118
精炼时间 1：00（次日）	290	278	130	132	139	110	103	115	125	130	121
连铸时间 1：35（次日）	276	280	130	126	128	130	133	139	130	136	140

研究者采用ANSYS有限元软件对包壳烘包阶段的温度场进行稳态和瞬态三维有限元数值模拟。烘包阶段模拟计算结果表明，钢包达到最后的传热平衡状态时，包壳外表面的温度最高为310℃，位于钢包上渣线处。钢包上、下渣线处由于镁碳砖的导热系数较高，导致与之相对应的包壳表面温度高于其他位置。

对烘包过程进行了瞬态模拟计算，三维模型中与现场测试点2处于相同位置的节点在烘包过程中的温度变化如图5-5所示。为了便于比较，将测试点2的现场测量值也列于图中。

钢包的烘烤过程是内衬及包壳不断蓄热的一个过程，包壳外表面通过辐射及对流与外界环境同时也进行着热交换，直到达到稳定的平衡状态。通过比较烘包阶段稳态和瞬态数值模拟的计算结果可以看出，经过 30h 的烘烤，包壳表面温度场达到稳态。

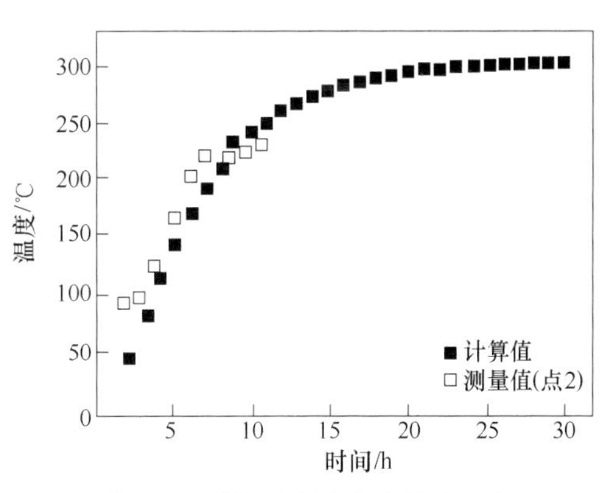

图 5-5 烘包过程中包壳外表面上渣线处的温度变化

从图 5-5 中可以看出，烘包过程的瞬态数值模拟计算结果与现场测量值基本相符，因此认为计算所采用的边界条件是正确的，采用有限元数值模拟得到的结果可信度较高。

文献［8］利用有限元法计算了烘烤过程钢包包壁温度场，研究了工作层、永久层和保温层厚度对钢包包壳温度的影响。

为了研究钢包隔热保温的效果，计算工作层、保温层厚度变化对烘烤过程中钢包包壳温度的影响，保温层厚度 d 分别取 0mm、4mm、10mm、14mm，相应工作层厚度分别取 170mm、166mm、160mm、156mm，永久层和包壳厚度不变，分别为 50mm 和 40mm。钢包烘烤过程的传热可做如下假设：

（1）烘烤过程钢包内衬表面温度恒为 1000℃；

（2）包衬初始温度为 20℃，环境温度为 20℃；

（3）钢包包壳与环境只存在自由对流传热，对流传热系数为 1.5W/(m^2 · K)。

图 5-6 为对应不同工作层、保温层厚度的钢包包壁部分包壳温度有限元法计算结果。图 5-7 为对应不同工作层、保温层厚度的钢包渣线部分包壳温度有限元法计算结果。由图 5-6 和图 5-7 可以看出，随着保温层厚度的增加，钢包包壳温度下降，但下降幅度越来越小。在保温层厚度相同情况下，渣线部分温度下降幅度较包壳部分大。

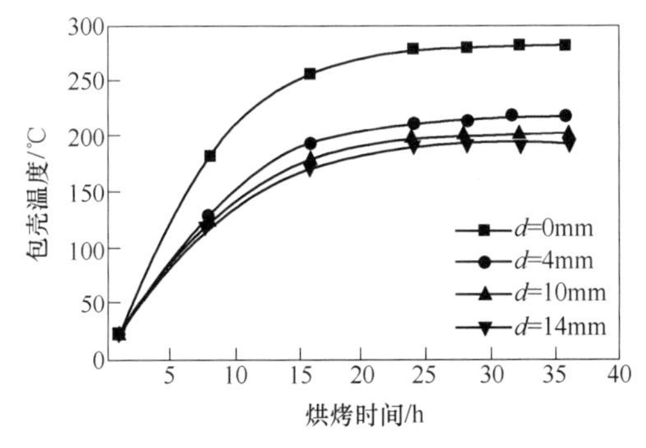

图 5-6 不同工作层、保温层厚度对钢包包壁部分包壳温度的影响

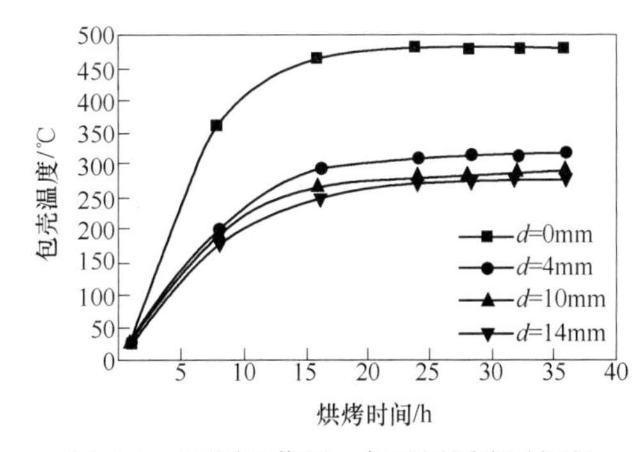

图 5-7 不同工作层、保温层厚度对钢包渣线部分包壳温度的影响

由以上分析计算可知，利用有限元法计算了钢包在烘烤过程中的包壁温度场，并根据实测结果，得出烘烤过程中包壳和环境之间的对流传热系数为 1.5W/(m^2 · K)。钢包烘烤 16h 后包壁传热过程基本达到稳态，与包壳和环境之间的传热系数关系不大。有限元计算结果还表明，在原有钢包包衬上增加纤维保温层，可大幅度降低钢包包壳温度，起到隔热

保温作用；随着保温层厚度的增加，包壳温度下降，但下降幅度越来越小；在保温层厚度相同时，渣线部分温度下降幅度较包壳部分的大。

5.2.2 钢包稳态温度场的研究

文献［9］通过建立钢包衬体材料的传热模型，对采用两种不同材料砌筑永久层的100t钢包进行了温度场数值模拟和节能计算。

为了对钢包进行节能分析，在钢包工作层砌筑材料相同的情况下，其永久层分别采用低水泥浇注料和轻质隔热耐火砖砌筑，分两种情况进行传热计算。钢包三维几何模型如图5-8所示。

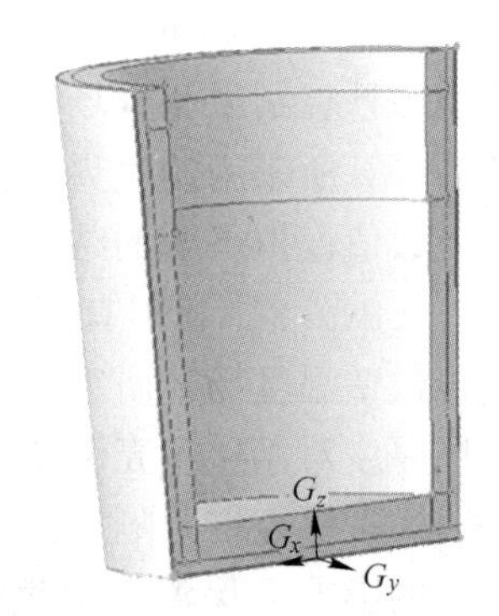

图5-8 钢包三维几何模型

设钢包内钢液的温度为1650℃，采用分离求解器、一阶精度格式求解传热方程，当能量残差值小于10^{-8}且监视点的温度不再发生变化时，即认为计算收敛，获得了稳定的温度场。

图5-9所示为采用两种不同永久层衬体材料的钢包外表面温度场。当钢包永久层采用低水泥浇注料时，钢包外表面温度最高点位于渣线区域，其最高温度为378.7℃。当钢包永久层采用轻质隔热耐火砖时，钢包外表面温度分布发生了变化，在靠近钢包底部及渣线区域温度较高，其最高温度为288.3℃，比钢包永久层采用低水泥浇注料时降低了约90℃，表明轻质隔热耐火砖永久层使钢包外表面的散热量大大降低。

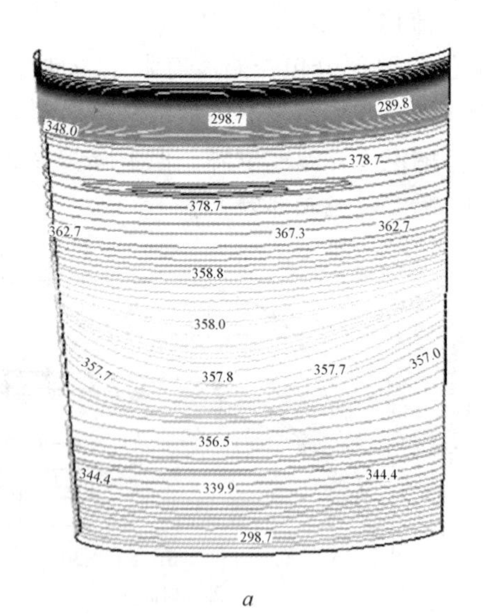

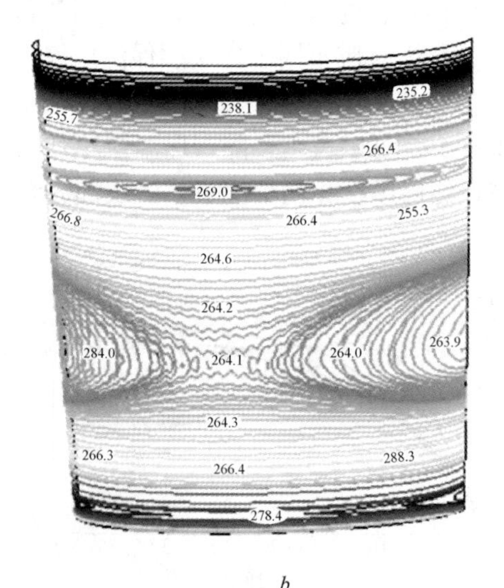

图5-9 钢包外表面温度场

a—永久层采用低水泥浇注料；*b*—永久层采用轻质隔热耐火砖

计算结果表明，当钢包永久层材料由低水泥浇注料改为轻质隔热耐火砖后，钢包外表面平均温度降低了约170℃，其平均换热系数和散热损失均明显降低。如果钢包运行一周期为1h，则一周期内由于其外表面散热的减少可以节能1166400kJ，折合标准煤为39.9kg。如果考虑到钢包永久层的蓄热损失，则节能效果更显著。

5.3 钢包应力场数值模拟

20 世纪 80 年代后期，转炉炉衬和钢包包衬大量使用含碳材料，由于过高的炉体温度和热应力影响，经常发生包壳严重变形和包壳开裂，许多钢包只得提前报废。钢包使用过程中应力水平的安全控制，引起了大家的重视。

5.3.1 受钢工况钢包包壁应力场的模拟

文献［10］采用有限单元法建立了 280~300t 钢包的二维有限元模型，将边界条件和约束条件施加到模型上，计算出包壁温度场，再将温度场作为荷载条件求出其应力场分布规律。分别讨论受钢工况下耐火材料物性参数和不同的工作层厚度对包壁应力场分布的影响。

用有限元法进行分析时，边界条件通常按两种方式考虑：一种是指定钢包内衬内表面温度为 1600℃；另一种是由实验得到钢包壳外表面换热条件，按理论公式计算，然后再根据包壳外表面的温度实测结果对换热条件进行必要的修正，使得到的分析模型能真实地反映实际工作工况。

根据以上的模型、物性参数和边界条件，计算出钢包的温度分布，再将温度以体载荷的形式加到模型上，进行热应力计算。为了得到钢包壁沿半径方向上的应力分布规律，利用 ANSYS 软件路径映射功能，取一条典型路径，将第一主应力映射到该路径上，其第一主应力图如图 5-10 所示。

将钢包内衬工作层材料（铝镁碳）热导率由原来的 14W/(m·K) 分别提高到 18W/(m·K)、24W/(m·K) 时，通过分析计算得到包壁第一主应力图（见图 5-10）。从图 5-10 中可以看到，热导率对包壁应力的影响：在其他边界条件不变的情况下，钢包内衬工作层材料热导率由 14W/(m·K) 增到 24W/(m·K) 时，包壁第一主应力最大值增加 0.5MPa。因此，热导率不适宜改变太大。

为研究热膨胀系数对包壁应力的影响，将钢包内衬工作层材料（铝镁碳）热膨胀系数由原来的 8.5×10^{-6}/K 分别降低到 6×10^{-6}/K、4×10^{-6}/K 时，通过计算分析得到包壁第一主应力图（见图 5-11）。

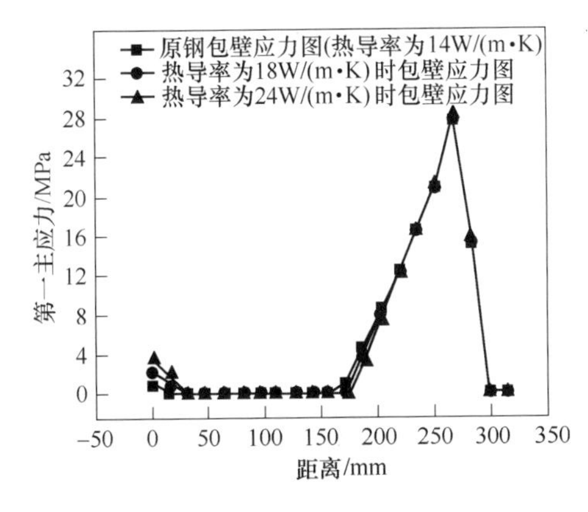

图 5-10 热导率分别为 14W/(m·K)、18W/(m·K)、24W/(m·K) 时包壁径向第一主应力图

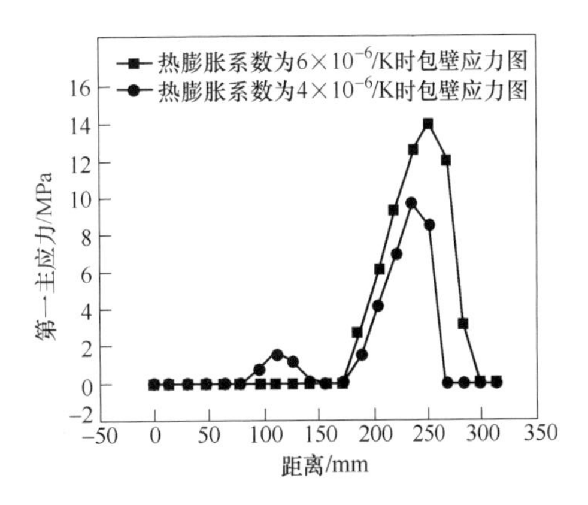

图 5-11 热膨胀系数分别为 6×10^{-6}/K 和 4×10^{-6}/K 时第一主应力图

计算结果表明，在其他边界条件不变的情况下，钢包内衬工作层材料热膨胀系数由 8.5×10^{-6}/K 降低到 4×10^{-6}/K 时，包壁第一主应力最大值降低 18.2MPa，通过减小工作层材料热膨胀系数可以明显降低包壁应力。

工作层厚度也直接影响钢包的温度场分布，从而影响钢包壁应力场分布。计算表明，其他边界条件不变的情况下，钢包内衬工作层厚度减薄 30mm 时，包壁第一主应力最大值增大 3.1MPa。

5.3.2 钢包工作衬对钢包应力影响的研究

钢包在使用过程中，最常见的破坏是耐火材料内衬的破裂、蚀损，从而造成钢水的渗透。耐火材料内衬的损坏原因包括化学侵蚀和热机械应力。其中，热机械应力的损坏是造成耐火材料内衬开裂破坏的直接原因。机械损坏的机理是由于钢包内衬材料受到急剧的温度变化而产生热应力使得材料内部的微裂纹逐步扩展，导致内衬材料剥落和断裂，需要进行大修、小修等维修工作以保证钢包的正常运转。了解钢包在不同运转状况下的温度分布以及由此而产生的应力分布对延长钢包内衬的维修周期、提高使用寿命、降低企业生产成本具有指导意义。

Chen E. S. 对 BHP 钢包工作衬材料进行了热机械性能评价[11]，分别对工作衬为 MgO-C 材料、Al_2O_3-MgO-C 材料和磷酸盐作为黏合剂的高铝材料的钢包进行了有限元分析。分析结果表明：采用 Al_2O_3-MgO-C 材料作为 BHP 钢包工作衬，能够获得工作过程中在温度分布、材料强度、蠕变行为以及内衬稳定性等方面的综合最佳效果。

Katsunori Takahasi、Yoko Miyamoto 用有限元软件 MARC 分析二维钢包截面内衬热应力的分布[12]，比较了传统线性连续体模型的分析与非线性砖体边界条件模型的分析结果，使得砖体的位移、形变、应力得到更清楚、更充分的描述。同时，比较了三种不同的钢包内衬缝隙单元模型，即缝隙用一般单元、缝隙用间隙单元、缝隙用虚拟单元，后两种间隙单元模型将内衬砖体各种状态独立化。分析的结果表明，后两种缝隙模型能很好地模拟内衬砖体的热机械状态。

在对美国雀点厂的 BOF 炉树脂结合 MgO-C 内衬的计算分析中[13]，提出了钢包从烤包到冷却这一系列工况过程中所受到两种类型的热应力：热机械应力和温度梯度应力。其中，温度梯度应力是由于温度的快速变化而在砖的内部形成的热应力，热机械应力可以通过砖体之间的膨胀缝来释放。过大的膨胀缝虽能减少应力，但却能由于砖体的松动导致事故。温度梯度应力水平的降低可以通过降低升温速度来实现，将升温速度从 25℃/min 减少到 12℃/min，使应力减少至低于砖断裂的程度。

国内对钢包的热机械行为方面的研究也取得一定的成绩，重点对钢包内衬、钢包外壳以及内衬膨胀缝等方面进行研究。

武汉科技大学模拟钢包的实际生产状况，开发了一套基于 ANSYS 的钢包温度场和应力场计算软件，可以实现该类设备的温度场和应力场分析、计算，为钢包内衬设计提供了理论依据。对宝钢 250t 钢包在工作条件下的温度场和应力场随时间的变化规律进行了研究，具体内容如下：建立钢包温度场和应力场有限元模型；钢包在热循环过程中耐火内衬的温度分布及应力分布的变化；稳定条件下，钢包包壳及耐火内衬的温度分布及应力分布；改变钢包内衬材质的分布，提出合理的钢包内衬结构，降低工作过程中钢包内衬的挤压应力值，提高钢包的使用寿命；研究了钢包内衬膨胀缝对热应力分布的影响，并提出合理的内衬膨胀缝值。

文献［14，15］介绍了钢包底工作衬的热应力分布及结构优化，钢包底内衬膨胀缝对钢包应力的影响方面的工作。研究者运用有限单元法，计算了几种典型的钢包包底结构的应力分布。计算结果表明：整体浇筑式包底的应力水平比砌筑式包底的高；包底工作层增加中档预制件可有效降低包底应力水平。在此基础上，提出了一种优化后的包底结构。计算结果和现场试验表明：整体浇筑式包底的应力水平比砌筑式包底的高；在包底工作层增加中档预制件可有效降低包底的应力水平。优化后的包底结构降低了包底的热应力，基本控制住了包底的剥落损毁现象。研究还指出，膨胀缝对钢包复合结构体的热应力具有重要影响，热膨胀应力是其损坏的重要原因之一，所以热膨胀应力计算具有很大的实用价值。内衬之间的膨胀缝问题可以归结为一类接触问题，建立了其物理模型。基于有限单元法，建立了钢包复合结构体中包底内衬膨胀缝的有限元模型，研究了各层膨胀缝的接触应力。研究结果表明：设置2mm膨胀缝可以降低的接触应力为内衬耐压强度的1/6~1/5。

5.4 300t钢包裂纹生成分析及钢包改制研究工作实例[16]

钢包分为钢包壳和由耐火材料砌筑或浇筑而成的包衬两个部分（见图5-12）；包壳本体又可分为包底、包壁及耳轴、支座等，另外还有安装于其上的滑动水口及其驱动装置、钢包倾翻机构等。

钢包衬分为包底永久层、包底工作层和包壁永久层及包壁工作层四部分。钢包的工作衬目前分为整体式和砌筑式两种。

目前，钢包耐火材料选择考虑更多的是包衬的寿命，而较少考虑对外壳的影响。钢包衬的主要材料为：渣线工作层用镁碳砖；一般工作层用高铝砖；永久层用高铝砖。

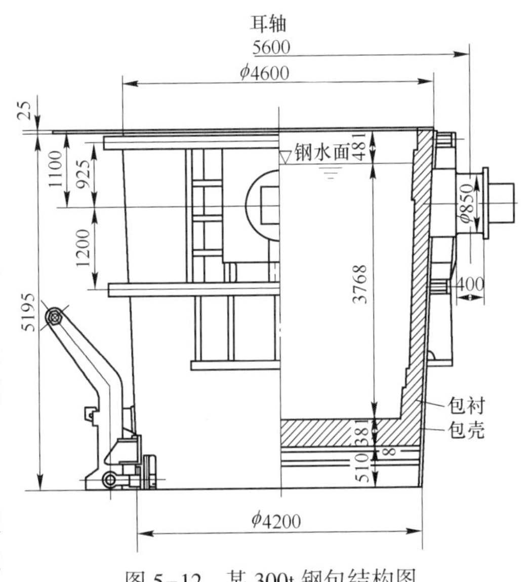

图5-12 某300t钢包结构图

原有钢包设计标准完全采用了美国钢铁工程师协会（AISE）的9号技术报告（AISE Technical Report No.9），只是采用经典的材料力学公式对机械应力进行了计算。9号技术报告中许用应力的选取在室温数据的基础上，考虑了制造系数 F_f、温度系数 F_t、冲击系数 F_i、安全系数 S_F 和应力类型系数 K 等，比较全面。原设计的不足之处是完全未考虑应力集中、内衬膨胀应力，也未计算疲劳问题。

5.4.1 300t钢包裂纹统计及分析

钢包包壳的主要问题是产生裂纹。裂纹主要产生在焊缝及热影响区；在钢包壳母材上也有发生，但很少；钢包焊缝处的裂纹主要发生在包底和包侧壁的焊缝处；钢包的耳轴加强板处也有裂纹发生的情况。

5.4.1.1 钢包裂纹的位置分布

图5-13所示为某国产钢包包壳裂纹的位置分布情况统计图。从散点图中可以看出，钢包底部焊缝各处均有裂纹产生，但以水口侧的裂纹更多。

从裂纹分布概率图（见图5-14）上看，这种趋势更为明显。若是不分裂纹的大小、深浅，只计个数，裂纹以两个水口附近最为集中，其中心位置为±(30°~40°)。

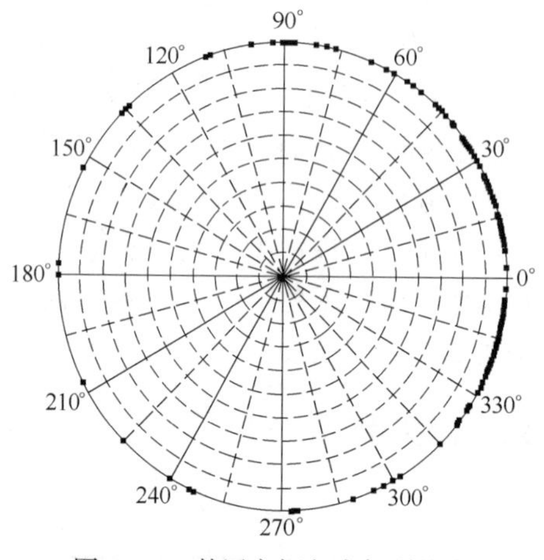

图5-13 某国产钢包底部裂纹在圆周上的分布散点图

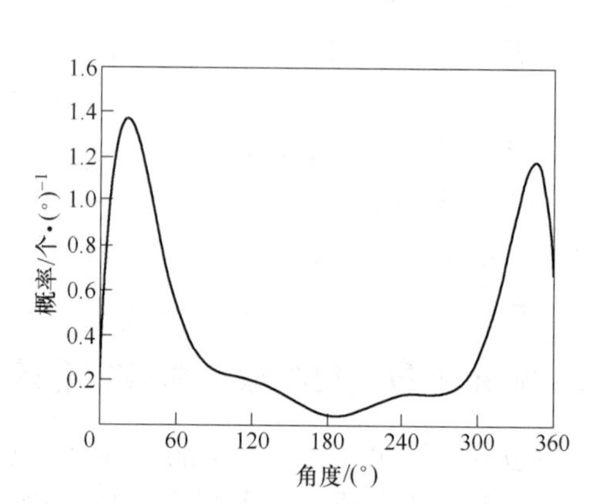

图5-14 某国产钢包底部裂纹在圆周上的分布概率

研究裂纹分布图还可发现，两个水口处的裂纹发生频率是不同的，以左水口处更高，这和两个水口的应用频率是一致的。因为右水口多在铸锭时使用，而左水口多在连铸时使用（也有同时使用的情况，但较少）。

由此可见，钢包的底部焊缝处的裂纹主要是由于重力、热应力、水口处钢材受热性能等因素综合影响的结果。

将国产钢包和进口钢包的裂纹发生情况对比可以看出，国产钢包的裂纹分布较进口钢包更不均匀，集中度更高，而且两个高峰位置更为接近，几乎相接在一起。

支座处的裂纹统计表明，支座裂纹数量较少。进口和国产两种钢包同一个支座的两侧裂纹的频率基本相当，两侧支座上的裂纹数差别不大，耳轴板处的裂纹数量很少。

5.4.1.2 钢包包壳裂纹的长度和深度分布

从包底裂纹的深度和长度上看，主要表现为较浅和较短的小裂纹。将裂纹长度和深度分为三级，不论国产钢包还是进口钢包，最短和最浅的一级所占比例均占75%以上（见表5-2和表5-3）。这些都说明当前的检修周期是基本合适的。

表5-2 1~13号进口包裂纹的长度和深度统计

长度/mm	级别	次数	比例/%	深度/mm	级别	次数	比例/%
0~500	A	82	75.2	0~10	A	96	88.1
500~1000	B	19	17.4	10~20	B	7	6.4
>1000	C	8	7.3	20~32	C	6	5.5

表 5-3 21~36 号国产包裂纹的长度和深度统计

长度/mm	级别	次数	比例/%	深度/mm	级别	次数	比例/%
0~500	A	115	78.8	0~10	A	109	74.7
500~1000	B	19	13.0	10~20	B	20	13.7
>1000	C	12	8.2	20~32	C	17	11.6

5.4.2 300t 钢包包壳表面温度测试及数值模拟

5.4.2.1 300t 钢包包壳表面温度测试

通过对钢包表面的温度测试，对包壳的温度水平和分布有一个整体了解，为钢包的应力分析和工艺、寿命研究提供原始数据。测试方法是：手动点测和热像仪整体成像测试相结合。测试内容包括：

(1) 烘烤时的钢包表面温度；

(2) 浇铸时的钢包壳表面温度；

(3) 工艺参数对钢包表面温度的影响，包括整个浇铸过程中的温度变化、不同包龄钢包对包壳表面温度的影响、大小修时钢包的温度及其分布、浇铸时的温度。

热像仪测得的钢包整体温度场如图 5-15 所示，其总体规律和点测法的测量结果基本相同。

利用热像仪可以测得浇铸时，使用的水口附近的包底和包壁由于受水口和中间包内的辐射，局部温度升高，包底局部区域的平均温度达 470℃，包壁平均温度达 430℃，最高均超过了 500℃。这必然会造成材料性能的劣化。

另外在包底上（见图 5-16），单层包底的温度为 250~300℃，最高温度为 300℃，出现在水口附近。而在筋板上，温度为 170℃左右。

5.4.2.2 300t 钢包温度场数值模拟

考虑钢包的对称性，取 1/2 包体建立 300t 钢包温度场计算的有限元模型，如图 5-17 所示。

计算结果如图 5-18 所示。从结构上看，钢包表面温度分布随着钢包高度的降低呈“三高、三低”的趋势。包壳的第一高温区是上渣线和耳轴区，温度范围在 290~440℃之间；第二高温区是箍带内表面，温度范围在 300~322℃之间；第三高温区在下渣线位置，温度范围在 280~322℃之间。从上方向数，包壳的三个低温区温度范围分别为 260~300℃、250~280℃和109~240℃。

造成这种分布的主要原因是包衬的材料特性和包壳外部附着件的影响。上下渣线采用了导热系数较高的镁碳砖，使对应位置的温度提高。外部附着件也会影响热量的散发，小型件改善换热条件，而大型件则阻碍换热。

钢包在壁厚方向上的温度分布如图 5-19 所示。图 5-20 为有限元模拟与双层法理论计算温度的结果比较。

以上分析表明，钢包整体温度场的有限元模拟结果和实测及理论分析（双层法）的结果是相符的，并揭示了钢包内部的温度规律，为后续的综合应力分析提供了依据。

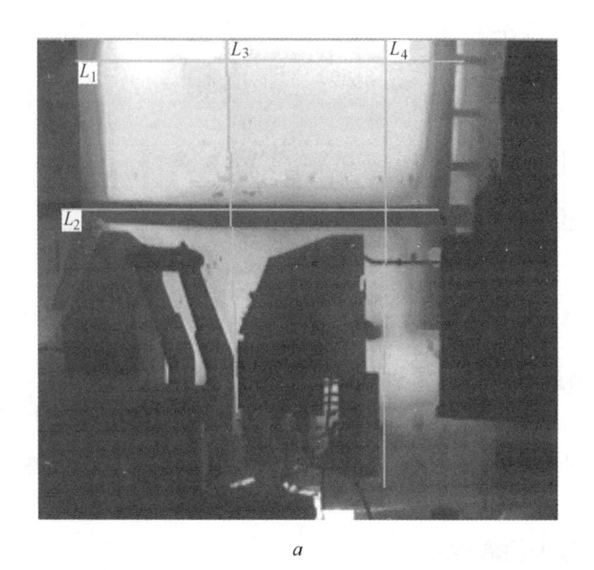

a

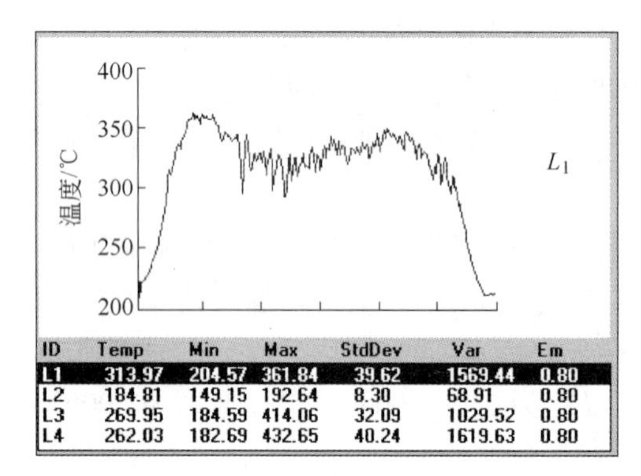

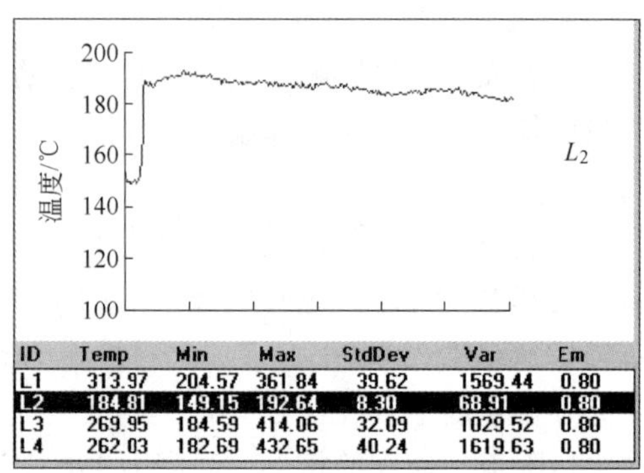

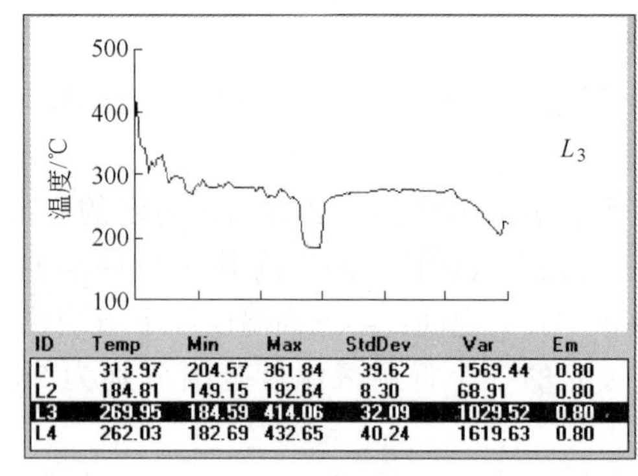

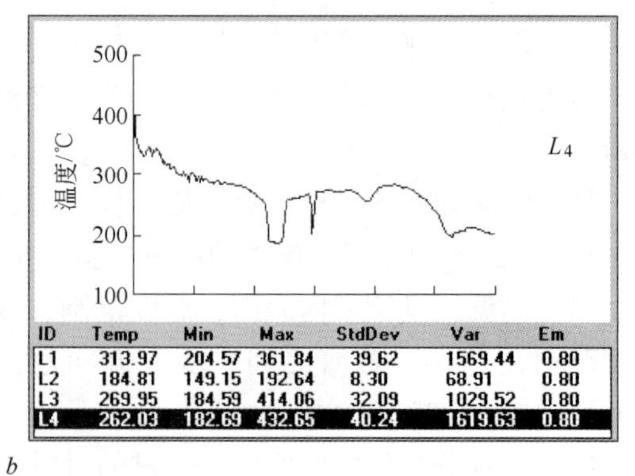

b

图 5-15　2 号钢包整体温度场

a—热像仪测得的温度分布；*b*—典型测量点的温度场分布曲线

5.4.3　300t 钢包包壳永久变形测试及包壳材料试验研究

钢包包壳永久变形测试的目的是了解钢包包壳产生的永久变形的水平和形态；分析其变形的成因及由其造成的应变情况，为钢包寿命研究提供基础数据。

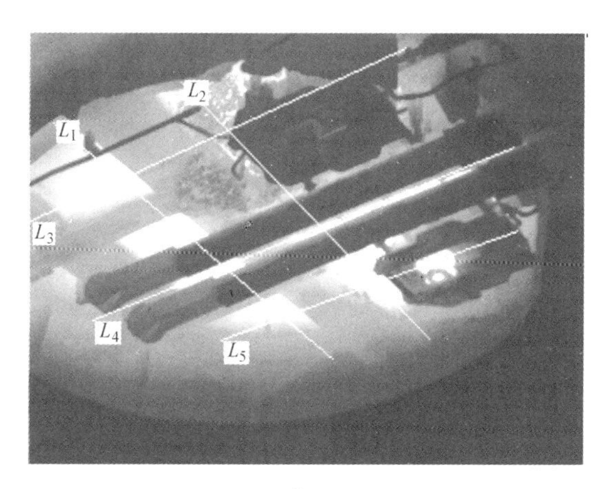

a

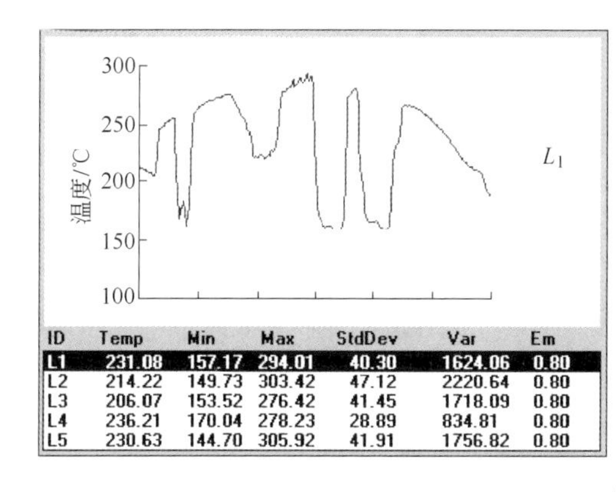

ID	Temp	Min	Max	StdDev	Var	Em
L1	231.08	157.17	294.01	40.30	1624.06	0.80
L2	214.22	149.73	303.42	47.12	2220.64	0.80
L3	206.07	153.52	276.42	41.45	1718.09	0.80
L4	236.21	170.04	278.23	28.89	834.81	0.80
L5	230.63	144.70	305.92	41.91	1756.82	0.80

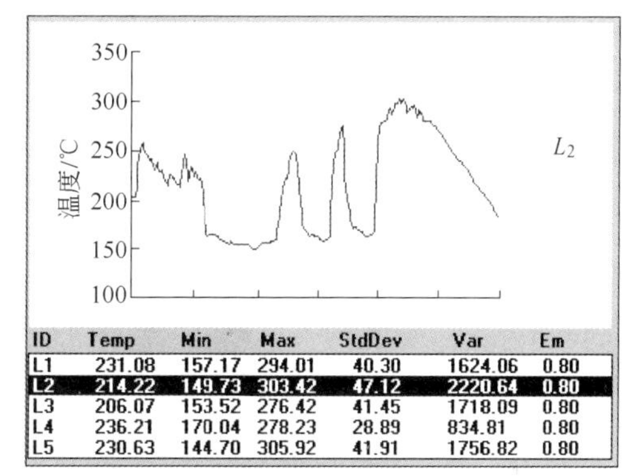

ID	Temp	Min	Max	StdDev	Var	Em
L1	231.08	157.17	294.01	40.30	1624.06	0.80
L2	214.22	149.73	303.42	47.12	2220.64	0.80
L3	206.07	153.52	276.42	41.45	1718.09	0.80
L4	236.21	170.04	278.23	28.89	834.81	0.80
L5	230.63	144.70	305.92	41.91	1756.82	0.80

b

图 5-16　32 号钢包包底温度场

a—热像仪测得的温度分布；*b*—典型测量点的温度场分布曲线

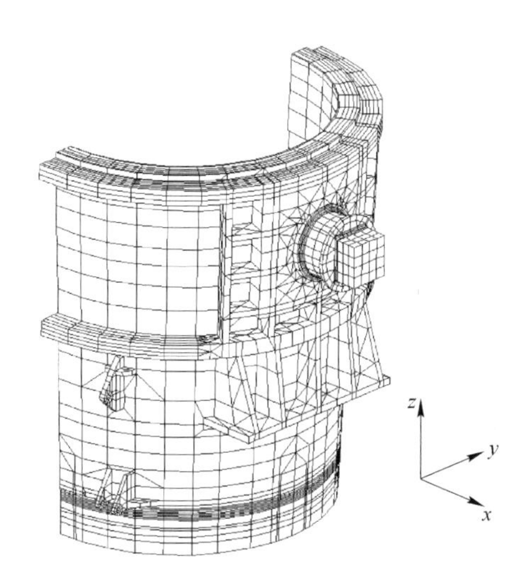

图 5-17　某 300t 钢包温度场计算的有限元模型

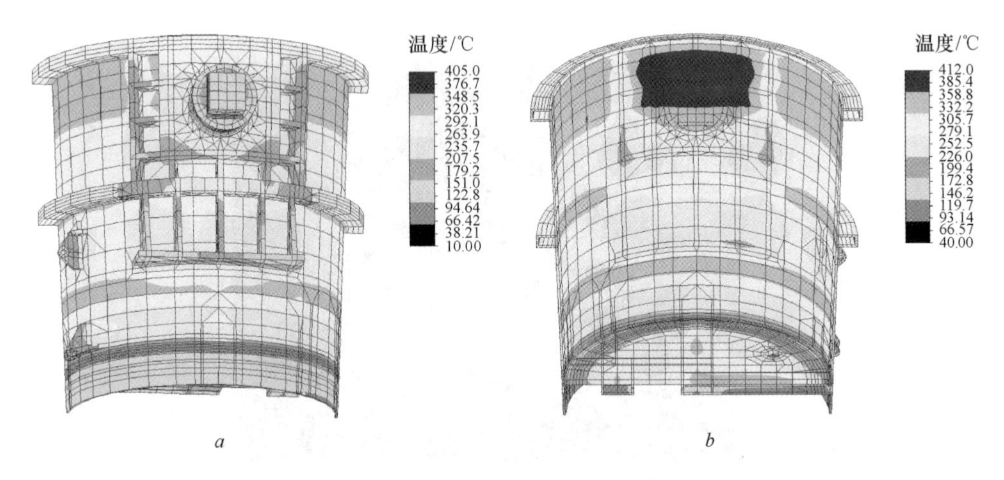

图 5-18　某 300t 钢包包壳温度分布

a—外表面温度分布；*b*—内表面温度分布

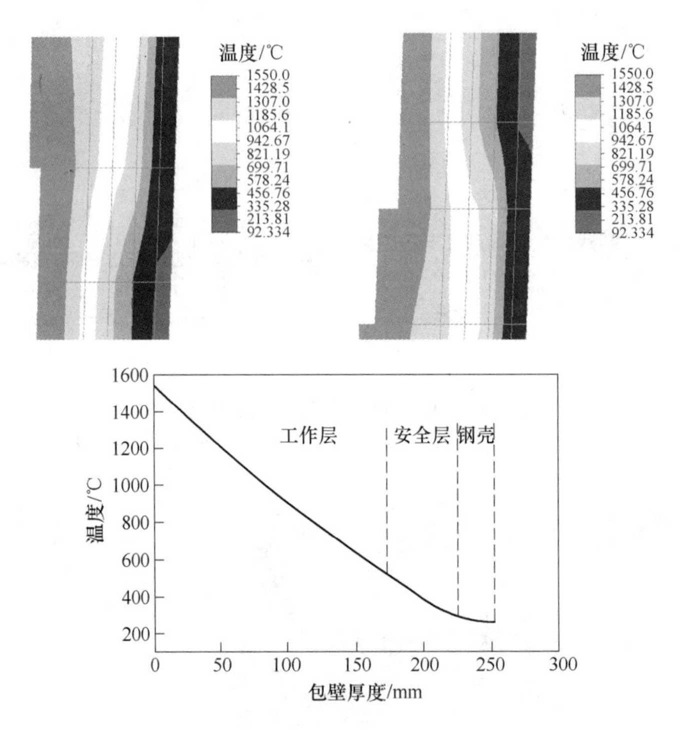

图 5-19　钢包在壁厚方向的温度分布曲线

钢包包壳永久变形测试的内容是钢包包壳上各点相对原始标准钢包的变形量。测量的方法是采用 LR2000 Delta 激光测距系统测试。测量的原理是利用可以转动的激光发射和接收装置，测量一个点到钢包内表面上各个点的距离，并同时记录测量头的角度。由距离和角度可以计算出被测点的空间位置。通过和标准钢包比较，可最终求得钢包上各个点的变形量。

测试对象使役期为 10 年，使用产量约为 236. 5 万吨，使用次数约为 7880 次。

测试中采用柱面坐标。角坐标以倾翻带位置为0°，顺时针方向旋转为正；高度坐标以上箍带上表面为零，向包底的方向为正。测试所得钢包内表面变形等值线展开图如图 5-21 所示。

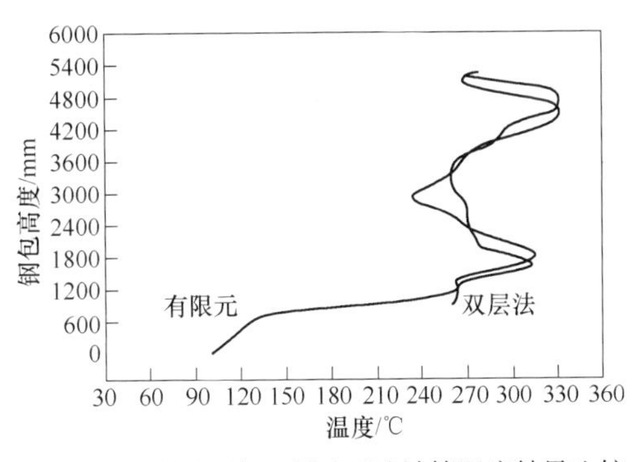

图 5-20 有限元与双层法理论计算温度结果比较

图 5-21 中，变形量的正值表示向里，负值表示向外。分析此图可以看出：

经较长时间使用的钢包外壳已发生了一定的永久变形。总的来讲是高度方向变长，而水平方向则是由原来的正圆变成了椭圆，耳轴连线方向变短，耳轴连线垂直方向上变长。这种变形是和热状态下承载钢包的变形形态是一致的。这说明钢包的永久变形是由热负荷状态下的蠕变造成的。

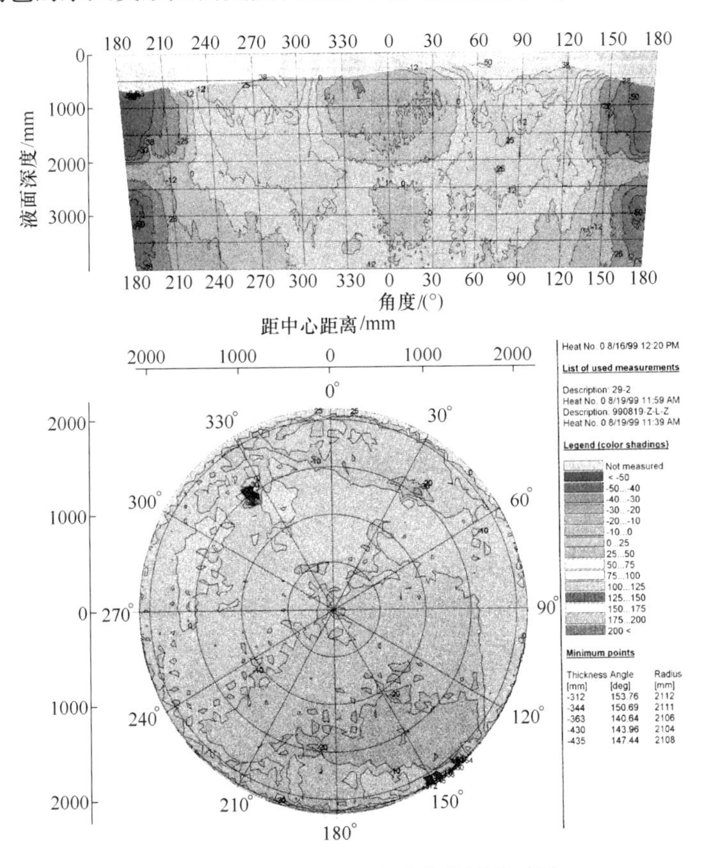

图 5-21 钢包内表面变形等值线展开图

高度方向的变形量大致在 10~23mm（以包身长度方向均匀变形计），垂直方向平均应变量为 0.65%。

包壁上的永久变形稍为复杂。由图 5-21 可以看到，箍带和耳轴板上的变形很小，这说明它们起到了较好的支撑作用。在没有支撑的位置均有明显的变形。各区域的最大变形点在各段的中心偏上位置。

两侧耳轴对称位置的向里收缩量基本相同。在钢包的上半段，每侧耳轴板的向里收缩量平均为25mm；在钢包的下半段，每侧的向里收缩最大值均为15mm。

由于使用过程的作用力不均衡，钢包耳轴连线垂直方向两侧的变形量是不同的。在钢包的上半段，最大值变形量（向外）分别为26mm和84mm，配重侧较大；在钢包的下半段，向外膨胀最大值分别为10mm和57mm。

钢包壁最大外胀点（84mm）在配重侧中间，耳轴线上方202mm处。此处圆周方向的平均应变量约为1.30%。

钢包包壳耳轴板向内收缩引起耳轴的上翘量很小，只有0.22°~0.24°，而且与使用年限关系不大。这种变形不足以影响钢包的正常使用。

为进行钢包包壳的强度分析，研究者对300t钢包包壳材料进行了试验研究，对钢包壳材料的化学成分、高温强度、高温冲击韧性及金相组织等进行了试验研究。

5.4.4 300t 钢包包壳应力分析

为了对300t钢包包壳综合应力有一个详细的了解，为钢包强度计算提供数据，在钢包壳应力双层法计算分析的基础上，应用有限元理论建立了钢包包壳综合应力分析的有限元模型。通过有限元分析，给出了钢包包壳的机械应力、综合应力的分布规律。

5.4.4.1 包壳机械应力的分布规律

以最危险的浇铸状态为算例来进行分析。图5-22所示为钢包外表面的等效机械

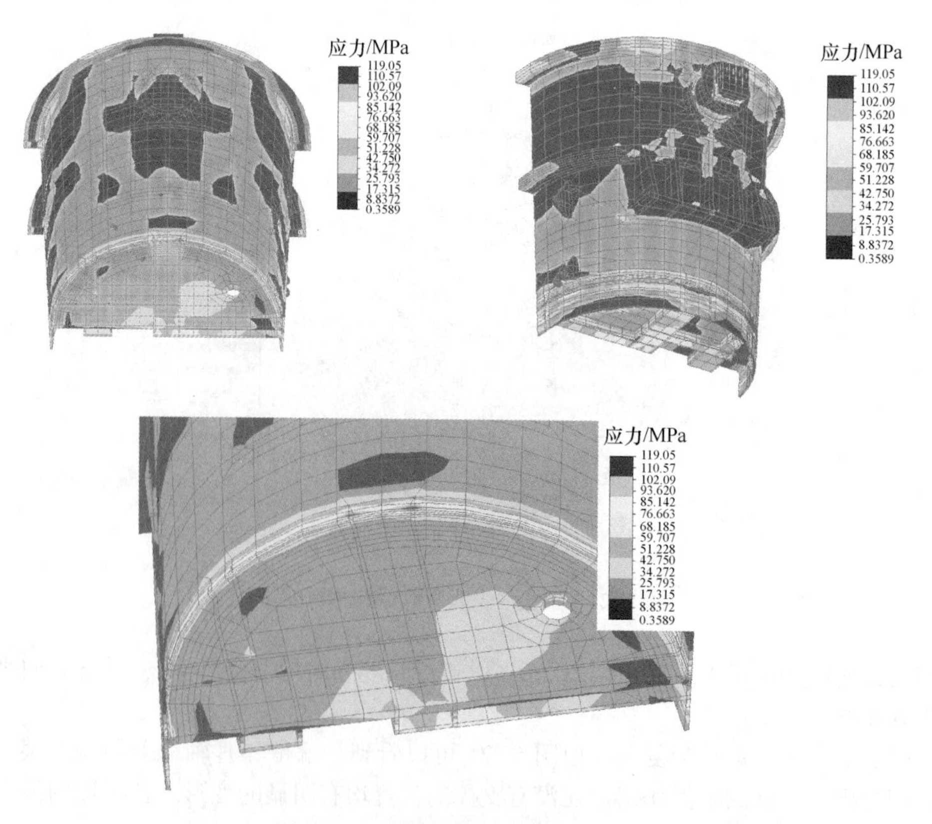

图5-22 钢包外表面机械应力分布

应力分布。结果显示，包壳的机械应力水平在0.16~119.6MPa之间，最大应力出现在耳轴下方的包底与侧壁焊缝内侧处。钢包耳轴区域的应力在耳轴方轴与圆轴的过渡、圆轴与耳轴座的过渡处存在应力集中，其最大应力为52.6MPa，同方案分析结果相同。

5.4.4.2 包壳的内衬膨胀应力

包壳的内衬膨胀应力水平在2.4~120.6MPa之间，最大应力区出现在包壳的下渣线底部，应力水平在97~120.6MPa之间。由于高度方向内衬的膨胀量不同，应力分布图呈带状分布。这一应力对耳轴和耳轴座及钢包车车座区影响不大。

5.4.4.3 包壳综合应力的分布

包壳的综合应力包括机械应力和内衬外胀应力，其分布如图5-23所示。钢包壳表面的最大综合应力达到189.7MPa，最大应力出现在耳轴下方的包底与侧壁焊缝内侧处。

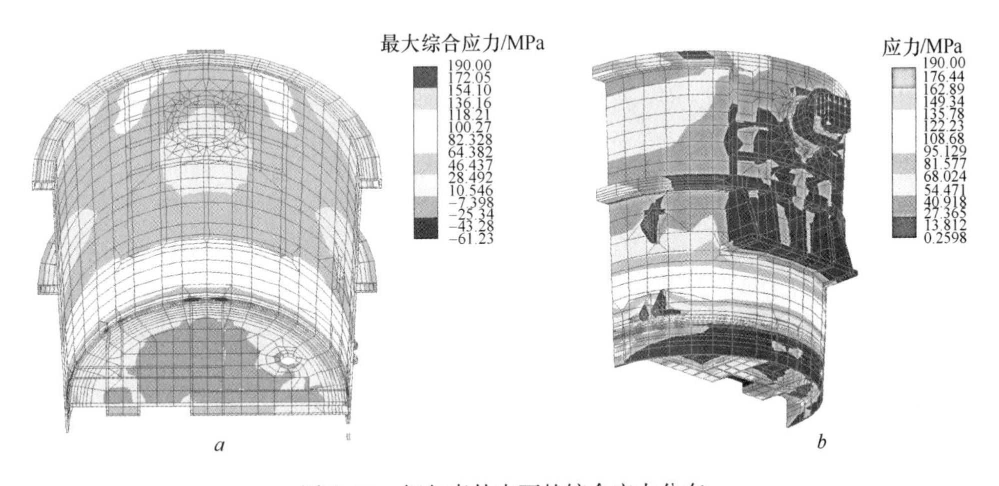

图5-23 钢包壳外表面的综合应力分布

另外，还根据钢包的工艺流程计算了不同工况下的应力，做出了其应力谱图。需要说明的是：(1) 钢包满载落地时应力较大，最大应力值为197.28MPa，在包底与侧壁焊缝对应的包壁外侧，靠近两耳轴对称面；(2) 水口驱动力对应力的影响很小，不足以影响包壳的强度和疲劳寿命。

5.4.5 钢包的倾翻力矩和倾翻带强度计算

根据工作需要还计算了新包的倾翻力矩和倾翻带强度，结果为：

正常情况下钢包的最大倾翻力矩值为330.07t·m，出现在倾翻45°时（见图5-24）；当钢水满载凝结时，最大倾翻力矩可达472.38t·m，出现在倾翻90°时。

整个倾翻带最薄弱环节是侧拉杆的中间销孔处。正常工作时，最大应力水平为142.49MPa（见图5-25）。以钢板材料为16Mn计，其安全系数n_s为1.99，强度足够。满载凝结时，侧拉杆最大应力为240.70MPa，安全系数n_s为1.18，应尽量避免这种情况出现。

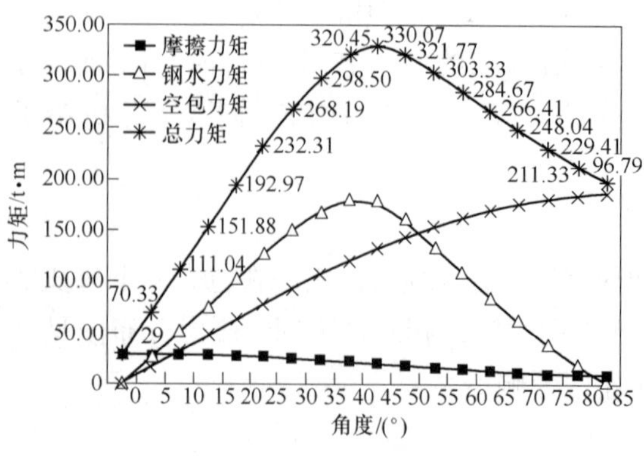

图 5-24 钢包的倾翻力矩随倾翻角度的变化

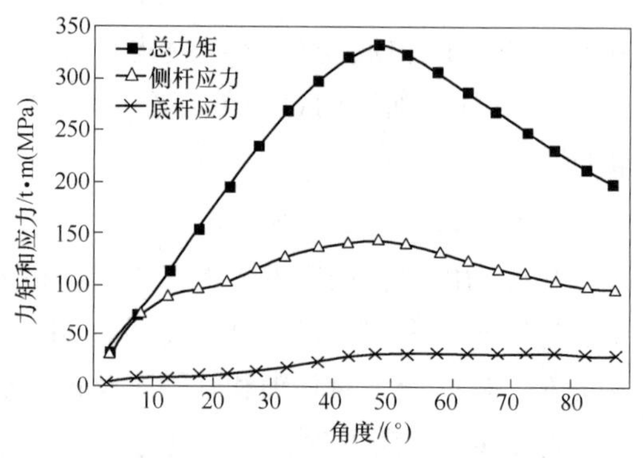

图 5-25 正常情况下力矩、应力和倾翻角的关系

参 考 文 献

[1] 刘占增，郭鸿志．钢包传热研究的发展与现状［J］．钢铁研究，2007，35（1）：59~62.

[2] Pferfer H，Fett F N，Schafer H，et al. The maths－model for steel furnace［J］. S&I，1985（14）：1279~1287.

[3] Saunders L M. Preheating and controlled thermal cycling of steel handling ladles［J］. Steelmaking Proceeding，1983，66：69~75.

[4] Angelo Grandillo，Frank Mucciardi. 白云石钢水包的热循环［C］．冶金部规划院组编．国外连铸论文译文集，1990：189~196.

[5] 吴晓东，刘青，徐安军，等．宝钢炼钢厂 300t 整体钢包热循环实测研究［J］．北京科技大学学报，2001，23（5）：418~420，459.

[6] 李晶，傅杰，周德光，等. 60t 钢包的传热分析［J］．特殊钢，2001，22（4）：16~18.

[7] 张莉，徐宏，崔建军，等．特大型钢包烘烤过程包壳表面温度场研究［J］．钢铁，2006，41（11）：29~31.

[8] 金从进，邱文冬，汪宁．烘烤过程钢包包壁温度场的有限元研究［J］．耐火材料，2001，35（1）：24~25.

[9] 黄洪斌，李新健，张忠珣，等．钢包温度场的模拟及节能计算［J］．武汉科技大学学报，2010（2），35（1）：28~31.

[10] 蒋国璋，陈世杰，孔建益，等．受钢工况钢包壁应力场的模拟与分析［J］．冶金设备，2006（10），159（5）：10~12，34.

[11] Brezny B，Chen En－Sheng. Effects of Co－Molded Brick on Thermo mechanical Stress in BOF Linings［J］. Steelmaking Conference Proceeding，1994（41）：499~504.

[12] Katsunori Takahasi，Yoko Miyamoto. Thermomechanical Stress Analysis In Brick Lining By FEM Using Non-linear Boundary Condition［J］. Technical Research Laboratories，1995（41）：394~357.

[13] 丛蕾. BOF 炉内衬的热应力降低［J］．国外耐火材料，1996（9）：37~43.

[14] 王志刚，李楠，孔建益，等．钢包底工作衬的热应力分布及结构优化［J］．耐火材料，2004，38（4）：271~274.

[15] 李公法，蒋国璋，孔建益，等．钢包复合结构体的钢包底内衬膨胀缝对钢包应力的影响研究［J］．机械设计与制造，2010（1）：113~114.

[16] 臧勇，等. 300 吨钢包裂纹生成分析及钢包改制研究［R］．北京：北京科技大学，2000.

6 结晶器现代设计及力学行为研究

结晶器是连铸机的核心部件，它完成将高温钢水初步凝固成型的任务，它的性能对连铸机的生产能力和铸坯质量起着十分重要的作用，具体作用表现在：

（1）在一定拉速条件下，保证出结晶器的铸坯形状合格，并有足够的厚度而不拉漏；

（2）保证沿结晶器周边坯壳的均匀生长；

（3）保证结晶器内钢水、渣相、坯壳、结晶器铜板之间相互均衡作用，这对铸坯表面质量起决定性的作用。

事实上，结晶器是一个非常强的热交换器，钢水由于受到结晶器水冷器壁的强烈冷却很快在弯月面处形成薄弱的新生坯壳，随着新生坯壳的不断向下运动，温度逐渐降低，坯壳厚度逐渐增加、硬度逐渐增大。坯壳由于降温收缩和结晶器的热膨胀而脱离结晶器壁，在坯壳与结晶器壁间出现气隙；随后，坯壳在高温钢水的回热和静压力的双重作用下又被重新推回结晶器。这种坯壳与结晶器壁间的脱离与接触现象交替地发生，一直延续到坯壳的强度足以抵抗钢水静压力的作用为止。因此，在连续铸钢过程中，铸坯与结晶器间气隙的形状和厚度都是动态的，结晶器中坯壳的生长和热流的分布也都是不均匀的。钢水、保护渣、坯壳和结晶器构成了一个热-机-液以及包含相变的复杂耦合体系，这就对结晶器的设计提出了很高的要求。通常来讲，设计良好的结晶器应满足下列基本要求：

（1）要有良好和均匀的导热性能；

（2）结构合理，并具有足够的刚性，能够在承受剧烈的温度变化时变形小，铜板内壁要有良好的耐磨性能；

（3）在保证结晶器刚性的前提下，尽量减轻结晶器的质量，以便减小振动时的惯性力，使结晶器的运动平稳、可靠；

（4）结构尽量简单，可接近性好，便于制造、安装和调整。

6.1 板坯结晶器的现代设计

由于结晶器是一个热-机-液以及包含相变的复杂耦合体系，传统的经验设计已经难以满足现代连铸生产的需要。因此，在现代结晶器设计中，多采用有限元等现代分析手段对连铸结晶器进行模拟分析。

KM 欧洲金属集团[1]在进行大量现场实测的基础上，运用有限元数值模拟方法模拟连铸过程和结晶器的应力状态，同时还可以进一步地模拟冷却参数、结晶器材质和镀层改变、结晶器结构参数改变对结晶器所造成的影响，为优化结晶器提供方案。

KM 欧洲金属集团技术人员提出了有限元分析的程序和在分析过程中特别要注意的需要的边界条件分别如图 6-1 和图 6-2 所示。

该公司技术人员利用有限元技术，通过分析冷却水质量（冷却水沉淀）、冷却槽尺寸和位置、结晶器锥度对结晶器工作状态的影响分析，认为将铜板的使用寿命提高 50%~

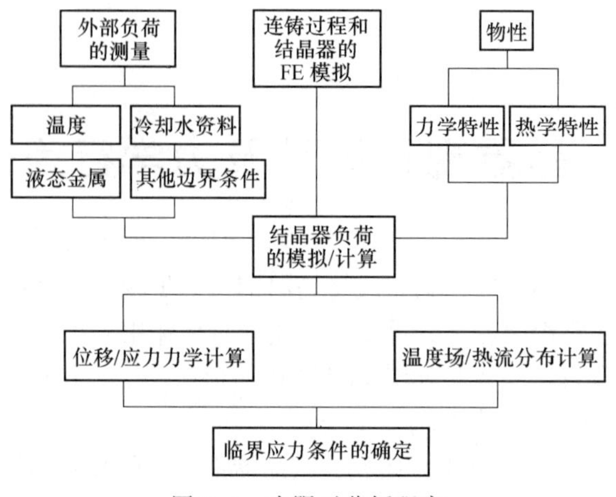

图 6-1 有限元分析程序

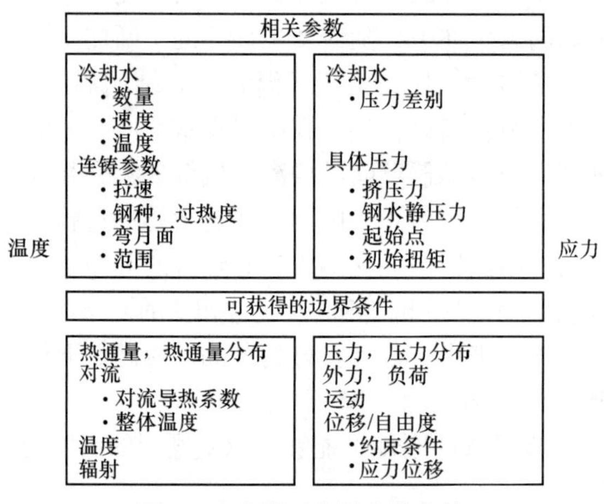

图 6-2 有限元分析边界条件

60%是完全可能的。

目前，对板坯连铸机结晶器的分析，主要集中在两个方面：一方面是对板坯连铸结晶器凝固过程热行为的研究；另一方面是对结晶器结构本身的力学分析。

6.1.1 结晶器内的铸坯凝固行为研究

北京科技大学马特等人[2]针对 1900mm×250mm 板坯连铸机铸坯出结晶器的坯壳厚度进行仿真分析：Q235 钢 1900×250mm 板坯，过热度 25℃、拉速为 1.5m/min、比水 1.184L/kg 的工况条件下，结晶器出口坯壳形状及铸坯截面温度场分布仿真结果如图 6-3 所示。由图 6-3 可以看出：铸坯凝固过程中早期坯壳沿四周生长，坯壳厚度均匀，但由于坯壳角部为双向散热，角部坯壳生长速度大于边中部坯壳的生长速度。结晶器出口铸坯中部坯壳厚度约为 18.4mm。

东北大学蔡兆镇、朱苗勇[3,4]通过建立的热-力耦合有限元模型，模拟分析了某高强船板在板坯结晶器中的凝固过程，并着重研究该钢种在结晶器角部区域的热行为规律，仿真结果如图 6-4 所示。

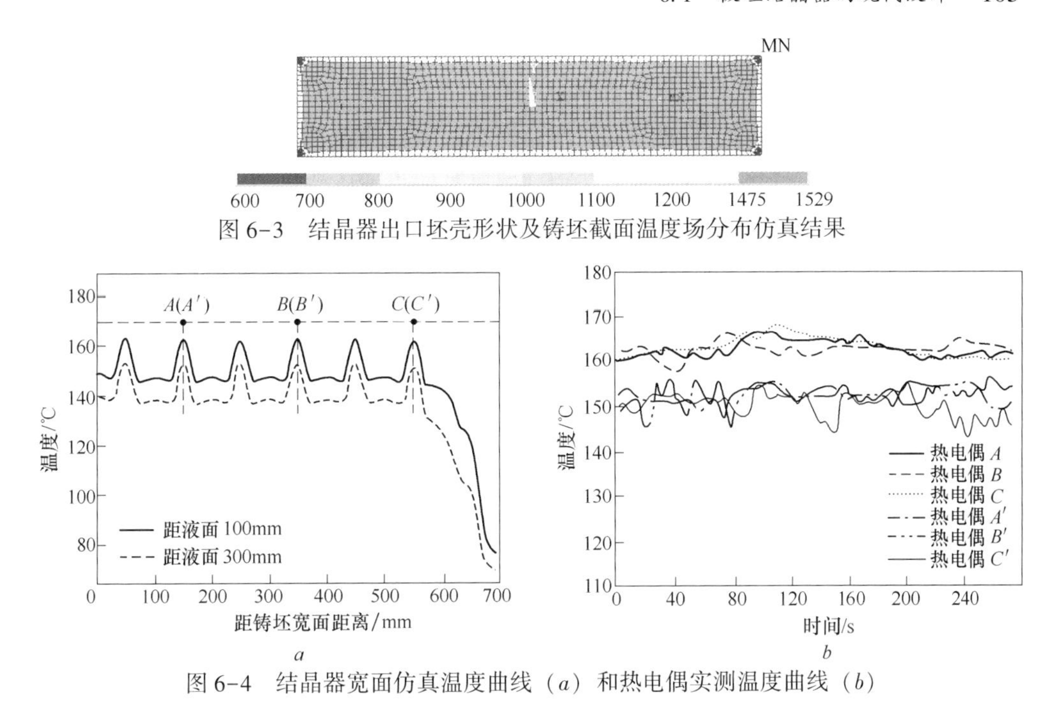

图 6-3 结晶器出口坯壳形状及铸坯截面温度场分布仿真结果

图 6-4 结晶器宽面仿真温度曲线（a）和热电偶实测温度曲线（b）

从图 6-4 中可以看出：受水槽分布的影响，结晶器宽面铜板温度沿宽度方向呈周期性变化，螺栓位置处的温度比水槽分布处的温度高约 17℃，在铸坯宽面角部附件，受冷却水强冷作用，铜板温度迅速降低。

图 6-5 所示为结晶器内凝固坯壳角部附近区域气隙厚度沿结晶器高度方向的分布。气隙最先产生于距离钢水液面 160mm 处的铸坯角部，且集中分布在坯壳角部 0~20mm 范围区域内。对铸坯宽面而言，一方面由于结晶器宽面缺乏对凝固坯壳收缩补偿作用的倒锥度，另一方面保护渣因相对过早凝固缺少对宽面角部收缩间隙的进一步填充，从而使宽面角部附近的气隙厚度相比窄面具有增长速度快且持续的特点，并随着铸坯的下行向中心方向扩展。在扩展过程中，因受偏离角部区域的保护渣凝固相对角部滞后（保护渣填充量继续增加）和坯壳收缩量不断增加的双重作用，气隙厚度沿扩展方向呈现大斜率减小的现象。在距结晶器出口 300mm 处，宽面铸坯角部气隙厚度开始出现加速增长的趋势，造成

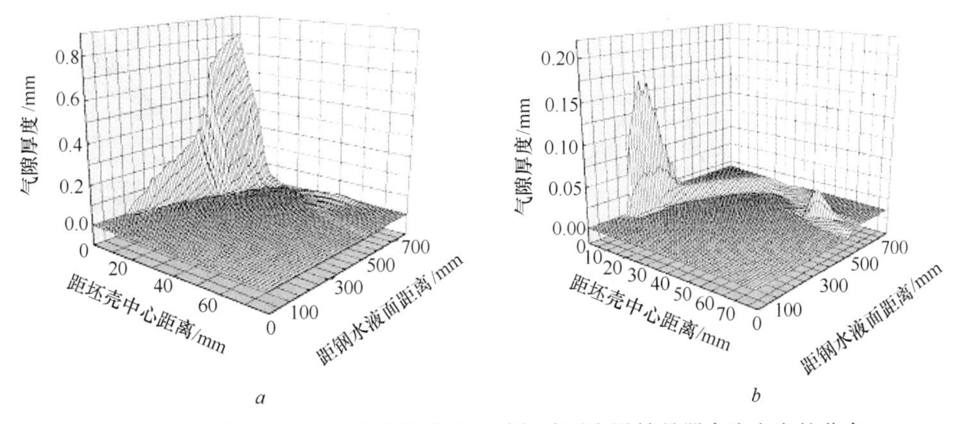

图 6-5 结晶器内凝固坯壳角部附近区域气隙厚度沿结晶器高度方向的分布

该现象的主要原因有：一方面，该区域渣道内的保护渣因得不到液渣的继续填充使厚度变得相对稳定；另一方面，由于该高度下窄面坯壳与结晶器间的间隙受到结晶器窄面锥度的补偿作用，窄面坯壳角部附近区域的气隙厚度减小，界面热流增加，坯壳沿窄面中心方向的收缩作用增强。受上述两方面的共同作用，所以宽面角部区域的气隙厚度表现为加速增长。而结晶器窄面的气隙分布特点与宽面的有较大不同：在气隙形成初期，由于凝固坯壳沿宽面中心的收缩幅度大于结晶器窄面锥度的补偿量，气隙的增长速度较快，而后又随着凝固坯壳收缩幅度的减小而下降，直至坯壳收缩量与结晶器锥度的补偿作用相当才趋于稳定。

分析还表明：拉速变化对结晶器出口处的坯壳宽面中心和角部的表面温度影响较显著，对窄面中心温度影响较小，结晶器窄面锥度变化影响与拉速变化相反；不同结晶器窄面锥度对窄面坯壳角部热流的影响集中在结晶器中上部，说明单一的结晶器窄面锥度设计不适合该船板钢（或该碳含量下的包晶钢）的连铸；高熔点保护渣促使界面气隙较早生成，从铸坯表面温度和热流分布稳定性角度考虑，选用较低凝固温度的保护渣连铸该船板钢较为有利。

北京科技大学的薛建国、王长松等人[5,6]针对某厂的弧形连铸机，结晶器长 0.8m，钢种为 Q235B，研究板坯的截面尺寸为 1.2m×0.2m，浇铸温度为 1539℃，冷却水温度为 25℃，拉速为 1.5m/min。模拟分析得出的结晶器窄面锥度如图 6-6 所示。

经过仿真分析认为：除角点外，结晶器出口处平均锥度为 1%/m；而拉速为 1.2m/s 时，现场窄面锥度制订要求是 1.2%/m。因此，应考虑减少锥度或根据窄面锥度曲线修订曲面锥度。由于锥度的改变反过来又影响气隙的生成和分布，因此可以通过多次反复的计算修订过程，将气隙厚度减少到最小程度。

6.1.2　结晶器铜板的热机耦合分析

东北大学刘旭东等人[7]建立了板坯连铸结晶器三维有限元热-弹塑性力学模型，模拟了生产过程中铜板结晶器的变形和热应力分布，考察了铜板厚度、水槽深度、镍层对板坯连铸结晶器铜板变形和热应力的影响规律。仿真分析的板坯结晶器结构如图 6-7 所示，铜板热变形及应力水平如图 6-8 所示。

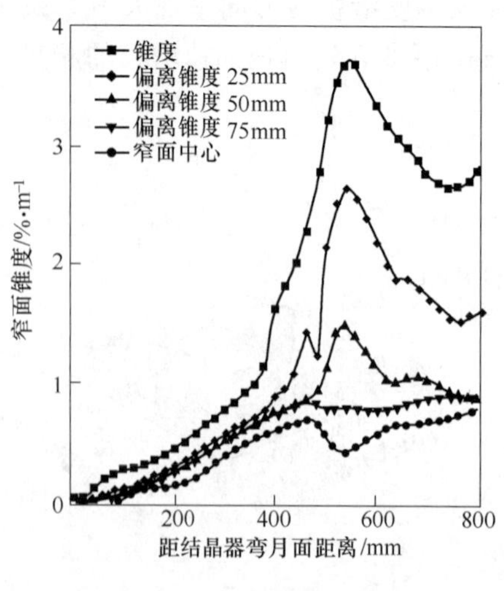

图 6-6　结晶器窄面锥度

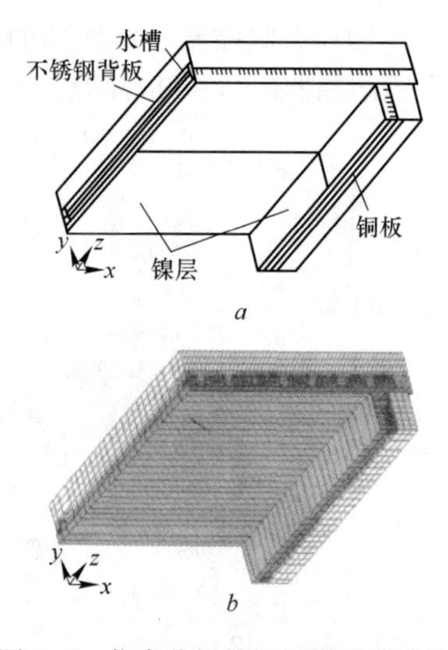

图 6-7　仿真分析的板坯结晶器结构

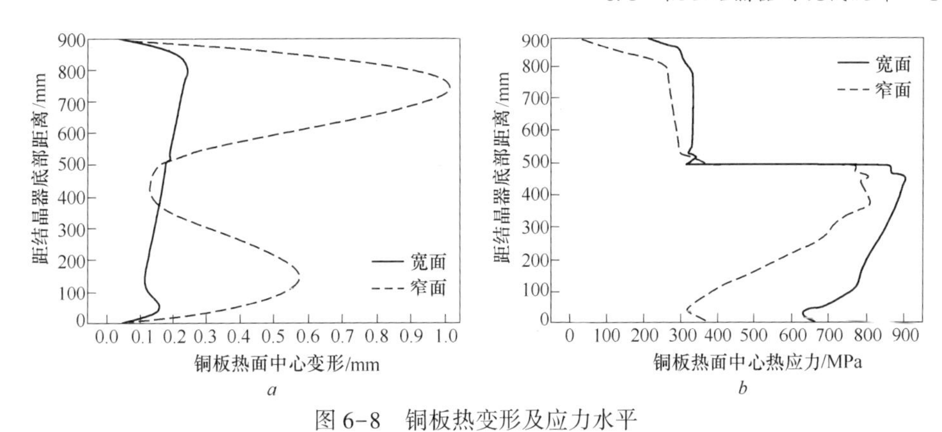

图 6-8 铜板热变形及应力水平

a—铜板热面中心变形沿结晶器长度方向的分布；*b*—铜板热面中心热应力沿结晶器长度方向的分布

分析表明：结晶器铜板宽面变形与窄面变形趋势差异较大，宽面中心变形量小于窄面中心，宽面中心的最大变形量为 0.245mm，窄面中心的最大变形量为 1.01mm；沿拉坯方向铜板热面中心变形量出现两个峰值，一个是在温度最大的弯月面附近，另一个是在结晶器出口附近，原因是结晶器铜板变形不仅与铜板内部的温度大小、分布有关，还与其不锈钢背板的强度有关。铜板宽面与窄面热应力沿结晶器长度方向趋势基本相同；而且窄面热应力相对较小，结晶器中上部热应力要小于下部热应力，原因是结晶器铜板在热面中下部存在厚度为 3mm 的镍层，镍层与铜板基体之间的热膨胀系数存在一定的差异而导致变形不一致，从而增大了表面的热应力。与宽面相比，由于窄面受到背板的约束力较弱、变形量较大，但正是这种比较自由的热膨胀而降低了窄面内的热应力。

分析还表明：

(1) 随着铜板厚度的增加，宽面和窄面的最大变形量随之增大，铜板每增加 5mm，宽面中心最大变形量将相应增加 0.04mm 左右；而且随着铜板厚度的增加，最大变形量也有所增大。对于窄面来讲，铜板厚度每增加 5mm，中心最大变形量增加 0.18mm 左右，约为宽面最大变形量的 4 倍。

(2) 增加水槽深度，有利于减小铜板的最大变形量，水槽深度增加 3mm，宽面铜板最大变形量将减小 0.03mm 左右，窄面铜板最大变形量将减小 0.1mm 左右；结晶器铜板热面中心的等效应力逐渐降低，且水槽深度对结晶器上部热面中心应力分布影响较小，而对结晶器中下部的影响相对大些。

(3) 镍层厚度对铜板变形和热应力分布的影响比较小，镍层每增加 1mm，宽面热应力平均增大 20MPa，窄面热应力平均增大 50MPa。

宝钢股份公司研究院的段明南等人[8]通过对大板坯连铸结晶器铜板热电偶的实测温度数据的分析，获得了铜板温度场分布的基本规律，在考虑钢水、铸坯、铜板以及接触面介质的物理参数随温度变化的前提下，依托有限元软件 ANSYS 对结晶器铜板的动态温度场、耦合应力场进行动态仿真，其结晶器 1/4 有限元模型如图 6-9 所示，宽面和窄面铜板变形如图 6-10 所示。

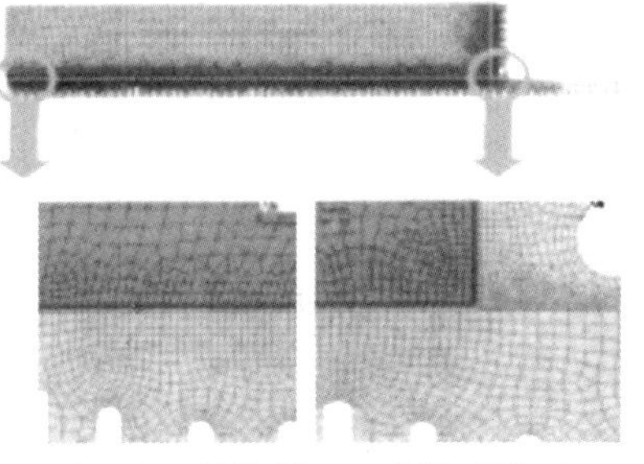

图 6-9 结晶器 1/4 有限元模型

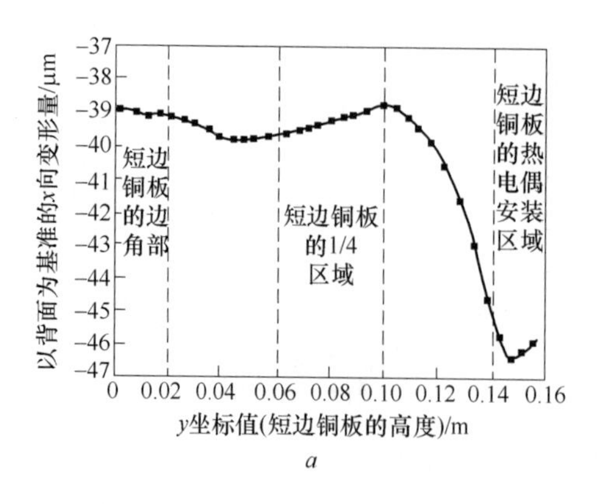

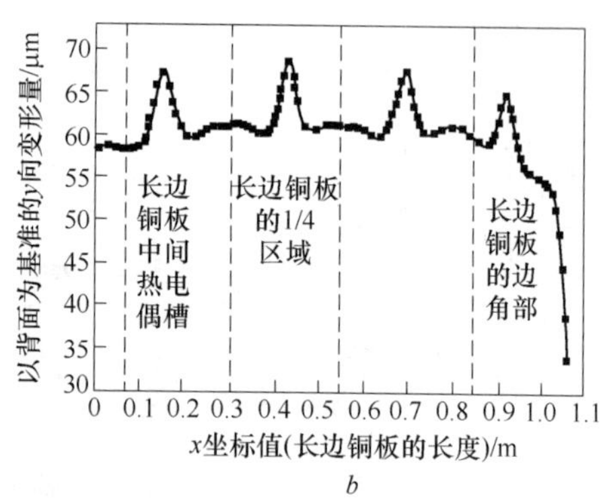

图 6-10　宽面和窄面铜板变形

a—宽面铜板变形；*b*—窄面铜板变形

分析表明：

（1）铜板接触面明显凸胀，接触边角部热胀程度低，这种变形致使结晶器入口，尤其是弯液面附近的截面形状并非冷态下的规则平滑直线组成的矩形，而是边部界线具有一定凹陷且带有锯齿的内矩形，这种形状可能对坯壳的热传递有较为明显的影响以致造成缺陷。

（2）结晶器铜板水槽分布不均是造成铜板工作表面不平整的主要原因。水槽分布稀疏区域的铜板表面出现一个显著的凸峰，这是因为坯壳与铜板接触面间的气隙的热阻最大（尤其在结晶器中下部），此时坯壳具有一定厚度与强度，一旦板面凸峰现象恶劣，坯壳表面只能与这些凸峰顶部接触，而其他部位因无法接触而形成较大的接触间隙，该间隙以气体填充以致形成更大热阻，从而进一步恶化铜板的这种凸峰变形。这对于铸坯的应力场以及温度场分布都极为不利，必须采取措施以避免。

北京科技大学的钱宏智、张家泉等人[9]研究了不同水槽设计对结晶器铜板及铸坯初凝坯壳温度分布影响。研究者通过建立包含界面与气隙作用的铜板-坯壳热力耦合模型，进行结晶器的传热与变形进行计算，对比分析不同水槽设计对结晶器内热状态的影响。对比分析了两种水槽，A 类型水槽宽度与间距要大于 B 类型；此外，A 类型铜板冷面所有水槽深度相等，而 B 类型铜板在靠近把紧螺栓位置的水槽要比其他水槽深 3mm。窄面铜板靠近角部的水槽均采用斜水槽以改善该部位的传热均匀性。铜板弯月面处温度分布图 6-11 所示。

分析表明：A 铜板温度比 B 铜板温度高，B 铜板结晶器坯壳均匀性要优于 A 铜板结晶器下的坯壳。这充分说明：在相同冷却条件下，窄水槽、小间距的密排水槽能有效降低铜板热面温度，提高铜板热面温度分布的均匀性，同时也改善了铸坯的冷却条件，使结晶器出口坯壳厚度趋于均匀。

6.2　方坯连铸机的现代设计

对于高效连铸机的结晶器，采用最能适应铸坯凝固收缩规律的结晶器内腔形状已成为共识，都是为了使坯壳与结晶器内壁良好接触，减小气隙。方坯结晶器技术的发展主要集

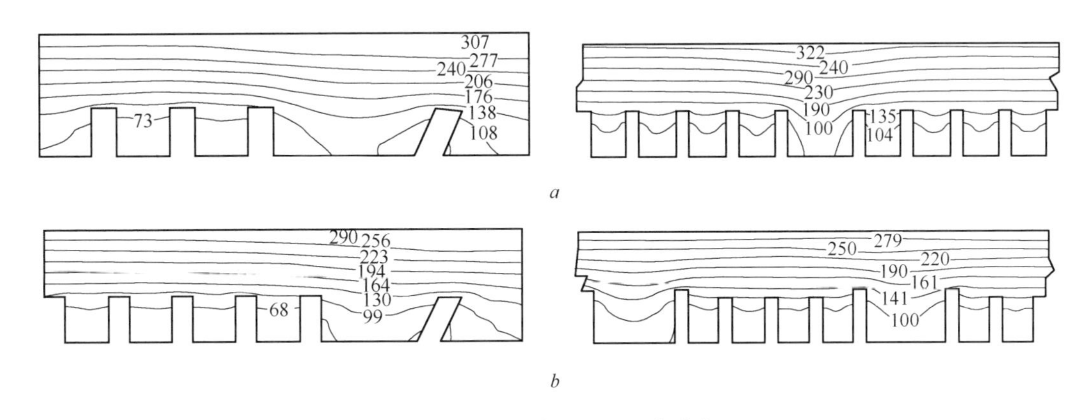

图 6-11 铜板弯月面处温度分布

a—两铜板窄面弯月面处温度分布等值线图；*b*—两铜板宽面弯月面处温度分布等值线图

中于内腔形状、倒锥度、结晶器传热和冷却这几个方面。目前，国内外多采用有限元法对方坯结晶器进行分析，并且相关的文献资料也比较多。下面以武汉大西洋冶金工程技术有限公司和北京科技大学机械工程学院合作进行的小方坯连铸机结晶器结构与参数分析为例来进行阐述。

6.2.1 小方坯连铸机有限元分析

6.2.1.1 有限元模型

武汉大西洋冶金工程技术有限公司和北京科技大学机械工程学院合作分析的对象是150mm×150mm 小方坯连铸机[10]，采用大型有限元分析软件 ANSYS 进行分析。

由于铸坯垂直方向的散热量很小[11]，有限元建模分析时可忽略铸坯垂直方向的传热，只取铸坯的截面建立平面模型来进行分析。又由于小方坯结晶器截面形状和载荷的对称性，可以只取截面的八分之一进行分析。同时由于在铸坯出结晶器时只有外围的一小部分钢水凝固，因此可以不对整个钢坯部分进行模拟，而只模拟三倍预计坯壳厚度即可（见图 6-12）。

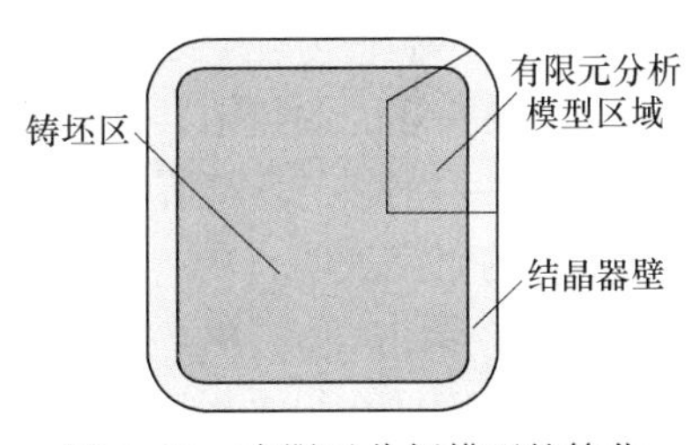

图 6-12 有限元分析模型的简化

在进行温度场计算时，钢水及结晶器部分采用 Plane55 号单元来建模。建模时，铸坯外表面与结晶器内壁之间并不直接接触，而是留有尺寸很小的间隙，其相对的两节点用 Link32 单元相连，其温度场计算模型网格如图 6-13 所示。当进行应力-应变分析时，铸坯外表面与结晶器内壁接触区用 Contact48 接触单元代替杆单元，以模拟变形时铸坯外表面与结晶器内壁之间的接触；另外，铸坯和铜壁部分相应地改用四节点的 Plane42 单元来建模。在有限元模型中，为了考虑结晶器内壁的倒锥度，在计算模型中采用改变铜壁热变形参考温度值大小的方式来进行；为了考虑高温液态金属，采用“生死”单元，即根据各截面温度场计算结果来判断固态坯壳的厚度，把仍处于液体状态的那部分单元“杀死”以后再进行计算，其模型如图 6-14 所示。在该模型中，在各对称面施加位移对称边界条件，钢水静压力则施加于铸坯的内表面。

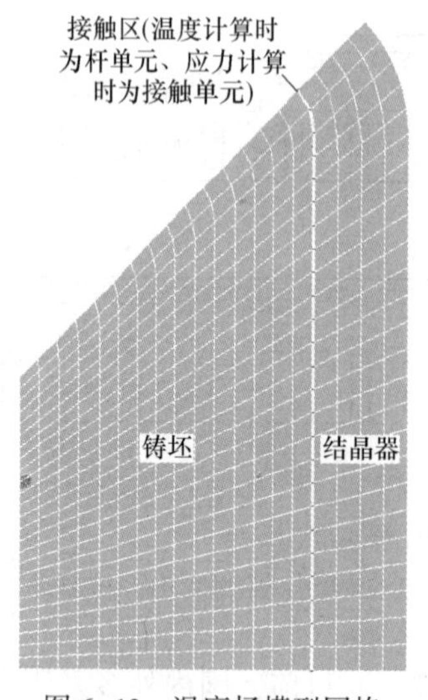

图 6-13 温度场模型网格

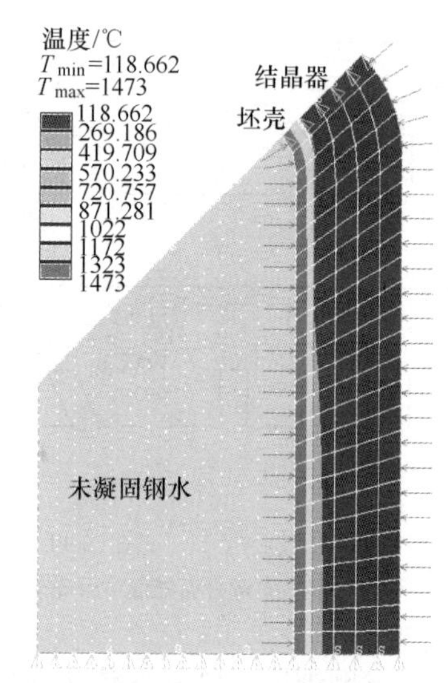

图 6-14 应力-应变分析模型

在有限元模型中，结晶器铜管材料、铸坯的物性参数可以根据相关资料具体选择，本小节只重点介绍铸坯与铜结晶器之间及铜结晶器与冷却水之间传热系数的选取的问题。

A 铸坯与铜结晶器之间传热系数的选取

钢水在结晶器内凝固时，总热阻用 R_T 表示，则一般有：

$$R_T = R_1 + R_2 + R_3 + R_4 + R_5 \tag{6-1}$$

式中 R_1——冷却水与铜壁之间的热阻；

R_2——铜壁的热阻；

R_3——铜壁与坯壳之间的热阻；

R_4——坯壳的热阻；

R_5——钢液与坯壳界膜之间的热阻。

大量的研究表明，R_1、R_2 和 R_5 的数值均相对较小，总热阻以 R_3 和 R_4 为主，一般比例如下：R_1 约占 2%；R_2 约占 1%；R_3 约占 71%；R_4 约占 26%。所以，有限元分析时计算结果的准确性在很大程度上取决于 R_3、R_4 取值的准确性。其中坯壳的热阻和钢的化学成分及温度有关，至今已有定论，可以由手册[12]上直接查得。而铸坯与铜结晶器之间热阻的确定则至今仍有待于进一步研究。按文献［13］的研究，在弯月面区，钢水虽然与结晶器接触却没有完全凝固，钢水与结晶器壁的接触完好，属于固液界面之间的热传递，这时的钢水与结晶器壁之间的传热系数主要由它们之间的温度差来决定。随着铸坯表面的凝固及铸坯与结晶器壁之间的相对运动，铸坯与结晶器壁之间的完好接触状态被破坏，固液界面之间的热传递转化为固体与固体之间的热传递，这时热传导系数的大小主要与它们之间的压力大小有关。而随着坯壳温度的下降，已形成的坯壳将会产生收缩，由于铸坯角部的散热条件最好、温度下降最快，因此其收缩量也最大。所以，随着铸坯的向下运动，铸坯角部最先与结晶器壁脱离，从而在角部最先产生气隙；当铸坯与结晶器壁之间有气隙形成时，气隙部位的热传导由辐射传热来决定。因此，铸坯与铜结晶器之间的传热系数可分三种情况来处理：与温度相关的液态钢水与结晶器壁接触时的传热系数由钢水与结晶器壁之间的温度差决定；与压力相关的固态坯壳与结晶器壁紧贴时的传热系数由铸坯与结晶器壁之间的压力来决定；气隙的传热系数由辐射传热来决定。

B 铜结晶器与冷却水之间传热系数的选取

冷却水通过强制对流迅速地把铜壁的热量带走，保证铜壁温度不升高，不致使结晶器发生永久变形。对流换热系数可由式（6-2）计算：

$$\alpha = 0.023\frac{\lambda}{D}\left(\frac{Dv\rho}{\mu}\right)^{0.8}\left(\frac{c\mu}{\lambda}\right)^{0.4} \tag{6-2}$$

6.2.1.2 小方坯铸坯及结晶器仿真结果分析

A 坯壳厚度

一定拉坯速度下铸坯坯壳厚度的增长过程如图 6-15 所示。从图 6-15 中可以看出，在弯月面以下约 150mm 区域，由于接触处铸坯外表面温度较高，铸坯外表面与结晶器内壁之间的传热系数较大，坯壳厚度增长较快，其增长速度约为 1mm/s；接着从弯月面以下 150mm 开始，由于坯壳表面的温度下降、坯壳表面与结晶器内壁的接触由液体与固体的接触变为固体与固体的接触、气隙的形成等因素的影响，坯壳厚度的增长速度大大减缓，为 0.5~0.2mm/s。由于从弯月面以下约 70mm 处角部即开始形成气隙，造成局部区域的传热系数大幅下降，减缓了角部及附近区域坯壳生成的速度，从弯月面以下 100~300mm 的区域，坯壳厚度沿边长的分布有中部厚度略大于角部稍偏处厚度的规律。从弯月面以下 250~350mm 的区域，有一个角部气隙减小—消失—再生成的过程，造成角部区域坯壳厚度逐渐赶上并超过中部坯壳厚度，最终结晶器出口处坯壳沿边长的分布比较均匀，厚度达到 9.9mm。

B 结晶器温度、应力及变形

结晶器内壁的最高温度随高度的变化如图 6-16 所示。可见结晶器内壁的最高温度大约出现在弯月面以下 80mm 处，温度值为 304℃。从弯月面以下 80~230mm 段结晶器内壁温度快速下降，这是由于该区域铸坯坯壳迅速生成、铸坯外表面温度急剧下降以及铸坯外表面与结晶器内壁之间的传热从“以与温度相关的传热方式为主”向“以与压力相关的传热方式为主”转变等原因造成的。从弯月面以下 230mm 开始一直到结晶器出口，结晶器内壁的最高温度及温度分布规律均变化不大，内壁最高温度约为 90℃左右，这是由于该区域铸坯外表面与结晶器内壁之间的传热方式为“以与压力相关的传热方式为主”，热传导系数变化不大的缘故。

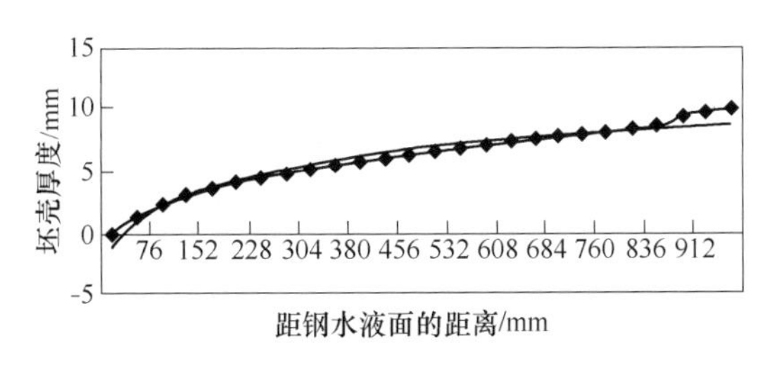

图 6-15 一定拉坯速度下铸坯坯壳厚度的增长过程

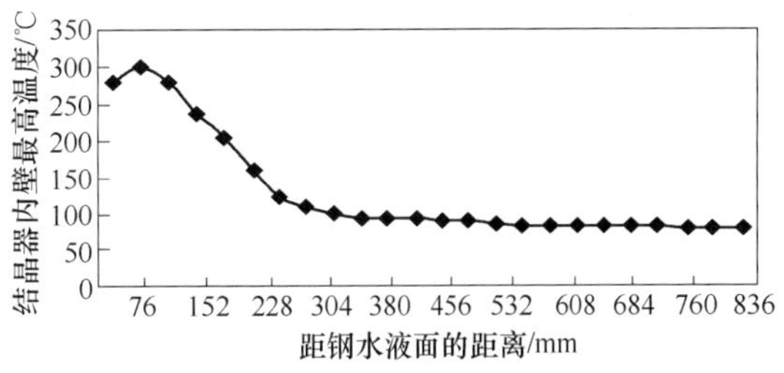

图 6-16 结晶器内壁最高温度随距钢水液面的距离的变化

结晶器内壁在不均匀温度场、外壁冷却水压力及内壁铸坯的作用下产生应力及变形，其应力分布及变形情况分别如图 6-17 和图 6-18 所示。

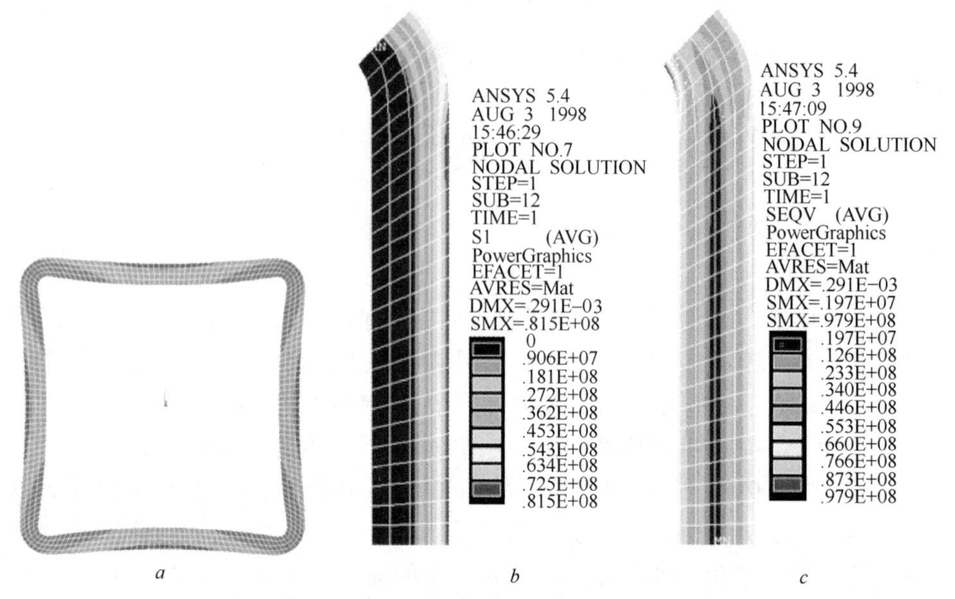

图 6-17 弯月面以下 120mm 处结晶器的变形及应力

a—变形示意图；*b*—第一主应力，Pa；*c*—等效应力，Pa

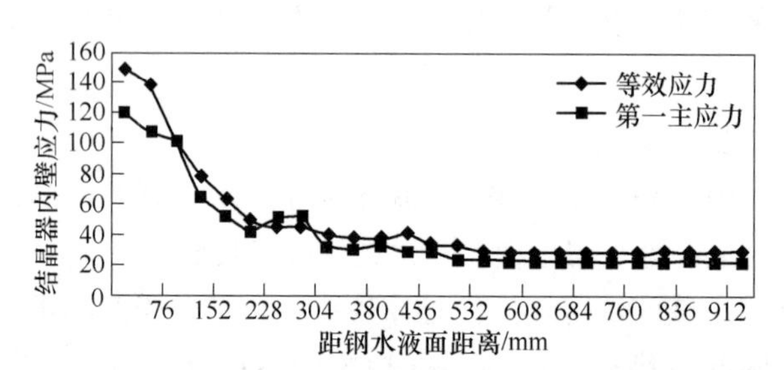

图 6-18 结晶器内壁应力随距钢水液面距离的变化规律

结晶器在不均匀温度场作用下的变形规律为各边中部内缩、角部外胀成近似菱形，这是由于结晶器的截面温度分布规律具有角部的温度低于各边中部的温度及内壁温度高于外壁温度的特点的缘故。应力方面，等效应力的高应力区为角部内壁，第一主应力的高应力区为各边中部外壁。由于沿高度方向结晶器截面的温度分布规律基本上没有变化，而只存在最高温度及内外温差大小上的变化，因此相应的结晶器的变形及应力分布规律不随高度的变化而变化，而只在变形量的大小及应力值的高低上随高度的不同而有差别。结晶器全局最高应力值为等效应力 157MPa、第一主应力 120MPa，出现在弯月面以下约 40mm 处。

C 气隙

气隙的分布与结晶器内壁与铸坯外表面之间压力的分布密切相关，有压力存在的地方就没有气隙，反之。不同高度处结晶器内壁与铸坯外表面之间的压力分布如图 6-19 所示。

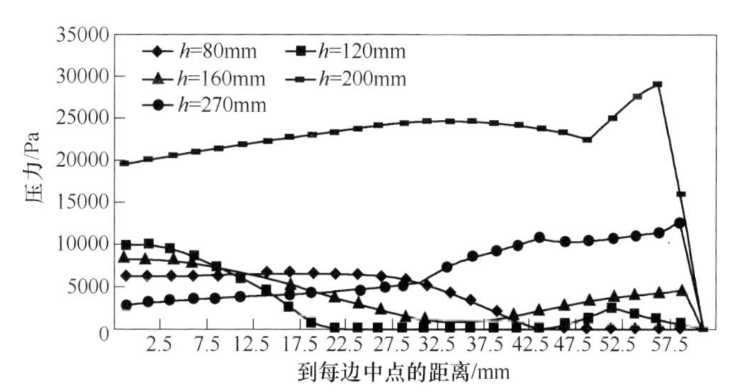

图 6-19 不同高度处结晶器内壁与铸坯外表面之间的压力分布

分析表明：

（1）从钢水液面到液面以下约 200mm 的区域，由于钢水静压力较小，因此坯壳与结晶器内壁之间的压力也较小；同时由于该区域的坯壳较薄，坯壳所能提供的支撑力较小，造成了该区域压力分布的不规律化。

（2）从弯月面以下 300mm 开始，压力沿边长的分布规律稳定形成，即从边长的中点到离开中点约 55mm 的区域内压力分布趋于均匀，从离开中点 55~58mm 区域内压力升高至最高点后急速下降，角点压力为零。

（3）当 h 在 0~400mm 区域内时，压力大小受钢水静压力的影响较为明显，所以随 h 值的增大压力值也不断增大；h>400mm 以后，由于坯壳的厚度已足够承受钢水的静压力，压力主要由坯壳及结晶器壁热变形不相容造成，压力的大小及分布规律均趋于稳定。角部气隙从 h 约为 40mm 时即开始形成；当 h = 120mm 时，气隙一度出现向中部转移的趋势，但由于倒锥度的存在而很快消除，角点处的气隙自始至终都存在，只是气隙尺寸较小。

当拉坯速度已知时，假设铸坯外表面与结晶器内壁一直保持良好接触，按此确定不同位置处铸坯外表面与结晶器内壁之间的传热系数，并计算各截面的温度场及坯壳厚度，由温度场计算结果计算不考虑倒锥度时结晶器及铸坯坯壳的变形，从而得到变形后铸坯外表面与结晶器内壁对应节点之间的距离，即为该处的气隙大小，也就是结晶器合理倒锥度在该处所应补偿的尺寸，则可得到使该处气隙消除的结晶器内壁尺寸，即为该处结晶器内壁的合理尺寸。因此，合理结晶器内壁结构的不同位置的内壁尺寸为结晶器的上口尺寸加上该处按前述方法计算所得的气隙厚度。

分析表明：不同位置气隙的厚度真实的分布并不能以单一的抛物线或双曲线规律来描述，而是在高度和水平方向均存在比较复杂的变化。气隙厚度在每边中部区沿高度的变化规律如图 6-20 所示，高度方向气隙的厚度变化规律典型的有两种：

（1）以各边中点处为代表的变化规律。从弯月面以下约 80mm 处开始气隙渐渐形成，开始时厚度增长并不快，随后渐渐加速；从弯月面以下 150~230mm 为气隙厚度快速增厚区；然后，气隙厚度进入慢速平稳增长区，直至结晶器出口。所以，每边中部的气隙厚度以结晶器出口处为最大。

（2）以角部为代表的变化规律。气隙从弯月面以下约 50mm 处即开始形成，在 50mm 的小区域里快速上升到最大厚度；然后，气隙厚度开始减小，在弯月面以下 300mm 处降到最低点；接着，开始缓慢增厚，直至结晶器出口。气隙的最大厚度出现在结晶器出口每边中部处，其厚度为 0.485mm。角部气隙最大厚度为 0.383mm。

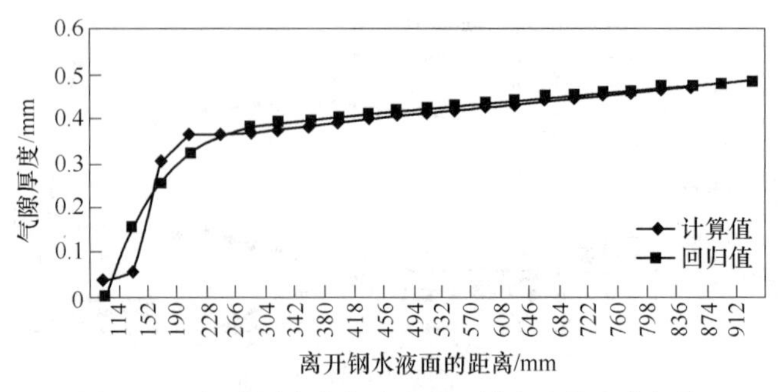

图 6-20　气隙厚度在每边中部区沿高度的变化规律

6.2.2　结晶器的锥度曲线

对方坯连铸机，还有一个研究重点就是合理确定其锥度曲线，如盛义平[14]提出一种确定结晶器锥度曲线的方法。

近年来，随着连铸技术的不断进步，拉坯速度不断提高，结晶器长度有增大的趋势，高速连铸结晶器大多采用长约 1000mm 的结晶器铜管。为了反映长度对结晶器锥度的影响，目前广泛采用式（6-3）定义的结晶器平均锥度（%/m）：

$$\overline{\nabla} = \frac{W_{in} - W_{exit}}{W_{in}H} \times 100 \tag{6-3}$$

式中　$\overline{\nabla}$——结晶器平均锥度，%/m；

W_{in}——结晶器上口宽度，m；

W_{exit}——结晶器下口宽度，m；

H——结晶器铜管总高度，m。

根据式（6-3），方坯结晶器的平均锥度可写为：

$$\overline{\nabla} = \frac{a_{in} - a_{exit}}{a_{in}H} \times 100 \tag{6-4}$$

式中　a_{in}——方坯结晶器上口边长，m；

a_{exit}——方坯结晶器下口边长，m；

H——结晶器铜管总高度，m。

为适应坯壳的收缩变形和结晶器铜管自身的变形，结晶器已由单锥度逐渐发展变化为多锥度和连续锥度。对于带有连续锥度的结晶器，除了用式（6-3）表示结晶器的平均锥度外，还应采用锥度曲线来表示锥度沿结晶器高度的变化情况。为了建立新型高速连铸方坯结晶器内壁的理想纵断面曲线的方程式，需做如下基本假设：

（1）浇钢时，在结晶器内腔中，坯壳是在钢水弯月面与结晶器内壁的交界处开始生成的。

（2）结晶器内腔的收缩量恰好能够补偿坯壳的收缩量，坯壳与结晶器紧密接触，不存在气隙和挤压力。

（3）在结晶器铜管内壁的同一横断面上，各处的冷却条件相同，坯壳厚度均匀一致。

（4）拉坯速度保持不变，忽略结晶器振动的影响。

由以上假设，坯壳与结晶器间的接触状态和坯壳内、外表面收缩情况如图 6-21 所示。在图 6-21a 中，坐标系 $xO'y$ 的原点取在钢水液面与结晶器内壁的交点处。

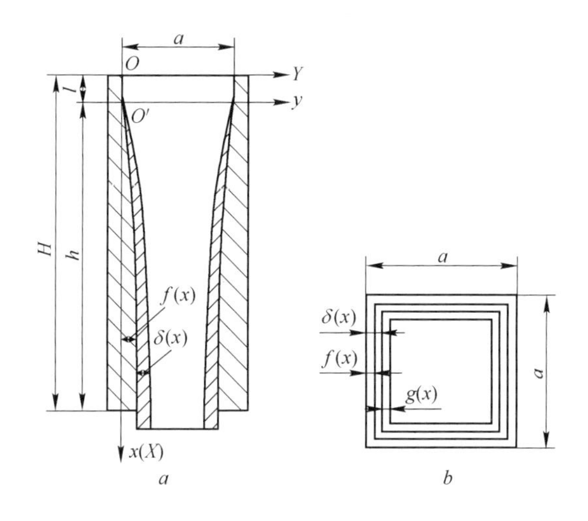

图 6-21 理想的方坯结晶器内坯壳与结晶器的接触状态

a—在纵断面上，坯壳与结晶器内壁紧密接触；b—在横断面上，坯壳内、外表面的收缩量分别为 $g(x)$ 和 $f(x)$

$f(x)$ —方坯坯壳外表面的收缩位移量，也就是理想方坯结晶器内壁的向内收缩量；

$g(x)$ —方坯坯壳内表面的收缩位移量；$\delta(x)$ —坯壳厚度；a—方坯结晶器上口边长；

H—结晶器高度；h—结晶器有效高度；l —结晶器内钢水液面以上的安全高度

由图 6-21a 可知，设计方坯结晶器内壁的纵断面曲线时，坯壳与结晶器内壁紧密接触，在坯壳与结晶器间既不出现气隙，也不产生挤压力。

新型高速连铸方坯结晶器内壁的理想纵断面曲线应由两段组成：

$$Y = \begin{cases} \dfrac{K\varepsilon(d)\left(k\sqrt{\dfrac{d}{v}} - \dfrac{k^2}{a}\dfrac{d}{v}\right)}{l + d}X & 0 \leqslant X \leqslant l + d \\ K\varepsilon(X - l)\left(k\sqrt{\dfrac{X - l}{v}} - \dfrac{k^2}{a}\dfrac{X - l}{v}\right) & l + d \leqslant X \leqslant H \end{cases} \tag{6-5}$$

相应地，新型高速连铸方坯结晶器内腔的理想锥度（%/m）曲线也由两段组成：

$$\nabla(x) = \begin{cases} \dfrac{2K\varepsilon(d)}{a(l + d)}\left(k\sqrt{\dfrac{d}{v}} - \dfrac{k^2}{a}\dfrac{d}{v}\right) \times 10^5 & 0 \leqslant X \leqslant l + d \\ \dfrac{2K\varepsilon(X - l)}{a}\left(\dfrac{k}{2\sqrt{v}\sqrt{X - l}} - \dfrac{k^2}{av}\right) \times 10^5 & l + d \leqslant X \leqslant H \end{cases} \tag{6-6}$$

式中 $\varepsilon(x)$ ——结晶器内坯壳的总体积收缩率 $x=d$ 或 $x=x-l$；

v——拉坯速度；

k——凝固系数。

6.3 连铸圆坯结晶器的设计

与其他种类连铸坯不同，圆坯无角部的优先凝固，而且没有鼓肚危险。因此，圆坯结晶器设计主要是要保持结晶器的均匀冷却，使坯壳均匀收缩，防止铸坯产生椭圆物理变形和表面裂纹。对于一个给定的铸坯尺寸，圆坯结晶器受热面积比方坯结晶器要小一些，因而拉速要低一些。为保证圆坯质量，连铸生产上的一些有效质量控制技术（如全程保护浇注、大容量中间包、二次冷却控制、液面自动控制、结晶器电磁搅拌等）在圆坯连铸上均要使用，尤其是大截面圆坯除采用上述技术外，根据质量要求，二冷区还要使用电磁搅拌、末端电磁搅拌技术以及三次冷却控制技术。对特殊钢种而言，圆坯下线后的缓冷控制依然十分重要。

结晶器铜管及其铜管壁厚设计的主导思想是在高温工作条件下避免永久变形。

结晶器铜管变形将严重降低结晶器使用寿命，使圆坯表面产生较深振痕和外形缺陷。为了避免变形，应使铜管在温度作用下可以沿纵向轴线自由膨胀。

结晶器铜管的锥度应符合圆坯的收缩形状，保持铸坯和结晶器面接触。合适的锥度能保持铸坯直至结晶器出口处的接触，减少可能的裂纹和表面缺陷（如凹疤）。

为了建立新型高速连铸圆坯结晶器内壁的理想纵断面曲线的方程式，需做如下基本假设[14]：

（1）浇钢时，在结晶器内腔中，坯壳是在钢水弯月面与结晶器内壁的交界处开始生成的。

（2）结晶器内腔的收缩量恰好能够补偿坯壳的收缩量，坯壳与结晶器既紧密接触，又不存在气隙和挤压力。

（3）在结晶器铜管内壁的同一横断面上，各处的冷却条件相同，坯壳厚度均匀一致。

（4）拉坯速度保持不变，忽略结晶器振动的影响。

在理想的圆坯结晶器内，坯壳与结晶器内壁的接触状态和坯壳内、外表面的收缩情况如图 6-22 所示。

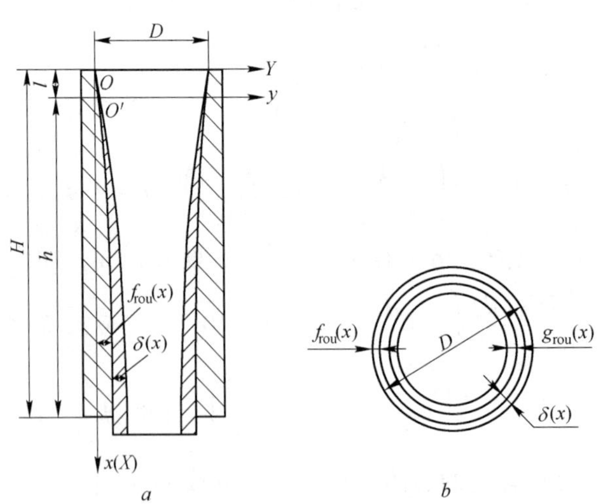

图 6-22　理想的圆坯结晶器内坯壳与结晶器的接触状态和坯壳内、外表面收缩情况

a—在纵断面上，坯壳与结晶器内壁紧密接触；b—在横断面上，坯壳内、外表面的收缩量分别为 $g_{rou}(x)$ 和 $f_{rou}(x)$

$f_{rou}(x)$ —圆坯坯壳外表面的收缩位移量，也就是理想圆坯结晶器内壁的向内收缩量；

$g_{rou}(x)$ —圆坯坯壳内表面的收缩位移量；$\delta(x)$ —坯壳厚度；D—圆坯结晶器上口直径；H—结晶器高度；

h—结晶器有效高度；l—结晶器内钢水液面以上的安全高度

圆坯坯壳外表面的收缩位移量：

$$f(x)=K\varepsilon(x)\left[\delta(x)-\frac{\delta^2(x)}{D}\right]\quad 0\leqslant x\leqslant h \tag{6-7}$$

新型高速连铸圆坯结晶器内壁的理想纵断面曲线：

$$Y_{\text{rou}}=\begin{cases}\dfrac{K\varepsilon(d)\left(k\sqrt{\dfrac{d}{v}}-\dfrac{k^2}{D}\dfrac{d}{v}\right)}{l+d}X & 0\leqslant X\leqslant l+d\\ K\varepsilon(X-l)\left(k\sqrt{\dfrac{X-l}{v}}-\dfrac{k^2}{D}\dfrac{X-l}{v}\right) & l+d\leqslant X\leqslant H\end{cases} \tag{6-8}$$

内腔的理想锥度（%/m）曲线：

$$\nabla(x)=\begin{cases}\dfrac{2K\varepsilon(d)}{D(l+d)}\left(k\sqrt{\dfrac{d}{v}}-\dfrac{k^2}{D}\dfrac{d}{v}\right)\times10^5 & 0\leqslant X\leqslant l+d\\ \dfrac{2K\varepsilon(X-l)}{D}\left(\dfrac{k}{2\sqrt{v}\sqrt{X-l}}-\dfrac{k^2}{Dv}\right)\times10^5 & l+d\leqslant X\leqslant H\end{cases} \tag{6-9}$$

其中，d 是新型高速连铸圆坯结晶器内壁的理想纵断面曲线的直线段，d 可由方程式（6-10）求得：

$$d+\frac{2kl}{D\sqrt{v}}\sqrt{d}-l=0 \tag{6-10}$$

6.4 连铸异型坯结晶器

连铸异型坯除按钢种分类外，通常还按铸坯两翼间尺寸来区分，小于 430mm 的为小异型坯，大于 430mm 的为大异型坯。目前，世界上已经浇铸出的最大规格的异型坯为 1100mm，在国内也已能够生产。

异型坯结晶器总成由铜管、内水套、外水套、给水管、排水管、水环、底部和顶部法兰以及润滑法兰等部件组成。

异型坯结晶器有以下几种形式：

（1）带足辊和不带足辊。不带足辊的设计主要是考虑便于漏钢后清理。

（2）开有油槽和不开油槽。设计油槽用于敞开油润滑浇铸方式。

（3）异型坯结晶器形式，最主要区别在于结晶器类型采用管式还是板式结构。通常情况下，为了节约成本，小异型坯可采用管式，而大异型坯则应采用板式。

6.4.1 连铸异型坯结晶器的分析

由于该技术的复杂性，近终形异型坯连铸技术在国内尚处于起步阶段。例如，异型坯的特殊形状导致对其温度场和应力场的分析较为困难；双浇注口导致两个互相影响的热区存在，使得结晶器内的钢水温度场和流场变得更为复杂。因此，近终形异型坯连铸技术有许多技术问题需进一步开发研究。近年来，国内一些科研机构与生产厂在这方面开展了合作研发，并在铸坯裂纹控制[15,16]、H 型钢凝固[17]等方面取得一些成绩，但针对异型坯结晶器的研究较少。

北京科技大学陈高兴[17]对马钢 750mm×450mm×120mm 规格的 SS400 异型坯进行研究，建立了异型坯连铸的凝固传热过程数学模型，对现有工艺参数条件下异型坯温度分布进行了模拟，将实测温度和温度场分析结果进行比较，并分析了过热度、拉速、二冷水量等因素对异型坯温度的影响，对异型坯二冷制度进行了优化。

分析表明：在现行冷却制度下，SS400 异型坯浇铸时，只是内缘处的表面温度位于 SS400 钢种的高温塑性区件，铸坯局部（如腹板中心、翼缘侧面中心）的表面温度在二冷后期和矫直辊前小于 900℃，落在低温脆性区。同时，SS400 异型坯在二冷中后期铸坯表面存在较大幅度的温度波动，超过了二冷段铸坯表面温度回复不得大于 100℃/m 的冶金规则。分析还表明：当过热度增加 10℃时，出结晶器时异型坯横截面的铸坯断面最小温度升高 13℃左右，出结晶器最小坯壳厚度减小 0.25mm；拉速对铸坯表面温度的影响比较明显，在二冷各段尤为凸出，拉速增大 0.1m/min，铸坯断面最小温度将升高 50℃左右；二冷水量对表面温度的影响比较凸出，水量由现行水量的 100%减少到 70%时，异型坯表面最低温度升高 57℃。

根据上述研究成果，研究者对二冷制度进行了优化，使得异型坯腹板中心表面和内缘温度在矫直辊前均位于 SS400 钢高温塑性区以内，符合相关冶金准则要求。

与此同时，研究者利用有限元，建立了二冷区坯壳热/力耦合模型，对坯壳应力、应变进行分析，典型位置的温度以及应力、应变分布分别如图 6-23 和图 6-24 所示。

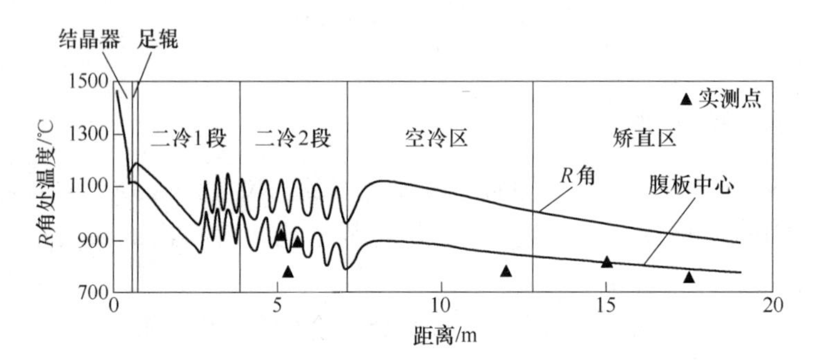

图 6-23　SS400 异型坯腹板中心和 R 角处温度变化

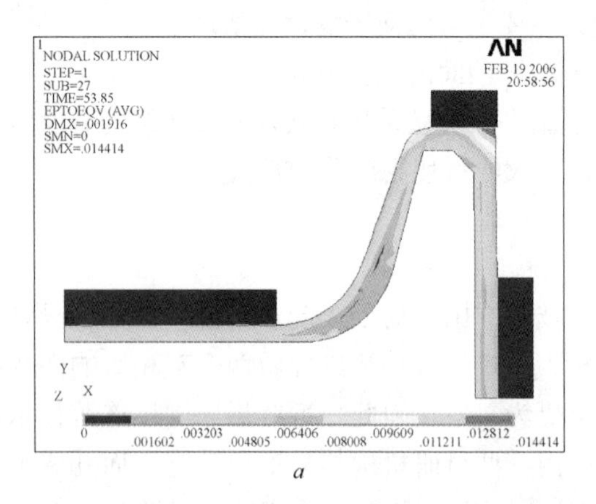

a

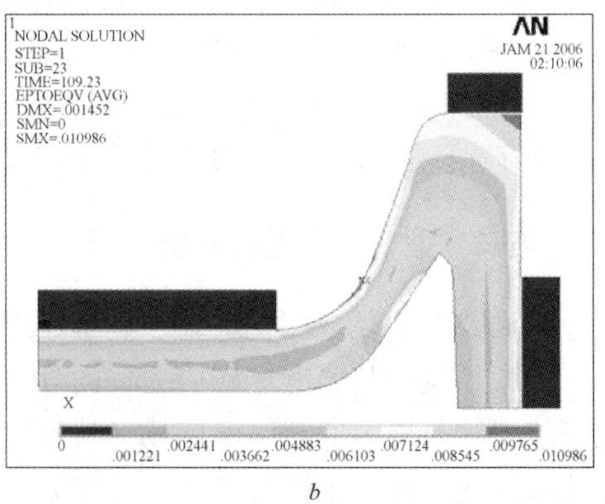

b

图 6-24　异型坯应力、应变分布

a—异型坯在足辊处的等效应变分布；*b*—异型坯 9 号支撑辊处等效应变分布

分析表明：在二冷区上部足辊处异型坯坯壳内凝固前沿的应变值位于0.3%~0.47%之间，小于SS400钢产生内裂纹的临界应变，故在足辊区不会产生内裂纹；9号支撑辊处腹板凝固前沿的应变值大于0.488%，接近于SS400钢产生内裂纹的临界应变强度；其他区域凝固前沿应变强度均小于0.366%；在二冷区中部，由于二冷区中部辊与辊之间存在间歇喷水，喷水与未喷水辊之间存在较大的温度回复，导致喷水与未喷水辊之间铸坯应力、应变分布差异较大，喷水辊应力值比未喷水辊处高37.31%，并且喷水辊凝固前沿应变部分区域超过SS400钢种临界应变值0.5%，有可能会产生裂纹；在二冷区下部，凝固前沿应变强度较大，处于0.44%~0.6%之间，接近或超过了SS400钢种临界应变值，容易产生内裂纹。

同时，研究者还对二冷配水制度进行改进。分析结果表明：改进后铸坯截面等效应力及等效应变值明显减小，间歇喷水所引起的热应力波动明显减弱，凝固前沿等效应变值始终小于SS400钢临界应变值。

北京科技大学姚海英[18]针对一种新型链式异型坯结晶器，建立了连铸过程结晶器区域二维非稳态热力耦合有限元模型，如图6-25所示。研究者分析了在浇铸条件下链式结晶器铜板及铸坯在结晶器区域所经历的热力学过程、重要工艺参数对它们的影响。其中，结晶器出口铜板横断面的温度场、弯月面200mm处应力场如图6-26和图6-27所示，铜板热面自弯月面下法向变形如图6-28所示。

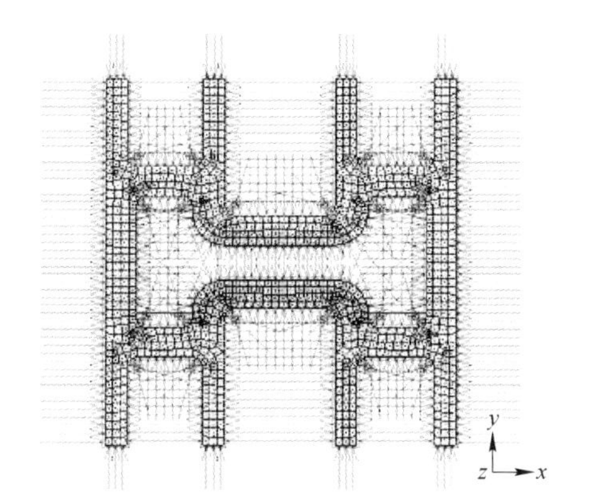

图6-25 弯月面200mm处结晶器铜板有限元模型

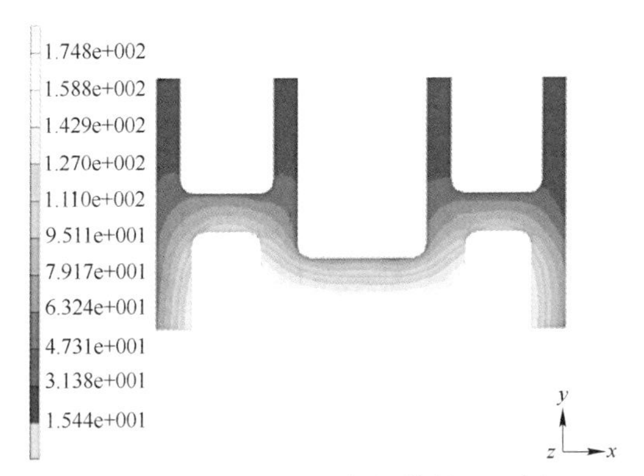

图6-26 结晶器出口铜板横断面温度场

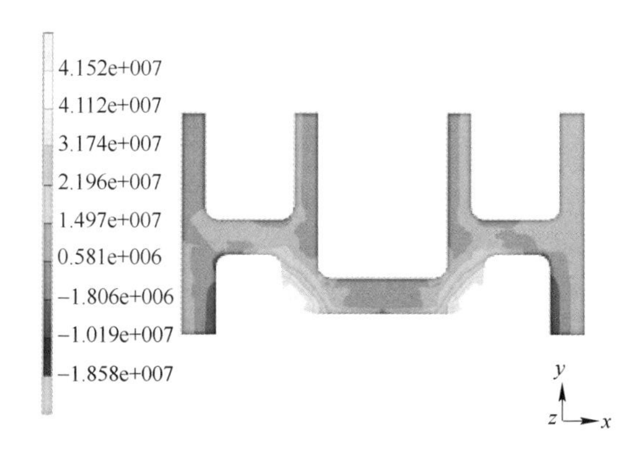

图6-27 弯月面200mm处结晶器铜板应力场

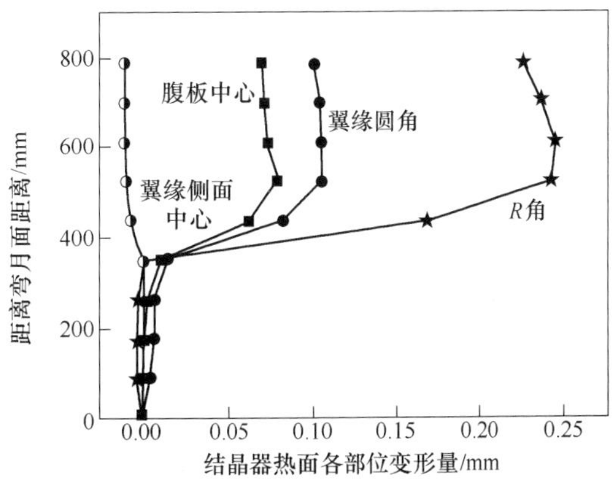

图6-28 铜板热面自弯月面下法向变形

分析表明：结晶器链板 R 角在弯月面以下 175mm 处温度最高，达到 179.6℃；腹板中心在弯月面以下 235mm 处温度最高，达到 163.8℃，翼缘侧面中心在弯月面以下 250mm 处温度最高，达到 151.7℃；翼缘圆角处的最高温度在弯月面以下 200mm 处，温度为 105℃，结晶器链板的最高温度均远小于银铜再结晶温度。结晶器铜板在弯月面下 500mm 处变形量达到最大，而在同一高度界面上，R 角处变形最大，达到 0.245mm，翼缘圆角、腹板中心和翼缘侧面中心等部位的变形依次减小。

分析还表明：异型坯在结晶器弯月面下 200mm 处无固相坯壳出现，从 200mm 开始，在冷却强度较大的翼缘圆角处开始形成坯壳，出结晶器时腹板中心坯壳厚度为 2.18mm；拉速对腹板中心表面温度影响较为明显，拉速每增 2m/min，出结晶器腹板中心表面温度增加 15℃，坯壳厚度减少 0.6mm，而过热度对铸坯的凝固影响较小。

6.4.2　结晶器内腔断面选取原则

异型坯结晶器 H 形型腔是根据结晶器铜板传热理论和金属冷却过程收缩原理，在保证最佳冷却效果的前提下，设计腹板、翼板内侧、外侧锥度、铜板冷却水缝及宽边铜板冷却水孔和增速杆尺寸。

依据异型坯凝固过程的数值模拟研究结果和最新的结晶器设计实例，结晶器内腔断面选取的基本原则为：

（1）根据连铸机所浇铸占最大比例的钢种凝固收缩特性、确定结晶器铜管的上、下口尺寸以及管式结晶器的壁厚。

（2）铜管以多锥度或连续锥度为宜。

（3）为降低横断面上不同区域铸坯凝固后与结晶器铜管之间产生不均匀气隙而影响热传导效率，可用二维有限元模型来优化结晶器内腔形状，以尽可能符合铸坯收缩规律（对此，也存另外一种截然相反的意见，即认为由于难以找到符合异型坯凝固收缩的规律，而有意识地人为制造出 20～30μm 气隙来达到传热均匀的目的，如新日铁－三菱重工的 NS HYPER MOLD 法）。

（4）解决边角部热传导较快问题的基本思想是降低该部分的传热效率，来消除因温度梯度过大而可能产生的铸坯缺陷。普通长短边结合部温差可达 50℃，而改进型结晶器温差不超过 28℃。

6.4.3　异型坯结晶器的主要参数

异型坯结晶器的主要参数包括[19]：

（1）长度。作为一次冷却，结晶器长度设计极为重要。结晶器越长，在相同的拉速下，出结晶器坯壳越厚，浇铸安全性越好。然而，如果结晶器过长的话，冷却效率会降低。目前，异型坯结晶器长度大致在 700～830mm 之间。

结晶器长度计算主要是考虑结晶器出口处要有足够的安全坯壳厚度。结晶器出口处坯壳厚度计算如下：

$$S_{dk} = (M_{lk}/v_{max} \times K)^{-0.5} \tag{6-11}$$

式中　S_{dk}——坯壳厚度，mm；

　　　M_{lk}——结晶器有效长度，mm；

v_{max}——最大浇铸速度，m/min；

K——凝固系数，一般取 18~23mm/min$^{\frac{1}{2}}$。

（2）锥度。铸坯的收缩与拉速有关，理论上，结晶器锥度应根据拉速变化而变化。锥度的设定应考虑从液态钢液完全凝固以及冷却到常温所有收缩量。根据钢种的成分以及连铸机型等因素，这种总的收缩取值在 0.7%~1.2%之间。

（3）铜管上下口尺寸。根据连铸机所浇铸占最大比例的钢种凝固收缩特性，以及选取的锥度来确定结晶器铜管的上/下口尺寸（见表 6-1）。

表 6-1 结晶器铜管尺寸参数 （mm）

截面尺寸	结晶器长度	上/下口尺寸	管式铜管壁厚
440×300×90	800	443.8/440.75	30
320×220×85	800	323.7/320.6	30

（4）水缝及水流速度。典型的内外水套之间的缝隙为 4mm，流速为 6~12m/s。

6.5 薄板坯连铸结晶器设计

6.5.1 薄板坯连铸结晶器的类型

薄板坯连铸技术与常规连铸技术的主要差异之一在于结晶器。处于引领薄板坯连铸技术发展地位，作为薄板坯连铸核心技术之一并被称作“心脏”的薄板坯连铸结晶器，一直受到业内人士的格外关注。薄板坯连铸技术拥有者也常将薄板坯连铸结晶器技术作为自己薄板坯连铸技术的最重要的标志性技术之一。

通常，薄板坯连铸结晶器按照其内腔宽面形状可分为平板形结晶器和漏斗形结晶器两类（见图 6-29）。其中，漏斗形结晶器按照漏斗区的大小或形状又约定俗成地分为大漏斗形结晶器、小漏斗形结晶器、ISP 改进型结晶器等。4 种典型薄板坯连铸结晶器内腔宽面形状如图 6-30 所示。

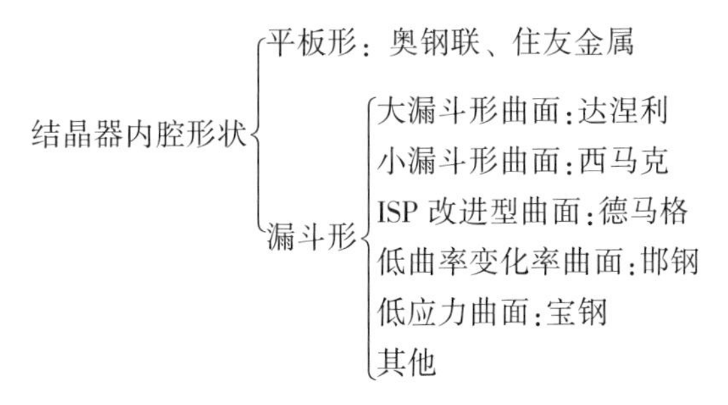

图 6-29 薄板坯连铸结晶器按照内腔形状分类

6.5.2 漏斗形薄板坯连铸结晶器的内腔形状设计原理

平板形薄板坯连铸结晶器与常规板坯连铸结晶器相仿，因此，本节重点介绍漏斗形薄板坯连铸结晶器的内腔形状设计原理[19]。为了便于说明，漏斗形薄板坯连铸结晶器内腔形状及常用符号对照如图 6-31 所示。

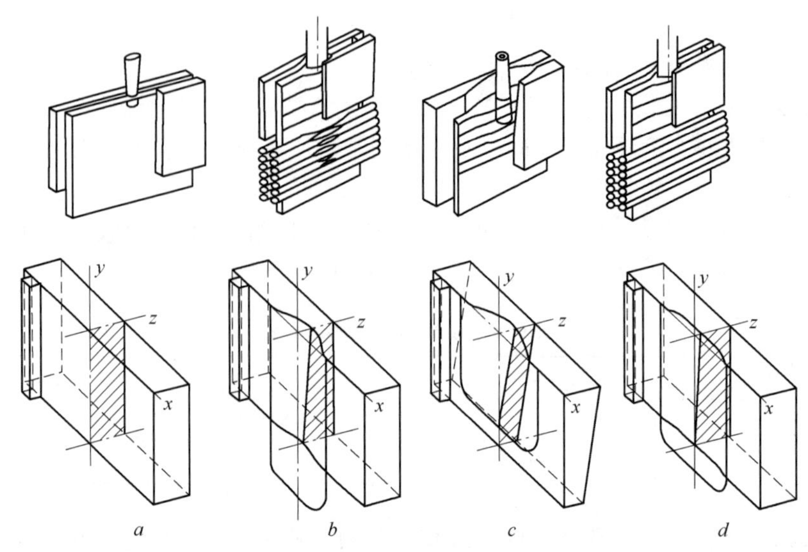

图 6-30　4 种典型薄板坯连铸结晶器内腔宽面形状

a—平板形；*b*—大漏斗形；*c*—小漏斗形；*d*—ISP 改进型

6.5.2.1　结晶器宽面设计

漏斗形薄板坯连铸结晶器的内腔宽面，按照其漏斗区的大小或形状可分为：大漏斗形结晶器、小漏斗形结晶器、ISP 改进型结晶器等。

A　大漏斗形结晶器

通常将达涅利（Danieli）公司开发的 FTSR 生产线所使用的 H^2（High Speed High Quality）结晶器称作大漏斗结晶器（也称为双高结晶器、长漏斗结晶器或凸透镜形结晶器），如图 6-31 所示。之所以称其为“大”，不是因为其结晶器上口处包容的面积“大”，而是因为其漏斗区域的长度较其他薄板坯结晶器漏斗区域的长度“长”。因此，将该种结晶器称作长漏斗结晶器更为妥当。

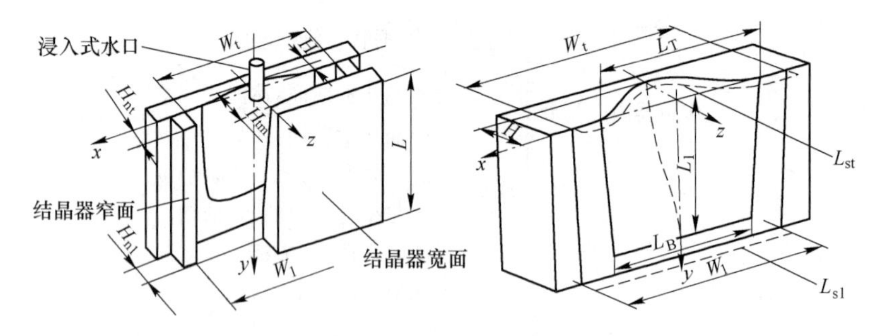

图 6-31　漏斗形薄板坯连铸结晶器内腔形状及常用符号对照

L—结晶器长度，mm；W_t—结晶器上口宽度，mm；W_l—结晶器下口宽度，mm；H_{nt}—结晶器上口厚度，mm；H_{nl}—结晶器下口厚度，mm；H_{tm}—结晶器上口最大厚度，mm；H—结晶器宽面铜板单侧最大开口度，mm；L_T—漏斗区上口宽度，mm；L_B—漏斗区下口宽度，mm；L_l—漏斗区长度，mm；L_{st}—结晶器上口线长度，mm；L_{sl}—结晶器下口线长度，mm

大漏斗形结晶器内腔宽面的标准形状及构成如下：

（1）内腔宽面由中间的漏斗区和两侧的平面区组成。

（2）在结晶器上口处水平方向，漏斗区内由中间小半径 R_1 与两侧大半径 R_2 的圆弧段切点平滑过渡而成；漏斗区与两侧的平面区由漏斗区两侧大半径 R_2 的圆弧段与平面区的直线段相交而成。

（3）在距结晶器上口约 3/4 结晶器长度（如 900mm 处）水平方向，漏斗区内由中间半径 R_3 的圆弧段和两侧倾斜的直线段（如倾斜 1.35°）切点平滑过渡而成；自结晶器上口至距结晶器上口约 3/4 结晶器长度处平滑过渡的切点位置略有偏移（如图 6-32 中自 122.77mm 偏移到 122.835mm）；漏斗区与两侧的平面区连接，由漏斗区内的两侧倾斜的直线段（如倾斜 1.35°）与平面区的直线段相交而成。

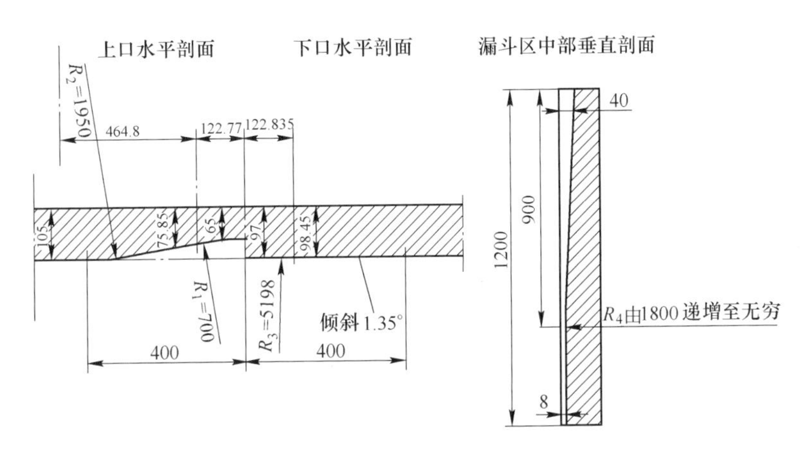

图 6-32 大漏斗形结晶器内腔剖面

（4）在结晶器下口处水平方向，漏斗区内由中间半径 R_3 的圆弧段与两侧倾斜的直线段切点平滑过渡而成；漏斗区与两侧的平面区由漏斗区两侧倾斜的直线段（如倾斜 1.35°）与平面区的直线段相交而成。

（5）漏斗区的垂直方向，垂直中线自上而下，由约 3/4 结晶器长度的倾斜的长直线段和约 1/4 结晶器高度的垂直的短直线段经过渡半径 R_4 圆弧切点平滑过渡而成。

（6）漏斗区自上而下的水平剖面线，中间的圆弧段的半径自 R_1 逐渐平滑加大过渡到 R_3；两侧的圆弧段的半径自 R_2 逐渐平滑加大过渡到无穷大。这两个过渡均在距结晶器上口约 3/4 结晶器长度处完成。

（7）结晶器长度 L 为 1200mm。

标准配置的大漏斗结晶器的主要参数如下：结晶器下口厚度 H_{nl} 为 60～110mm；结晶器下口宽度 W_1 为 850～1800mm；结晶器长度 L 为 1200mm；结晶器铜板上口单侧最大开口度 H 为 40mm。

B 小漏斗形结晶器

通常将西马克（SMS）公司开发的 CSP 生产线所使用的结晶器称作小漏斗结晶器（也称为短漏斗结晶器），如图 6-33 所示。之所以称其为“小”，不是因为其结晶器上口处包容的面积“小”，而是因为其漏斗区域的长度较其他薄板坯结晶器漏斗区域的长度“短”。因此，将该种结晶器称作短漏斗结晶器更为妥当。

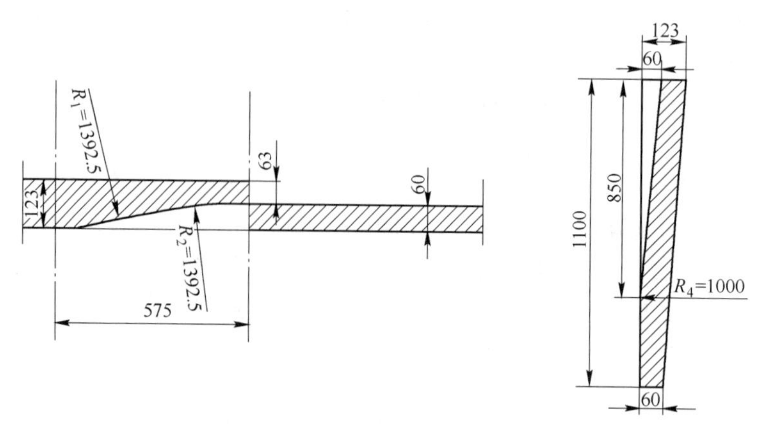

图 6-33 小漏斗形结晶器内腔剖面

小漏斗形结晶器内腔宽面的标准形状及其构成如下：

（1）内腔宽面由中间的漏斗区和两侧及下部的平面区组成。

（2）在结晶器上口处水平方向，漏斗区内由中间和两侧等半径 R_1 的 3 个圆弧段（如 R_1 = 1392. 5mm）切点（约距中心 287. 5mm 处）平滑过渡而成；漏斗区与两侧的平面区由漏斗区内两侧的半径 R_1 的圆弧段与平面区的直线段切点平滑过渡而成。

（3）在距结晶器上口约 3/4 结晶器长度（如 850mm 处）水平方向，漏斗区内中间和两侧等半径 R_1 的 3 个圆弧段，由 R_1 为无穷大的直线段取代，该中间的直线段和两侧的直线段在约距中心 287. 5mm 处平滑过渡而成；漏斗区内自结晶器上口至距结晶器上口约 3/4 结晶器长度处的切点位置没有变化；漏斗区与两侧的平面区由漏斗区内的直线段与平面区的直线段切点平滑过渡而成。

（4）在约 3/4 结晶器长度（如 850mm 处）及以下，由下部的平面区构成。

（5）漏斗区的垂直方向，垂直中线自上而下，由约 3/4 结晶器长度的倾斜的长直线段与约 1/4 结晶器长度的垂直的短直线段经过渡半径 R_4 圆弧切点平滑过渡而成。

（6）漏斗区自上而下的水平剖面线，由中间和两侧等半径 R_1 的 3 段圆弧段切点（约距中心 287. 5mm 处）平滑过渡而成，其半径由 R_1 逐渐平滑加大过渡到无穷大。这两个过渡在距结晶器上口约 3/4 结晶器长度（如 850mm）处完成。

（7）结晶器长度 L 为 1100mm。

标准配置的小漏斗形结晶器的主要参数如下：

结晶器下口厚度 H_{nl} 为 50~90mm；结晶器下口宽度 W_1 为 790~1900mm；结晶器长度 L 为 1100mm；结晶器铜板上口单侧最大开口度 H 为 60mm。

C ISP 改进型结晶器

通常将原德马格（Demag）公司开发的 ISP 生产线所使用的，经与阿维迪（Arvedi）公司、浦项（POSCO）公司等联合改进的结晶器称为 ISP 改进型结晶器（也称为橄榄形结晶器），如图 6-34 所示。

从 ISP 改进型结晶器中，仿佛可以看到大漏斗形和小漏斗形两种结晶器的影子。该种结晶器不同于常规板坯连铸结晶器的地方，除了宽面是漏斗形状之外，还类似大漏斗形结晶器，将漏斗形状延续到了结晶器下方，即结晶器的下口不是做成矩形，而是与结晶器宽

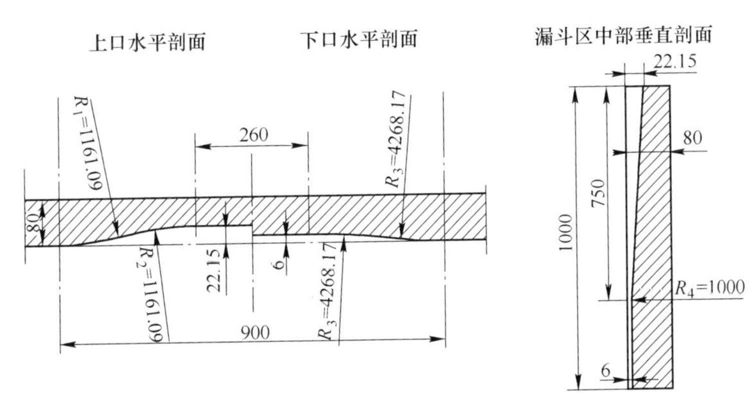

图 6-34 ISP 改进型结晶器内腔剖面

面上口相仿，也做成中间凸出的形状。但与大漏斗形结晶器不同的是，该漏斗形状并没有延续到扇形段内，而是在扇形段上方就结束了，即铸坯的矩形化在扇形段入口处就完成了。

ISP 改进型结晶器内腔宽面的标准形状及其构成如下：

（1）内腔宽面由中间的漏斗区和两侧的平面区组成。

（2）在结晶器上口处水平方向，漏斗区内由中间的直线段和偏内侧及偏外侧的等半径 $R_1(R_1=R_2)$ 的 4 段圆弧段（如 $R_1=1161.09$mm）切点平滑过渡而成；漏斗区与两侧的平面区，由漏斗区内偏外侧的等半径 R_1 的两段圆弧段与平面区的直线段切点平滑过渡而成。

（3）在距结晶器上口约 3/4 结晶器长度（如 750mm 处）水平方向，漏斗区内由中间的直线段和偏内侧及偏外侧的等半径 R_3 的 4 段圆弧段（如 $R_3=4268.17$mm）切点平滑过渡而成；漏斗区与两侧的平面区由漏斗区内的偏外侧的等半径 R_3 的两段圆弧段（如 $R_3=4268.17$mm）与平面区的直线段切点平滑过渡而成；漏斗区自结晶器上口至距结晶器上口约 3/4 结晶器长度处的切点位置没有变化。

（4）在结晶器下口处水平方向，漏斗区内由中间的直线段和偏内侧及偏外侧的等半径 R_3 的 4 段圆弧段切点平滑过渡而成；漏斗区与两侧的平面区由漏斗区内的偏外侧等半径 R_3 的两端圆弧段与平面区的直线段切点平滑过渡而成。

（5）漏斗区的垂直方向，垂直中线自上而下，由约 3/4 结晶器长度的倾斜的长直线段和约 1/4 结晶器长度的垂直的短直线段经半径为 R_4 的过渡弧（如 $R_4=1000$mm）切点平滑过渡而成。

（6）漏斗区自上而下的水平剖面线，由中间的直线段和偏内侧及偏外侧的等半径的 4 段圆弧段切点平滑过渡而成，其半径由 R_1 逐渐平滑加大过渡到 R_3。这个过渡在距结晶器上口约 3/4 结晶器长度（如 750mm）处完成。

（7）结晶器长度 L 为 1000mm。

标准配置的 ISP 改进型结晶器的主要参数如下：结晶器下口厚度 H_{nl} 为 65~100mm；结晶器下口宽度 W_1 为 680~1600mm；结晶器长度 L 为 1000mm；结晶器铜板上口单侧最大开口度 H 为 25mm。

D 其他宽面形状结晶器

自薄板坯连铸技术发展之初，我国的业内学者先后对国外已有的薄板坯连铸结晶器内腔宽面进行了大量系统的理论分析，部分学者提出了自己对薄板坯连铸结晶器内腔宽面形状设计的构想，有些学者还就此提出了专利申请，不同类型的结晶器内腔宽面曲面如图6-35所示。现已投入工业生产试验并取得较好效果的主要是低应力曲面、低曲率变化率曲面等结晶器内腔宽面形状。

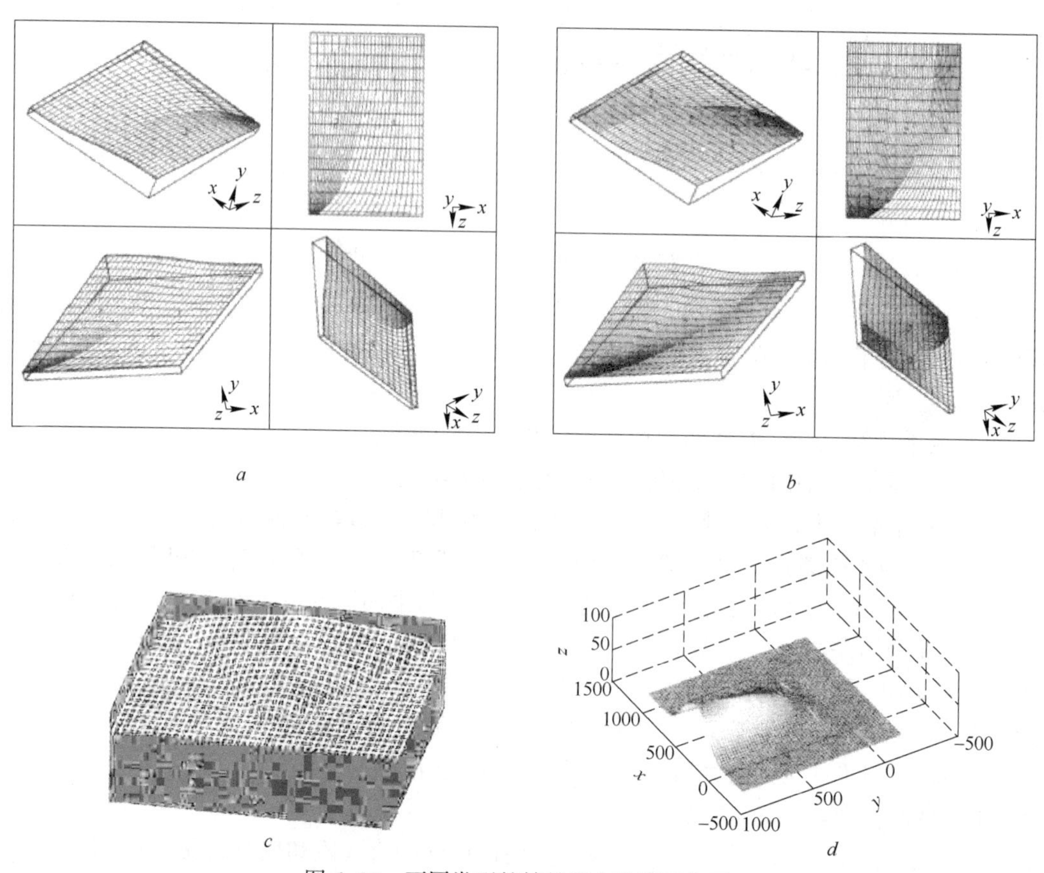

图6-35 不同类型的结晶器内腔宽面曲面

a—双曲线曲面；*b*—椭圆曲面；*c*—抛物线曲面；*d*—低应力曲面

E 薄板坯连铸结晶器内腔宽面曲面形状分析

从纯数学的角度分析，一个曲面的光顺（光滑）程度常用参数连续性 C^k 或几何连续性 G^k 评价。零阶参数连续 C^0 与零阶几何连续 G^0 是一致的。一阶几何连续 G^1 指一阶导数在两个相邻曲线段的交点处成比例，即方向相同、大小不同；一阶参数连续 C^1 指一阶导数在两个相邻曲线段的交点处方向相同、大小也相同。无论用参数连续性 C^k 还是几何连续性 G^k 表示，阶数越高（即 k 值越大），表示曲面的光顺程度越好。

一个处于结晶器上部的铸坯凝固坯壳微元，运动到结晶器出口处，应该力争使其除了自身凝固收缩外，不受来自薄板坯连铸结晶器内腔宽面曲面形状的干扰而产生弯、扭、剪应力，也就是应该力争使薄板坯连铸结晶器内腔宽面曲面形状光顺。这就不仅仅需要获得薄板坯连铸结晶器内腔宽面曲面沿着垂直或水平方向得到的曲线在任意位置的位置连续（G^0）或切线连续（G^1），而且还需要得到该曲线在任意位置的曲率连续（G^2）、曲率变化率连续（G^3），甚至于更高阶的连续（G^k），并且使更高阶的连续（G^k）的最大值逼近于零的曲面。当然，如果一个曲面的曲率变化率连续（G^3）且为零，那么该曲面就是一个平面或球面了。

大漏斗形、小漏斗形、ISP 改进型（包括抛物线曲面、双曲线曲面、椭圆曲面）等薄板坯连铸结晶器内腔宽面的曲面形状，沿着垂直或水平方向剖分，得到的曲线仅仅是在“弧—弧”“弧—直线”或“直线—直线”相交点的位置连续（G^0）或在切点的切线连续（G^1），而没有做到曲率连续（G^2）、曲率变化率连续（G^3）甚至更高阶的连续（G^k）。大量统计数据显示，位置连续（G^0）或切线连续（G^1）的点的附近正是薄板坯连铸的铸坯纵裂纹的高发区之一。

各种薄板坯结晶器的内腔宽面曲面形状也有相互渗透并朝趋同方向发展的趋势。例如：大漏斗形和小漏斗形薄板坯连铸结晶器均使漏斗区长度（L_1）趋近于结晶器长度（L）；薄板坯结晶器内腔宽面漏斗区曲面沿垂直方向和水平方向剖面线由简单圆弧线或直线改变为复杂曲线；由漏斗区上、下口宽度值相同改变为漏斗区上口宽度值大于漏斗区下口宽度值（$L_T=L_B$改变为$L_T-L_B>0$）；薄板坯结晶器内腔宽面漏斗区中的第一漏斗区长度大都占薄板坯结晶器长度的约 3/4。

获得薄板坯连铸结晶器内腔宽面形状曲面数学表达式的方法有多种，如数值分析法、常规整段高次多项函数法、分段组合高次多项函数法等，具体的方法可参加相关文献。

6.5.2.2　结晶器窄面设计

薄板坯连铸结晶器内腔的窄面形状，按照其剖面线的形状可分为平面形和曲面形两种。

A　平面形窄面

平面形窄面形状是指薄板坯连铸结晶器内腔窄面沿垂直或水平方向的任意剖面线均为直线的平面，它与大多数常规板坯连铸机相同，是一种最古老但应用范围最广泛的形状。

西马克（SMS）公司开发的 CSP 生产线所使用的小漏斗形结晶器窄面铜板垂直剖面线和水平剖面线均为直线，因此属于平面形窄面形状（见图 6-36）。

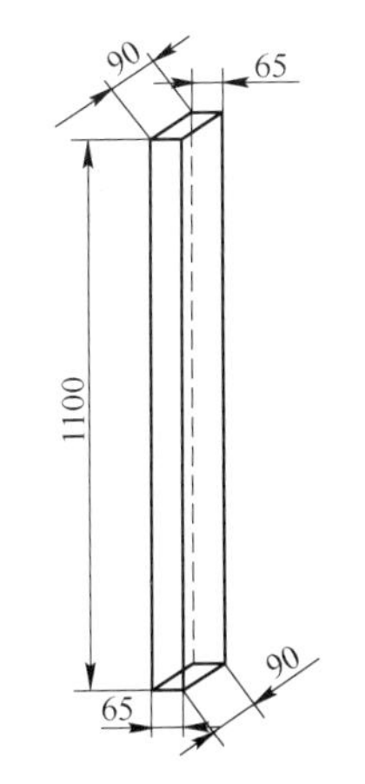

图 6-36　小漏斗形结晶器窄面铜板

B　曲面形窄面

曲面形窄面形状是指薄板坯连铸结晶器内腔的窄面沿垂直或水平方向的剖面线不是直线，而是一条或多条曲线构成的曲面。曲面形窄面又分为垂直方向曲面和水平方向曲面两种。

垂直方向曲面的设计立意在于补偿薄板坯结晶器内腔上口宽面线长度与薄板坯结晶器内腔其他高度位置宽面线长度的差，其目的是顺应结晶器内部铸坯坯壳宽度方向的凝固收缩量。

达涅利（Danieli）公司开发的 FTSR 生产线所使用的大漏斗形结晶器窄面铜板内腔水平剖面线为直线，而垂直剖面线为一曲线，因此属于垂直方向曲面（见图 6-37），其垂直剖面曲线形状如图 6-38 所示，该曲线符合式（6-12）。

$$\Delta l_{wn} = -(7.78E-18)x^6 + (2.28E-14)x^5 - (2.36E-11)x^4 + (1.45E-0.8)x^3 - (1.60E-5)x^2 + 0.0167x + 0.0027 \tag{6-12}$$

式中　Δl_{wn}——窄面铜板垂直方向曲面固有形状线长度差，mm；

x——自结晶器上口沿结晶器长度方向不同位置值。

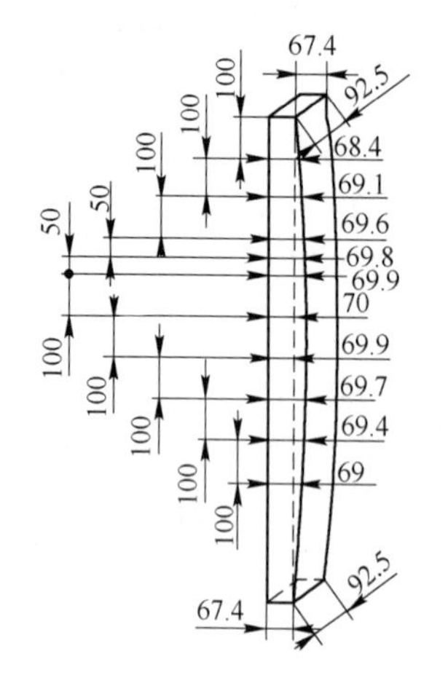

图 6-37　大漏斗形结晶器窄面铜板

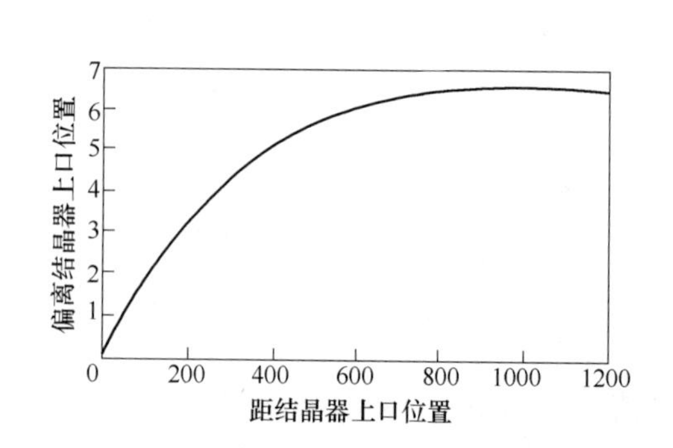

图 6-38　大漏斗结晶器窄面铜板垂直剖面曲线形状

随着工厂生产的钢种、钢水温度、浇铸速度、保护渣性状等工况的变化，结晶器内部铸坯坯壳宽度方向的凝固收缩量也在变化。为解决这个问题，大多数薄板坯连铸生产厂家采用在浇铸过程中随时调整结晶器窄面铜板锥度的方法。但是这种锥度只能大于或等于其固有曲线形状，不能小于其固有曲线形状。因此，虽然这种垂直方向曲面的设计立意较好，但由于现场钢种、过热度、浇铸速度、保护渣性状等工况多变，其适用范围较窄等的限制，在生产实际中，有被垂直剖面为直线的薄板坯连铸结晶器窄面铜板形状取代的趋势。

水平方向曲面的设计立意，是为了利于大压下量液芯压下时铸坯窄面偏角部的变形，或减少薄板坯连铸结晶器内腔窄面铜板偏角部的磨损。

韩国某钢厂使用的ISP改进型薄板坯连铸结晶器窄面铜板内腔垂直剖面线为直线，而水平剖面线是一半径R为120mm的凹形曲线，因此属于水平方向曲面（见图6-39）。

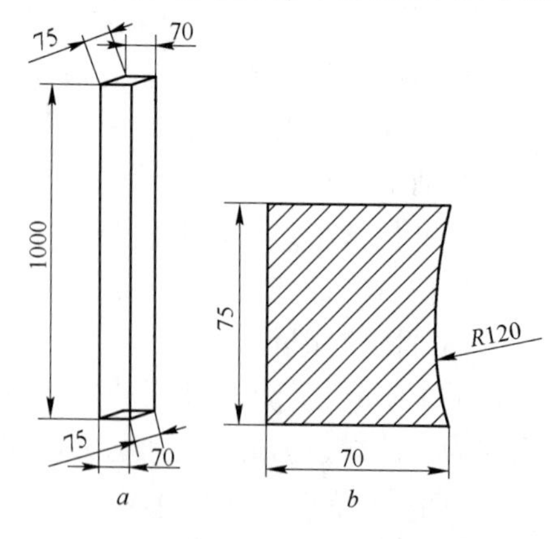

图 6-39　ISP改进型结晶器窄面铜板内腔剖面

a—垂直剖面；b—水平剖面

一些薄板坯连铸生产厂从下机待修的结晶器窄面铜板形状中发现，当结晶器窄面铜板经过急剧磨损阶段并达到一定程度后，再磨损将是一个相对缓慢的过程。由此，有意识地将待上机使用的结晶器的窄面铜板做成近似于下机待修的结晶器窄面铜板形状——凸形结晶器窄面铜板形状，如图 6-40 所示。这种结晶器窄面铜板水平剖面线的形状与奥钢联（VAI）的部分常规板坯连铸机结晶器窄面铜板水平剖面线的形状相仿。这种凸形结晶器窄面铜板经在生产中试用，确实在一定程度上起到了减缓结晶器窄面铜板磨损的效果，一定程度上降低了结晶器窄面铜板的消耗。但这种形状能否作为一种新的薄板坯连铸结晶器窄面铜板形状长期存在下去，还有待进一步研究。

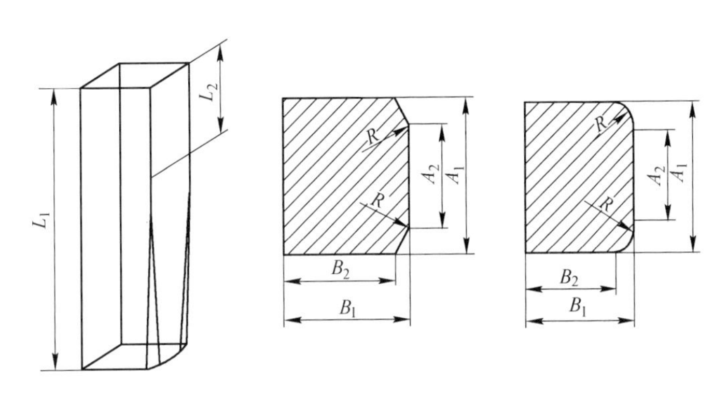

图 6-40 凸形结晶器窄面铜板形状

纵观薄板坯连铸结晶器内腔的窄面形状的发展历程，有从纯理论的“标新立异”回归到更便于现场实际操作和解决现场实际问题方面的趋势，即向薄板坯连铸结晶器内腔的窄面沿垂直方向剖面为一条直线、沿水平方向剖面为曲线的形状发展的趋势。

6.5.3 薄板坯连铸结晶器现代设计

由于薄板坯连铸结晶器内腔形状设计以及结晶器结构设计的复杂性，近来有部分学者试图在经典设计理论的基础上，借助 MARC、ANSYS、FLUENT、PROCAST 等现代工具，考虑到浸入式水口和保护渣等共同耦合钢水流场、结晶器冷却水至钢水（含保护渣）的温度场和相应的铸坯坯壳至结晶器冷却水箱的应力场，以获得薄板坯连铸结晶器内腔的曲面和结构设计，并取得一定的成果。

6.5.3.1 薄板坯凝固研究

东北大学邹芳等人[20]针对薄板坯连铸漏斗形结晶器，在不改变造型复杂的水口和漏斗形结晶器尺寸和结构的前提下，采用有限容积法，建立了钢液流动与凝固传热的三维耦合模型，计算了铸坯的流场、温度场及凝固过程。分析结果表明：

（1）钢液凝固壳及糊状区对结晶器内钢液的流动过程有很大影响，说明在模拟结晶器内的钢液流动行为时，应充分考虑凝固的影响；同时，第二类热边界条件对结晶器窄壁面温度分布影响较大，更真实地反映了结晶器内钢液流动对温度场分布的影响。

（2）当提高浇铸温度时，结晶器内的温度明显上升，钢液冲击深度增大，凝固坯壳厚度减薄。因此，降低浇铸温度可以增加凝固坯壳的厚度，减小拉漏的危险。

（3）同一水口插入深度下，拉速增加加强了流体对初生坯壳的冲刷，使初生坯壳厚度整体上小于低拉速时的凝固壳厚度，而且凝固壳不均匀性增大，易造成裂纹等铸坯质量问题，因此高拉速下应加强结晶器壁面的热流。拉速从 4.5m/min 增加到 6.0m/min 时，坯壳厚度减少 1～1.5mm。

重庆大学的严波等人[21]首先建立三维热传导模型，用差分法计算得到薄板坯连铸结晶器内初生凝固坯壳的几何形状及温度场；并在此基础上考虑凝固坯壳与结晶器壁间的接触，采用三维热弹塑性接触有限元方法分析凝固坯壳的应力及变形；针对 CSP、ISP 两种结晶器计算分析，对两种拉速下的温度、应力、变形以及成裂指数变化规律进行了比较。分析结果表明：

（1）拉坯速度越大、纵向温度梯度越小。在相同拉坯速度下，CSP 型结晶器内凝固坯壳的温度梯度较 ISP 型大。

（2）凝固坯壳中的应力主要为热应力。

（3）坯壳宽面中心应力最大、成裂指数最高，因而最易形成裂纹。CSP 型结晶器内凝固壳的成裂指数高于 ISP 型。

（4）拉坯速度越大、应力水平越低，适当增大拉坯速度有利于薄板质量的提高。CSP 型结晶器内凝固坯壳的应力水平高于 ISP 型。

（5）仅从降低应力水平、减少裂纹形成机会角度出发，ISP 型结晶器比 CSP 型好。

6.5.3.2　薄板坯结晶器三维流场分析

北京科技大学的包燕平等人[22,23]通过试验和理论两个方面来对薄板坯连铸结晶器流场进行研究。研究者利用相似原理，在实验室中建立了 1∶1 的水力学模型，对薄板坯结晶器流场进行了水模拟试验，研究了在高拉速条件下，水口出口面积比、角度、浸入深度及结晶器开口形状等因素对薄板坯结晶器流场的影响。试验结果表明：在各因素中，对结晶器流场影响最大的是浸入深度，出口面积对液面波动的影响较大，但对冲击深度的影响很小；在设计工艺参数时，漏斗形结晶器首先应考虑满足冲击深度的需求，然后再考虑液面情况，而平行板结晶器首先应该考虑满足液面的需求，再考虑冲击情况，这主要是因为漏斗形结晶器的冲击深度对各种因素的敏感程度要大于平行板结晶器。

同时，研究者也针对薄板坯连铸结晶器中钢液的紊流流动特征，利用商业软件 CFX4，建立三维有限差分模型（见图 6-41），模拟了结晶器内钢液液面形状及速度场（见图 6-42）。

分析表明：

（1）随着拉速的提高，上回流涡心位置逐步向结晶器窄边移动，在上部容易形成驻波，并且流股不易分散，导致冲击力明显增大；同时，下回流逐步发展，下回流旋涡区域增大、速度增大，不利于初生坯壳的凝固和生长。

（2）当水口倾角下倾增加时，流股出口角度逐步下倾，流股的冲击深度增加；同时，随着水口倾角下倾增大，上回流涡心位置逐步移向窄边处，减少了结晶器内钢液的波动。

（3）结晶器出口倾角的变化主要对流向结晶器底部方向的流速有较大影响，而对流向结晶器窄面的流速影响不大。因此，在同一拉速条件下，随倾角的下倾，钢液的冲击深度及强度增大。

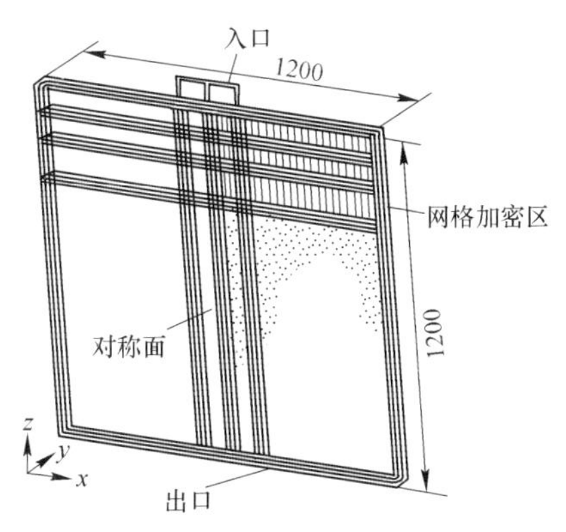

图 6-41 研究薄板坯连铸结晶器中钢液紊流流动的三维有限差分模型

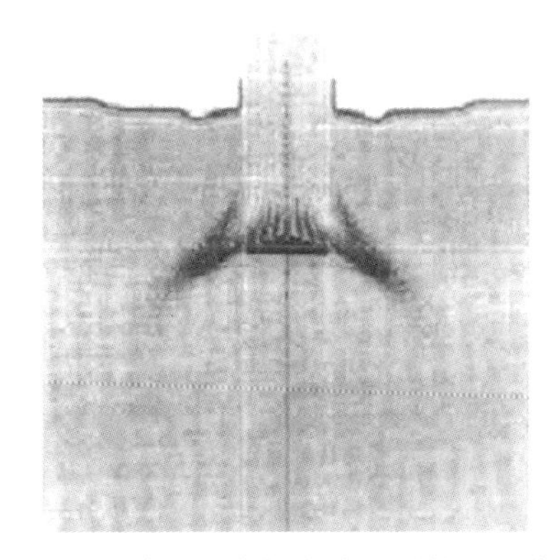

图 6-42 结晶器内钢液液面形状及速度场

武汉科技大学的王晓红[24]利用 PHOENICS 软件对 CSP 型薄板坯连铸漏斗形结晶器内钢液的三维流场与温度场进行研究，比较和分析了水口结构形状、水口插入深度及拉坯速度对结晶器内流场和温度场的影响。分析表明：牛鼻子水口和三孔水口优于喇叭形水口、双侧孔水口（45°），而双侧孔水口（45°）又优于喇叭形水口。牛鼻子水口和三孔水口比较各有特点，前者对保证铸坯质量有利，为防止流股对窄面的冲击，增加挡块宽度到100mm，可使结晶器横截面上温度分布更加均匀，降低窄面热负荷；后者对增加流量，提高拉速非常有利，但要防止中孔射流过强导致铸坯中心坯壳变薄，在实际生产中可通过控制水口浸入深度或塞住浸入式水口的底孔来调节结晶器中的流动与温度分布状态。为确保铸坯质量，薄板坯连铸工作拉速应不宜大于 6m/min，在水口结构一定条件下，其插入深度应随拉速的增加而适当增加。

东北大学的王军等人[25]利用 VOF 和 Lagrangian 方法建立了描述 ASP 中薄板坯结晶器内的钢液流动和钢/渣界面的分析模型，分析了结晶器宽度、水口浸入深度、水口侧孔倾角、拉速和吹氩对结晶器内钢液流动和液面波动的影响规律。分析表明：通过三孔浸入式水口流入结晶器内的钢液形成上、下三个回流区，其中两个下回流区钢液的回流方向相反，吹氩有利于减缓从水口下口喷出的钢液流股的流动速度，靠近水口附近的钢/渣界面处易形成二次涡流。随水口侧孔倾角和浸入深度的增加，弯月面附近的钢液流速随之减小，液面波动也随之减弱，增加拉速和在一定拉速下增加结晶器宽度，弯月面附近的钢液流速随之增大，液面波动也随之加剧。

北京科技大学的邓小旋等人采用 1∶1 的水模型研究了五种不同底孔直径（16～28mm）的三孔水口下漏斗型薄板坯结晶器内的流场、液面特征和卷渣行为，分析表明：

（1）在常规工艺参数（水口浸入深度 280mm、拉速为 5m/min）下，五种三孔水口下结晶器内钢液的流场都是典型的“双辊流”（见图 6-43），且流场稳定。五种三孔水口下结晶器的液面波动都较平稳，且波动范围在±(3～5)mm 之间，液面波动不是造成卷渣的主要原因。

（2）在常规工艺参数（水口浸入深度 280mm、拉速为 5m/min）下，五种三孔水口下结晶器液面主要发生剪切卷渣，很少发生漩涡卷渣。当水口的底孔直径小于 22mm 时，结晶器液面发生剪切卷渣的频率很小。当水口的底孔直径大于 22mm 时，由于表面流速的增加，结晶器液面发生剪切卷渣的频率迅速增大。卷渣试验得到的剪切卷渣发生的临界速度是0.32m/s，与文献报道的模型计算值较吻合。

(3) 根据本水模型试验，在水口浸入深度280mm、拉速为5m/min条件下，适合薄板坯连铸的最佳三孔水口的底孔直径为22mm。

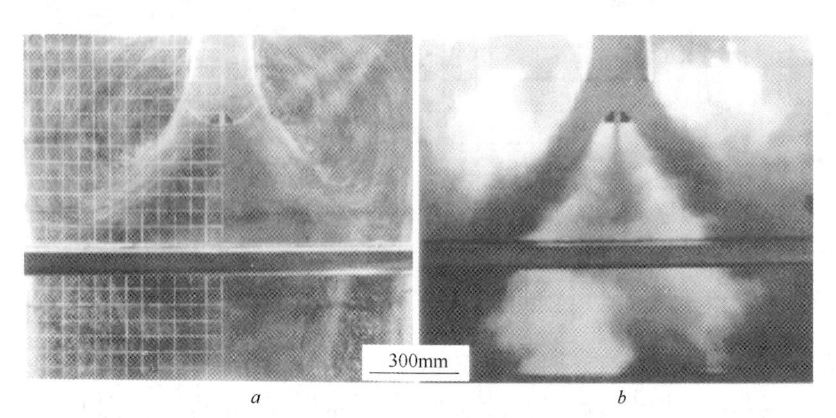

图6-43 三孔水口下薄板坯连铸结晶器内流场

a—微气泡示踪；b—染料示踪

6.5.3.3 薄板坯结晶器结构分析

Ronald J. O'Malley[27]针对阿姆柯曼斯菲尔德钢厂直平行板型薄板坯连铸结晶器，结晶器铜板上面预埋了1064个热电偶，用于测量结晶器铜板上不同位置的温度，对比浇铸1006碳钢、409不锈钢和430不锈钢时所观测到的稳定的热状态图，分析表明：

(1) 在浇铸铁素体不锈钢时，结晶器宽面有回热现象，而在浇铸低碳钢时则没有这个现象。这种回热行为受到结晶器润滑和结晶器振动操作的影响。

(2) 结晶器宽面回热的幅度和严重性的大小顺序为：1006碳钢<409不锈钢<430不锈钢，尽管在每个试验中所观测的热流峰值基本上是一样的。而且，与宽面的热波动相比，窄面的热波动要大得多。

(3) 同时也发现，在浇铸409不锈钢时，在开浇渣向保护渣的过渡期内，观测到了20min的不稳定热状态，尽管在过渡期后形成了两种渣的稳定热状态；当在浇铸430不锈钢时，结晶器宽面传热持续稳定地减小，时间长达数小时。但是当拉速稍稍改变后，宽面传热又马上恢复到了初始状态。研究认为，造成这两个长时间的热不稳定态的原因是由于驻留在结晶器气隙内结晶态渣膜的行为所引起的。

大连理工大学的刘永贞等人[28]在板坯、薄板坯结晶器温度实测数据的基础上，分析了稳定工况下的温度变化及其分布特点，结合实测的黏结漏钢数据样本，对温度的反映情况进行研究，探讨了黏结传播过程中温度的典型特征。分析表明：

(1) 正常工况下，各列热电偶的最高温度均出现在弯月面附近的位置，温度沿宽面横向呈不均匀分布。稳定浇铸条件下，热电偶温度趋势相对平稳，波动普遍较小。

(2) 黏结漏钢发生时，正常的温度分布随铸坯黏结的传播逐渐被典型的漏钢温度模式取代，在时间和空间上分别呈现为温度的"时滞"和"倒置"现象。

(3) 黏结裂口在纵向上的传播速度一般小于铸机拉速，板坯、薄板坯均是如此，但薄板坯连铸时黏结的传播速度明显加快，对漏钢预报系统的响应速度提出了更高的要求。

(4) 铸坯黏结沿结晶器横向的速度和方向随其纵向位置发生变化，并具有明显的不确定性。在结晶器中、上部，黏结横向扩展速度高于其纵向速度，且高于拉速。因此，建议适当加大中、上部的电偶布置密度，尤其是针对拉速较高的薄板坯连铸，应尽早地识别出铸坯的黏结并对其进行预报。

钢铁研究总院连铸技术国家工程研究中心张慧等人[29]在珠江钢厂在线检测了铜板的温度，薄板坯结晶器铜板的典型温度分布如图 6-44 所示。温度数据表明：在弯月面附近的第1排铜板温度相对较高，这是因为弯月面附近钢液面存在波动，且属于凝固初期，结晶器铜板与钢液接触紧密导致此处热流最大；铜板宽面上温度存在波动，且距弯月面距离越近，铜板宽面上温度波动越剧烈；铜板宽面上 3 排温度的变化具有明显的规律性，在铜板中心线附近温度较低，这和薄板坯结晶器内钢液的流场有关。

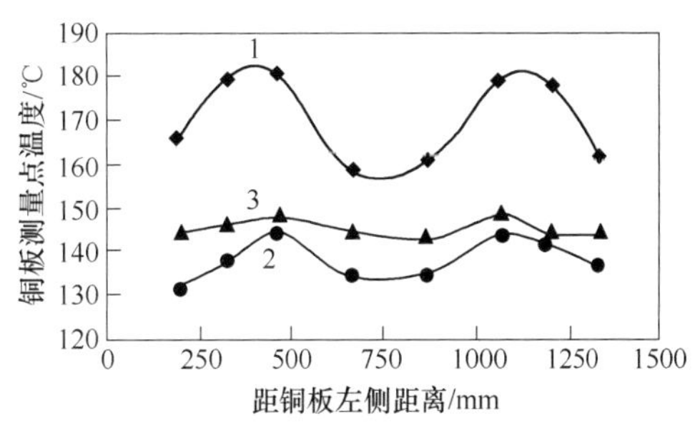

图 6-44 薄板坯结晶器铜板温度分布
1—第 1 排温度；2—第 2 排温度；3—第 3 排温度

根据实测温度、结晶器水量以及结晶器进、出水温差建立了结晶器热流密度的计算模型，以计算出的热流密度分布，如图 6-45 所示。

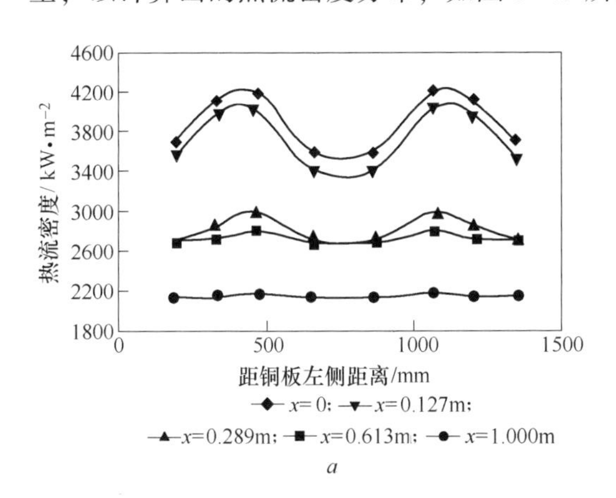

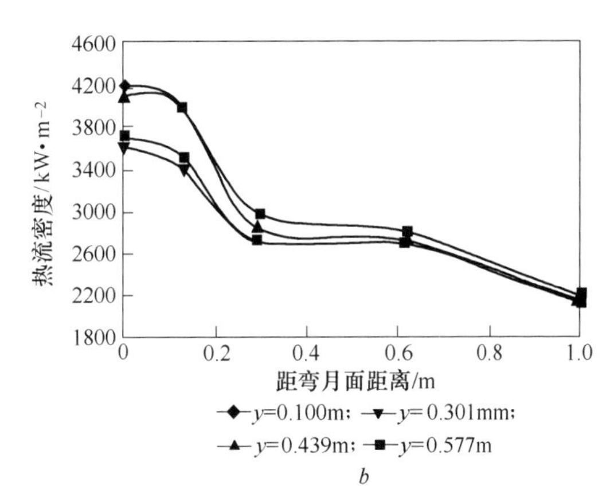

图 6-45 薄板坯结晶器的热流密度分布
a—宽度方向；*b*—高度方向

从图 6-45 中可以看出：距离弯月面越近，薄板坯结晶器温度和热流密度波动越剧烈；薄板坯结晶器铜板宽度方向上温度和热流密度的分布存在相似的规律性；经计算得到，弯月面区域附近薄板坯结晶器热流密度值达到 4.2MW/m^2 以上，这是造成薄板坯连铸结晶器铜板热裂和热蚀的主要原因。

东北大学杨刚等人[30]建立了薄板坯连铸结晶器铜板的三维传热数学模型，特别是对结晶器铜板冷面的水槽和背板部分采用了交替配置不同的边界条件处理，对一典型薄板坯连铸结晶器铜板模拟分析，分析表明：

(1) 薄板坯连铸结晶器的热面铜板温度场呈现云层状分布，冷面温度场呈现冰凌状分布。在结晶器铜板高度方向上，从结晶器顶部至弯月面处温度逐渐升高，弯月面下 60mm 左右铜板热面温度最高（可达 261℃），这是铜板工作条件最恶劣的部分。随着拉坯方向距离的继续增加，铜板温度总体上呈下降趋势，且在结晶器下部水槽以外部分，由于冷却效果减弱，铜板温度会有所回升。

（2）在结晶器铜板宽度方向上，温度分布很不均匀，温度呈波浪式分布，相邻两组水缝间的筋温比水缝区的温度高。但在拉速为 6m/min 以下，结晶器的热面温度低于铜的再结晶温度，证明该结晶器的设计是合理的。

（3）随着拉坯速度的增加，结晶器铜板的热面温度有所升高，但拉速不宜过高，否则会影响铸坯质量及发生漏钢事故。拉速以 4~6m/min 为宜，结晶器铜板热面温度随铜板厚度的增加而增加，因此在保证铜板强度和刚度的情况下，应尽量减小铜板的厚度。

（4）高的冷却水流速可获得较高的冷却强度，从而降低钢板的热面温度，当冷却水流速超过时，增加流速对结晶器铜板温度场的影响作用不是很大。

钢铁研究总院连铸技术国家工程研究中心陶红标等人[31]以提高结晶器使用寿命和铸坯表面质量为目标，建立漏斗区自有锥度、结晶器总锥度和结晶器局部锥度的计算模型。为了定量分析薄板坯连铸结晶器内腔结构特点，将薄板坯连铸结晶器锥度划分成漏斗区自有锥度、窄边铜板附加偏移量（按工厂习惯称为窄边附加锥度）、结晶器总锥度、结晶器局部锥度，并将国内典型 CSP 和 FTSR 工艺结晶器宽面铜板的结构参数及自有锥度对比情况列于表 6-2 中，结晶器漏斗区上、下口线长差及局部自有锥度的纵向分布如图 6-46 所示。

表 6-2　CSP 和 FTSR 工艺结晶器宽面铜板内腔的结构参数对比

结晶器编号	漏斗区宽度 /mm	铜板上口最大深度/mm	漏斗区高度 /mm	铜板总高度 /mm	漏斗区上、下口线长差/mm	漏斗区自有锥度/% （%·m^{-1}）
CSP1	1150	60	850	1100	8.33	0.72（0.85）
CSP2	950	60	850	1100	10.07	1.05（1.23）
CSP3	880	55	850	1100	9.14	1.03（1.21）
CSP4	880	50	850	1100	7.56	0.85（1.00）
FTSR	800	40	900	1200	5.11	0.63（0.70）

从表 6-2 中可以看出：FTSR 结晶器铜板的开口度最小，且自有锥度也最小，仅为 0.63%，而 CSP 结晶器铜板开口度和自有锥度相对更大。国内后期引进的 CSP 薄板坯连铸机，都采用 CSP4 结晶器。

从图 6-46 中可以看出：

（1）现用的几种典型薄板坯结晶器漏斗区局部自有锥度呈线性变化，线长差在高度方向上以抛物线规律变化，与凝固壳的收缩曲线的变化规律相似，因此这种锥度有利于整体上提高结晶器的传热效果。

（2）CSP 工艺漏斗形结晶器距上口 0~300mm 区域自有锥度为 1.22~2.34%/m，比 FTSR 工艺的 H^2 结晶器漏斗区自有锥度（0.74~1.22%/m）要大。因此，在保持结晶器总锥度相同的情况下，必须加大 FTSR 结晶器漏斗区上部两侧平面区域的锥度，即增大窄面

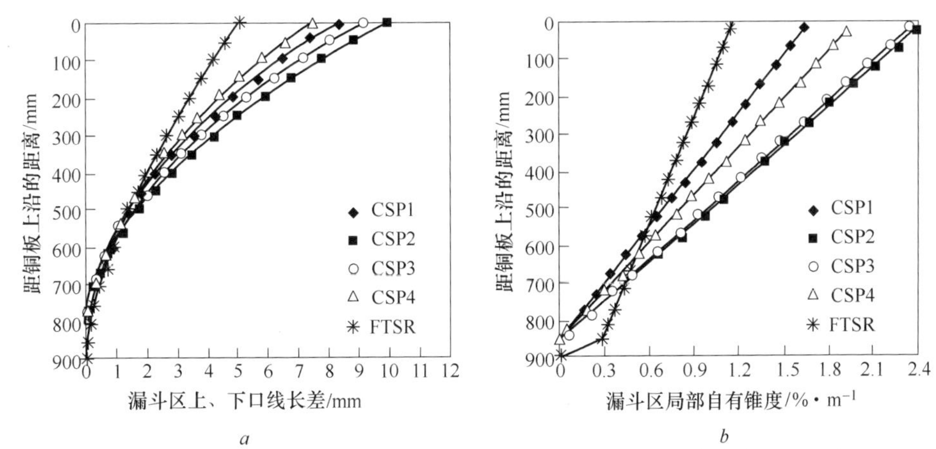

图 6-46 几种典型薄板坯连铸结晶器漏斗区上、下口线长差及局部自有锥度的纵向分布

附加锥度，而这带来的不良后果是新铜板使用初期窄面铜板下部与坯壳的接触摩擦力将会更高，对铸坯窄面横裂纹的形成具有促进作用，此外窄面铜板的磨损将会加剧，不仅降低了结晶器使用寿命，而且在使用后期，铸坯窄面不能获得磨损后的铜板的有效支撑，这又会引起铸坯表面纵裂的发生。

（3）对现有 FTSR 结晶器而言，在距铜板下沿 300mm 处，该点局部锥度的变化并不连续，对应的线长差在该处并非光滑过渡，而纵向上铸坯温度及凝固收缩量的变化理论上应该是光滑连续的，因此这对改善铜壁与凝壳之间的接触状态是不利的。

研究者还研究了漏斗区的宽度和深度、窄边铜板偏移量以及磨损对结晶器锥度沿高度方向分布的影响，提出了漏斗区自有锥度和局部锥度沿高度方向分布应与铸坯的凝固收缩相匹配的设计理念，对薄板坯连铸结晶器宽面铜板内腔形状及窄边锥度调控工艺进行了优化设计，即在下列几方面进行了改进：

（1）结晶器下部 300mm 高度区域的铜板及足辊段足辊全部改为平面形状。

（2）构成漏斗区的曲线均采用等半径的圆弧光滑过渡，漏斗区与平面区保持相切。

（3）增大漏斗区深度，将自有锥度提高到 0.85%左右，同时适度增大漏斗区宽度和高度。设计的新型结晶器宽面铜板漏斗区的宽度为 880mm、上口最大深度为 50mm、高度为 1000mm。

（4）在高度方向上，漏斗区与下部平面区采用圆弧的方式光滑过渡。

（5）窄面铜板采用单锥度结构，确定窄面附加锥度时，结晶器总锥度略高于 CSP 工艺的要求。

新型结晶器窄面附加锥度见表 6-3。

新型薄板坯连铸结晶器分别在通钢和唐钢进行了大量的工业试验，结果表明：

（1）为了使得宽面铜板漏斗区满足凝固壳自身收缩的需要，自有锥度应控制在 0.8%~1.2%之间，增加漏斗区深度、减少漏斗区宽度是提高自有锥度和降低窄面附加锥度的主要手段。

（2）窄面铜板下口磨损是引起铸坯表面纵裂、铸坯窄面凹陷以及热轧卷边裂的原因之一。在提高结晶器下部铜板对坯壳的支撑效果的同时，应防止窄面附加锥度过高，从而尽可能减少铜板的磨损。

表 6-3 新型结晶器窄面附加锥度

结晶器下口铸坯宽度 /mm	低碳钢 (SPHC)/%·m^{-1}	中碳钢 (SS400、Q345B)/%·m^{-1}	凝固收缩大的微合金钢 (SPAH)/%·m^{-1}
1100±50	4.5~5.5	5.0~6.0	6.0~7.0
1200±50	5.0~6.0	5.5~6.5	6.5~7.5
1300±50	5.5~6.5	6.0~7.0	7.0~8.0
1400±50	6.0~7.0	6.5~7.5	7.5~8.5
1500±50	6.5~7.5	7.0~8.0	8.0~9.0
1600±50	7.0~8.0	7.5~8.5	8.5~9.5

（3）新型结晶器简化了足辊段带漏斗形足辊的加工和安装工艺，有利于设备维护成本的降低。浇铸宽度为1520mm的中碳钢时，窄面附加锥度由12mm降低到8mm以下，过钢量达到2.25万吨后，窄面铜板的磨损量降低到2mm以内，使结晶器窄边铜板使用寿命提高近1倍，热轧板卷的合格率可达到99.25%。

尽管广大的科研工作者在薄板坯连铸结晶器内腔形状设计以及结晶器结构设计方面取得了一定的成绩，但由于薄板坯连铸结晶器结构设计的复杂性，还需要科研工作者在经典设计理论的基础上，借助现代设计理论和现场试验研究，继续在这一关键领域取得突破。

参考文献

[1] Hans-Günter Wobke, Gerhard Hugenschütt, Dietmar Kolbeck. 应用FEM数值模拟优化连铸结晶器[J]. 钢铁, 2003, 38 (8): 55~58.

[2] 马特. 连铸辊缝波动对浇铸状态的影响[D]. 北京: 北京科技大学, 2009.

[3] 蔡兆镇, 朱苗勇. 板坯连铸结晶器内钢凝固过程热行为研究[J]. 金属学报, 2011, 47 (6): 678~687.

[4] 孟祥宁, 朱苗勇. 高拉速板坯连铸结晶器铜板热行为数值模拟[C]. 第七届中国钢铁年会论文集, 2009: 686~692.

[5] 薛建国, 金学伟, 姚耕耘. 三维MiLE算法模型模拟连铸结晶器内的板坯凝固过程[J]. 航空材料学报, 2010, 30 (3): 10~13.

[6] 薛建国, 王长松, 张玉宝, 等. 连铸结晶器内凝固过程的热流力数值模拟[J]. 武汉理工大学学报, 2010, 32 (1): 82~85.

[7] 刘旭东, 朱苗勇, 程乃良. 板坯连铸结晶器的热弹塑性力学分析[J]. 金属学报, 2006, 42 (11): 1137~1142.

[8] 段明南, 冯长宝, 杨建华, 等. 板坯连铸结晶器铜板热机耦合应力分析[J]. 钢铁, 2008, 43 (5): 30~34.

[9] 钱宏智, 崔立新, 张家泉. 冷却水槽设计对板坯连铸结晶器内热状态的影响[C]. 第四届发展中国家连铸国际会议论文集, 2008: 126~133.

[10] 小方坯连铸结晶器仿真分析报告（内部资料）. 北京科技大学, 2000.

[11] 蔡开科. 浇注与凝固[M]. 北京: 冶金工业出版社, 1987.

[12] 陈家祥. 连续铸钢手册[M]. 北京: 冶金工业出版社, 1991.

[13] Wimmer F. High speed billet casting theoretical investigations and practical experience [C]. CCC'96 Linz/Austria, 1996.

[14] 盛义平．新型高速连铸结晶器的理论研究与实际应用［D］．秦皇岛：燕山大学，2007.
[15] 周杰．马钢异形坯纵裂纹研究［D］．北京：北京科技大学，2004.
[16] 卢峰．莱钢大 H 型钢腹板裂纹的研究与控制［D］．北京：北京科技大学，2008.
[17] 陈高兴．异型坯连铸过程温度场与应力场模拟［D］．北京：北京科技大学，2006.
[18] 姚海英．链式结晶器异形坯连铸凝固传染研究［D］．北京：北京科技大学，2010.
[19] 蔡开科，等．连铸结晶器［M］．北京：冶金工业出版社，2008.
[20] 邹芳，田溪岩，李本文．薄板坯连铸漏斗型结晶器内流动、传热和凝固行为的数值研究［J］．连铸，2008（6）：1~5.
[21] 严波，文光华，张培源．薄板坯连铸结晶器内凝固坯壳的数值分析［J］．应用力学学报，1998，15（4）：43~48.
[22] 朱建强，包燕平，田乃媛，等．薄板坯连铸结晶器流场模拟研究［J］．钢铁，1999，34（增刊）：616~618.
[23] 包燕平，朱建强，蒋伟，等．薄板坯连铸结晶器内流场的三维数值模拟［J］．北京科技大学学报，2000，22（5）：409~413.
[24] 王晓红．CSP 薄板坯连铸结晶器三维流场与温度场的数值模拟［D］．武汉：武汉科技大学，2006.
[25] 王军，于海岐，朱苗勇．中薄板坯连铸结晶器钢/渣界面行为数值模拟［J］．材料与冶金学报，2008，7（4）：243~248.
[26] 邓小旋，王强强，钱龙，等．适合漏斗型薄板坯连铸结晶器三孔水口的水模型优化［J］．钢铁，2012，47（7）：26~29.
[27] Ronald J. O'Malley，万晓光．连铸结晶器内不同的稳态和动态热行为的研究［C］．1999 中国钢铁年会论文集，1999：350~366.
[28] 刘永贞，王旭东，贾启忠，等．结晶器内黏结漏钢及其传播行为的研究［J］．炼钢，2009，25（3）：45~48.
[29] 张慧，陶红标，刘爱强，等．薄板坯连铸结晶器铜板温度及热流密度分布［J］．钢铁，2005，40（7）：25~28.
[30] 杨刚，李宝宽，于洋，等．薄板坯连铸结晶器铜板的三维传热分析［J］．金属学报，2007，43（3）：332~336.
[31] 陶红标，吕晓军，席常锁，等．薄板坯连铸结晶器锥度设计技术研究及应用［J］．钢铁，2012，47（1）：28~33.

7 结晶器振动技术研究

结晶器是连铸机的心脏部件。最早的连铸采用静止结晶器，铸坯直接从结晶器向下拉出，因铸坯极易与结晶器壁发生黏结，很难进行正常浇铸。德国的 S. Junghans 在 1933 年开发了结晶器振动装置，并成功地应用于有色金属黄铜的连铸。1949 年，美国的 Irving Rossi 获得了容汉斯振动结晶器专利的使用权，并在美国 Allegheng Ludlum Steel Corporation 的 Watervliet 厂的一台方坯连铸试验机上采用了振动结晶器。与此同时，容汉斯振动结晶器又被用于 Mannesmann 公司的 Huckingen 厂的一台连续铸钢试验连铸机。结晶器振动在这两台连铸机上的成功应用是连铸发展的一个重要里程碑，这为振动技术的广泛应用打下了基础。振动结晶器的发明使得连铸技术实现工业上大规模应用，结晶器振动成为浇铸成功的先决条件。

结晶器振动规律即结晶器振动速度随时间的变化规律，它是结晶器振动技术中最基本的内容。随着连铸技术的发展，结晶器振动技术也在不断地发展。结晶器振动经历了矩形速度方式、梯形速度方式、正弦振动方式以及非正弦振动方式，目前普遍应用的是正弦振动方式和非正弦振动方式。

正弦振动方式振动的速度与时间的关系为一条正弦曲线，正弦振动方式的上下振动时间相等、上下振动的最大速度也相同。在整个振动周期中，铸坯与结晶器之间始终存在相对运动，而且结晶器下降过程中，有一小段下降速度大于拉坯速度，因此可以防止和消除坯壳与结晶器内壁间的黏结，并能对被拉裂的坯壳起到愈合作用。另外，由于结晶器的运动速度是按正弦规律变化的，加速度则必然按余弦规律变化，因此过渡比较平稳、冲击较小。

随着高速铸机的开发，拉坯速度越来越快，造成结晶器向上振动时与铸坯间的相对运动速度加大，特别是高速振动后此速度更大。由于拉速提高后结晶器保护渣用量相对减少，坯壳与结晶器壁之间发生粘连而导致漏钢的可能性增加。为了解决这一问题，除了使用新型保护渣外，另一个措施就是采用非正弦振动，使得结晶器向上振动时间大于向下振动时间，以缩小铸坯与结晶器向上振动之间的相对运动速度[1]。

在连铸生产过程中，由于结晶器的振动，连铸坯表面常产生振痕，导致铸坯表面产生横向裂纹，皮下产生磷、锰等合金元素的正偏析，对后步工序产生不利影响，降低了产品各种物理性能横向断面的均匀性。因此，连铸坯振痕形成的机理就成为冶金工作者的热门研究问题之一。

7.1 铸坯振痕

振痕是由于结晶器的周期性振动而在铸坯表面产生的间距均匀有一定深度的横向皱褶。通过对不同连铸条件下铸坯表面振痕进行金相分析，最常见的振痕形态基本上可以分为两种：凹陷状振痕和钩状振痕。典型的振痕形貌如图 7-1 所示。

不同冶金学者[1,2]通过不同实验对振痕提出不同的形成机理，常见的包括撕裂-愈合机理、机械变形机理、二次弯月面机理、保护渣作用机理等。

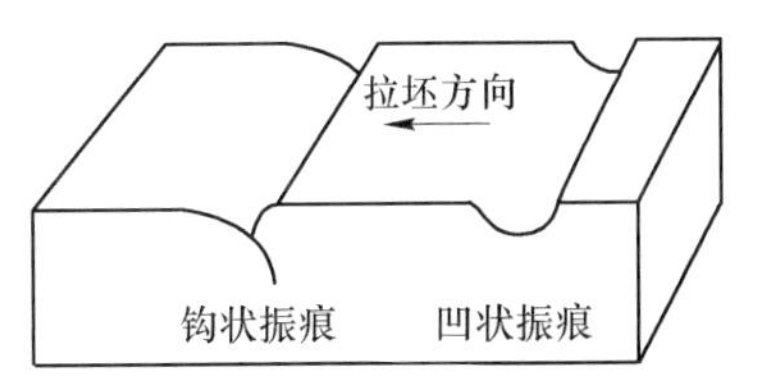

图 7-1 典型的振痕形貌

撕裂-愈合机理没有考虑保护渣的作用，也未考虑振动摩擦力的影响。金相分析结果表明铸坯凝固壳中不存的撕裂-愈合过程，因此这一机理具有明显的局限性；机械变形机理还不能完满地解释自由浇铸条件下，结晶器内壁弯月面上部区域存在的小凝固壳条件及刚性结晶器条件下振痕的形成。

二次弯月面机理认为，在油润滑及自由浇铸条件下，钢液与结晶器内壁接触较好，弯月面区域的坯壳与结晶器内壁黏结在一起，随结晶器的振动而振动，弯月面为凹形，而向下移动的铸坯坯壳与结晶器内壁之间处于一种滑动接触状态，在这两者之间的钢液形成二次弯月面。由于二次弯月面的存在，一次弯月面区域的初始凝固坯壳与向下移动的坯壳之间不存在撕裂。因此负滑脱期间，初始坯壳与下移坯壳之间形成二次弯月面，在正滑脱期间，二次弯月面进一步冷却凝固形成“凝固桥”，一次弯月面与下移坯壳一起下移，在二次弯月面形成振痕。下一振动周期，钢液面与结晶器内壁接触又形成一次弯月面。二次弯月面机理还表明负滑脱率的大小能够决定振痕是钩状振痕，还是凹陷状振痕。这一机理的主要优势在于：可以解释无负滑脱条件及一次弯月面上部存在“小凝固坯壳”时振痕的产生原因。相比较而言，在自由浇铸并采用油润滑的情况下，二次弯月面处形成振痕的说法因其能解释最多的实验和生产现象，最具有可信性。但由于该机理提出的时间相对较晚，缺乏足够的定量化支持，这也是有待完善的地方。

保护渣作用机理认为在弯月面处，由于钢液的过热度及钢液对流的影响，弯月面处0.3s期间内形成的凝固坯壳可能表现为刚体，也可能表现为液体的性质，即具有流变性。由于结晶器的振动，弯月面区域的保护渣中产生压力。在负滑动期间，结晶器向下振动的速度大于拉坯速度时，弯月面会被保护渣中形成的正压力推向钢液中；在正滑动期间，当初始凝固坯壳强度不大，保护渣中形成的负压力和波动钢液的惯性力将坯壳推向结晶器内壁，导致初始凝固坯壳弯曲或重叠，形成不带钩状的振痕。当初始凝固坯壳的厚度较大、强度较高时，初始凝固坯壳不能推向结晶器内壁，因此钢液会覆盖在弯月面上，形成一种带钩状的振痕。这一机理虽然解释了保护渣的影响，但不能解释结晶器内渣膜厚度较大时，钢液初始凝固点低于弯月面的事实，而且这一机理没有考虑结晶器振动产生的动态摩擦力的影响。事实上，当弯月面附近区域振痕谷底处的导热性能差导致凝固坯壳强度低时，动态摩擦力必然对振痕的深度及振距产生影响，因此此机理仍然具有缺陷性。

此外，还有不同学者提出了额外液体容积凝固模型、弯月面液体表面张力不稳定导致振痕、振痕形成的温度波动机理等。尽管这些机理从不同方面来阐述振痕的形成机理，但钢坯连铸过程中，无论是自由浇铸还是浸入式水口浇铸，铸坯的振痕都与结晶器的振动参数密切相关，结晶器振动波形及振动参数对振痕的影响基本上一致。大量的振痕形成机理及实验研究均表明：振痕是在负滑动期间产生的，负滑动时间越长，振痕的深度就越大。因此，控制负滑动时间的长短可以有效地控制振痕的形态。负滑动时间与结晶器振动的振幅、频率、拉坯速度等因素相关，因此要降低振痕的深度就必须对振动参数进行优化，采用合理的振动参数，才能有效地控制振痕的深度。

7.2　正弦振动参数设置

7.2.1　正弦振动波形函数

当结晶器采用正弦振动规律时，典型的正弦振动位移和速度曲线如图 7-2 所示。

该曲线的位移函数为：

$$s = \frac{h}{2}\sin\left(\frac{2\pi f}{60}t\right) \tag{7-1}$$

式中　h——振动冲程（两倍振幅），mm；

f——振动频率，次/min；

t——时间，s。

其速度函数为：

$$v = \frac{\pi f h}{1000}\cos\left(\frac{2\pi f}{60}t\right) \tag{7-2}$$

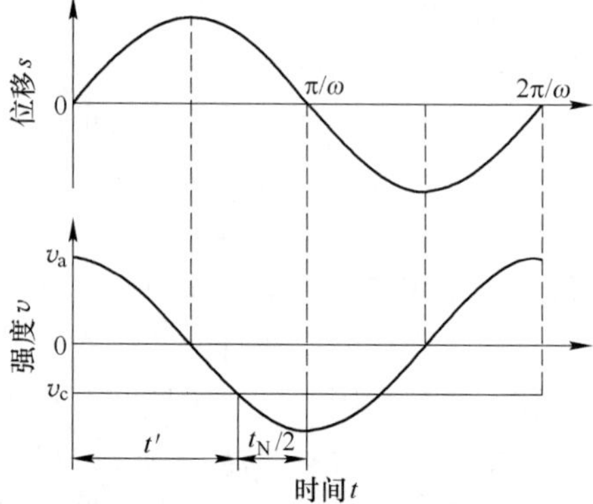

图 7-2　典型的正弦振动位移和速度曲线

从式（7-1）和式（7-2）中可以看出，当振动冲程 h 以及振动频率 f 已知后，正弦振动的位移和速度函数就可以确定了。

7.2.2　正弦振动的工艺参数确定

传统的正弦振动的工艺参数仅仅是从发挥振动的脱模和愈合裂纹方面的工艺效果而提出的，主要给出了描述负滑动运动的有关参数，如负滑动时间 t_N、负滑动率 NS、负滑动位移量 NSA、负滑动时间比 NSR 等参数。为了考虑润滑、减小摩擦力的工艺效果，也开始考虑正滑动参数[3]。

7.2.2.1　正弦振动的工艺参数

A　负滑动率 NS

负滑动率表示如下：

$$NS = \frac{v_c - \bar{v}_m}{v_c} \times 100\% \tag{7-3}$$

经过分析可得：

$$NS = \left(1 - \frac{2v_a}{\pi v_c}\right) \times 100\% \tag{7-4}$$

由图 7-2 可知：

（1）当 $v_c = v_a$ 时，结晶器中的坯壳处于受拉和受压的临界状态，可求得此时的负滑动率 $NS = 36.34\%$，此值为负滑动的极限值。

（2）当 $v_c > v_a$ 时，即 $NS > 36.34\%$ 时，结晶器对坯壳不产生负滑动；当 $NS < 6.34\%$ 时，结晶器产生负滑动。

B　负滑动时间 t_N

当结晶器运动所经历的时间为 t' 时，结晶器向下的运动速度 v 与拉坯速度 v_c 相等。结晶器继续向下运动时，其速度便大于拉坯速度。结晶器向下运动的速度大于拉坯速度的状

态所持续的时间 t_N 称为负滑动时间，其表达式为：

$$t_N = \frac{60}{\pi f}\cos^{-1}\left(\frac{1000}{\pi f Z}\right) \tag{7-5}$$

式中 t_N——负滑动时间，s；

$Z = \frac{h}{v_c}$，mm · min/m。

C 负滑动位移量 NSA

负滑动位移量 NSA 即结晶器从最高位置向最低位置运动的过程中，在负滑动时间段 t_N 内相对于铸坯的位移，其表达式为：

$$NSA = 2\int_{\pi/\omega - t_N/2}^{\pi/\omega} |v_a\cos(\omega t)|\mathrm{d}t - v_c t_N = h\sin\frac{\pi f t_N}{60} - \frac{1000 v_c}{60}t_N \tag{7-6}$$

式中 NSA——负滑动位移量，mm。

D 负滑动时间比 NSR

负滑动时间比 NSR 是负滑动时间 t_N 与半个振动周期的比值，可表示为：

$$NSR = \frac{t_N}{T/2} = \frac{t_N f}{30} \times 100\% \tag{7-7}$$

E 正滑动时间 t_P

正滑动时间 t_P 是振动周期 T 与负滑动时间 t_N 的差，即：

$$t_P = T - t_N = \frac{60}{f} - t_N \tag{7-8}$$

式中 t_P——正滑动时间，s。

F 正滑动速度差 Δv

正滑动速度差 Δv 是在一个振动周期里结晶器向上运动的最大速度与拉速之差，即：

$$\Delta v = v_{max} + |v_c| = \frac{\pi f h}{1000} + |v_c| \tag{7-9}$$

式中 Δv——正滑动速度差，m/min。

7.2.2.2 正弦振动工艺参数的确定

随着连铸技术的发展，对结晶器振动的认识和研究也在不断深入和发展：过去认为振动所起的有益作用是负滑动运动对拉裂坯壳的愈合或对黏结坯壳进行强制脱模。近年来由于连铸坯的热送热装和直接轧制技术的应用，对连铸坯表面质量及提高拉速等方面的要求越来越高，特别是非正弦振动的应用实践及所提出的最佳振动模型，使工艺参数的选择不能仅局限于负滑动时间 t_N、负滑动率 NS 等负滑动参数，同时必须考虑正滑动参数，以达到综合工艺效果或所侧重的某一方面的工艺效果最佳。

铸坯表面振痕形成的机理及生产实践表明：负滑动时间 t_N 对铸坯表面振痕深度的影响较大，t_N 值大则振痕深，t_N 值小则振痕浅；负滑动率 NS 影响铸坯的脱模，NS 值大脱模作用强，但若 NS 值过大，则对保护渣润滑剂不利；负滑动位移量 NSA 是负滑动时间 t_N 和负滑动率 NS 的综合参数；负滑动时间比 NSR 是与负滑动时间 t_N 和负滑动率 NS 相关的量，是非独立参数。

各负滑动参数的取值如下：一般 t_N 的取值范围为 0.1～0.25s；*NS* 的取值范围为-20%～-40%；*NSA* 的取值范围为 3～4mm；*NSR* 的取值范围为 50%～80%。

正滑动时间 t_P 取较大值可增加保护渣的消耗量，减小摩擦力；正滑动速度差 Δv 取小值也可以减小摩擦力，但目前还没有文献提出正滑动参数的取值范围。由于在正弦振动时正滑动参数不是独立的，而是负滑动时间和负滑动率的相关量，因此在确定负滑动参数时可以计算出对应的正滑动参数，以便综合考虑。

7.2.3 振动基本参数确定

合理或最佳的工艺参数是通过基本参数的正确选择来实现的。也就是说，正弦振动的基本参数振幅和频率的确定应以获得最佳的工艺参数为前提，以确保铸坯的顺利脱模及获得表面质量良好的铸坯[3]。

7.2.3.1 负滑动时间曲线和负滑动率等值曲线

根据负滑动时间的定义，可以得到负滑动时间曲线（见图 7-3 中的实线），即根据不同的 *Z* 值时即可绘出负滑动时间随振动频率变化的曲线。同时，也可以建立起负滑动时间和负滑动率之间的关系（见式（7-10））。因此，可以得到负滑动率等值曲线（见图 7-3 中的虚线），即给定一组 *NS* 值可以画出一组 t_N-f 反比双曲线。同理，也可以建立起负滑动率与负滑动时间比之间的关系（见式（7-11））。

$$t_N = \frac{60}{\pi f}\cos^{-1}\left[\frac{2}{\pi(1 - NS)}\right] \tag{7-10}$$

$$NSR = \frac{2}{\pi}\cos^{-1}\left[\frac{2}{\pi(1 - NS)}\right] \tag{7-11}$$

由图 7-3 可以看出：*NS* = 24% 及 *NSR* = 55%均表示同一条反比双曲线；当 *NS* = 24% 时，负滑动时间取得最大值；当 *NSR* = 55%时，负滑动时间取得最大值。

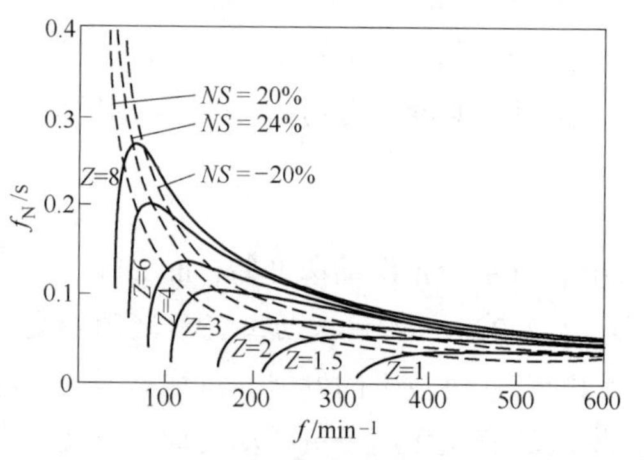

图 7-3 负滑动时间曲线

同时，分析可以发现：

（1）*NS* = 24%和 *NSR* = 55%时，等值曲线相交于负滑动时间曲线的峰值，并将负滑动时间曲线族分为两个区域。

（2）定义 $t_N = 0$ 时的频率为临界频率，用 f_0 表示，即 $f_0 = 1000/(\pi Z)$。当 $f \leq f_0$ 时，不出现负滑动。

（3）当 *NS*>24%或 *NSR*<55%时，负滑动时间曲线随频率 f 的增加而上升；当 *NS*<24%或 *NSR*>55%时，负滑动时间曲线随频率 f 的增加而下降。

7.2.3.2 振幅和频率的确定

由于同一连铸机需要生产不同产品，因此，大多数连铸机的振幅都做成可调的。确定最大振幅时，应在避免临界频率 f_0 过大的前提下，尽量采用小振幅，即在最大拉坯速度时不能使 *Z* 值过小；确定最小振幅时，应在最小拉坯速度时也不使 *Z* 值过大，以获得较短的负滑动时间。

确定振动频率时，应保证负滑动时间取得较小值，或以最佳值为前提。从图 7-3 中可以看出：从 t_N 时间轴上的某一点做水平线，该线与负滑动时间曲线有两个交点。一个交点处于 $NS>24\%$的区域，对应于较低频率；另一个交点处于 $NS<24\%$的区域，对应于较高频率。

若 Z 值较大，负滑动时间曲线几乎垂直上升，此时频率的微小变化也会引起 t_N 的很大变化，或者使 t_N 变为最大或者变为零，这在实际操作中很难控制，因此低频率不能被采用。若 $Z<5$ 时，由于负滑动时间曲线上升缓慢，因此所对应的较低频率可以采用，但必须使用该频率下的负滑动率 $NS<20\%$。这便于在实际中进行控制及获得必要的负滑动运动，既保证脱模，又避免采用较高的频率，使结晶器振动装置处于良好的运动状态及受力状态。

7.2.3.3 振幅和频率应满足保护渣消耗量的要求

保护渣可以提高结晶器和铸坯之间的润滑效果，但振幅、频率、保护渣黏度、拉坯速度、浇铸温度及钢种等将会影响保护渣消耗量。这些因素对保护渣消耗量的影响可以通过式（7-12）表示。在式（7-12）中，由于浇铸温度是由钢种确定的，故可以不予考虑。

$$Q = 0.74\left(\frac{1}{S^{0.3}}\right)\left(\frac{60}{f}\right)(\eta v_c^2)^{-0.5} + 0.17 \quad (0.08\% \leqslant C \leqslant 0.16\%) \tag{7-12a}$$

$$Q = 0.40\left(\frac{1}{S^{0.3}}\right)\left(\frac{60}{f}\right)(\eta v_c^2)^{-0.5} + 0.22 \quad (C \leqslant 0.08\%) \tag{7-12b}$$

式中 Q——保护渣消耗量，kg/m^2；

η——保护渣在 1300℃的黏度，Pa·s。

由式（7-12）可以看出，随着浇铸速度、振幅及保护渣黏度的增加，保护渣的消耗量减少；同时，频率 f 对 Q 的影响大于振幅对 Q 的影响。所以，采用高频率、小振幅可以减少保护渣消耗量。

尽管可以通过适当降低保护渣黏度来提高保护渣的消耗量，但还必须考虑铸坯的断面、拉坯速度等。黏度过低，熔渣渣膜增厚且不均匀，导致板坯宽面纵裂纹的发生；黏度过高，熔渣流动性变坏，甚至难以流入坯壳和结晶器之间的缝隙，或在结晶器液面上裹卷成烧结颗粒。因此，要求保护渣具有合适的黏度值。有的学者建议：对于板坯，黏度（ηv_c，$Pa \cdot s \cdot min^{-1}$）控制在 2~3.5 之间；对于方坯，$\eta v_c$ 控制在 5 左右，这可使渣膜均匀、传热稳定、润滑良好，可显著减少铸坯表面裂纹。也有文献报道，当结晶器振动频率低于 200 次/min 时，保护渣的消耗量在 $0.3kg/m^2$ 左右，是保证铸坯表面质量、避免在板坯浇铸时出现纵裂的理想数值。

7.2.4 正弦振动结晶器振动参数确定实例

文献［4］以某厂大方坯、圆坯、方坯兼用的连铸机为例，阐述了的结晶器振动参数的确定的步骤。该连铸机一共设计了七种拉速、生产八种断面。确定结晶器振动参数可分如下几个步骤：

（1）确定连铸机结晶器振动工艺参数的取值范围：负滑动时间为 0.1~0.23s，负滑动率为 55%~80%。

（2）确定合适的振幅。由于连铸机生产的规格较多，不可能一种拉速用一个振幅，而是选择一个振幅适应几种拉速。将连铸机将七种拉速分为两个区段，即 0.6～1.1m/min 和 1.2～2.3m/min，为每一个速度区段确定一个振幅。

（3）根据拉坯速度 v_c 和平均振速 $v_p=2hf$ 求出速度系数 F，即 $F=\dfrac{v_p}{v_c}$；然后求出不同速度系数下的振动频率和负滑动时间与拉速之间的对应关系，如图 7-4 和图 7-5 所示。

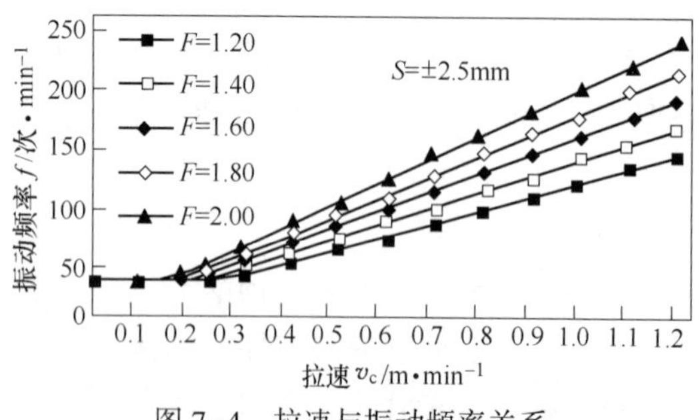

图 7-4 拉速与振动频率关系

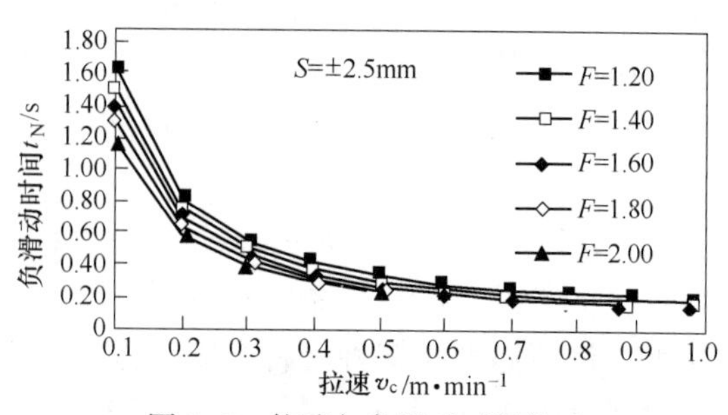

图 7-5 拉速与负滑动时间关系

（4）求出各速度系数下的负滑动时间，并作出振动频率与负滑动时间的对应关系曲线，如图 7-6 所示。

经过分析比较，根据这些曲线就可以找出最佳振动工艺参数。由于浇铸起步时拉速低，负滑动时间长或造成负滑动时间剧烈变化，这将对铸坯表面质量不利，有时负滑动时间出现负值，还可能造成坯壳黏结而漏钢。为克服这种现象，必须规定一个起步振动频率，这样可以减小起步的负滑动时间。经过计算分析，最后选定：当拉速为 0.6～1.1m/min 时，选用振幅±2.5mm；当拉速为 1.2～2.3m/min 时，选用振幅±4.5mm。

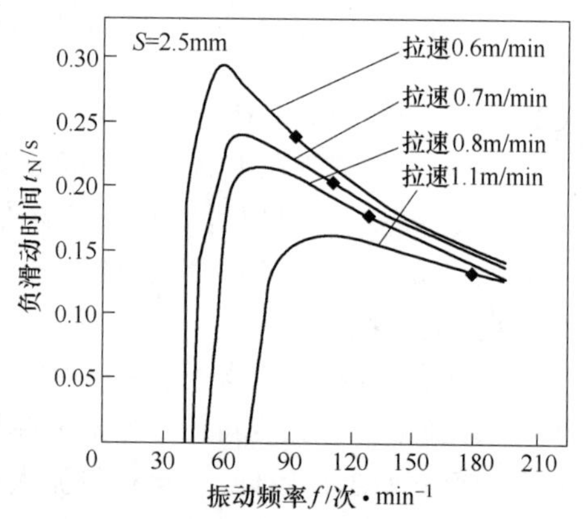

图 7-6 振动频率与负滑动时间关系

因此，当振幅为 2.5mm、振动频率为 160 次/min 时，方坯连铸机对应的拉速分别为 0.6m/min、0.7m/min、0.8m/min；圆（方）坯兼用的连铸机的拉速分别为 0.7m/min 和 1.1m/min。在此工艺条件下的振动工艺参数见表 7-1。

表 7-1 连铸机振动机构设计工艺参数

项 目	数 值			
拉速 v_c/m · min^{-1}	0.6	0.7	0.8	1.1
振幅 S/mm	2.5	2.5	2.5	2.5
行程 h/mm	5.0	5.0	5.0	5.0
振频 f/次 · min^{-1}	96	112	128	176
平均振速 v_p/m · min^{-1}	0.96	1.2	1.28	1.76
速度系数 F	1.6	1.6	1.6	1.6
振动周期 T/s	0.625	0.536	0.469	0.314

续表 7-1

项　　目	数　　值			
负滑动时间/s	0.23	0.198	0.173	0.126
正滑动时间/s	0.395	0.338	0.296	0.215
负滑动时间率/%	73.6	73.9	73.8	73.9
负滑动率/%	-60	-60	-60	-60

7.3 非正弦振动规律及振动参数

随着高速连铸技术研究开发的不断深入及广泛应用，基于传统负滑动理论的结晶器高频小振幅模式已不能满足高速连铸技术的需要，凸出的问题在于其应用于高速连铸时结晶器摩擦阻力增加，保护渣消耗量降低，致使黏结性漏钢的概率大为增加。

近年来的研究表明：高速连铸结晶器上部与铸坯之间的摩擦阻力以黏性摩擦为主，采用非正弦振动可以增加保护渣的消耗，大幅度降低正滑动期间保护渣膜中的速度梯度，减少摩擦阻力。

7.3.1 非正弦振动波形及波形函数

7.3.1.1 非正弦振动的产生

目前，非正弦振动多采用波形偏斜率表示的非正弦振动或者采用三角形波非正弦振动。正弦与非正弦振动波形比较如图 7-7 所示。

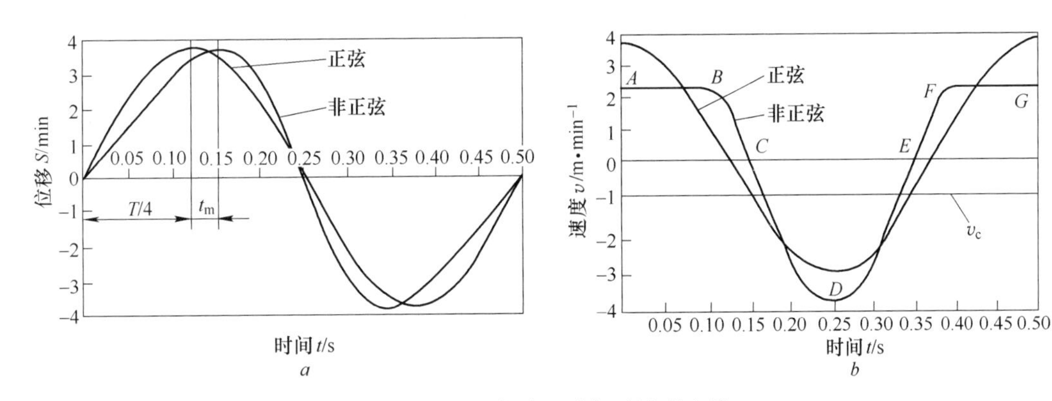

图 7-7　正弦与非正弦振动波形比较

a—位移曲线；b—速度曲线

A　用波形偏斜率表示的非正弦振动[3]

该方法是把非正弦振动视为正弦振动的演变，用非正弦振动相对于正弦振动的改变程度即波形偏斜率 α 表示，即：

$$\alpha = \frac{t_m}{T/4} \tag{7-13}$$

式中　t_m——非正弦振动最大位移相对于正弦振动最大位移在时间上的滞后；

T——振动周期。

由式（7-13）可知：波形偏斜率 α 的值越大，非正弦波形曲线与正弦波形曲线的差别越大；α 的值越小，两者的差别越小。由此可知，正弦波是波形偏斜率 $\alpha=0$ 时的非正弦波的特例。

与正弦振动相比，非正弦振动具有以下特点：

（1）在正滑动时间里结晶器振动速度 v 与拉坯速度 v_c 速度之差减小，作用在弯月面下坯壳的拉应力减少；而在负滑动时间里 v 与 v_c 之差较大，因此作用于坯壳上的压应力增大，有利于铸坯脱模。

（2）正滑动时间 t_P 较长，可增加保护渣的消耗量、减小摩擦；而负滑动时间短，有利于铸坯表面振痕变浅。

（3）生产实践表明，非正弦振动对于初生钩形凝固壳的形成及板坯皮下质量都有积极的影响。

B 三角形波非正弦振动[3]

第二种常用的非正弦振动的表达方式就是三角形波非正弦振动，其波形如图 7-8 和图 7-9 所示。

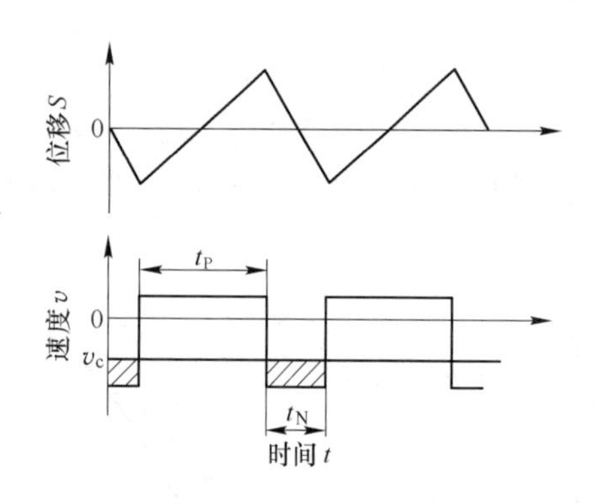

图 7-8 三角波振动

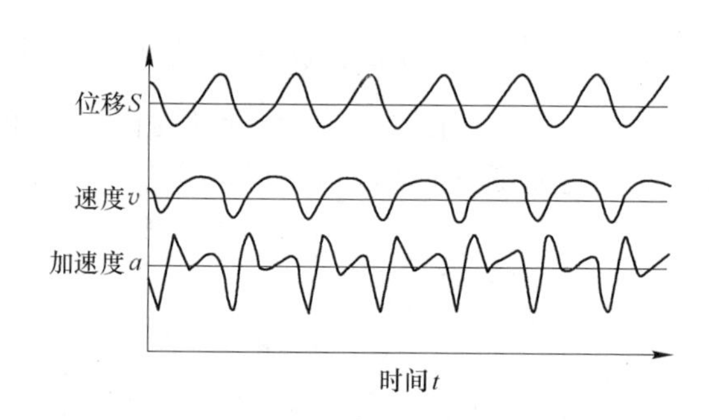

图 7-9 三角形波

在该波形中，定于三角形波的扭曲率为 β，它用结晶器上升时间与振动周期的比值来定于，即：

$$\beta=\frac{t_P}{T}=\frac{T/2+2t_m}{T}=\frac{1}{2}+\frac{\alpha}{2} \tag{7-14}$$

由于 β 取值范围为 55%～80%，由式（7-14）可算出所对应 α 的取值范围：$\alpha=2\beta-1=10\%\sim60\%$，这也正符合波形偏斜率 α 的取值范围。

由此可知，三角形波非正弦与用波形偏斜率 α 表示的非正弦波形没有本质区别。

7.3.1.2 非正弦振动波形及函数

根据上述非正弦波形的定义和曲线可知非正弦振动的位移和速度曲线的特点及形状，也可知非正弦波的运动学参数为振幅 $\pm\frac{h}{2}$、振频 f 及波形偏斜率 α。但若使结晶器实现非正弦波运动规律，则必须给出结晶器非正弦波的位移或速度或加速度关于振幅 S、频率 f 和波形偏斜率 α 的函数表达式，即构造非正弦振动的波形函数。

目前，国内学者提出了多种构造的非正弦波形函数，其中比较有代表性的就是燕山大学、钢铁研究总院[5]等单位提出的非正弦波形函数，下面就这几种函数进行简单介绍。

A 分段函数法[3]

分段函数波形如图 7-7 中的非正弦曲线所示。图中的非正弦振动的速度曲线被设定为由水平直线段 AB、余弦曲线段 BC、正弦曲线段 CDE 和 EF、水平直线段 FG 光滑连接（在连接点有公切线）而成。设曲线段 CDE 的频率为 f_1，有 $f_1=f/(1-\alpha)$，冲程为 h；曲线段 BC 和 EF 的频率为 f_2，速度的最大值为 v_2，则此分段函数可表示为：

$$v=\begin{cases} v_2 & 0\leqslant t\leqslant t_B \\ v_2\cos\left\{2\pi f_2\left[t-\left(\dfrac{1+\alpha}{4f}-\dfrac{1}{4f_2}\right)\right]\right\} & t_B\leqslant t\leqslant t_C \\ -\dfrac{\pi fh}{1-\alpha}\sin\left[\dfrac{2\pi f}{1-\alpha}\left(t-\dfrac{1+\alpha}{4f}\right)\right] & t_C\leqslant t\leqslant t_E \\ v_2\sin\left\{2\pi f_2\left[t-\left(\dfrac{1}{f}-\dfrac{1+\alpha}{4f}\right)\right]\right\} & t_E\leqslant t\leqslant t_F \\ v_2 & t_F\leqslant t\leqslant T \end{cases} \tag{7-15}$$

式中

$$v_2=\frac{\pi f^2h}{f_2(1-\alpha)^2}$$

$$f_2=\frac{\pi f(1+\alpha)}{4(1-\alpha)^2}+\frac{f}{4(1-\alpha)^2}\sqrt{\pi^2(1+\alpha)^2-8(\pi-2)(1-\alpha)^2}$$

B 整体函数法[3]

采用变角速度旋转矢量法得到了由整体函数法构造的非正弦波形，如图 7-10 所示。其位移函数表达式为：

$$s=\frac{h}{2}\sin\{2\arctan[M\tan(\pi ft)]\} \tag{7-16}$$

式中，$M=\cot\left[\dfrac{\pi(1+\alpha)}{4}\right]$。

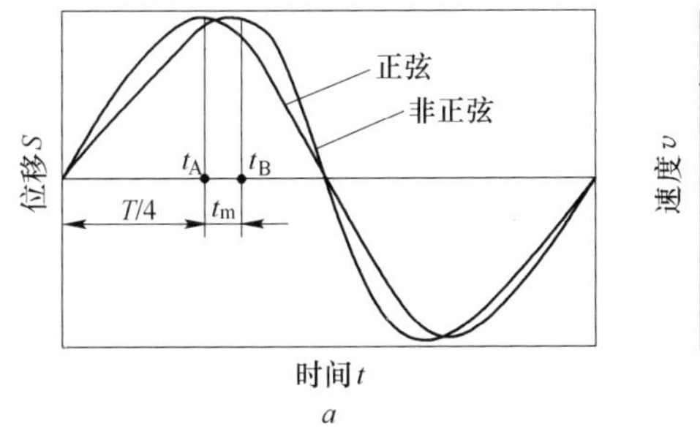

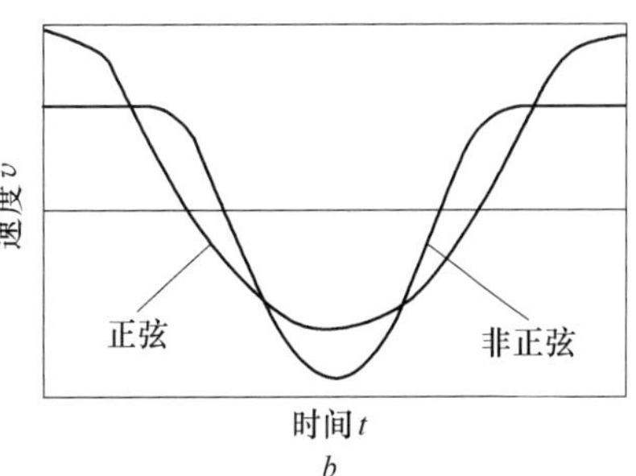

图 7-10 整体函数构造的非正弦波形

a—位移曲线；b—速度曲线

速度函数可通过对式（7-16）微分得到，其表达式为：

$$v = \frac{hM\omega}{1 + M^2 + (1 - M^2)\cos(\omega t)}\cos\{2\arctan[M\tan(\pi ft)]\} \tag{7-17}$$

C 三角级数构造非正弦振荡波形

北京钢铁研究总院的干勇等人提出利用三角级数近似为[5]：

$$y = s_{(t)} = \sum_{k=1}^{n} \partial_k \sin(2\pi fkt) \tag{7-18}$$

$$v = s'_{(t)} = \sum_{k=1}^{n} 2\pi fk\partial_k \cos(2\pi fkt) \tag{7-19}$$

由于上述两个公式还有 n 个未知数 α_k，需要 n 个方程才能求解。为了求解这些方程，定义波形偏斜率为 α。非正弦振动波形曲线如图 7-11 所示。

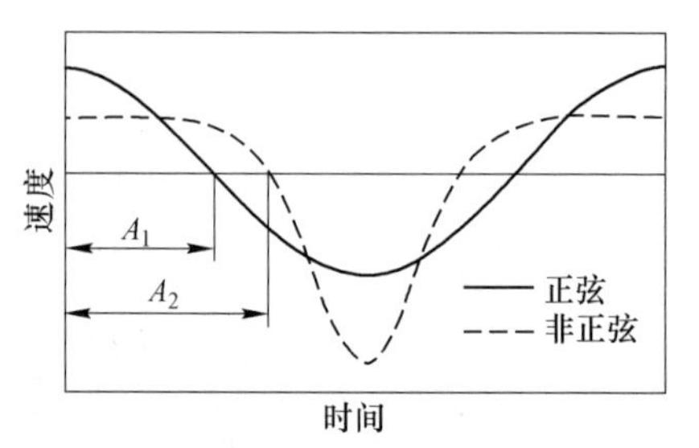

图 7-11 非正弦振动波形曲线

波形偏斜率 $\alpha = \frac{A_2 - A_1}{A_1} \times 100\%$，振幅为 r，式（7-18）和式（7-19）应该满足：

当 $t=\frac{1+\alpha}{4f}$ 时，$y=r$；$v=0$。

当 $t=0$ 时，$v=v_a$。

为了保证振动平稳，在结晶器上升及下降期间，振动加速度最好为单调函数。为此，在 $t=0$ 时刻结晶器向上运动速度应满足：

$$\frac{r}{1+\alpha}4f \leqslant v_a \leqslant \frac{2r}{1+\alpha}4f \tag{7-20}$$

假设在振动上升的一段时间 $0\sim\tau$ 内 $\left(0<\tau<\frac{1+\alpha}{4f}\right)$，上升速度基本恒定为 v_a，τ 值可根据振动最大加速度限制进行选取，τ 越大，最大加速度越大。当 $\tau=\frac{1+\alpha}{4f}$ 时，最大加速度趋于无穷。

在 $0\sim\tau$ 的时间内任意选取 $n-2$ 个时刻，并假设其上升速度等于 v_a，可建立另外 $n-2$ 个方程：

$$2\pi fk\alpha_k\cos(2\pi fkt_i) = v_a \quad (0 < t_i < t,\ i = 1 \sim (n-2)) \tag{7-21}$$

对任意给定的波形斜率，联立求解上述方程组可得 α_k。

7.3.1.3 非正弦振动波形的评定[3]

由于结晶器的振动质量较大、振动频率较高，因此在构造非正弦振动波形函数时，除了必须使其具有最佳振动模型的全部特征以满足非正弦振动装置工艺动作的要求外，还必须具有良好的动力学特性。良好的动力学特性有利于提高振动装置工作的平稳性。由机构学可知，如果速度曲线不连续将导致刚性冲击；加速度曲线不连续则引起柔性冲击。所以，振动波形必须保证结晶器在振动过程中既不产生刚性冲击，也不产生柔性冲击。

下面就分别以分段函数和整体函数表示的两种非正弦波形为例进行动力学评定。

A 分段函数表示的非正弦波形

由式（7-15）和图 7-10b 可知，分段函数速度曲线是连续的，所以不会产生刚性冲击；将式（7-15）对时间求导得出其加速度函数（见式（7-22）），其加速度曲线如图 7-12 所示。

$$a=\begin{cases}0 & 0\leqslant t\leqslant t_B\\ -2\pi v_2 f_2\sin\left\{2\pi f_2\left[t-\left(\dfrac{1+\alpha}{4f}-\dfrac{1}{4f_2}\right)\right]\right\} & t_B\leqslant t\leqslant t_C\\ -\dfrac{2\pi^2 f^2 h}{(1-\alpha)^2}\cos\left[\dfrac{2\pi f}{1-\alpha}\left(t-\dfrac{1+\alpha}{4f}\right)\right] & t_C\leqslant t\leqslant t_E\\ 2\pi v_2 f_2\cos\left\{2\pi f_2\left[t-\left(\dfrac{1}{f}-\dfrac{1+\alpha}{4f}\right)\right]\right\} & t_E\leqslant t\leqslant t_F\\ 0 & t_F\leqslant t\leqslant T\end{cases}\tag{7-22}$$

由此可见，分段函数加速度曲线也是连续的，所以不会产生柔性冲击。但由式（7-22）和图 7-12 可知，分段函数表示的非正弦波的加速度的变化率在 B 点和 F 点不连续、有突变，所以振动质量惯性力的变化有突变，这也对振动平稳性产生不利影响。

B　整体函数表示的非正弦波形

由整体函数的速度表达式（7-17）和速度曲线图 7-10b 可以看出，整体函数非正弦波的速度曲线是连续的，不会引起刚性冲击。将式（7-17）对时间求导可得整体函数非正弦波的加速度（见式（7-23）），其加速度曲线如图 7-13 所示。

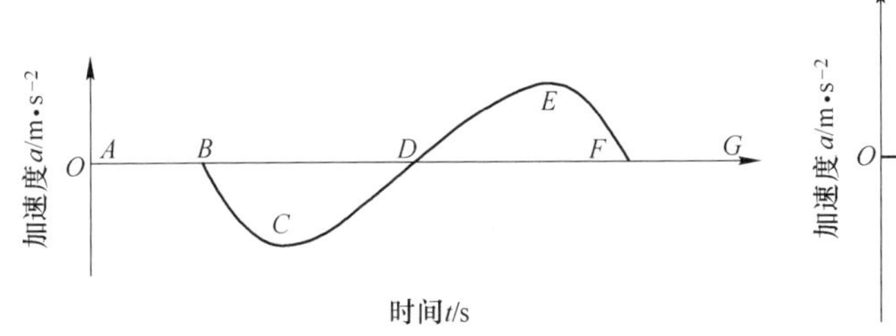

图 7-12　分段函数加速度曲线

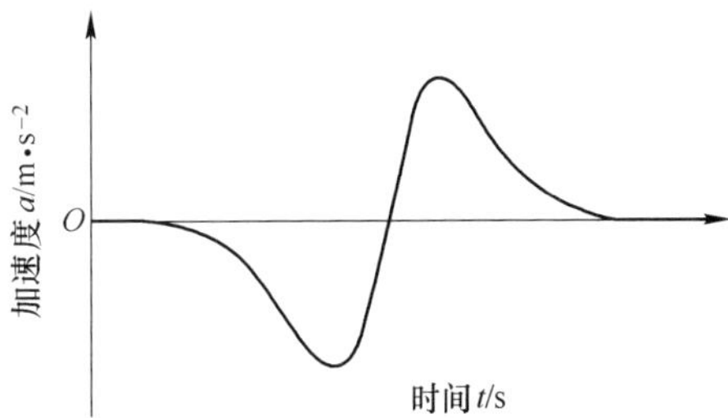

图 7-13　整体函数非正弦波加速度曲线

$$a=\frac{hM\omega^2(1-M^2)\sin(\omega t)}{[1+M^2+(1-M^2)\cos(\omega t)]^2}\cos\{2\arctan[M\tan(\pi ft)]\}-\frac{hM^2\omega^2\sin\{2\arctan[M\tan(\pi ft)]\}}{[1+M^2+(1-M^2)\cos(\omega t)][1+M^2\tan^2(\pi ft)]}\sec^2(\pi ft)\tag{7-23}$$

由式（7-23）和图 7-13 可知，整体函数非正弦波的加速度是连续的，故不存在柔性冲击，而且其加速度的变化率也是连续的，因此其动力学特性优于分段函数表示的非正弦波。整体函数非正弦波已在液压振动中得到应用，实践证明此波形的动力学特性较好。

7.3.2　非正弦振动参数

非正弦振动波形函数给定之后其振动规律完全取决于振幅 S、频率 f 和波形偏斜率 α，所以称它们为基本参数。

非正弦振动具备了最佳振动模型的全部特征，因此反映该特征的全部参数即为非正弦振动的工艺参数[3]。

不同的非正弦波形函数有不同的工艺参数解，而且有的有解析解；有的无解析解；或解析解表达式较繁琐，这时可采用数值解。分段函数非正弦波形的工艺参数解析解表达式如下：

（1）负滑动时间 t_N：

$$t_N = \frac{1-\alpha}{\pi f}\cos^{-1}\left[\frac{(1-\alpha)v_c}{\pi f h}\right]$$

或

$$t_N = \frac{60(1-\alpha)}{\pi f}\cos^{-1}\left[\frac{1000(1-\alpha)}{\pi f Z}\right] \tag{7-24}$$

（2）负滑动率 NS：

$$NS = 1 - 2fh/[1000(1-\alpha)v_c]$$

或

$$NS = \{1 - 2fZ/[1000(1-\alpha)]\} \times 100\% \tag{7-25}$$

（3）负滑动时间比率 NSR：

$$NSR = \frac{t_N}{0.5T} = \left\{\frac{2(1-\alpha)}{\pi}\cos^{-1}\left[\frac{1000(1-\alpha)v_c}{\pi f h}\right]\right\} \times 100\% \tag{7-26}$$

（4）负滑动位移量 NSA：

$$NSA = h\sin\left\{\cos^{-1}\left[\frac{1000(1-\alpha)v_c}{\pi f h}\right]\right\} - \frac{(1-\alpha)v_c}{\pi f}\cos^{-1}\left[\frac{1000(1-\alpha)v_c}{\pi f h}\right] \tag{7-27}$$

（5）正滑动速度差 Δv：

$$\Delta v = \frac{4\pi f h}{\pi(1+\alpha) + \sqrt{\pi^2(1+\alpha)^2 - 8(\pi-2)(1-\alpha)^2}} + |v_c| \tag{7-28}$$

（6）正滑动时间 t_P：

$$t_P = T - t_N = \frac{60}{f} - \frac{60(1-\alpha)}{\pi f}\cos^{-1}\left[\frac{1000(1-\alpha)v_c}{\pi f h}\right] \tag{7-29}$$

上述工艺参数的数学表达式只适用于该分段函数波形，若用于计算其他非正弦波形函数的工艺参数将存在一定程度的误差。

7.3.3　非正弦振动参数的确定

结晶器振动最佳模型仅给出了工艺参数的定性选择，其定量确定需参考正弦振动及当前的非正弦振动操作实践。非正弦振动比正弦振动多一个波形偏斜率 α，而且该参数对铸坯的脱模和润滑都是有利的，从而弥补了正弦振动的频率 f、振幅 $\pm\frac{h}{2}$ 不能同时满足脱模和润滑的不足。因此，非正弦振动负滑动参数和正滑动参数可以同时选取最佳值[3]。

基本参数确定是以获得合理的，或者最佳的工艺参数为前提的，其中振幅和频率的确定原则与正弦振动相同。但非正弦波形偏斜率 α 对所有工艺参数的影响都是有利的，而且取值越大越有利。但是，若 α 取值过大，则结晶器向下振动的加速度变得很大，从而造成冲击使振动装置工作不平稳；若 α 取值太小，则非正弦振动的优越性不能充分地发挥出来。根据目前的使用经验，一般取 $\alpha \leqslant 40\%$。

非正弦振动负滑动工艺参数 t_N、NS、NSA 及 NSR 的确定原则和正弦振动相同，但由于非正弦振动的正滑动参数和负滑动参数均为独立参数，这两类工艺参数的工艺效果可互为补充。因此，非正弦振动负滑动工艺参数的最佳取值范围应该比正弦振动的取值范围更大；正滑动工艺参数 t_P、Δv 的确定原则是非正弦振动所提出来的最佳振动模型，一般应尽量减小 Δv 的取值。

7.4 常用的结晶器振动装置

结晶器的振动是由振动装置来实现的，振动机构是振动装置的核心。结晶器对振动机构的要求主要有两点：一个是使结晶器按一定的速度规律振动，另一个是使结晶器准确地沿着一定的轨迹振动。弧形结晶器需按照弧线运动，而直结晶器需按直线运动。轨迹不正确不仅会降低结晶器的使用寿命，而且会增加铸坯表面缺陷甚至引起漏钢事故。目前，结晶器振动装置的种类很多，下面简要介绍几种常用的振动装置[3,6]。

7.4.1 四连杆振动机构

四连杆振动机构是从国外发展起来的一种仿弧形振动机构，它是一种双摇杆机构。适用于板坯连铸机振动机构的两个摇杆一般布置在连铸机的外弧侧，如图 7-14*a* 所示，这种布置方式便于拆装二冷区的扇形段；适用于小方坯连铸机振动机构的两个摇杆一般布置在内弧侧，如图 7-14*b* 所示；适用于直弧形或立式连铸机的四连杆振动机构如图 7-14*c* 所示，此时要求两摇杆 *AD* 及 *BC* 平行且等长。

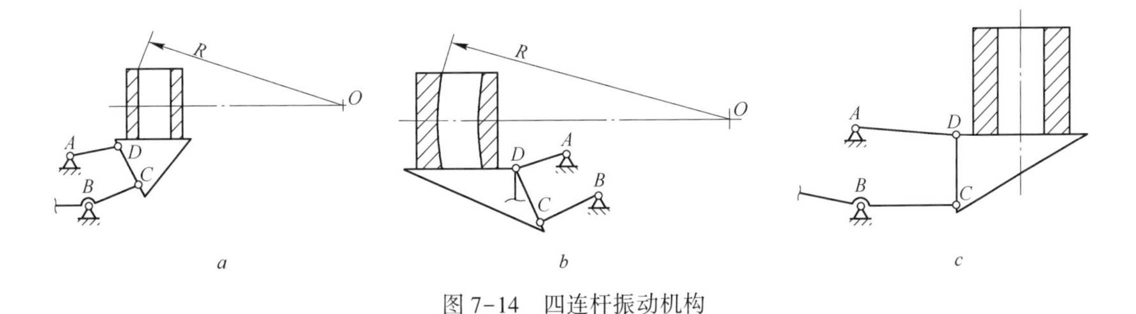

图 7-14 四连杆振动机构

不论是装在连铸机的外弧侧还是内弧侧，四连杆机构 *ABCD* 中的 *CD* 连杆在某一瞬间的运动是绕瞬心 *O* 的转动。由于结晶器的振幅与圆弧半径相比很小，因此只要使两摇杆 *AD* 及 *BC* 的延长线相交于连铸机的圆弧中心 *O*，瞬心位置变化所造成的运动轨迹误差很小。

一般在给定连铸机圆弧半径、结晶器振幅及四连杆机构参数的合理约束条件下，通过优化设计，能够使板坯连铸机结晶器振动轨迹理论误差 $\Delta R \leqslant 0.1$mm，小方坯的 $\Delta R \leqslant 0.02$mm。这种振动机构的主要缺点是各杆件只做摆动运动，轴承易形成局部磨损，特别是在高频率、小振幅的条件下，将产生较严重的局部磨损。

7.4.2 四偏心振动机构

四偏心振动机构是曼内斯曼公司于 20 世纪 70 年代开发，又于 80 年代加以改进的一种振动机构（见图 7-15）。它的工作原理同差动齿轮振动机构完全一样，结晶器的弧线运动是利用两对偏心距不同的偏心轮及连杆机构产生的。在结晶器下足有两侧各有一根通

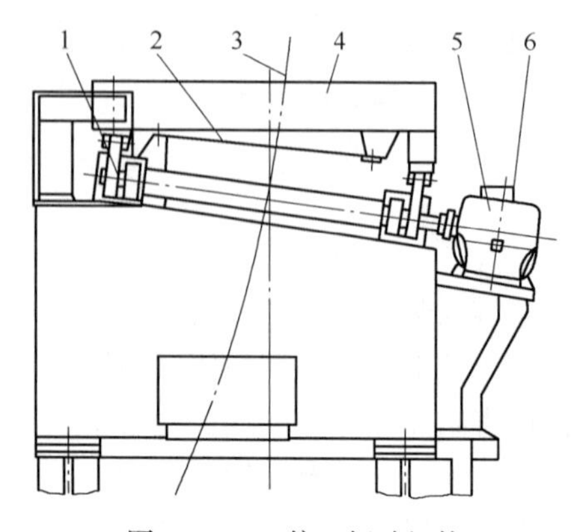

图 7-15　四偏心振动机构

1—偏心轮及连杆；2—定中弹簧板；3—铸坯外弧；4—振动台；5—蜗轮副；6—电机

轴，轴上装有不同偏心距的两个偏心轮，外弧的偏心轮有较大的偏心距，用一台电机通过两台蜗轮减速器同时驱动。通轴中心线的延长线通过铸机圆弧中心。结晶器运动的弧线定中是利用两条板式弹簧来实现的。板式弹簧使结晶器只做弧形摆动，而不能产生前后左右的位移。适当选择板簧长度，可以使运动轨迹理论误差不大于 0.02mm。由于结晶器的振幅不大，也可以把通轴水平安装，不会引起明显的误差。在偏心轮连杆上端，使用了特制的球面橡胶轴承，寿命较长。

这种振动机构的最大优点是偏心轮连杆的推力作用于振动台的四角，使结晶器的受力均衡，不会由于结晶器内阻力作用点的偏移而使结晶器做不平稳运动；其缺点是传动零件较多，机构比较复杂，使结晶器运动的平稳性降低。

由于这种振动机构的振动台架是钢结构件。结晶器及其冷却水管快速接头、振动机构、驱动系统及第一段二冷夹辊都装在振动台架上，可以整体吊运，并可快速更换振动台，更换时间不超过 1h。

7.4.3　弹簧板导向的结晶器振动机构

由于结晶器振动应尽可能接近所设定的轨迹。这一点在板坯连铸中心尤其重要，这里任何横向摇摆、角部的不规则运动都应避免。但传统的四偏心型和短臂振动机构都有导向方面的设计缺陷，即由于磨损而产生不可控制的运动偏差。这种认识促进了弹簧板结晶器振动导向机构的开发。

7.4.3.1　半板簧振动装置

采用弹簧板导向的最早设计见于德马格超低头板坯连铸机，这种振动机构在现场生产中取得了较好的效果。半板簧导向振动机构如图 7-16 所示。该振动机构是把导向臂用弹簧钢板代替，上部为弹簧钢板，下部为常规的连杆，设计使弹簧钢板承受拉力，结晶器的重量及拉坯力由连杆承受。传动装置一般布置在铸机的外弧侧，但也可以布置在内弧侧。该装置也成为半板簧导向振动装置。

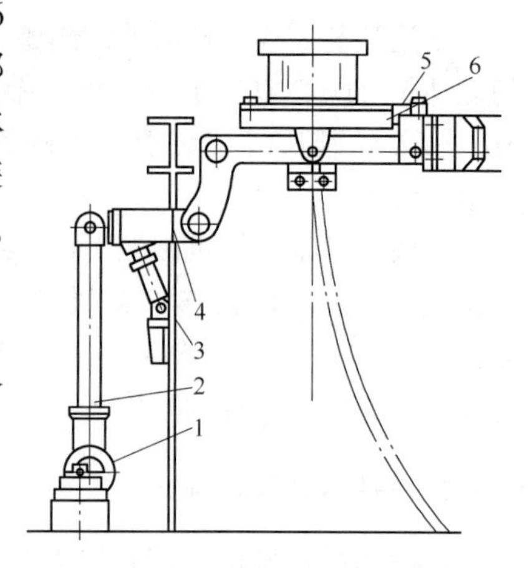

图 7-16　半板簧导向振动机构

1—传动装置；2—连杆；3—平衡弹簧；4—振动臂；5—弹簧板；6—振动台

这里采用弹簧钢板做导向臂，减少了四个轴承，同时也省掉了这四个点的润滑，这样可避免由这四个点的磨损引起的设备事故和对振动精度的影响。

7.4.3.2　全板簧振动装置

A　全板簧导向振动装置

Stel-tek 公司进一步采用弹簧钢板代替四连杆振动机构中的两个摇杆，实现全弹簧钢板导向振动机构，也可以说是无轴承的振动机构（见图 7-17），此装置使结晶器沿弧线运动。

该振动装置的设计要使弹簧板只承受拉应力，所以需要将振动台的支撑进行特殊处理，导向臂 1 可以保持原状态，原振动臂的位置由于可能承受拉压双向力，改变成 2 的状态，这样不论振动台向上运动还是向下运动，弹簧 2 都只受拉力。同时，为了振动的稳定性，在弹簧板 2 上预加了张紧力。因此，振动台的运动与短臂四连杆相同。

电机、减速机驱动偏心轮产生正弦振动，该运动通过双弹簧板系统传递到结晶器振动台，弹簧板系统完全没有间隙，整个系统只有偏心轮轴承的装配间隙，其间隙应在 0.05mm 范围内。

B　共振结晶器

共振结晶器的运动学模型如图 7-18 所示。结晶器内框架的两个窄面分别通过四根板簧悬挂于外框架，两边的弹簧板安装在同一个方向，使得它们以弹性方式在振动过程中互相牵引或拉伸。这种弹性方式具有两个重要的优点：即从结晶器到框架的连接在系统的整个使用过程中是无间隙的；结晶器精确地按连铸半径运动，导向误差是可以忽略不计的。共振结晶器振动系统能保证优良的铸坯表面，降低了对裂纹的敏感性，提高了操作的安全性，使系统便于操作和维护。

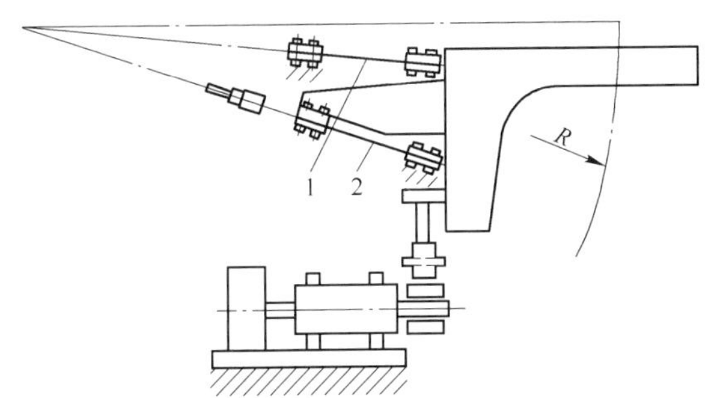

图 7-17　全板簧钢板导向振动机构

1—导向臂（弹簧板）；2—弹簧板

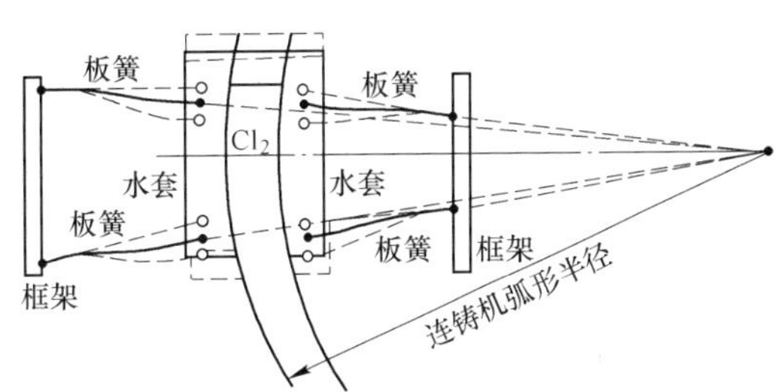

图 7-18　共振结晶器的运动学模型

C　串接式全板簧振动装置

串接式全板簧振动装置采用 4 块弹簧板分成两组（或者采用 8 块弹簧板分成两组），并按照短臂四连杆仿弧振动机构的基本原理进行布置，如图 7-19 所示。此装置具有侧向刚度高、可靠性高、振动导向运动轨迹精度高、无间隙、无润滑、无维修及经久耐用、安装方便等特点。

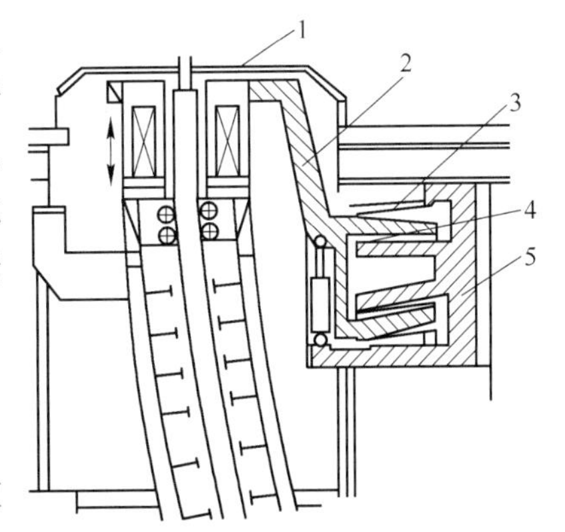

图 7-19　串接式全板簧振动装置

1—结晶器；2—框架；3—串联板簧；4—液压缸；5—结晶器固定架

7.4.4　液压振动机构

结晶器液压振动机构如图 7-20 所示。结晶器放在振动台架上，两根板簧 6 和操作平台相连，板簧对结晶器 1 起导向定位和蓄能作用。振动杆和振动台架相连，由铰链和平衡弹簧 3 支撑。液压油缸 4 不承受

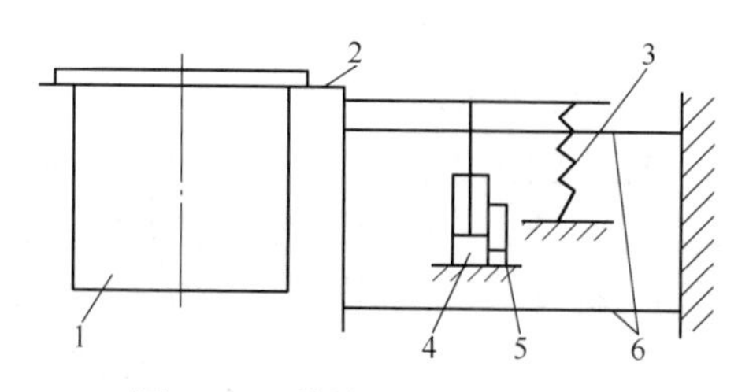

图 7-20　结晶器液压振动机构
1—结晶器；2—振动台架；3—平衡弹簧；4—液压油缸；5—比例伺服阀；6—板簧

弯扭力矩，仅承受轴向载荷。振动信号通过比例伺服阀 5 控制油缸的动作，带动振动台架上的结晶器进行振动，结晶器振动时的平衡点可以微调。由于工作时油缸的实际振幅较小（±10mm），振动中平衡点的位置对系统固有频率影响较小，因此可以认为油缸的振动特性直接反映结晶器的振动特性。液压振动机构油缸有单液压缸和双液压缸，其布置有偏心布置和中心布置（见表 7-2）。

表 7-2　液压振动机构油缸布置

用于小方坯和较小断面大方坯的单液压缸传动		用于大断面方坯的双液压缸传动
中心布置	偏心布置	中心双传动布置
沿弯曲方向的串接式板簧		垂直于弯曲方向的对称板簧

7.4.5　本体振动式方坯结晶器

传统的结晶器振动装置是通过振动台使结晶器产生正弦或非正弦振动，这种振动方式存在着振动质量大及维修困难等缺点。为克服上述缺点，卢森堡 PW 公司开发了一种采用本体振动方式的新型方坯结晶器。据报道，上海重矿连铸技术工程有限公司已独家买断该专利技术，其结构如图 7-21 所示。该技术于 2006 年在包钢 R7m 的 8 机 8 流连铸机上投入生产。其特点是只有结晶器铜管、导流水套和结晶器上面的法兰参与振动，而其他零部件如外水套、冷却水、闪烁计数器、结晶器电磁搅拌器及足辊等不参与振动，因而具有振动质量小（减小 95%）、结构简单、维修费用低等优点。

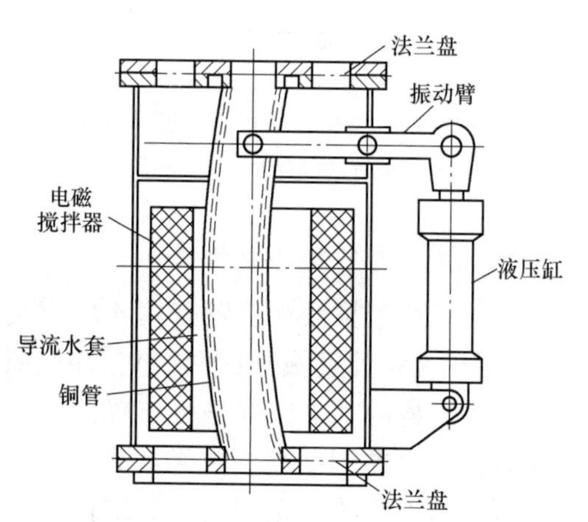

图 7-21　本体振动式方坯结晶器原理

结晶器的运动是由液压缸借助一个振动臂来产生的。为安全起见，采用水油混合物作为工作介质。振动冲程为 $h=0\sim8$mm，频率为 $f=0\sim600$ 次/min 在线自动调节。

7.5　结晶器振动机构研究

尽管结晶器振动装置存在各种不同结构，但这些机构均直接承载着结晶器，并使结晶器在浇铸时按照某种振动规律（如正弦、非正弦等振动方式）上下振动，以防止钢水与铜板黏结而产生漏钢等事故。通过结晶器的振动，不仅便于铸坯的脱模，而且有利于保护渣在铸坯表面和结晶器壁之间的渗透，改善铸坯的润滑效果，减小拉坯时的摩擦阻力，避免或减小铸坯与结晶器之间的黏结，从而有利于提高铸坯表面质量。此外，采用小振幅、高频率的振动，能减小振痕深度，可有效地防止横向裂纹产生，是提高铸坯表面质量的有效措施之一。因此，结晶器振动装置是连铸机中的关键设备之一。为了保证这些要求，必须对振动机构进行研究分析。

7.5.1 结晶器振动机构的运动学和动力学分析

结晶器振动机构的运动学和动力学分析以前多采用经典的理论力学分析方法来进行，即通过机构运动学分析，首先求出各杆系的角速度 ω_i 和角加速度 ε_i，并求出运动构件的惯性力和惯性力矩，然后根据达朗贝尔原理，分别对机构中的各个构件进行受力分析，列出构件的力平衡方程，完成结晶器振动机构的动力学分析[7,8]。

下面以某厂 1000mm 板坯连铸机结晶器使用的短臂四连杆仿弧振动机构为例进行分析，其振动机构如图 7-22 所示。

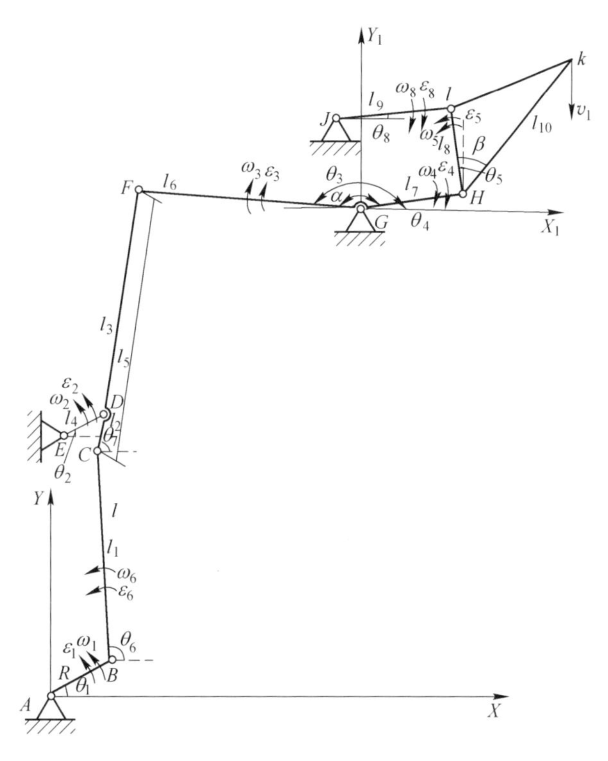

图 7-22 某厂 1000mm 板坯连铸机结晶器使用的短臂四连杆仿弧振动机构结构

7.5.1.1 运动构件惯性力、惯性力矩的计算

通过机构运动学分析，可以求出各杆系的角速度 ω_i 和角加速度 ε_i，典型杆件的角速度和加速度如图 7-23 所示。为了计算构件的惯性力和惯性力矩，建立如图 7-24 所示的坐标系。

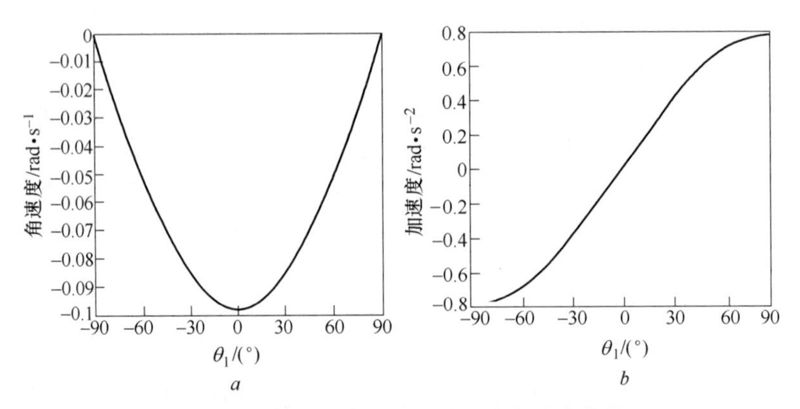

图 7-23　典型杆件的角速度和角加速度曲线

a—角速度曲线；*b*—角加速度曲线

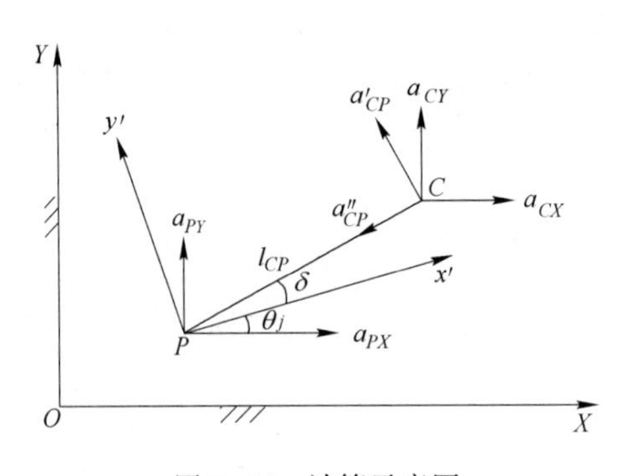

图 7-24　计算示意图

如图 7-24 所示，C 为质心点；P 为牵连运动点；$x'Py'$为随刚体运动的坐标系；XOY 为静坐标系。根据基点法：

$$\boldsymbol{a}_C = \boldsymbol{a}_P = \boldsymbol{a}_{CP} \tag{7-30}$$

将式（7-30）的矢量分别向 X 轴、Y 轴投影，得：

$$a_{CX} = a_{PX} - \omega_j^2 l_{CP}\cos(\theta_j + \delta) - \varepsilon_j l_{CP}\sin(\theta_j + \delta) \tag{7-31a}$$

$$a_{CY} = a_{PY} - \omega_j^2 l_{CP}\sin(\theta_j + \delta) + \varepsilon_j l_{CP}\cos(\theta_j + \delta) \tag{7-31b}$$

式中　a——加速度；

θ——角位移；

l——杆件的长度。

作用在构件质心处的惯性力、惯性力矩为：

$$\begin{aligned} F_{jX} &= - m_j a_{CjX} \\ F_{jY} &= - m_j a_{CjY} \\ M_j &= - J_j \varepsilon_j \end{aligned} \tag{7-32}$$

1000mm 板坯连铸机结晶器振动机构各运动构件的质量、质心坐标及转动惯量计算结果列于表 7-3。

当 ω=76 次/min、R=20mm 时，典型杆件的惯性力及惯性力矩如图 7-25 所示。

表 7-3 1000mm 板坯连铸机结晶器振动机构各运动构件的质量、质心坐标及转动惯量

构 件	质量 m_i /kg	质心坐标		转动惯量 J /kg·mm²
		δ_i/rad	LI_i/m	
AB 杆	138.2	0	0.032	2.7734
DE 杆	200	0	0.147	4.39
FGH 杆	4525.28	2.6412	0.7822	5504.49
HI 杆	9060.788	0.19134	1.3384	9236.65
BC 杆	690.85	0	1.124	226.945
CDF 杆	1240.12	0	1.5035	488.98
IJ 杆	828.8764	0	0.3087	73.195

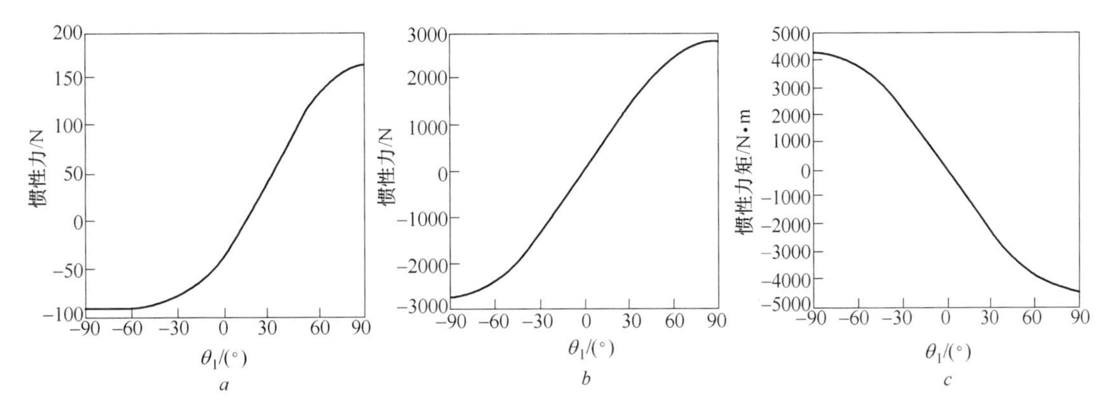

图 7-25 典型杆件的惯性力及惯性力矩

a—*x* 方向惯性力；*b*—*y* 方向惯性力；*c*—*FGH* 杆惯性力矩

7.5.1.2 铰链点支反力的计算

根据达朗贝尔原理，分别对机构中的各个构件进行受力分析，列出构件的力平衡方程：

$$R_{AX} + R_{BX} = -F_{X1}$$

$$R_{AY} + R_{BY} = -F_{Y1} + m_1 g$$

$$-R_{BX}R\sin\theta_1 + R_{BY}R\cos\theta_1 + M_1 = F_{X1}LI_1\sin\theta_1 - (F_{Y1} - m_1 g)LI_1\cos\theta_1$$

$$-R_{BX} + R_{CX} = -F_{X6}$$

$$R_{BY} + R_{CY} = -F_{Y6} + m_6 g$$

$$-R_{CX}l_1\sin\theta_6 + R_{CY}l_1\cos\theta_6 = -M_6 - (F_{Y6} - m_6 g)LI_6\cos\theta_6 + F_{X6}LI_6\sin\theta_6$$

$$R_{FX} + R_{GX} + R_{HX} = -F_{X4}$$

$$R_{FY} + R_{GY} + R_{HY} = -F_{Y4} + m_4 g$$

$$-R_{FX}l_6\sin\theta_3 + l_6\cos\theta_3 R_{FY} - l_7\sin\theta_4 R_{HY} = -M_4 + F_{X4}LI_4\sin(\theta_4 + \delta_4) - (F_{Y4} - m_4 g)LI_4\cos(\theta_4 + \delta_4)$$

$$-R_{DX} + R_{EX} = -F_{X2}$$

$$R_{DY} + R_{EY} = -F_{Y2} + m_2 g$$

$$-R_{DX}l_4\sin\theta_2 + R_{DY}l_4\cos\theta_2 = F_{X2}LI_2\sin\theta_2 - (F_{Y2} - m_2 g)LI_2\cos\theta_2 - M_2 \quad (7\text{-}33)$$

$$-R_{HX}+R_{IX}=-F_{X5}$$

$$-R_{HY}+R_{IY}=-F_{Y5}+m_5g\ \pm F$$

$$-R_{IX}l_8\cos\theta_5+R_{IY}l_8\sin\theta_5=-M_5+F_{X5}LI_5\cos(\theta_5+\delta_5)+$$
$$(F_{Y5}-m_5g)LI_5\sin(\theta_5+\delta_5)\ \pm Fl_{10}\sin(\beta-\theta_5)$$

（负滑时，F 取"+"；正滑时，F 取"-"）

$$R_{CX}+R_{DX}+R_{FX}=-F_{X7}$$

$$R_{CY}+R_{DY}+R_{FY}=-F_{Y7}+m_7g$$

$$R_{DX}l_2\sin\theta_7-R_{DY}l_2\cos\theta_7+R_{FX}l_5\sin\theta_7-R_{FY}l_5\cos\theta_7$$
$$=F_{X7}LI_7\sin\theta_7-(F_{Y7}-m_7g)LI_7\cos\theta_7-M_7$$

$$-R_{IX}+R_{JX}=-F_{X8}$$

$$R_{IY}+R_{JY}=-F_{Y8}+m_8g$$

$$R_{LX}l_9\sin\theta_8-R_{IY}l_9\cos\theta_8=-M_8+F_{X8}LI_8\sin\theta_8+(F_{Y8}-m_8g)LI_8\cos\theta_8$$

其中，R 为曲柄长度；F_X，F_Y 分别为 X，Y 方向的惯性力；R_X，R_Y 分别为 X，Y 方向的支反力；m 为质量；M 为惯性力矩；g 为重力加速度。

建立方程组后，可利用全主元高斯消去法求解出支座反力。

当 $R=20\text{mm}$、$\omega_1=76$ 次/min 时，各铰链点支反力的计算结果见表 7-4。

表 7-4　$R=20\text{mm}$，$\omega_1=76$ 次/min 时各铰链点支反力

铰链点	X 方向最大支反力（驱动力矩）/N	X 方向动荷系数	Y 方向最大支反力/N	Y 方向动荷系数
A	19.86	0.7433	27369.86	1.8657
B	392.05	5.0049	19965.01	1.2459
C	88.18	0.9009	25854.84	1.1342
D	45.4664	1.0762	1174.9327	1.1373
E	125.98	1.1337	942.87	1.0084
F	21.9148	1.6558	37302.38	1.0368
G	63245.05	1.7099	231201.97	1.209
H	63385.92	1.035	152348.4	1.3737
I	64726.64	1.0569	26040.39	1.3097
J	64791.81	1.0579	17731.99	0.6332

从表 7-4 中可以看出，各铰链点 Y 方向的支反力较大，而 X 方向的支反力较小。在所有 Y 方向的支反力中，G 点的支反力最大（见图 7-26），所以选择 G 点的动荷系数作为机构的动荷系数。当 $R=20\text{mm}$，$\omega_1=76$ 次/min，机构的动荷系数为 1.209。同理，可以计算出在曲柄半径 $R=32\text{mm}$、曲柄转速 $\omega_1=125$ 次/min 的极限工况下，各铰链点的支反力机构可能达到的最大动荷系数为 1.3972。

7.5.1.3　高频振动对机构过载保护装置的影响

机构过载保护装置如图 7-27 所示。当过载保护装置承受拉力时，作用力仅由拉杆承受，此时弹簧只受预紧力作用。当过载保护装置承受压力时，此压力由弹簧承受。由于该弹簧的预紧力为40kN，故只要压力小于预紧力，弹簧将不会被压缩，此时过载保护装置与其受拉时一样，仍可被视为刚性构件。如果作用于过载保护装置两端的压力大于该预紧力时，弹簧将被压缩，其结果相当于*BC*杆缩短，从而影响机构的正常工作。

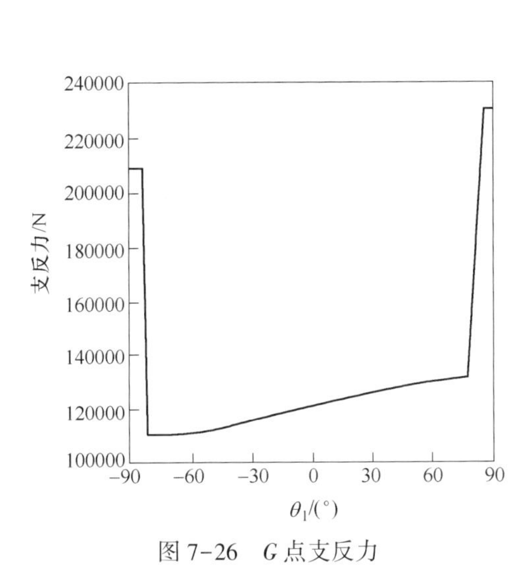

图7-26 *G*点支反力

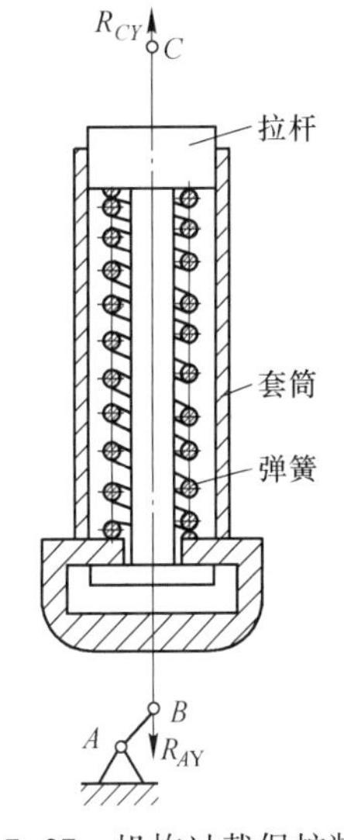

图7-27 机构过载保护装置

通过计算表明，如不计机构惯性载荷的影响，即机构仅受静载的作用，过载保护装置始终受拉，但在曲柄转速较高且曲柄长度较大的工况下，受惯性载荷的影响，作用在过载保护装置两端的力可能发生拉压交替变化，其压力有可能超过40kN。为了保证作用于过载保护装置的压力不超过预紧力40kN，图7-28给出了对应各曲柄长度的曲柄转速临界值曲线，即在确定结晶器振动参数时，只要所选的参数点位于临界曲线以下，即可保证过载保护装置承受的压力不超过预紧力40kN，保证工作的需要。

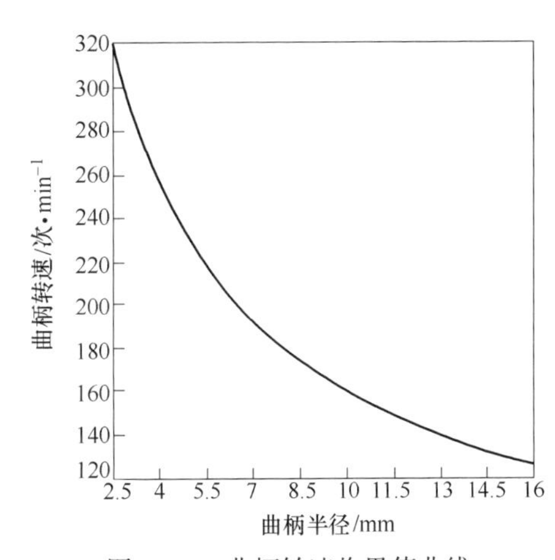

图7-28 曲柄转速临界值曲线

7.5.2 基于虚拟样机技术的结晶器振动机构的动力学分析

随着技术的不断进步，可以采用现代分析技术，如采用ADAMS分析软件，来完成结晶器振动机构的运动学和动力学分析。某厂结晶器振动机构的分析模型如图7-29所示[9]。

在建立结晶器液压驱动短臂四连杆振动装置系统物理样机模型时，对振动装置做了如下假设：

（1）各个构件都是刚体（不考虑变形），整个系统是刚性系统；

（2）保证各个零部件的质心位置、质量、转动惯量和原机构一致；

（3）不考虑模型中旋转副摩擦力。

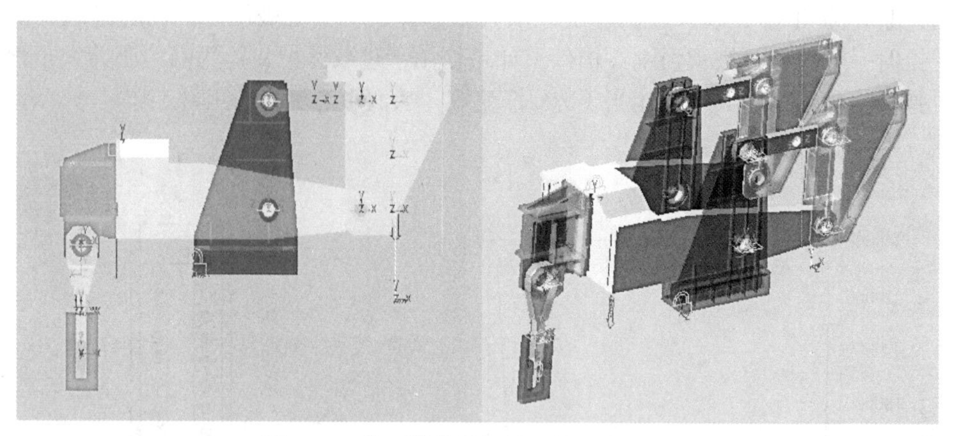

图 7-29 某厂结晶器振动机构的分析模型

在模型的简化处理中，主要进行以下处理：

（1）结晶器的模拟在仿真中简化为一个质量块，质量块的质量为结晶器的实际值和冷却水、输水管等的总重；

（2）振动装置中的液压缸驱动部分采用二维模型简化，使用一个移动副模拟液压缸，施加一个单向运动副模拟液压驱动的功能；

（3）摩擦力的添加是模型简化的一个难点，因为摩擦力的变化是一个尚未研究清楚的方向，在此摩擦力简化为一个随结晶器运动速度线性变化的理论数值。

由于该结晶器采用普通非正弦振动，一个周期内，非正弦振动的速度表达式为：

$$v = \begin{cases} v_{AB} = 113.2\text{mm/s} \quad (0 \leqslant t \leqslant 0.0408) \\ v_{BC} = 113.2\cos(81.64t - 3.33) \quad (0.0408 \leqslant t \leqslant 0.0568) \\ v_{CE} = -235.5\sin(39.25t - 2.355) \quad (0.0568 \leqslant t \leqslant 0.1432) \\ v_{EF} = 113.2\sin(81.64t - 11.43) \quad (0.1432 \leqslant t \leqslant 0.1592) \\ v_{FG} = 113.2\text{mm/s} \quad (0.1592 \leqslant t \leqslant 0.2) \end{cases} \tag{7-34}$$

将非正弦运动的振动规律施加到模型中，经过仿真计算，得到结晶器振动装置各部件的动力学特性数据，液压缸的驱动力和结晶器的加速度曲线如图 7-30 所示，实线为液压缸的驱动力曲线，虚线是结晶器的加速度曲线。计算表明：液压缸驱动力最大值为 7513N，最小值为-2772N，并且驱动力的变化趋势和结晶器振动装置的加速度趋势相同。

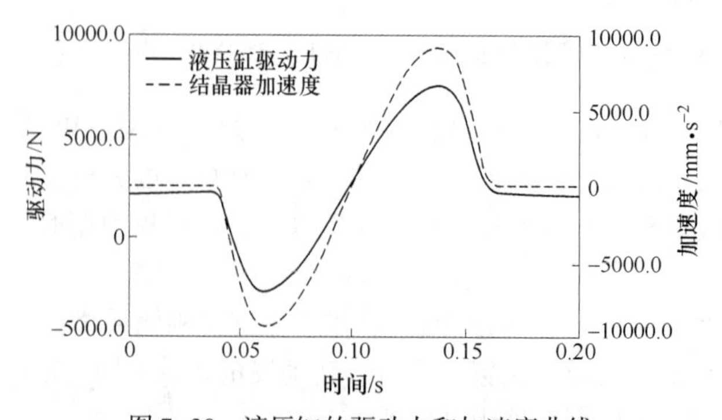

图 7-30 液压缸的驱动力和加速度曲线

各杆件受力分析可为杆件静强度分析和轨迹误差分析提供力能参数的数据支持和理论依据。

7.5.3 结晶器振动装置模态分析

由于结晶器的振动机构是一个典型的振动机械，为了确保安全生产，必须对振动机构进行模态分析，为振动机构的振频及动载荷进行计算分析、系统的固有频率分析以及振动机构在振动过程中系统稳定性分析提供技术支持。

为了完成振动机构的模态分析，采用现代设计方法中的有限元分析方法来进行。在对该振动装置进行模态分析时，采用 ANSYS 有限元分析包。在该结晶器振动机构动力学的模型建立过程中主要有以下处理思路：

（1）框架、下连杆、固定架根据实际结构尺寸进行三维实体建模，按照实际的材质模型施加到模型中；

（2）液压缸包括活塞杆和液压缸体，根据刚度相当的原则，将液压缸简化成一个弹性杆来进行处理；

（3）下连杆和固定架、下连杆和框架、上连杆和固定架、上连杆和框架、下连杆和弹性杆的连接轴承建立成实体形式，采用施加轴承轴心处的自由度耦合方法来实现轴承的连接作用；

（4）网格划分采用六面体网格和四面体网格结合，模型的网格数为 38149，节点数为 55754。

结晶器振动装置的模态分析边界约束条件包括：

（1）对称面施加对称约束；

（2）弹性杆下端施加高度方向的约束；

（3）固定架下表面施加固定约束；

（4）各轴承铰接处，采用连杆和轴承中心处节点耦合的方法约束。

结晶器振动装置的模态分析模型如图 7-31 所示。

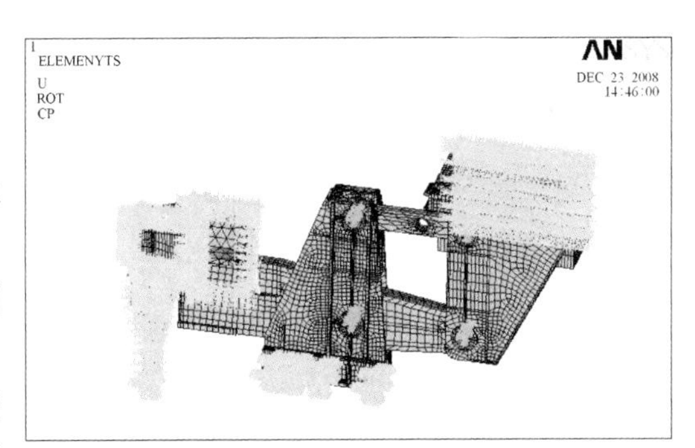

图 7-31 结晶器振动装置的模态分析模型

经过模态计算后，求出结晶器振动装置的约束固有频率，计算结果见表 7-5，振动装置一阶振型如图 7-32 所示。

表 7-5 固有频率计算结果

阶数	频率	阶数	频率
1	26.304	6	134.00
2	38.357	7	178.68
3	71.551	8	184.49
4	85.494	9	234.54
5	112.59	10	254.32

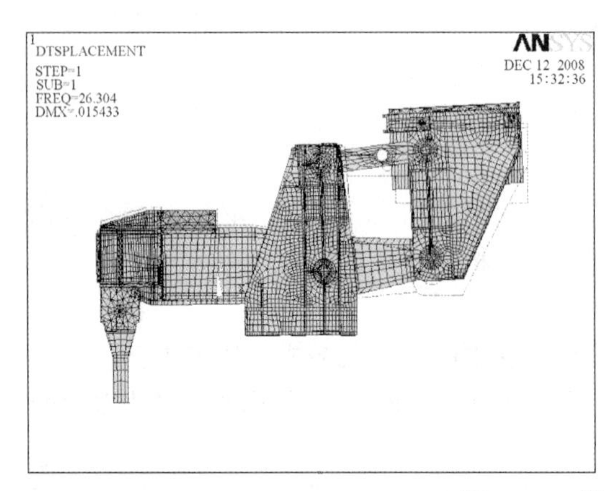

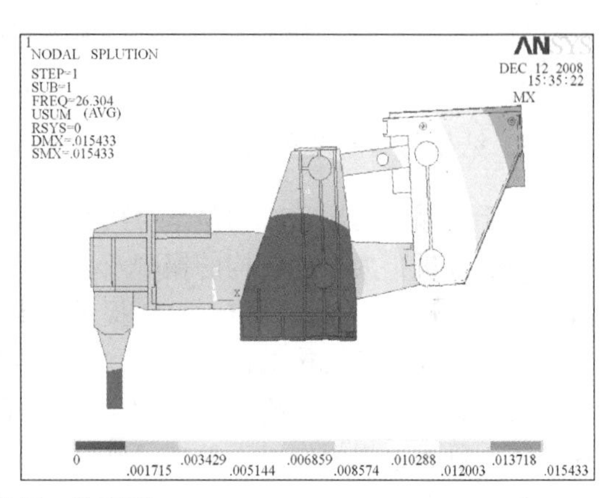

图 7-32 振动装置一阶振型

分析表明：

第一阶振型（频率为 26.304Hz）为振动装置沿固定架下端的逆时针方向摆动。振动台的摆动幅度最大，上连杆和下连杆发生较小幅度摆动，最大相对位移发生在振动台右顶端。

第二阶振型（频率为 38.357Hz）为振动装置绕固定架下端的二阶扭转振动，方向为顺时针方向。下连杆及连接座位移较小，位移最大处在振动台左顶端。

第三阶振型（频率为 71.551Hz）为振动装置固定架的一个局部模态，该频率下主要是固定架上端发生弯曲振动，振动台也发生较小的位移变化。

第五阶振型（频率为 112.59Hz）的振动装置为局部扭转振动。固定架上端和框架下端都发生较大幅度的摆动。

第六阶振型（频率为 134.00Hz）是振动装置的局部振动，连接座以及弹性杆发生较大幅度摆动。

7.5.4 结晶器振动机构强度仿真分析

在结晶器振动机构的分析过程中，还常常需要对振动机构的各个部件的强度和变形进行分析，以确保振动机构的安全生产。下面以某厂的结晶器短臂四连杆振动机构为例，对振动机构主要零部件中的框架、下连杆、固定架进行分析。

在对振动机构中的框架进行有限元强度分析时，根据结晶器振动装置的结构可知，左右两框架的结构相同且对称布置，每个框架各承受结晶器总载荷的二分之一，所以强度仿真只需对其中一个进行分析即可。考虑到框架载荷和结构上均存在对称性，分析时可以根据对称规律进行简化，取单边框架 1/2 模型进行分析。由于框架模型为规则三维实体，采用六面体单元 SOLIDE45 来进行网格划分。框架网格模型如图 7-33 所示。模型共有节点数 14760、单元数 9399。框架材料为 Q235-A，其力学性能如下：$\sigma_b = 375 \sim 500\text{MPa}$，$\sigma_s = 225\text{MPa}$，$E = 200 \times 10^9\text{Pa}$，$\mu = 0.3$，$\rho = 7800\text{kg/m}^3$。

模型的边界条件主要包括：各对称面上施加对称位移边界条件以及框架的上表面的 X 向和 Y 向移动约束。框架的载荷及边界条件如图 7-34 所示。框架在最大载荷下应力分布如图 7-35 所示，框架变形示意图如图 7-36 所示。

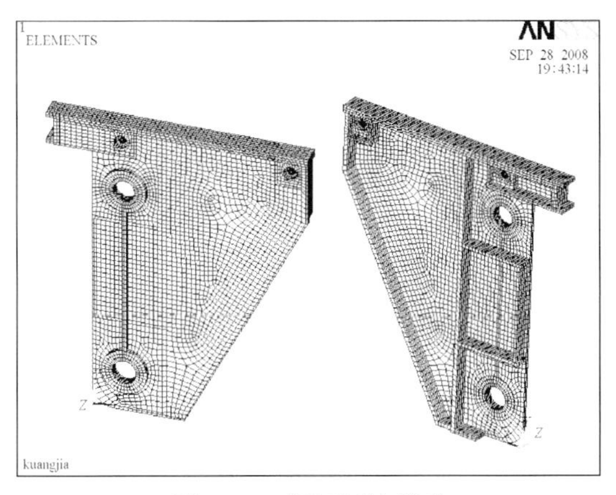

图 7-33　框架网格模型

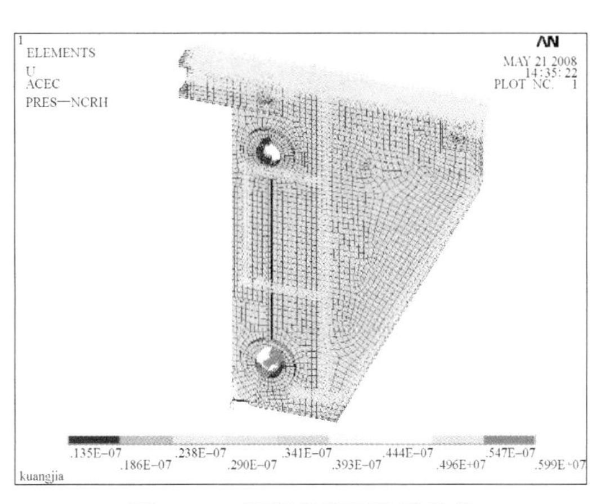

图 7-34　框架载荷及边界条件

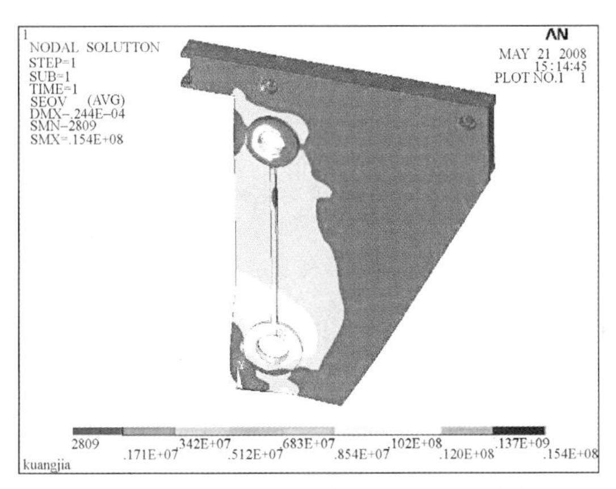

图 7-35　框架在最大载荷下的应力分布

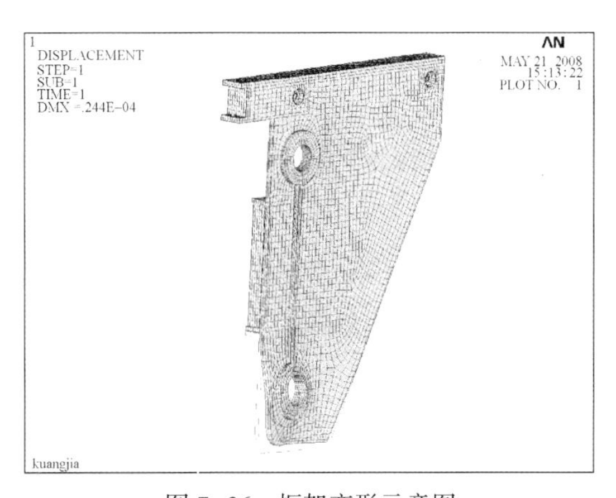

图 7-36　框架变形示意图

分析表明：

（1）框架等效应力最大值为 15.4MPa，出现在下轴孔内侧上方；框架第一主应力最大值为 11.8MPa，也在下轴孔内侧上方；框架第三主应力最大值为-9.45MPa，出现在下轴孔外侧过渡角处。

（2）框架在载荷的作用下发生高度方向的拉压和下轴孔附近沿 Z 向的外凸变形；框架沿高度方向最大变形量为 0.0142mm，位于下轴孔边缘处。上轴孔在高度方向的变形量大约为 0.002mm。可以得出在最大载荷的作用下，框架两轴孔的间距缩小 0.0122mm。框架下轴孔处沿 Z 向的外凸变形最大值达到 0.0212mm，位置出现在框架下轴孔外。

在结晶器振动过程中，振动装置的各零件均受非对称循环变应力作用，且平均应力为常数，所以可用式（7-35）计算疲劳极限安全系数：

$$S_{ca} = \frac{\sigma_{-1} + (K_\sigma - \psi_\sigma)\sigma_m}{K_\sigma(\sigma_a + \sigma_m)} \tag{7-35}$$

式中　σ_{-1}——疲劳极限，MPa；

　　σ_a——平均应力，MPa；

σ_m——应力幅，MPa；

K_σ——弯曲疲劳极限的综合影响系数；

ψ_σ——材料常数。

平均应力、应力幅、综合影响系数可用如下公式表示：

$$\sigma_a = \frac{\sigma_{max} - \sigma_{min}}{2} \tag{7-36}$$

$$\sigma_m = \frac{\sigma_{max} + \sigma_{min}}{2} \tag{7-37}$$

$$K_\sigma = \frac{k_\sigma}{\varepsilon_\sigma \beta} \tag{7-38}$$

式中 σ_{max}——最大应力，MPa；

σ_{min}——最小应力，MPa；

k_σ——有效应力集中系数；

ε_σ——零件的绝对尺寸系数；

β——零件的表面质量系数。

由于利用有限元仿真计算出的应力结果中已经考虑了应力集中和零件尺寸的影响，而零件表面质量对疲劳强度的影响较小，可忽略不计。因此，疲劳强度安全系数可表示为：

$$S_{ca} = \frac{\sigma_{-1} - \psi_\sigma \sigma_m}{\sigma_a + \sigma_m} = \frac{\sigma_{-1} - \psi_\sigma \sigma_m}{\sigma_{max}} \tag{7-39}$$

材料极限强度之间的关系为：碳钢 $\sigma_{-1} = 0.43\sigma_b$，合金钢 $\sigma_{-1} = 0.2(\sigma_b + \sigma_s) + 100$，则 Q234-A 的疲劳极限为：

$$\sigma_{-1} = 0.43 \times 375 = 161.25\text{MPa} \tag{7-40}$$

结晶器框架在一个振动周期内，最大等效应力 σ_{max} 为 15.4MPa，最小等效应力 σ_{min} 为 15.4MPa，则 σ_m 为 8.062MPa。

可见，框架的疲劳强度安全系数为：

$$S'_{cal} = \frac{161.25 - 0.34 \times 8.062}{15.4} = 10.3 \tag{7-41}$$

静强度安全系数为：

$$S'_1 = \frac{225}{15.4} = 14.6 \tag{7-42}$$

同理，可以对下连杆、固定架等关键零件进行静强度分析，可以得到各有关零件的应力情况，其最大等效应力对比见表 7-6。

表 7-6 各部件的最大等效应力计算结果统计

部件名称	框　架	下连杆	固定架
最高等效应力/MPa	15.4	24.5	19.2
最大第一主应力/MPa	11.8	15.7	16.1
最大第三主应力/MPa	-9.45	-16.8	-17.4
静强度安全系数	14.6	13.3	16.9
疲劳强度安全系数	10.3	10.4	13.3

从表7-6中可以看出各部件的应力应变总结如下：结晶器四连杆振动机构在极限承载状态下，框架的静强度安全系数和疲劳强度安全系数分别为14.6和10.3，下连杆的静强度安全系数和疲劳强度安全系数分别为13.3和10.4，固定架的静强度安全系数和疲劳强度安全系数分别为16.9和13.3，机构存在较大的强度安全裕量。

7.6 振动装置的选择与应用

振动装置的选择原则有如下几点：

（1）振动装置的选择要与铸机整体装备水平、技术性能相适应，否则振动装置即便有很高的技术性能和装备水平也难以发挥其作用。

（2）根据生产的断面、钢种来选择正弦、非正弦振动方式。一般来讲，非正弦振动对任何断面和钢种的表面质量、拉坯速度等都是有利的。但是对于敞开浇铸、油润滑的铸机，非正弦振动的优越性（增加保护渣消耗量、增加液体渣膜厚度减小摩擦力及减小正滑动期间结晶器与铸坯之间的相对速度差等）发挥不出来。这时选择非正弦振动的意义不大。但若采用浸入式水口、保护渣浇铸，对铸坯表面及皮下质量要求较高或拉坯速度较高时，选用非正弦振动是必要的。

非正弦振动发生装置可分为液压非正弦和机械非正弦，至于选择哪一种驱动方式，要统筹考虑。同时还要看到，非正弦振动的优越性主要来自非正弦振动所具有的最佳振动模型（振动规律本身），非正弦振动装置的选择最终应根据建设投资、运行维护成本及所能带来的效益权衡而定。

（3）振动装置应具有较高的刚度、较小的质量、尽可能高的固有频率，这样可以使发生共振的外激励谐波分量的阶次提高，从而可以改善振动装置的动力学特性，提高振动的平稳性。

振动装置在拉坯方向及横向的偏摆均要达到规定的数值（分别为±0.2mm和±0.15mm），并且越小越好，目前较好的振动装置偏摆量分别达到了小于±0.1mm和±0.075mm。

参 考 文 献

[1] 程常桂，邓康，任忠鸣．连铸坯振痕的形成机理及控制技术的发展［J］．炼钢，2000，16（5）：55~61.

[2] 王贺利，雷作胜．连铸坯表面振痕形成机理研究［J］．连铸，2009，5：13~17.

[3] 蔡开科，等．连铸结晶器［M］．北京：冶金工业出版社，2008.

[4] 李彤．包钢连铸机结晶器振动参数分析［J］．连铸，1998，2：22~24.

[5] 干勇，等．结晶器非正弦振动理论的研究［J］．钢铁，1999，34（5）：26~29.

[6] 贺道中．连续铸钢［M］．北京：冶金工业出版社，2007.

[7] 邹家祥，等．冶金机械的力学行为［M］．北京：科学出版社，1999.

[8] 秦勤，等．济南钢铁总厂1000mm板坯连铸机力能参数测试分析报告之四［R］.1995.

[9] 徐道程．液压短臂四连杆结晶器振动机构特性分析［D］．北京：北京科技大学，2008.

8 铸坯的高温本构方程

铸坯的本构方程反映了材料流变应力与应变速率、应变和变形温度等之间的关系，是研究铸坯完成各种工艺（如顶弯、矫直、压下等）的基础。在实际塑性加工变形过程中，材料的流变应力不但与变形温度 T、应变 ε 和应变速率 $\dot{\varepsilon}$ 有关，还与金属化学成分、晶粒尺寸、组织结构以及变形历史等其他条件有关。

8.1 铸坯高温本构方程研究现状

国内外学者根据铸坯的不同材料成分、成形特点，在连铸的研究过程中提出了热弹性本构模型、弹塑性本构模型、黏弹性本构模型、黏弹塑性本构模型等模型，但由于热弹性模型只能描述在屈服极限内的材料状态，因此，只有弹塑性本构模型、黏弹性本构模型、黏弹塑性本构模型得到了广泛应用。

8.1.1 弹塑性本构模型

弹塑性应力模型是研究比较成熟的模型，国内外学者在早期计算铸坯凝固壳应力应变时经常采用这种模型。Sorimachi[1]通过建立热力耦合弹塑性模型计算了二冷区的应力分布情况，通过仿真结果定性分析了铸坯受拉和受压的区域，预测了铸坯内部裂纹的产生情况。Uehara[2]等人建立了二维弹塑性有限元模型用以分析带液芯板坯一点矫直过程中的矫直变形和鼓肚变形。蔡开科等人[3]通过建立弹塑性模型计算了方坯应力场，在计算中考虑了温度分布不均匀产生的热应力，分析了工艺条件对铸坯裂纹的影响情况。Zhang[4]在考虑连铸实际生产中铸坯凝固传热、辊列接触的基础上，建立了铸坯鼓肚变形三维弹塑性有限元模型，并将仿真结果与工程实测值进行了比较。但是，由于高温连铸过程涉及较大范围的应变速率，其力学性能对应变率很敏感，这种与时间无关的弹塑性本构模型的分析结果的准确性较差，目前已经很少使用。

8.1.2 黏弹性本构模型

近年来，大批研究人员在研究鼓肚问题时，发现采用黏弹性模型得出的结果与工程实际结果更吻合，因而黏弹性模型得到广泛使用。达涅利[5]研究人员根据试验得出的高温力学性能数据，建立铸坯与铸辊相互接触的黏弹性模型，研究了钢水静压力对高温铸坯鼓肚变形、内表面应变的影响。Yoshii 和 Kihara[6]基于梁的弯曲理论，通过建立连续梁模型分析了铸坯通过若干铸辊时的鼓肚变形。王朕增[7]根据弹性理论计算，假设当铸坯宽度与辊间距之比大于 2 时，铸坯鼓肚与宽度无关，根据此条件建立了黏弹性平面应力模型，计算出了铸坯由“蠕变”而产生的鼓肚变形及坯壳内外表面应变计算式。孙蓟泉[8,9]、王忠民等人[10]以 Maxwell 黏弹性薄板为模型，得出了连铸板坯在钢水静压力与不均匀温度场作用下所发生的鼓肚变形与应力的解析解；计算中考虑了板坯温度沿厚度方向呈线性分布，将鼓肚变形分为弹性变形和蠕变变形，讨论了材料的松弛时间对板坯鼓肚变形的影响。

8.1.3 黏弹塑性本构模型

随着技术的不断进步，Kozlowski 等人[11]总结前人的研究成果，提出了四种本构方程来描述在奥氏体温度区域的普通碳钢的力学性能。方程中分别考虑了材料常量、时间硬化、应变硬化和瞬时应变硬化四种因素，并根据 Wray[12]和 Suzuki[13]的实验结果来验证模型的准确程度。同时还指出：考虑时间硬化、应变硬化和瞬时应变硬化等因素的本构方程能够较好地描述普通碳钢在高温、低应变和低应变速率条件下的力学性能。Sakui、Sakai[14]和 Dalin[15]利用牛顿定律形式的黏塑性本构模型对奥氏体钢在大应变率范围内的变形进行了描述。Grill 和 Sorimachi[16]利用 Sakui 和 Sakai 的本构模型研究连铸坯的鼓肚变形。Kozlowski 所列模型中分别采用牛顿定律和双曲正弦式，Thomas[17]利用该本构模型对连铸方坯在奥氏体和铁素体阶段进行了研究。Fachinotti 等人[18]得出结论：应变率对钢的高温力学性能有重要影响。因此在连铸中，与应变速率相关的黏塑性本构模型能够更好地表征钢的本构特性；同时，几乎在所有试验都会出现硬化现象，本构模型中也应包含这种因素。Pierer[19]把几种模型嵌入有限元进行仿真，得到的结果和实验结果进行了比较，在模型参数合理情况下，吻合较好。

表 8-1 为几种简单的黏弹塑性模型，包括 Kozlowski[11]、Anand[20]、Garofalo[21]和 Han[22,23]等提出的模型。Huespe 等人[24]利用 Kozlowski 和 Anand 的模型，通过 Wray 的拉伸试验和 Suzuki 的蠕变试验数据模拟了碳素钢在高温（950~1300℃）下的力学性能，对上述模型进行进一步的改进并得出结论：Kozlowski 的模型较 Anand 的模型更好。第一，Kozlowski 的模型建立在标准材料基础上；第二，模拟黏塑性材料时鲁棒性较好；第三，Kozlowski 的模型与 Suzuki 的试验数据更加吻合。

表 8-1 常用于连铸条件下的本构模型

	模型		流变规律和材料参数	特点
Kozlowski 模型[11]	模型Ⅰ	牛顿定律	$\dot{\varepsilon}=A\exp\left(-\dfrac{Q}{RT}\right)\sigma^{n}$	基于材料在变形过程中结构保持不变的假设建立。优点是方程形式简单、计算时容易积分；缺点是没有考虑连铸中的硬化和一次蠕变，仅适用于高温、低应变速率情形
		双曲线定律	$\dot{\varepsilon}=A\exp\left(-\dfrac{Q}{RT}\right)\sinh(a_{\sigma}\sigma)$	
			$\dot{\varepsilon}=A\exp\left(-\dfrac{Q}{RT}\right)[\sinh(a_{\sigma}\sigma)]^{n}$	
	模型Ⅱ	Multiplicative -viscosity Hardening law	$\dot{\varepsilon}=A\exp\left(-\dfrac{Q}{RT}\right)\sigma^{n}t^{m}$	考虑了时间硬化因素。适用于整个变形温度区间，尤其适用于高温区；由于时间一直在单调地增加，不适用在低应变速率下

续表 8-1

	模型		流变规律和材料参数	特 点
Kozlowski 模型[11]	模型Ⅲ	Additive-viscosity Hardening law	$\dot{\varepsilon} = A\exp\left(-\frac{Q}{RT}\right)[\sigma - a_{\varepsilon}\varepsilon^{n_{\varepsilon}}]^{n}$	考虑了背应力，优点是适用于复杂载荷和低应变情形；缺点是不适用于稳态蠕变和大变形情况
	模型Ⅳ	Additive-viscosity Hardening law	$\dot{\varepsilon} = A\exp\left(-\frac{Q}{RT}\right)\times[\sigma - a_{\varepsilon}\varepsilon^{n_{\varepsilon}} + a_{t}t^{n_{t}}\sigma^{n_{t}}]^{n}$	比模型Ⅲ适用范围更广泛，可准确地描述回复和蠕变现象；但计算过程复杂，应用比较困难
Anand 模型[20]			$\dot{\varepsilon}^{i} = C\exp\left(-\frac{Q}{kT}\right)\left(\frac{\sigma}{\sigma_{D}}\right)^{1/m}$	
Garofalo 模型[21]			$\dot{\varepsilon} = A\exp\left(-\frac{Q}{RT}\right)[\sinh(\alpha\sigma_{s})]^{1/m}$	
Han 模型[22,23]			$\dot{\varepsilon} = A\exp\left(-\frac{Q}{RT}\right)[\sinh(\beta K)]^{1/m}$	

国内学者礼为鹏[25]以 Sellars-Tegart 形式的高温固相本构方程为基础，通过 Gleeble-1500D 热/力模拟试验机对超高强度钢（UHSS）和微合金（Micro-alloyed Carbon Steel）进行了凝固法和加热法两种不同的加热历程的拉伸试验，采用非线性回归拟合的方法获得了固相本构方程中的相关参数，最终确立了这两种钢的高温固态本构方程。

8.2 铸坯高温力学性能试验分析

尽管获得金属材料在高温条件下的本构方程的方法较多[26~28]，但是利用实验方法，通过测定金属材料在不同变形条件（如温度、应变速率等）下的应力-应变变化规律，从而构建高温金属的本构方程是一种有效途径。以高强钢 AH36 铸坯材料作为研究对象，在完成铸坯高温力学性能试验分析的基础上，构建铸坯的高温本构方程。

AH36 作为一种典型的高强度船板钢，被广泛应用于造船工业中。其材料成分为：C 0.157%，Si 0.2489%，Mn 1.1132%，P 0.0162%，S 0.0044%，Al_s 0.0289%，Cr 0.0375%，Mo 0.0045%，Ni 0.0177%，Cu 0.0284%。

8.2.1 试验方案设计

8.2.1.1 试验装置及试验样品

铸坯的高温力学性能试验选用 Gleeble-3500 热/力模拟实验系统进行，实验设备如图 8-1 所示。该热模拟试验机的电阻加热系统的加热速率高达 10000℃/s；同时，高热导率的夹具使 Gleeble-3500 具有高速的冷却能力；其温度控制精度达到±10℃/s，试样轴向均温区温差为±5℃/s。全集成液压伺服控制系统可实现 10t 的拉、压静载；轴向最大空移速率为 1000mm/s，轴向可控的最小速率为 0.001mm/s，位移的测量精度达到 0.002mm。

根据 Gleeble-3500 热模拟实验设备对拉伸试样的要求，采用尺寸为 ϕ10mm×120mm 标准拉伸圆柱试样，拉伸试样的两端分别加工 M10 的螺纹，便于实验过程中卡块和试样的电/热接触，并将试样固定在拉伸装置上。拉伸试样的尺寸结构如图 8-2 所示，拉伸试样的取样位置如图 8-3 所示。拉伸试样在取样时，使得其轴向均垂直于连铸的拉坯方向和柱状枝晶生长方向[29]，保证实验研究结果能较好地反映连铸坯材料实际的高温力学性能。

图 8-1 Gleeble-3500 热/力模拟实验设备

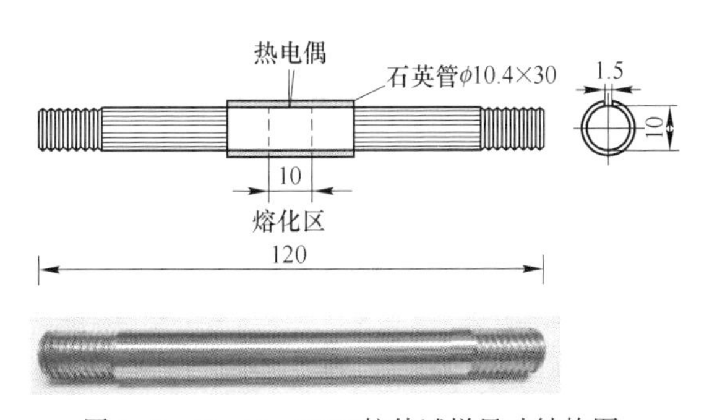

图 8-2 Gleeble-3500 拉伸试样尺寸结构图

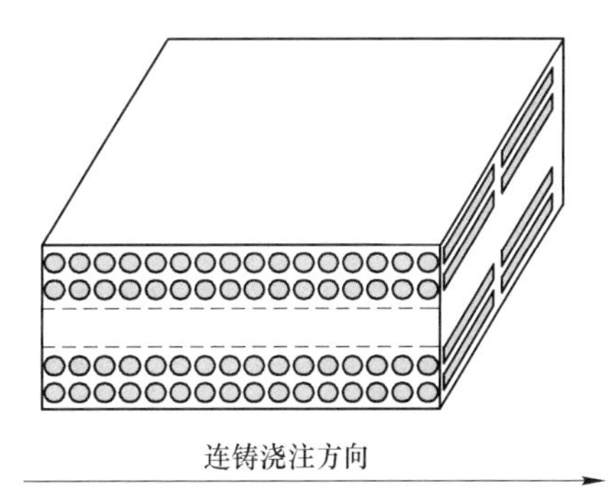

图 8-3 拉伸试样在铸坯中的位置

8.2.1.2 高温拉伸变形试验方法设计

在实际的连铸生产中，铸坯一般在高温（一般 800～1600℃）、低应变速率（10^{-5}～$10^{-2}s^{-1}$）、低应变和复杂载荷作用等综合因素下受力变形[11,25,30~33]。根据连铸在实际生产中的情况，拉伸实验中选取应变速率范围为 10^{-4}～$10^{-2}s^{-1}$，实验温度主要选取在 1073K（800℃）以上，直至固液两相区抗拉强度为零。由于凝固法加热历程更接近连铸实际生产中的冷却过程，且根据此加热历程得到的试样微观组织和连铸坯的更相近[25,30,34]。因此，在本节的高温拉伸实验中，试样按凝固法加热历程加热至测试温度后进行拉伸测试直至设定的应变量或试样断裂。所有铸坯材料的高温拉伸试验均利用 Gleeble-3500 在真空条件下进行，以防止试样高温氧化，并减小由热交换导致的试样径向温度梯度。在加热过程中，由于加热到铸坯材料的熔化温度，为了支撑和保护试样均温区，防止钢液泄漏，预先在试样中间位置套上 ϕ10mm×30mm 的石英玻璃管。拉伸试样表面的中间位置焊接有 R 型热电偶（Pt-Pt13%Rh）用来控制拉伸过程中均温区的温度。

连铸坯 AH36 详细的凝固法加热历程如图 8-4 所示。加热历程主要分为两部分：用较大的加热速率 10K/s(10℃/s) 将试样均温区加热到 1673K，保温 60s 使其充分奥氏体化；然后再用较小的加热速率 1K/s(1℃/s) 将试样缓慢加热到熔化温度，并保温 60s。随后，试样以冷却速率 5K/s(5℃/s) 冷却到试验温度，并保温 60s，保证试样均温区温度为实验要求温度；最后，利用 Gleeble-3500 试验机在应变速率不变的情况下，将试样拉伸到指定的应变量或拉断；试样拉伸结束后，将其自然冷却到室温。

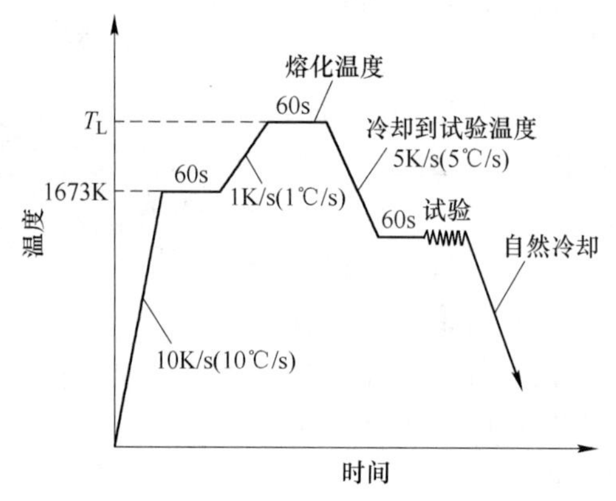

图 8-4　连铸坯 AH36 凝固法加热历程图

8.2.1.3　高温拉伸试验方案

连铸坯 AH36 的高温拉伸实验主要的温度范围为 973K～熔化温度，应变速率范围为 10^{-4}～$10^{-2}s^{-1}$，详细的实验方案如表 8-2 所示。

表 8-2　连铸坯 AH36 高温拉伸实验方案

编号	温度	应变速率/s^{-1}	应变
LS - 01	1173K(900℃)	1×10^{-2}	拉断
LS - 02		1×10^{-3}	10%
LS - 03		1×10^{-4}	
LS - 04	1273K(1000℃)	1×10^{-2}	拉断
LS - 05		1×10^{-3}	10%
LS - 06		1×10^{-4}	
LS - 07	1373K(1100℃)	1×10^{-2}	拉断
LS - 08		1×10^{-3}	10%
LS - 09		1×10^{-4}	
LS - 10	1473K(1200℃)	1×10^{-2}	拉断
LS - 11		1×10^{-3}	10%
LS - 12		1×10^{-4}	
LS - 13	1573K(1300℃)	1×10^{-2}	拉断
LS - 14		1×10^{-3}	10%
LS - 15		1×10^{-4}	
LS - 16	1673K(1400℃)	1×10^{-2}	拉断
LS - 17		1×10^{-3}	10%
LS - 18		1×10^{-4}	

续表 8-2

编号	温度	应变速率/s^{-1}	应变
LS-19	973K(700℃)	1×10^{-2}	拉断
LS-20	1073K(800℃)		
LS-21	1703K(1430℃)		
LS-22	1723K(1450℃)		
LS-23	1733K(1460℃)		
LS-24	1743K(1470℃)		
LS-25	1753K(1480℃)		
LS-26	1703K(1430℃)	1×10^{-3}	10%
LS-27	1723K(1450℃)		
LS-28	1733K(1460℃)		
LS-29	1743K(1470℃)		

8.2.2 连铸坯高温拉伸实验结果分析——流变应力变化规律

连铸坯 AH36 在 $10^{-2}s^{-1}$时高温固相区的流变应力-应变曲线如图 8-5 所示。其流变应力的变化规律和之前学者研究过的其他铸坯材料的流变应力变化规律相同[25,32,33]：在开始阶段随着应变量的增加，流变应力值快速上升；随后流变应力随应变的变化缓慢，直到达到其最大值；流变应力达到峰值以后，随着应变量的增加，流变应力开始减小，直至试样被拉断。连铸坯 AH36 在 $10^{-2}s^{-1}$时的峰值应力随着变形温度的提高逐渐降低；这是由于随着温度的增加，在高温变形中的动态软化加强，铸坯材料易于塑性变形。

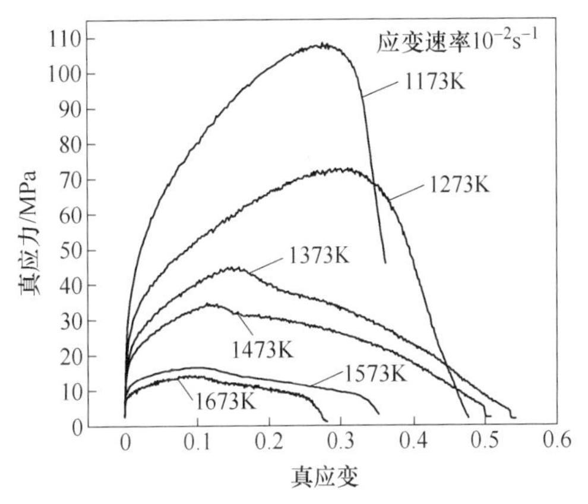

图 8-5 连铸坯 AH36 流变应力变化

8.2.2.1 温度对流变应力-应变的影响

图 8-6 所示为应变速率一定时，温度对连铸坯 AH36 流变应力-应变变化规律的影响。由图 8-6 可知：不同温度条件下铸坯材料 AH36 流变应力-应变曲线的变化趋势大致相同：流变应力在开始阶段随应变的增加快速上升，随后随着应变的增加变化缓慢；在温度较低时（1173~1373K），流变应力在整个变形过程中变化较大；而在温度较高时（1473~1673K），流变应力在整个变形过程中变化较小，在 1683~1743K 温度范围（见图 8-6d），流变应力在整个变形过程中最大变化量仅为 2.19MPa。温度对流变应力的影响如图 8-7 所示。应变速率为 $10^{-2}s^{-1}$，当应变量为 4%且温度从 1173K 升高到 1673K 时，流变应力从 61.2MPa 降到 11.3MPa，流变应力降低了 49.9MPa，降低的百分比为 81.54%；当应变速率为 $10^{-3}s^{-1}$和 $10^{-4}s^{-1}$时，流变应力分别降低了 46.0MPa 和 39.2MPa，降低的百分比分别为 86.33%和 90.39%。

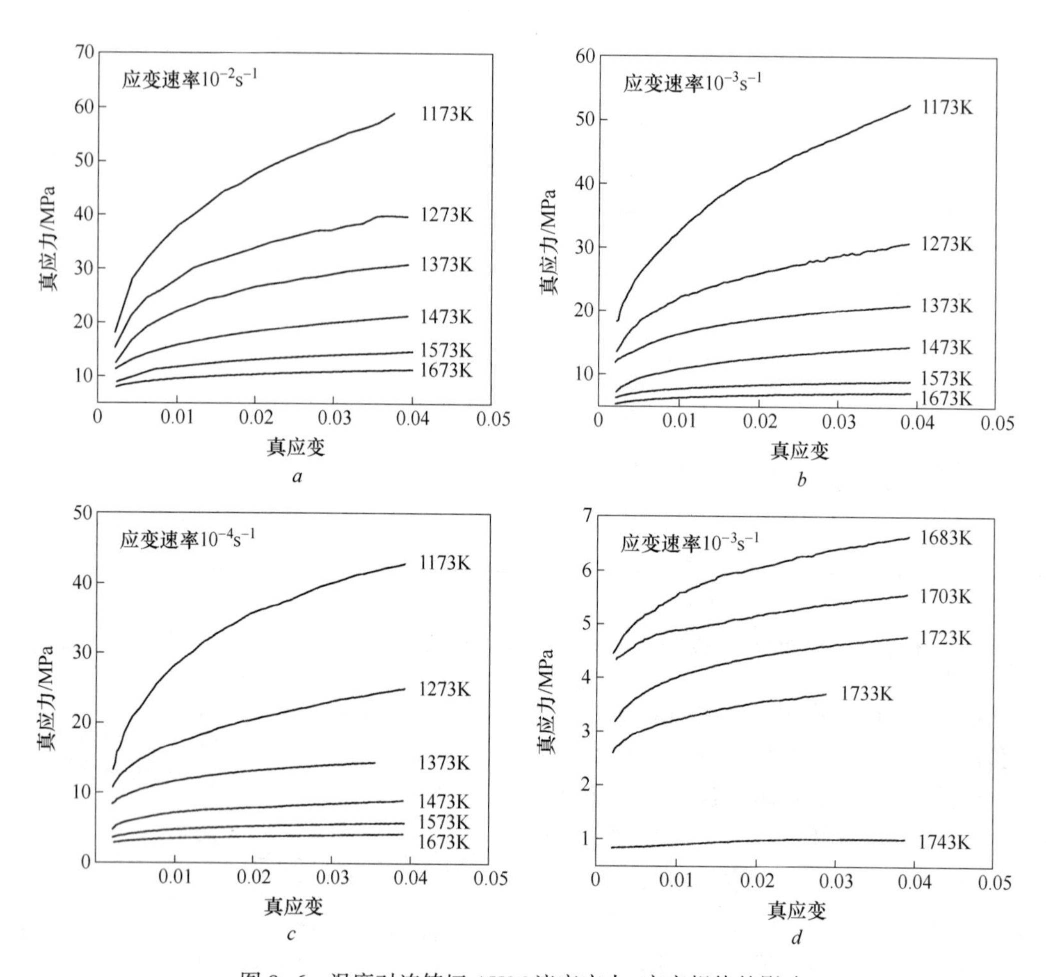

图 8-6　温度对连铸坯 AH36 流变应力-应变规律的影响

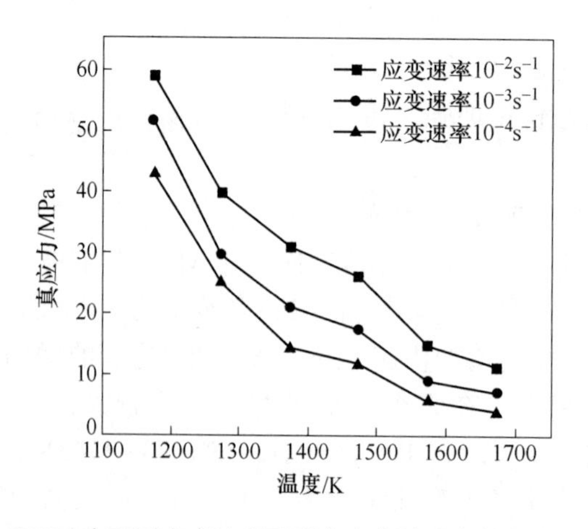

图 8-7　AH36 在不同应变速率下流变应力随温度的变化（$\varepsilon=4\%$）

在应变速率一定时，温度对连铸坯 AH36 流变应力-应变规律具有显著影响，即在高温固相区，AH36 铸坯材料都具有温度敏感性。

8.2.2.2 应变速率对流变应力-应变的影响

图 8-8 所示为温度一定时，应变速率对连铸坯 AH36 流变应力-应变变化规律的影响。

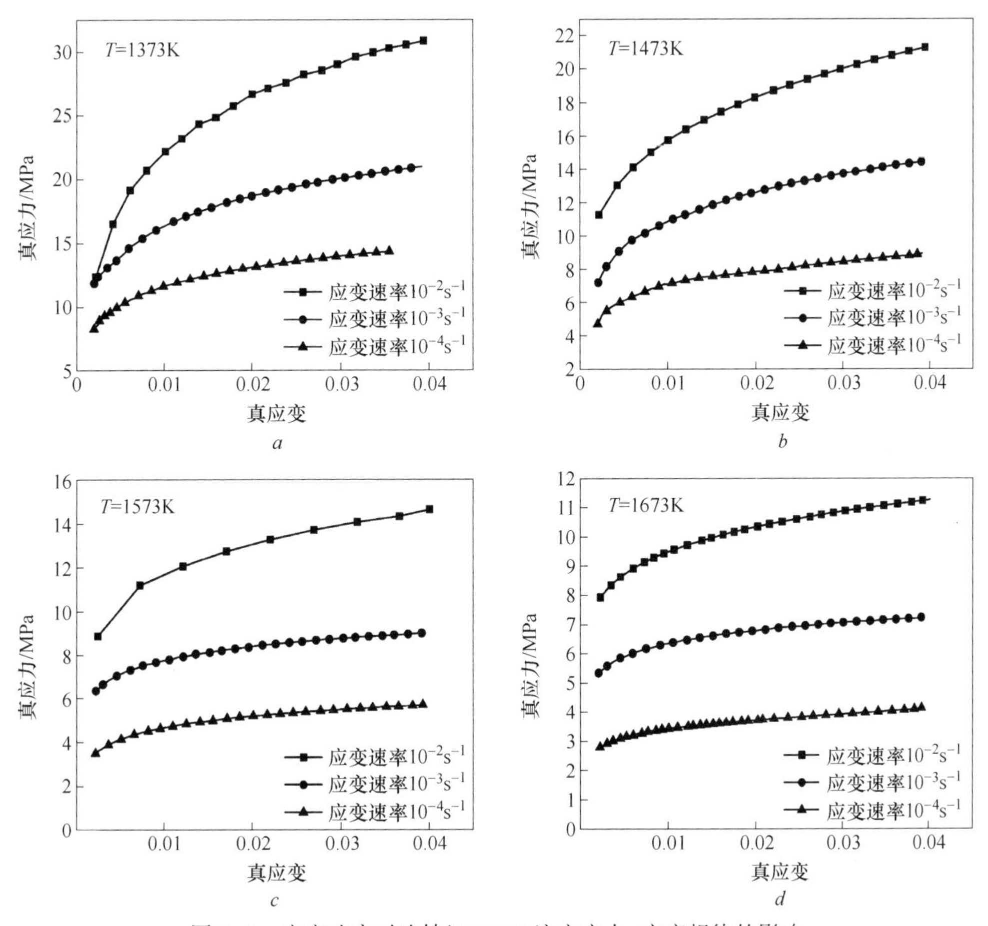

图 8-8 应变速率对连铸坯 AH36 流变应力-应变规律的影响

从图 8-8 可以看出：连铸坯 AH36 在不同应变速率条件下流变应力-应变曲线的变化趋势大致相似；并且温度不变时，应变速率越大，在整个变形过程中，流变应力随应变的变化也越大。以 1373K 为例，应变速率为 $10^{-2}s^{-1}$时，流变应力在整个变形过程中的变化量为 18.4MPa，而应变速率为 $10^{-3}s^{-1}$ 和 $10^{-4}s^{-1}$ 时，流变应力变化量分别为 9.1MPa 和 6.1MPa。

当应变量等于 4%时，AH36 在不同温度下流变应力随应变速率的变化如图 8-9 所示。由图 8-9 可知：温度为 1373K 时，连铸坯 AH36 流变应力曲线在 10^{-3} ~ $10^{-2}s^{-1}$段和 10^{-4} ~ $10^{-3}s^{-1}$段的斜率分别为 981.7 和 8444.3；温度为 1673K 时，流变应力曲线在相应段的斜率分别 442.6 和 3668.8。即在不同应变速率段，流变应力对应变速率的曲线斜率不断变化。这是因为应变速率的变化导致产生和运动的位错数目不同，位错运动速率和由位错攀移及位错反应等引起的软化速率也会发生变化，进而导致每个应变速率段的斜率不断改变。

在温度一定时，应变速率对连铸坯 AH36 流变应力-应变规律具有显著影响，即在高温固相区，铸坯材料都具有应变速率敏感性。

8.2.2.3　时间对流变应力的影响

图8-10所示为应变速率一定时，连铸坯AH36在不同温度条件下流变应力随时间的变化。由图8-10可知：当温度较低时（1173～1373K），流变应力随时间的变化较明显，当温度较高时（1473～1673K），流变应力随时间的增加变化较缓慢。以温度分别为1173K和1673K为例，当应变速率为$10^{-2}s^{-1}$，时间从1s增加到4s，流变应力分别增加了23.4MPa和1.8MPa；当应变速率为$10^{-3}s^{-1}$，时间从10s增加到40s，流变应力分别增加了20.8MPa和1.0MPa；当应变速率为$10^{-4}s^{-1}$，时间从100s增加到400s，流变应力分别增加了15.0MPa和0.8MPa。在应变速率一定时，时间对连铸坯AH36流变应力的变化规律具有显著影响，即在高温固相区，铸坯材料都对时间具有敏感性。

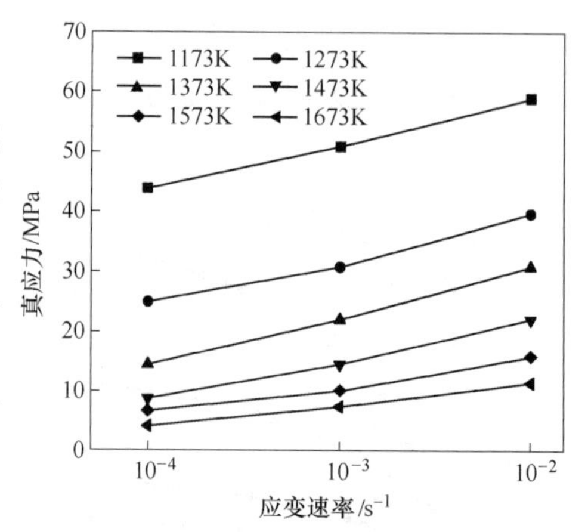

图8-9　AH36在不同温度下流变应力随应变速率的变化（$\varepsilon=4\%$）

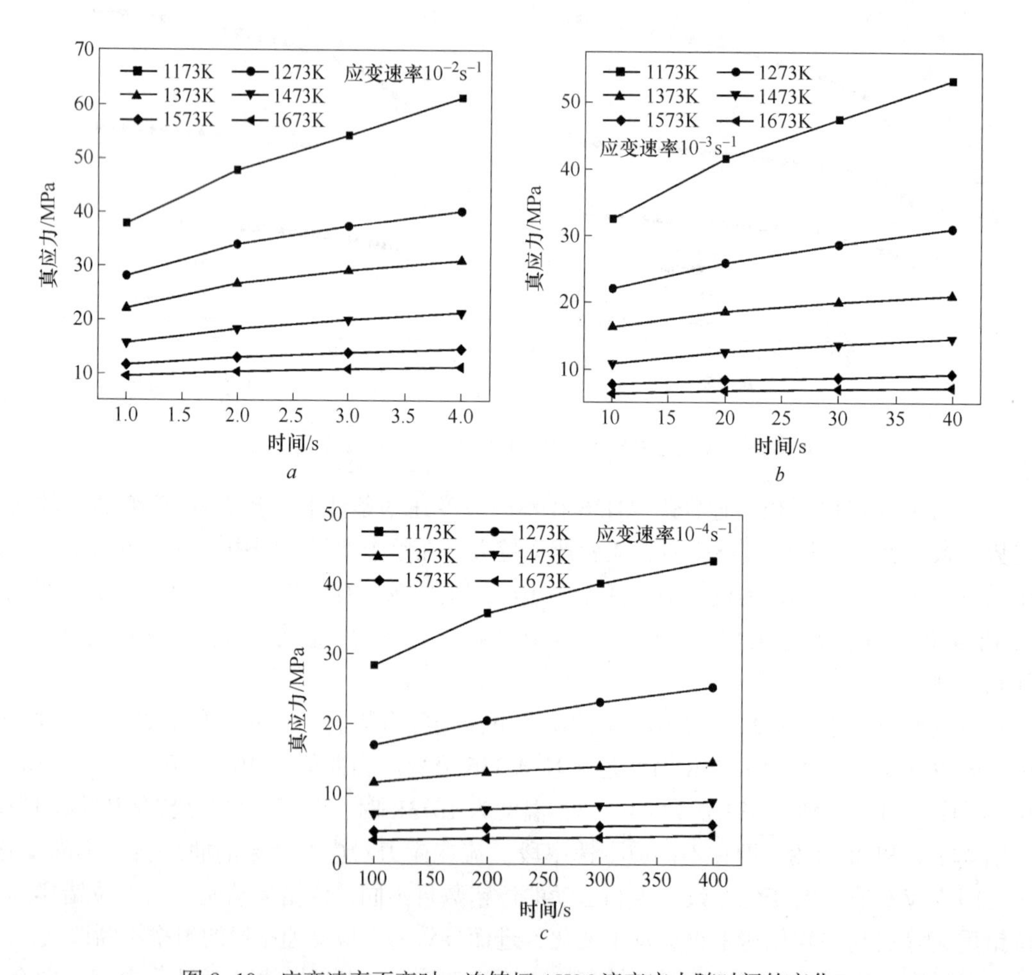

图8-10　应变速率不变时，连铸坯AH36流变应力随时间的变化

8.3 连铸坯高温固相本构关系

目前用于描述连铸坯高温固相区力学性能的本构方程较多，一般用 Arrhenius 本构模型来描述连铸坯在高温固相区的变形行为。根据 Kozlowski 等人[11]的研究表明：Multiplicative-viscosity Hardening law 考虑时间硬化因素，可以适用于连铸过程的整个变形温度区间，尤其适用于高温区；Additive-viscosity Hardening law 考虑了应变硬化等因素，能够很好地应用于复杂载荷和低应变情形；这两个模型都是在指数型 Arrhenius 模型的基础上考虑时间硬化和应变硬化等因素建立而成，对原始实验数据都有很好的适应性，能够较好的描述普通碳钢在高温和复杂载荷下的力学性能。因此，本节选用指数型 Arrhenius 模型、时间硬化模型和应变硬化模型等三种本构方程，来研究连铸坯在高温状态下的流变应力与温度、应变速率、应变和时间等因素的关系。

（1）指数型 Arrhenius 模型

$$\dot{\varepsilon} = A\exp\left(-\frac{Q}{RT}\right)\sigma^{n} \tag{8-1}$$

式中 $\dot{\varepsilon}$——应变速率，s^{-1}；

Q——变形激活能，J/mol；

R——气体常数，8.134J/(mol·K)；

T——绝对变形温度，K；

σ——流变应力，MPa；

n——净应力指数；

A——材料常数。

（2）时间硬化模型。该模型在指数型 Arrhenius 模型的基础上考虑了时间硬化因素，适用于整个变形温度区间，尤其适用于高温区，如式（8-2）所示：

$$\dot{\varepsilon} = A\exp\left(-\frac{Q}{RT}\right)\sigma^{n}t^{m} \tag{8-2}$$

式中 t——变形时间，s；

m——时间指数；

$\dot{\varepsilon}$、Q、R、T、σ、n 和 A 等代表的含义如式（8-7）所示。

（3）应变硬化模型。该模型在指数型 Arrhenius 模型的基础上考虑了应变硬化因素，如式（8-3）所示：

$$\dot{\varepsilon} = A\exp\left(-\frac{Q}{RT}\right)[\sigma - a_{\varepsilon}\varepsilon^{n_{\varepsilon}}]^{n} \tag{8-3}$$

式中 n_{ε}——非弹性应变指数；

a_{ε}——材料常数；

ε——应变；

$\dot{\varepsilon}$、Q、R、T、σ、n 和 A 等代表的含义如式（8-1）所示。

采用相关系数 R 和绝对平均相对误差 $AARE$ 等科学统计参数来验证和评估所建本构方程的准确性，R 以及 $AARE$ 的表达式如式（8-4）和式（8-5）所示：

$$R = \frac{\sum_{i=1}^{N}(E_i - \bar{E})(P_i - \bar{P})}{\sqrt{\sum_{i=1}^{N}(E_i - \bar{E})^2 \sum_{i=1}^{N}(P_i - \bar{P})^2}} \tag{8-4}$$

$$AARE(\%) = \frac{1}{N}\sum_{i=1}^{N}\left|\frac{E_i - P_i}{E_i}\right| \times 100 \tag{8-5}$$

式中，E 为实验值，P 为使用模型计算的预测值；$\bar{E}$，$\bar{P}$ 分别为 E 和 P 的平均值；N 为总的实验数据点的个数。

R 可以用来表示根据模型得到的理论计算值同实验值之间的线性相关性的强弱。然而，有时较高的相关系数 R，不一定就表示根据模型得到的理论值与实验值越符合，这是因为预测值相对于实验值有可能全部偏低或偏高。因此，还要利用 AARE 来分析所建模型对实验值预测的准确性。由于绝对平均相对误差 AARE 是通过相对误差的逐个比较计算得到，所以 AARE 在分析所建模型对实验值预测的准确性时，不存在偏差。因此，综合利用相关系数和绝对平均相对误差可以很好的评估所建立的材料本构关系模型的准确性。

8.3.1 连铸坯指数型 Arrhenius 本构模型

8.3.1.1 连铸坯指数型 Arrhenius 本构模型的建立

指数型 Arrhenius 模型具有形式简单、容易积分的特点，其形式如下所示：

$$\dot{\varepsilon} = A\exp\left(-\frac{Q}{RT}\right)\sigma^n \tag{8-6}$$

式中，参数 $\dot{\varepsilon}$、Q、R、T、σ、n 和 A 等代表的含义如式（8-1）所示。

Zener-Hollomon 参数（Z）的表达式如式（8-7）所示：

$$Z = \dot{\varepsilon}\exp\left(\frac{Q}{RT}\right) \tag{8-7}$$

结合式（8-6）和式（8-7），得到流变应力 σ 与参数 Z 之间的关系式：

$$Z = A\sigma^n \tag{8-8}$$

由式（8-7）和式（8-8），可得：

$$Z = \dot{\varepsilon}\exp\left(\frac{Q}{RT}\right) = A\sigma^n \tag{8-9}$$

将 σ 表示成参数 Z 的关系式为：

$$\sigma = \left(\frac{Z}{A}\right)^{\frac{1}{n}} \tag{8-10}$$

方程中的待定参数有 n、Q 和 A，可以通过高温拉伸实验数据进行求解获得。

式（8-11）可通过对式（8-5）等号两边分别取自然对数得到：

$$\ln\dot{\varepsilon} = \ln A + n\ln\sigma - \frac{Q}{RT} \tag{8-11}$$

对式（8-11）两边进行重新组合，得到：

$$\ln\sigma = \frac{1}{n}\ln\dot{\varepsilon} + \frac{Q}{nRT} - \frac{1}{n}\ln A \tag{8-12}$$

参数 n 的求解——式（8-11）两边对 $\ln\sigma$ 求偏导数，得到：

$$n = \frac{\partial \ln\dot{\varepsilon}}{\partial \ln\sigma} \tag{8-13}$$

参数 n 为 $\ln\dot{\varepsilon}$-$\ln\sigma$ 图形的斜率。当温度一定时，将不同应变速率下应变的高温拉伸实验数据进行 $\ln\dot{\varepsilon}$-$\ln\sigma$ 线性拟合可以求得 n 的值。

参数 Q 的求解——将式（8-12）等号两边分别对 $1/T$ 求偏导，可以得到：

$$Q = 1000Rn\left(\frac{\partial \ln\sigma}{\partial\left(\frac{1000}{T}\right)}\right) = 1000Rnp \tag{8-14}$$

式中：

$$p = \frac{\partial \ln\sigma}{\partial\left(\frac{1000}{T}\right)}$$

参数 $\ln A$ 的求解——$\ln A$ 的值可以从 $\ln\dot{\varepsilon}$-$\ln\sigma$ 图形的截距中求得。当温度一定时，由于不同应变条件下 $\ln A$ 的值差别很小，因此忽略应变对 $\ln A$ 的影响，取不同应变下的 $\ln A$ 值的平均值，作为该温度条件下的 $\ln A$ 值。将不同温度条件下的 $\ln A$ 进行拟合，可以得到 $\ln A$ 与温度之间的关系：

$$\ln A = -2.1694276 \times 10^{-12}T^5 + 1.3085212 \times 10^{-8}T^4 - 2.9578102 \times 10^{-5}T^3 + 0.029696489T^2 - 11.159746T - 0.039825 \tag{8-15}$$

在求得指数型 Arrhenius 本构模型参数 n、Q 和 $\ln A$ 的表达式后，可以得到连铸坯 AH36 在高温固相区的本构关系表达式为：

$$\dot{\varepsilon} = A\exp\left(-\frac{Q}{RT}\right)\sigma^n \tag{8-16}$$

式中：

$$n = 5.2598098 \times 10^{-13}T^5 - 3.1807660 \times 10^{-9}T^4 + 7.214205 \times 10^{-6}T^3 - 7.2814648 \times 10^{-3}T^2 + 2.7663020T + 9.872 \times 10^{-3}$$

$$Q = 518.842\text{kJ/mol}$$

则将本构模型表示成 Z 的函数为：

$$\begin{cases} \sigma = \left(\dfrac{Z}{A}\right)^{\frac{1}{n}} \\ Z = \dot{\varepsilon}\exp\left(\dfrac{Q}{RT}\right) \end{cases} \tag{8-17}$$

式中：

$$n = 5.2598098 \times 10^{-13}T^5 - 3.1807660 \times 10^{-9}T^4 + 7.214205 \times 10^{-6}T^3 - 7.2814648 \times 10^{-3}T^2 + 2.7663020T + 9.872 \times 10^{-3}$$

$$Q = 518.842\text{kJ/mol}$$

$$\ln A = -2.1694276 \times 10^{-12}T^5 + 1.3085212 \times 10^{-8}T^4 - 2.9578102 \times 10^{-5}T^3 + 0.029696489T^2 - 11.159746T - 0.039825$$

8.3.1.2 指数型 Arrhenius 本构模型验证

通过比较实验值和由指数型 Arrhenius 模型计算得到的理论值，对指数型 Arrhenius 模型进行验证。图 8-11 所示为指数型 Arrhenius 本构模型理论计算值和实验值在不同应变和不同应变速率条件下的比较。观察图 8-11 可知：指数型 Arrhenius 本构模型在整个应变速率范围内，由本构模型计算得到的流变应力理论值和实验值的拟合效果较差。应变速率为 $10^{-2}s^{-1}$、$10^{-3}s^{-1}$ 和 $10^{-4}s^{-1}$ 时，理论计算值和实验值的 *AARE* 分别为 11.64%、10.42% 和 9.89%，绝对平均相对误差（*AARE*）较大。此外，在温度和应变较低时，由指数型 Arrhenius 本构模型计算得到的理论值和实验值相差很大。以应变速率 $10^{-3}s^{-1}$ 为例，在 1173K 时，理论值和实验值的绝对平均相对误差为 15.91%。这可能是由于在低温和低应变条件下，流变应力变化剧烈且加工硬化严重，而指数型 Arrhenius 模型主要是建立了流变应力、应变率、温度间的关系，没有考虑应变和应变硬化等因素对流变应力的影响。为了全面地考虑应力、应变、应变率、温度、时间的关系，需对原式进行除了参数随温度变化的修正外，把时间和应变也考虑进去，以期建立精确的本构模型。

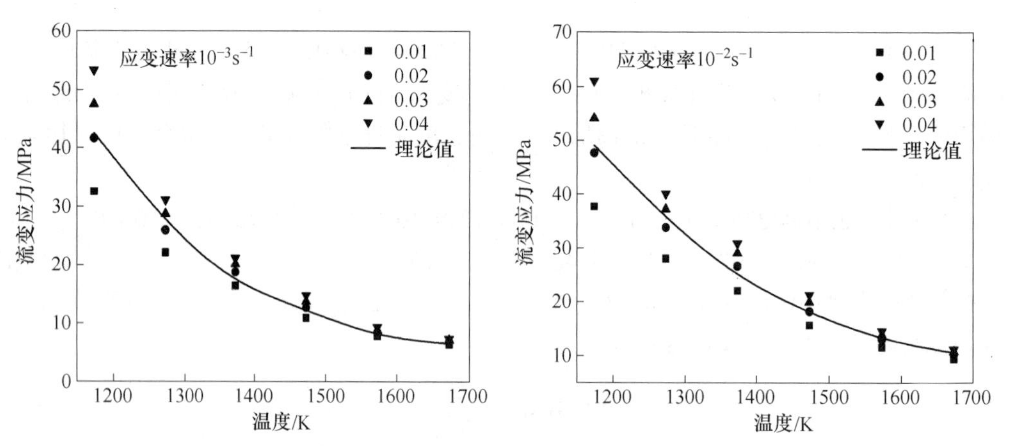

图 8-11　不同变形条件下指数型 Arrhenius 模型理论计算值和实验值的比较

8.3.2　连铸坯时间硬化本构模型

8.3.2.1　连铸坯时间硬化本构模型的建立

时间硬化本构模型是在指数型 Arrhenius 模型的基础上加入时间硬化构建而成，可以适用于连铸过程的整个变形温度区间，尤其适用于高温区，用于描述连铸坯在变形过程中应变速率、应变、温度和变形时间等因素对流变应力的影响，其表达式如下所示：

$$\dot{\varepsilon} = A\exp\left(-\frac{Q}{RT}\right)\sigma^{n}t^{m} \tag{8-18}$$

式中，参数 $\dot{\varepsilon}$、Q、R、T、σ、n、A、t 和 m 所代表的含义如式（8-1）所示。

可以用$\frac{\varepsilon}{\dot{\varepsilon}}$代替时间项，则式（8-18）转化为：

$$\dot{\varepsilon}^{m+1} = A\exp\left(-\frac{Q}{RT}\right)\sigma^{n}\varepsilon^{m} \tag{8-19}$$

Zener-Hollomon 参数（*Z* 参数）的表达式如式（8-20）所示：

$$Z = \dot{\varepsilon}\exp\left(\frac{Q}{RT}\right) \tag{8-20}$$

结合式（8-19）与式（8-20），得到流变应力 σ 与参数 Z 之间的关系式：

$$Z\dot{\varepsilon}^{m}=A\sigma^{n}\varepsilon^{m} \tag{8-21}$$

由式（8-20）和式（8-21），可得：

$$Z=\dot{\varepsilon}\exp\left(\frac{Q}{RT}\right)=A\sigma^{n}\varepsilon^{m}\dot{\varepsilon}^{-m} \tag{8-22}$$

将 σ 表示成参数 Z 的关系式为：

$$\sigma=\left(\frac{Z}{A}\dot{\varepsilon}^{m}\varepsilon^{-m}\right)^{\frac{1}{n}} \tag{8-23}$$

方程中的待定参数有 n、m、Q 和 A，可以通过高温拉伸实验数据进行求解获得。

式（8-24）可通过对式（8-19）等号两边分别取自然对数得到：

$$\ln\dot{\varepsilon}=\frac{1}{m+1}\ln A+\frac{n}{m+1}\ln\sigma+\frac{m}{m+1}\ln\varepsilon-\frac{Q}{(m+1)RT} \tag{8-24}$$

对式（8-24）两边进行重新组合，得到：

$$\ln\sigma=\frac{m+1}{n}\ln\dot{\varepsilon}+\frac{Q}{nRT}-\frac{m}{n}\ln\varepsilon-\frac{1}{n}\ln A \tag{8-25}$$

参数 n 和 m 的求解——式（8-25）两边分别对 $\ln\varepsilon$ 和 $\ln\dot{\varepsilon}$ 求偏导数，得到：

$$-\frac{m}{n}=\frac{\partial\ln\sigma}{\partial\ln\varepsilon} \tag{8-26}$$

$$\frac{m+1}{n}=\frac{\partial\ln\sigma}{\partial\ln\dot{\varepsilon}} \tag{8-27}$$

令

$$\begin{cases}S_1=-\dfrac{m}{n}\\[2mm]S_2=\dfrac{m+1}{n}\end{cases} \tag{8-28}$$

则

$$\begin{cases}n=\dfrac{1}{S_1+S_2}\\[2mm]m=S_2n-1\end{cases} \tag{8-29}$$

则 S_1 和 S_2 分别为 $\ln\sigma-\ln\varepsilon$ 和 $\ln\sigma-\ln\dot{\varepsilon}$ 图形的斜率。

参数 Q 的求解——式（8-24）两边对 $1/T$ 求偏导，用 $1000/T$ 代替 $1/T$，得到：

$$Q=1000Rn\left(\frac{\partial\ln\sigma}{\partial\left(\dfrac{1000}{T}\right)}\right)=1000Rnp \tag{8-30}$$

式中

$$p=\frac{\partial\ln\sigma}{\partial\left(\dfrac{1000}{T}\right)}$$

参数 $\ln A$ 的求解——参数 $\ln A$ 可以从 $\ln\sigma-\ln\varepsilon$ 的截距中求得。令 N 为 $\ln\sigma-\ln\varepsilon$ 直线与 y

轴的截距，则由式（8-12）得到：

$$N = \frac{m+1}{n}\ln\dot{\varepsilon} + \frac{Q}{nRT} - \frac{1}{n}\ln A \tag{8-31}$$

对式（8-31）进行重新组合，得到：

$$\ln A = (m+1)\ln\dot{\varepsilon} + \frac{Q}{RT} - nN \tag{8-32}$$

根据前面得到的参数 n、m 和 Q 的值，可以求得在不同温度及应变速率下的 $\ln A$ 的值。

综上所述，根据得到的时间硬化本构模型参数 n、m、Q 和 $\ln A$ 的表达式，可以得到连铸坯 AH36 在温度为 1173～1673K、应变速率为 10^{-4}～$10^{-2}\mathrm{s}^{-1}$ 范围的本构关系表达式为：

$$\dot{\varepsilon} = A^{\frac{1}{m+1}}\exp\left[-\frac{Q}{(m+1)RT}\right]\sigma^{\frac{n}{m+1}}\varepsilon^{\frac{m}{m+1}} \tag{8-33}$$

式中：

$$n = 1.37949 \times 10^{-8}T^3 - 5.90055 \times 10^{-5}T^2 + 0.08429T - 37.47909$$

$$m = -5.33848298 \times 10^{-13}T^5 + 3.78783144 \times 10^{-9}T^4 - 1.0705168 \times 10^{-5}T^3 + 0.015062781T^2 - 10.5501627T + 2941.412$$

$$Q = 178.842\mathrm{kJ/mol}$$

$$\ln A = -1.4050698 \times 10^{-13}T^5 + 7.5807400 \times 10^{-10}T^4 - 1.5087193 \times 10^{-6}T^3 + 1.3043920 \times 10^{-3}T^2 - 0.40762158T - 1.45465 \times 10^{-3}$$

将连铸坯 AH36 在高温固相区的本构方程表示为 Z 的函数为：

$$\begin{cases} \sigma = \left(\dfrac{Z}{A}\dot{\varepsilon}^{m}\varepsilon^{-m}\right)^{\frac{1}{n}} \\ Z = \dot{\varepsilon}\exp\left(\dfrac{Q}{RT}\right) \end{cases} \tag{8-34}$$

8.3.2.2　时间硬化本构模型的验证

通过比较实验值与时间硬化本构模型计算得到的理论值，对获得的时间硬化本构模型进行验证。以应变速率为 $10^{-3}\mathrm{s}^{-1}$ 为例，应变分别为 0.01、0.02、0.03 和 0.04，由时间硬化本构模型计算得到的理论值和实验值的比较（如图 8-12 所示）。由图 8-12 可知：在不同应变量下，时间硬化本构模型在整个温度范围的理论计算值可以很好地拟合实验值。应变量为 0.01、0.02、0.03 和 0.04 时，理论值和实验值的绝对平均相对误差分别为 3.54%、2.70%、2.78%和 2.88%。和指数型 Arrhenius 本构模型相比，应变速率为 $10^{-3}\mathrm{s}^{-1}$ 时，理论值和实验值的绝对平均相对误差降低了 71.50%，模型的精度有了很大的提高。

为了更精确地探索所得到的时间本构模型的预测能力，采用绝对平均相对误差和相关系数等科学统计参数对实验值和该本构模型计算得到的理论值进行了分析。由图 8-13 可知：流变应力实验值和理论计算值之间的相关性很好，大部分数据点紧密的排列在拟合直线的两边，实验值和理论值之间的相关系数为 0.998。此外，在不同变形条件下，实验值和理论计算值之间的绝对平均相对误差为 4.44%，进一步说明所得到的时间硬化本构模型可以很好地拟合实验数据。

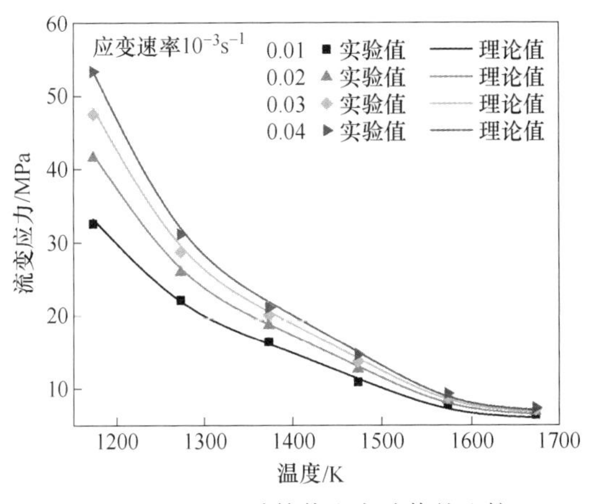

图 8-12　理论计算值和实验值的比较

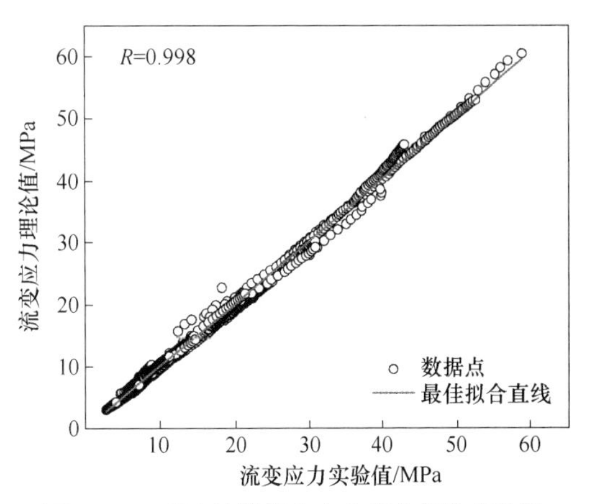

图 8-13　理论计算值和实验值之间的相关性

图 8-14 所示为时间硬化本构模型理论计算值和实验值在不同温度和不同应变速率条件下的比较。观察图 8-14 可知：在整个应变速率范围内，由时间硬化本构模型计算得到的流变应力理论值可以很好地拟合实验值。应变速率为 $10^{-2}s^{-1}$、$10^{-3}s^{-1}$ 和 $10^{-4}s^{-1}$ 时，根据时间硬化模型计算的理论值和实验值的绝对平均相对误差分别为 4.05%、3.39% 和 5.56%，均在实验允许的误差范围之内。

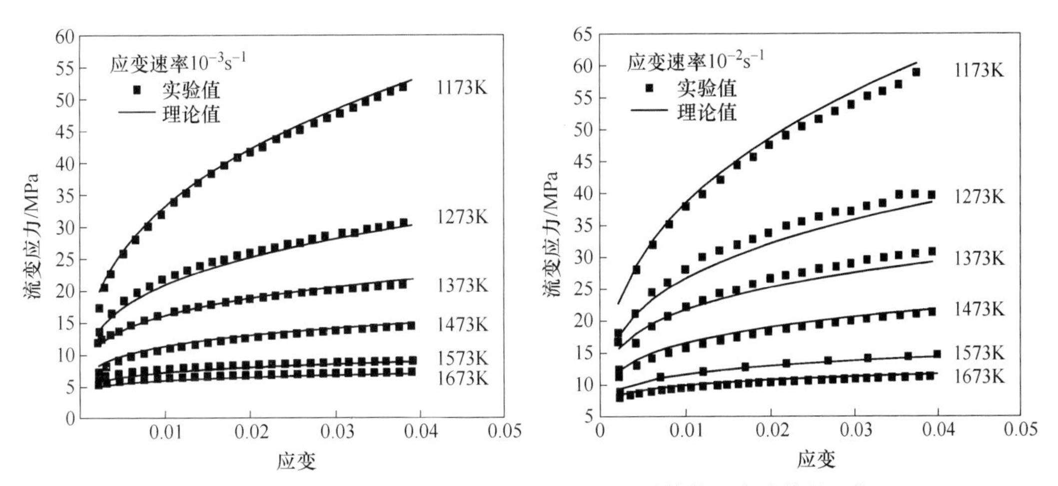

图 8-14　不同变形条件下时间硬化模型理论计算值和实验值的比较

8.3.3　连铸坯的应变硬化本构模型及修正

8.3.3.1　应变硬化本构模型的建立及验证

应变硬化本构模型在指数型 Arrhenius 模型的基础上考虑了应变和应变硬化等因素，其表达式如下所示：

$$\dot{\varepsilon} = A\exp\left(-\frac{Q}{RT}\right)(\sigma - a_{\varepsilon}\varepsilon^{n_{\varepsilon}})^{n} \tag{8-35}$$

式中，参数 $\dot{\varepsilon}$、Q、R、T、σ、n、A、a_{ε}、n_{ε} 和 ε 所代表的含义如式（8-3）所示。

令 $\gamma=\sigma-a_{\varepsilon}\varepsilon^{n_{\varepsilon}}$，式中 γ 为屈服应力，则：

$$\sigma = \gamma + a_{\varepsilon}\varepsilon^{n_{\varepsilon}} \tag{8-36}$$

式（8-35）转化为：

$$\dot{\varepsilon} = A\exp\left(-\frac{Q}{RT}\right)\gamma^{n} \tag{8-37}$$

Zener-Hollomon（Z）参数的表达式如式（8-38）所示：

$$Z = \dot{\varepsilon}\exp\left(\frac{Q}{RT}\right) \tag{8-38}$$

结合式（8-37）和式（8-38），得到流变应力 γ 与参数 Z 之间的关系式：

$$Z = A\gamma^{n} \tag{8-39}$$

由式（8-36）和式（8-39），可得：

$$Z = \dot{\varepsilon}\exp\left(\frac{Q}{RT}\right) = A\gamma^{n} \tag{8-40}$$

结合式（8-36），将 σ 表示成 Z 的关系式为：

$$\sigma = \left(\frac{Z}{A}\right)^{\frac{1}{n}} + a_{\varepsilon}\varepsilon^{n_{\varepsilon}} \tag{8-41}$$

方程中的待定参数有 n、n_{ε}、a_{ε}、Q 和 A，可以通过高温拉伸实验数据进行求解获得。

利用铸坯的高温的应力应变曲线，得到的应变硬化本构模型参数 a_{ε}、n_{ε}、n、Q 和 $\ln A$ 的表达式，可以得到连铸坯 AH36 在温度为 1173~1673K、应变速率为 $10^{-4}\sim10^{-2}\text{s}^{-1}$ 范围的本构关系表达式为：

$$\dot{\varepsilon} = A\exp\left(-\frac{Q}{RT}\right)(\sigma - a_{\varepsilon}\varepsilon^{n_{\varepsilon}})^{n} \tag{8-42}$$

式中：

$$n_{\varepsilon} = 1.2322521\times10^{-14}T^{5} - 7.5711101\times10^{-11}T^{4} + 1.739357\times10^{-7}T^{3} - 1.7722456\times10^{-4}T^{2} + 0.0679581T + 2.4251\times10^{-4}$$

$$\ln a_{\varepsilon} = 1.0885299\times10^{-13}T^{5} - 6.4471495\times10^{-10}T^{4} + 1.4294514\times10^{-6}T^{3} - 1.4115681\times10^{-3}T^{2} + 0.52817457T + 1.885\times10^{-3}$$

$$n = -1.08837295\times10^{-12}T^{5} + 6.44012396\times10^{-9}T^{4} - 1.41850744\times10^{-5}T^{3} + 0.0137627624T^{2} - 4.94973163T - 0.01766$$

$$Q = 317.240\text{kJ/mol}$$

$$\ln A = 5.5264042\times10^{-13}T^{5} - 3.4307762\times10^{-9}T^{4} + 7.8692024\times10^{-6}T^{3} - 7.8903658T^{2} + 2.9160473T + 0.010406$$

将所建立应变硬化本构模型表示成 Z 的表达式为：

$$\begin{cases}\sigma = \left(\dfrac{Z}{A}\right)^{\frac{1}{n}} + a_{\varepsilon}\varepsilon^{n_{\varepsilon}} \\ Z = \dot{\varepsilon}\exp\left(\dfrac{Q}{RT}\right)\end{cases} \tag{8-43}$$

式中：

$$n_{\varepsilon} = 1.2322521\times10^{-14}T^{5} - 7.5711101\times10^{-11}T^{4} + 1.739357\times10^{-7}T^{3} - 1.7722456\times10^{-4}T^{2} + 0.0679581T + 2.4251\times10^{-4}$$

$$\ln\alpha_{\varepsilon} = 1.0885299 \times 10^{-13}T^5 - 6.4471495 \times 10^{-10}T^4 + 1.4294514 \times 10^{-6}T^3 - 1.4115681 \times 10^{-3}T^2 + 0.52817457T + 1.885 \times 10^{-3}$$

$$n = -1.08837295 \times 10^{-12}T^5 + 6.44012396 \times 10^{-9}T^4 - 1.41850744 \times 10^{-5}T^3 + 0.0137627624T^2 - 4.94973163T - 0.01766$$

$$Q = 317.240\text{kJ/mol}$$

$$\ln A = 5.5264042 \times 10^{-13}T^5 - 3.4307762 \times 10^{-9}T^4 + 7.8692024 \times 10^{-6}T^3 - 7.8903658T^2 + 2.9160473T + 0.010406$$

通过比较实验值与应变硬化本构模型计算得到的理论值，对获得的应变硬化本构模型进行验证。图 8-15 所示为应变硬化本构模型理论计算值和实验值在不同温度和不同应变速率条件下的比较。由图 8-15 可知：应变速率为 $10^{-3}s^{-1}$时，应变硬化本构模型可以很好的拟合流变应力的变化趋势。然而，在应变速率为 $10^{-2}s^{-1}$和 $10^{-4}s^{-1}$时，应变硬化本构模型理论计算值和实验值的绝对平均相对误差分别为 9.58%和 17.48%，则该本构模型应变速率为 $10^{-2}s^{-1}$和 $10^{-4}s^{-1}$时对流变应力的预测效果较差。因此，可以考虑应变速率补偿对应变硬化本构模型进行修正，来提高该模型对实验结果的预测精度。

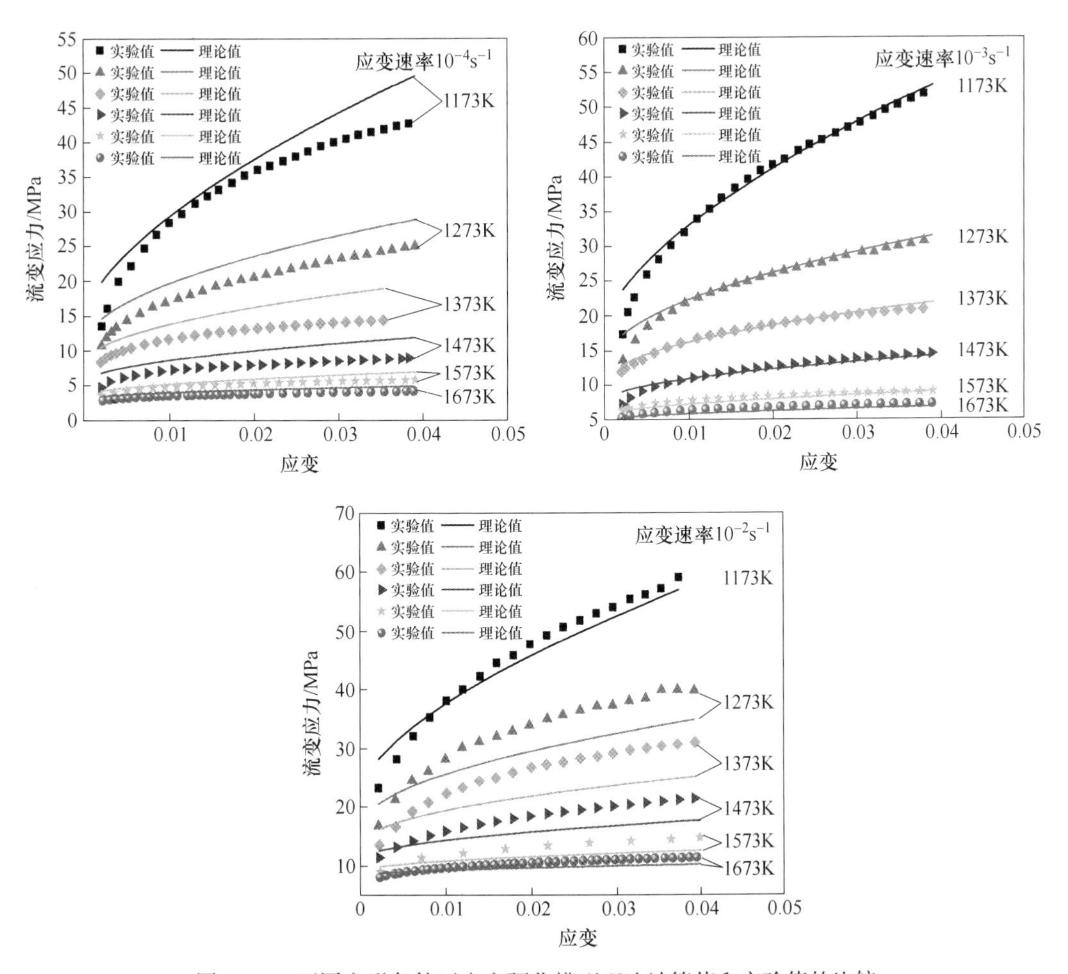

图 8-15 不同变形条件下应变硬化模型理论计算值和实验值的比较

8.3.3.2 修正的应变硬化本构模型的建立及验证

A 修正的应变硬化本构模型的建立

本节通过在 Z 参数中引入应变速率补偿来对应变硬化本构模型进行修正，应变速率进行补偿可以通过改变 Z 参数中应变速率的指数来实现，Mandal[35] 和 Lin[36] 等都用过同样的方法来对应变速率进行补偿。在原始本构方程中，Z 参数表达式中应变速率的指数为 1，通过变换应变速率的指数，来研究不同变形条件下比较合适的指数值。

表 8-3 所示为得到的不同变形条件下 Z 参数中应变速率的指数值（令其为 l）。在求得不同变形条件下的指数值后，根据 Z 参数中应变速率指数表达式的不同，尝试对不同温度范围的本构关系进行分段研究。在温度为 1173K 时，对不同应变速率下的指数值进行拟合，如图 8-16 所示：得到 1173K 时应变速率指数随应变速率的变化，如式（8-44）所示。同理，可以得到在 1273~1473K 和 1573~1673K 温度范围应变速率指数随应变速率的表达式分别如式（8-45）和式（8-46）所示。

$$l = 0.06667\lg^2\dot{\varepsilon} + 0.13333\lg\dot{\varepsilon} + 0.8 \quad T = 1173\text{K} \tag{8-44}$$

$$l = -0.5\lg\dot{\varepsilon} - 0.5 \quad T = 1273 \sim 1473\text{K} \tag{8-45}$$

$$l = -0.01667\lg^2\dot{\varepsilon} - 0.28333\lg\dot{\varepsilon} + 0.3 \quad T = 1573 \sim 1673\text{K} \tag{8-46}$$

根据求得的 Z 参数中应变速率指数的表达式，连铸坯 AH36 在高温固相区的本构模型为：

$$\begin{cases} \sigma = \left(\dfrac{Z}{A}\right)^{\frac{1}{n}} + a_{\varepsilon}\varepsilon^{n_{\varepsilon}} \\ Z = \dot{\varepsilon}^{l}\exp\left(\dfrac{Q}{RT}\right) \end{cases} \tag{8-47}$$

式中：

$$\begin{cases} l = 0.06667\lg^2\dot{\varepsilon} + 0.13333\lg\dot{\varepsilon} + 0.8 & T = 1173\text{K} \\ l = -0.5\lg\dot{\varepsilon} - 0.5 & T = 1273 \sim 1473\text{K} \\ l = -0.01667\lg^2\dot{\varepsilon} - 0.28333\lg\dot{\varepsilon} + 0.3 & T = 1573 \sim 1673\text{K} \end{cases}$$

表 8-3 Z 参数中应变速率指数（l）在不同变形条件下的值

应变速率/s^{-1}	1173K	1273~1473K	1573~1673K
10^{-2}	4/5	1/2	4/5
10^{-3}	1	1	1
10^{-4}	4/3	3/2	7/6

B 修正的应变硬化本构模型的验证

通过比较实验值和修正后的应变硬化本构模型的理论值，来验证对所得到的本构模型。根据图 8-17 可知：在不同热变形条件下，根据修正的应变硬化本构模型计算得到的理论值可以很好地拟合实验值。在应变速率为 $10^{-2}s^{-1}$、$10^{-3}s^{-1}$ 和 $10^{-4}s^{-1}$ 条件下，根据修正的应变硬化本构模型计算得到的理论计算值和实验值之间的绝对平均相对误差分别为 8.95%、4.00% 和 6.17%。所得到的绝对平均相对误差均在实验误差允许的范围内，说明

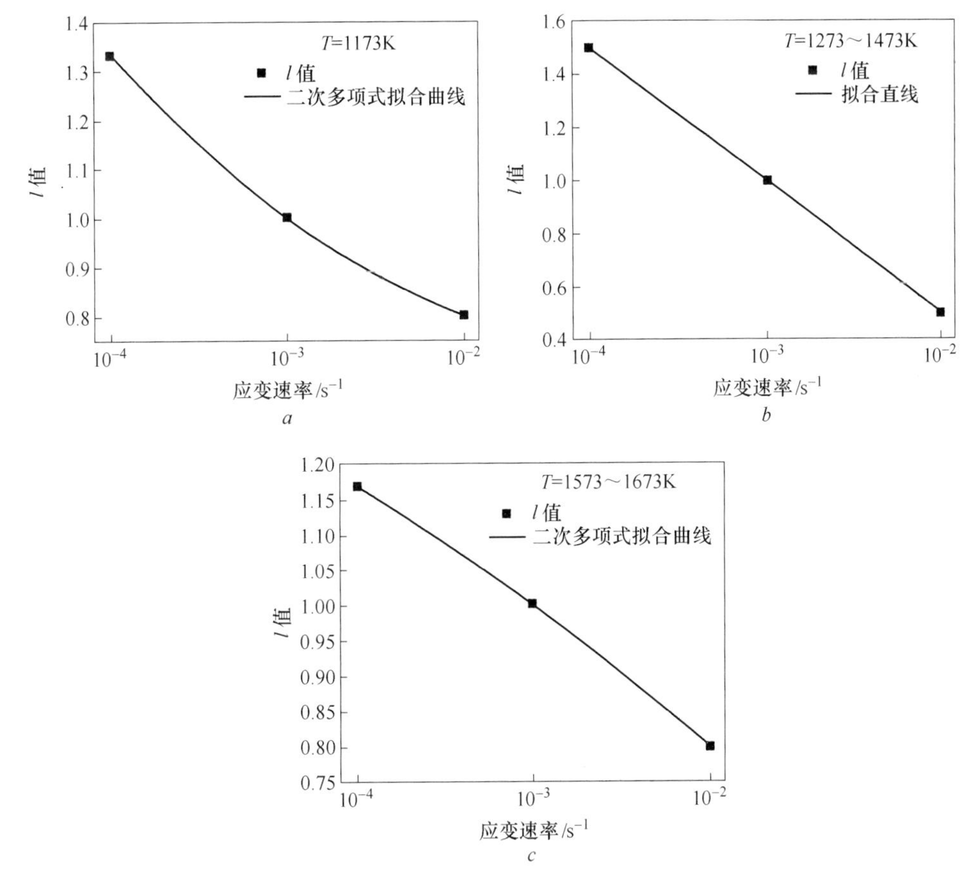

图 8-16 参数 Z 中应变速率指数随着应变速率的变化

a—1173K；*b*—1273～1473K；*c*—1573～1673K

所得到的本构模型能够很好地拟合实验数据（图 8-18）。和修正前进行比较，在应变速率为 $10^{-4}s^{-1}$时，修正后的应变硬化本构模型理论计算值和实验值的绝对平均相对误差由原来的 17.48%降低到 6.17%，在应变速率为 $10^{-2}s^{-1}$时绝对平均相对误差下降了 6.58%，则修正后的本构模型的精度有了很大的提高。

8.3.4 连铸坯分段本构模型

前面分别建立连铸坯 AH36 指数型 Arrhenius 本构模型、时间硬化本构模型和修正的应变硬化本构模型等三种本构模型。根据前面的研究结果可以发现：由于指数型 Arrhenius 模型中流变应力只是温度和应变速率的函数，而忽略了应变和硬化等因素对流变应力的影响，导致理论计算值对实验值的拟合效果较差，理论值和实验值的绝对平均相对误差达到 10.65%；时间硬化本构模型和修正的应变硬化本构模型在指数型 Arrhenius 本构模型的基础上建立而成，对实验结果的拟合效果较好，其理论值和实验值的绝对平均相对误差分别为 4.44%和 4.87%。

此外，不同变形条件下时间硬化本构模型理论计算值和实验值的比较可以发现：在应变量小于 0.02 时，流变应力理论计算值和实验值的绝对误差平均值为 0.518，拟合效果较

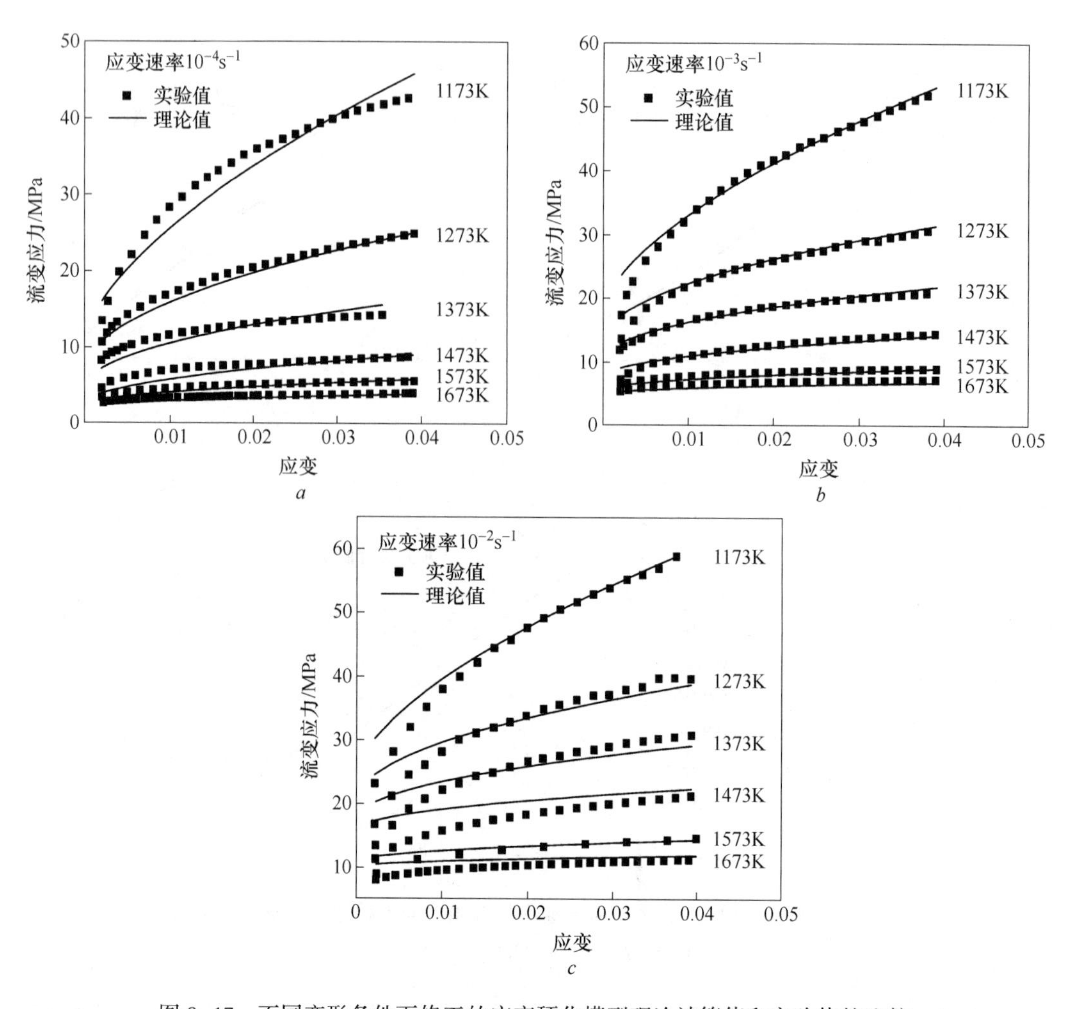

图 8-17　不同变形条件下修正的应变硬化模型理论计算值和实验值的比较

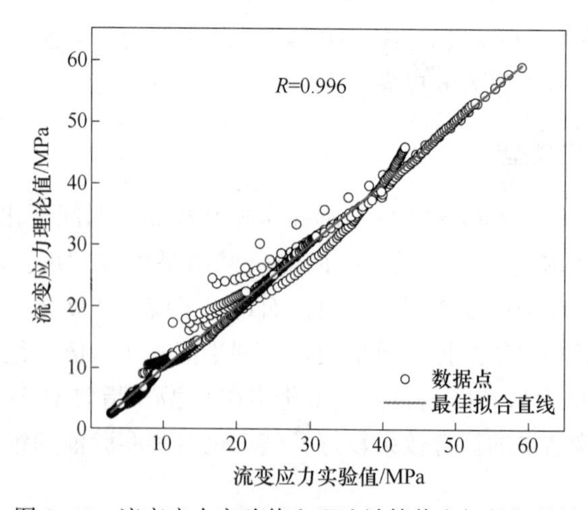

图 8-18　流变应力实验值和理论计算值之间的相关性

好；而在应变量大于 0.02 时，流变应力理论计算值和实验值的绝对误差平均值为 0.643，拟合效果相对较差。不同变形条件下修正应变硬化本构模型理论计算值和实验值的比较可以发现：在应变量小于 0.02 时，流变应力理论计算值和实验值的绝对误差平均值为 0.984，拟合效果较差；而在应变量大于 0.02 时，流变应力理论计算值和实验值的绝对误差平均值为 0.492，拟合效果较好。由于连铸过程中在不同的阶段其应变速率和应变量有所不同，如在弯曲段、矫直段和有轻压下的水平段其应变速率和应变量较大，而在其余段较小[25]。因此，可用时间硬化本构模型描述应变量较小段流变应力变化规律，用修正的应变硬化本构模型描述应变量较大段流变应力变化规律。

8.3.4.1 分段本构模型的建立

由于在应变量较小时（$0.002<\varepsilon<0.02$），时间硬化本构模型对实验值的拟合效果较好；而在应变量较大时（$0.02<\varepsilon<0.04$），修正的应变硬化本构模型对实验值的拟合效果较好。因此，可以按照不同的应变量范围，对时间硬化本构模型和修正的应变硬化本构模型的适用范围作进一步的探讨。

本节采用时间硬化本构模型描述应变量为 0.002～0.02 的流变应力变化规律，采用修正的应变硬化的本构模型描述应变量为 0.02～0.04 的流变应力变化规律。分段建立连铸坯 AH36 的本构模型如式（8-48）所示：

$$\begin{cases} \sigma = \left[\dfrac{\dot{\varepsilon}}{A}\exp\left(\dfrac{Q}{RT}\right)\dot{\varepsilon}^{m}\varepsilon^{-m}\right]^{\frac{1}{n}} & 0.002 < \varepsilon < 0.02 \\ \sigma = \left[\dfrac{\dot{\varepsilon}^{l}}{A}\exp\left(\dfrac{Q}{RT}\right)\right]^{\frac{1}{n}} + a_{\varepsilon}\varepsilon^{n_{\varepsilon}} & 0.02 < \varepsilon < 0.04 \end{cases} \tag{8-48}$$

式中，各参数代表的含义如式（8-2）和式（8-3）所示；此外 l 可以从式（8-49）中求得。

$$\begin{cases} l = 0.06667\lg^{2}\dot{\varepsilon} + 0.13333\lg\dot{\varepsilon} + 0.8 & T = 1173\text{K} \\ l = -0.5\lg\dot{\varepsilon} - 0.5 & T = 1273 \sim 1473\text{K} \\ l = -0.01667\lg^{2}\dot{\varepsilon} - 0.28333\lg\dot{\varepsilon} + 0.3 & T = 1573 \sim 1673\text{K} \end{cases} \tag{8-49}$$

8.3.4.2 分段本构模型的验证

通过比较实验值与分段本构模型计算得到的理论值，对获得的分段本构模型进行验证。图 8-19 所示为分段本构模型理论计算值和实验值在不同变形条件下的比较。由图 8-19 可知：分段模型在整个变形温度和应变速率范围，其理论计算值都能够很好的拟合实验值。

图 8-20 所示为由分段模型得到的理论计算值和实验值之间的相关性。由图 8-20 可知：流变应力实验值和理论计算值之间的相关性很好，大部分数据点紧密的排列在拟合直线的两边，实验值和理论计算值之间的相关系数为 0.998，和时间硬化本构模型得到的相关系数相等，且大于修正应变硬化本构模型得到的相关系数。此外，在不同变形条件下，实验值和理论计算值之间的绝对平均相对误差为 4.18%，均小于根据时间硬化本构模型和修正应变硬化本构模型得到的绝对平均相对误差。进一步说明所建立的分段本构模型可以很好的拟合实验数据。

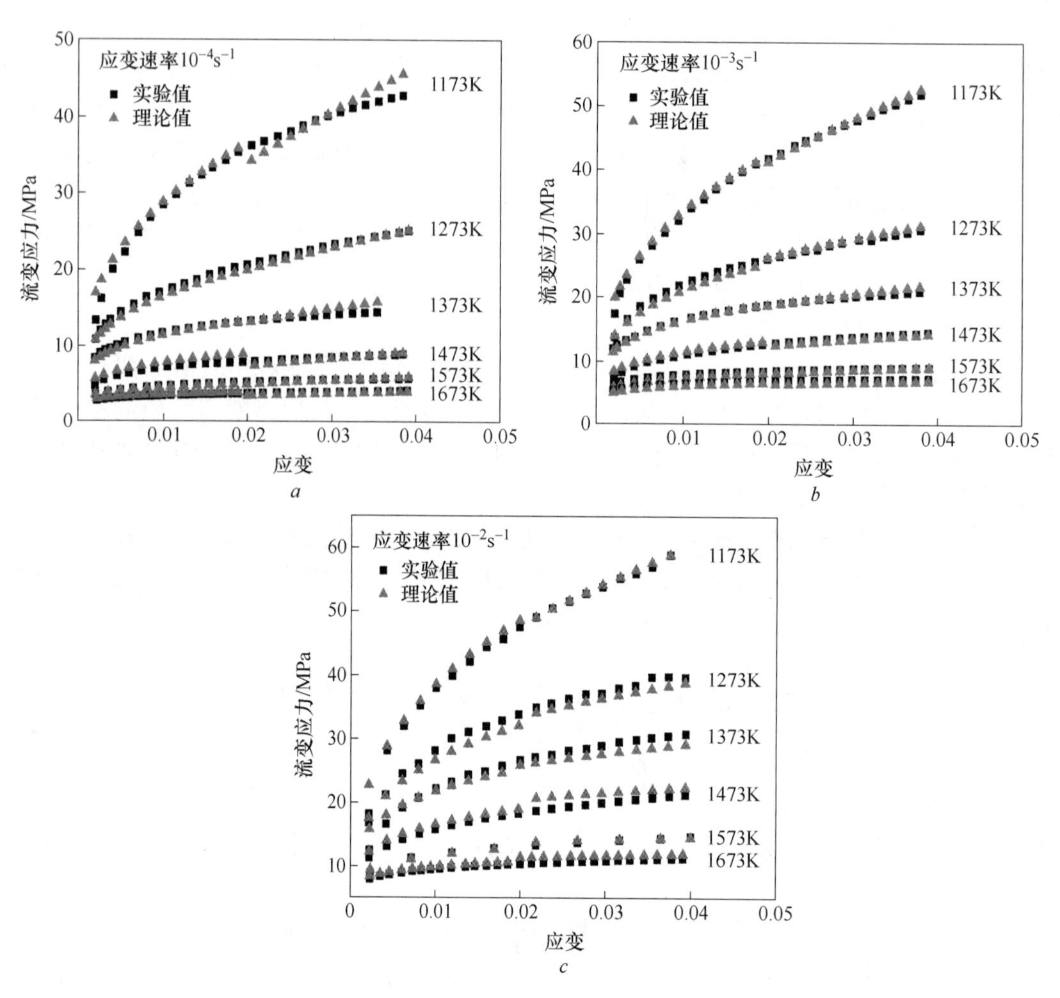

图 8-19　不同变形条件下分段本构模型理论计算值和实验值的比较

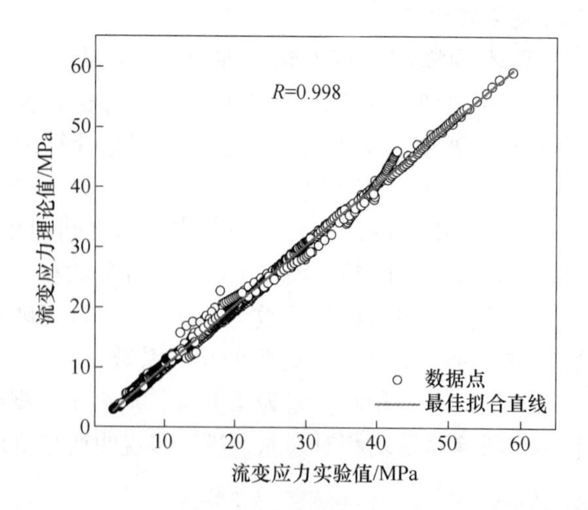

图 8-20　分段本构模型理论计算值和实验值的相关性研究

参考文献

[1] Sorimachi K, Brimacombe J K. Improvements in mathematical modelling of stresses in continuous casting of steel [J] . Ironmaking and Steelmaking, 1977, 4: 240~245.

[2] Uehara M, Samarasekera L V, Brimacombe J K. Mathematical modelling of unbending of continuously cast steel slabs [J] . Ironmaking and Steelmaking, 1986, 13 (3): 138~153.

[3] 蔡开科, 邵璐, 刘新华. 水平连铸凝固壳热应力模型研究 [J] . 钢铁研究学报, 1993 (6): 1~8.

[4] Zhang J, Shen H F, Huang T Y. Finite element thermal-mechanical coupled analysis of strand bulging deformation in continuous casting [J] . Advanced Materials Research, 2011, 154: 1456~1461.

[5] Daniel S S. Roll-containment model for strand-cast slabs and blooms [J] . Ironmaking and Steelmaking, 1981, 8 (1): 16~24.

[6] Yoshii A, Kihara S. Analysis of bulging in continuously cast slabs by bending theory of continuous beam [J]. Transations ISIJ, 1986, 26: 891~894.

[7] 王朕增. 连铸板坯的鼓肚、应变与设备工艺参数的关系 [J] . 钢铁研究学报, 1989, 1 (1): 9~13.

[8] 孙蓟泉, 盛义平. 连铸坯鼓肚变形的黏弹性分析 [J] . 东北重型机械学院学报, 1992, 17 (3): 197~202.

[9] 孙蓟泉, 盛义平, 张兴中. 连铸板坯的鼓肚变形与应力分析 [J] . 钢铁研究学报, 1996, 8 (1): 11~15.

[10] 王忠民, 刘宏昭, 杨拉道. 连铸板坯的黏弹性板模型及鼓肚变形分析 [J] . 机械工程学报, 2001, 37 (2): 66~69.

[11] Kozlowski P F, Thomas B G, Azzi J A, et al. Simple constitutive equations for steel at high temperature [J] . Metallurgical Transactions A, 1992, 23 (3): 903~918.

[12] Wray P J. Effect of carbon content on the plastic flow of plain carbon steels at elevated temperatures [J]. Metallurgical Transactions A, 1982, 13A (1): 125~134.

[13] Suzuki T, Tacke K H, Wunnemberg K, Schwerdtfeger K. Creep properties of steel at continuous casting temperatures [J] . Ironmaking and Steelmaking, 1988, 15 (2): 90~100.

[14] Sakui S, Sakai T. Deformation bevaviours of a 0. 16% C steel in the austenite range [J]. Tetsu-to-Hagane, 1977, 63 (2): 285~293.

[15] Dalin J B, Chenot J L. Finite element computation of bulging continuously cast steel with a viscoplastic model [J] . International Journal of Numerical Methods in Engineering, 1988, 25: 147~163.

[16] Grill A, Sorimachi K. The thermal loads in the finite element analysis of elasto-plastic stresses [J]. International Journal of Numerical Methods in Engineering, 1979, 14 (4): 499~506.

[17] Thomas B G, Samarasekera I V, Brimacombe J K. Mathematical model of the thermal processing of steel ingots-Part Ⅱ-Stress model [J] . Metallurgical Transactions B, 1987, 188: 131~147.

[18] Fachinotti V D, Cardona A. Constitutive models of steel under continuous casting conditions [J] . Journal of Materials Processing Technology, 2003, 135: 30~43.

[19] Pierer R, Bernhard C, Chimani C. Evaluation of Common Constitutive Equations for Solidifying Steel [J]. BHM Berg-und Hüttenmännische Monatshefte, 2005, 150 (5): 163~169.

[20] Anand L. Constitutive equations for the rate-dependent deformation of metals at elevated temperatures [J]. Journal of Engineering Materials and Technology Transactions of the ASME, 1982, 104: 12~17.

[21] Garofalo F. An empirical relation defining the stress dependence of minimum creep rate in metals [J]. Metallurgical and Transactions AIME, 1963, 227: 351~359.

[22] Lee J E, Han H N, Oh K H, Yoon J K. A fully coupled analysis of fluid flow, heat transfer and stress in

continuous round billet casting [J] . ISIJ International, 1999, 39 (5): 435~444.

[23] Han H N, Lee J E, Yeo T J, Won Y M, Kim K H, Oh K H, Yoon J K. A finite element model for 2-dimensional slice of cast strand [J] . ISIJ International, 1999, 39 (5): 445~454.

[24] Huespe A E, Cardona A, Nigro N, Fachinotti V. Visco~plastic constitutive models of steel at high temperature [J] . Journal of Materials Processing Technology, 2000, 102: 143~152.

[25] 礼为鹏 . 连铸钢坯高温力学性能及其本构关系研究 [D] . 大连: 大连理工大学, 2010.

[26] Robert E, Bob Brown. Magnesium 2000 [J] . Light Metal Age, 2000 (8): 100~104.

[27] Robert E, Bob Brown. Magnesium at NADCA Congress and Exposition [J] . Light Metal Age, 2000 (4): 103~105.

[28] Kojima Y. Platform Science and Technology for Advanced Magnesium Alloys [J] . Materials Science Forum, 2000, 350~351: 3~18.

[29] 刘青, 张立强, 王良周, 等 . 汽车用钢连铸坯的高温力学性能 [J] . 北京科技大学学报, 2006, 28 (2): 133~137.

[30] Seol D J, Won Y M, Yeo T J, et al. High temperature deformation behavior of carbon steel in the austenite and δ~ferrite regions [J] . ISIJ International, 1999, 39 (1): 91~98.

[31] 张鹏 . 连铸板坯 A36 高温力学性能及本构关系研究 [D] . 北京: 北京科技大学, 2015.

[32] Gancarz J, Lamant J Y, Larrecq M, et al. Mechanical behavior of the slab during continuous casting [J]. Revue de Métallurgie, 1992, 89 (11): 985~996.

[33] 郭亮亮 . 板坯连铸动态二冷与轻压下建模及控制的研究 [D] . 大连: 大连理工大学, 2009.

[34] 康丽, 王洋, 王恩刚, 等 . 12Cr1MoV 连铸钢坯高温力学性能研究 [J] . 东北大学学报, 2007, 28 (10): 1393~1396.

[35] Mandal S, Rakesh V, Sivaprasad P V, Venugopal S, et al. Constitutive equation to predict high temperature flow stress in a Ti~modified austenitic stainless steel [J] . Materials Science and Engineering A, 2009, 500 (1~2): 114~121.

[36] Lin Y C, Chen M S, Zhang J. Constitutive modeling for elevated temperature flow behavior of 42CrMo steel [J] . Computational Materials Science, 2008, 42 (3): 470~477.

9　连铸顶弯与矫直过程的坯壳行为及仿真研究

9.1　概述

9.1.1　铸坯的带液芯弯曲

9.1.1.1　直弧形连铸机

直弧形连铸机的结晶器和结晶器以下一段距离是直的。铸坯经过弯曲段由直变弯，然后通过拉矫机把弧形铸坯矫直。这种机型的设备高度比立式机型低，铸机总高度主要取决于结晶器和直线段长度、液芯长度和曲率半径大小。这种连铸机既具有直结晶器夹杂物容易上浮的优点（图 9-1），又具有比立式连铸机高度更低的优点。

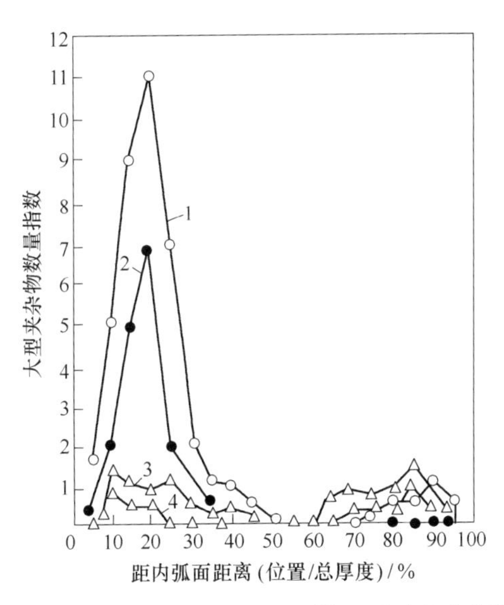

图 9-1　日本钢管公司扇岛厂连铸机型对比试验结果

1—弧形连铸机，低温浇铸；2—弧形连铸机，高温浇铸；3—垂直弯曲型连铸机，低温浇铸；4—垂直弯曲型连铸机，高温浇铸

在弧形连铸机上，非金属夹杂物会在铸流上部的四分之一带处富集。所谓的“四分之一夹杂物带”的形成是板坯连铸机弯曲段一个众所周知的现象：由于浮力的作用，非金属夹杂物向上迁移并积聚在正在凝固的坯壳处。直弧形连铸采用直结晶器可使坯壳和结晶器壁接触良好，保证结晶器冷却强度和效果；可增加结晶器出口处坯壳的厚度，使铸坯坯壳均匀，减少漏钢事故的发生。而垂直导向段在结晶器的下方，直线段的长度为 2.5~3.0m，如日本钢管 6 号机为 3m、神户制钢加谷川 4 号机为 2.95m。生产实践证明，铸机垂直高度大于 3m 时，对于降低非金属夹杂物含量的效果已不明显[1]。

9.1.1.2 典型的弯曲方法

直弧形连铸机由于结晶器及结晶器以下一段距离是直线的，坯壳在进入弧形区时必须进行顶弯。由于顶弯过程中坯壳会发生塑性变形，因此顶弯过程必须能有效防止坯壳裂纹的生成。典型的顶弯方式包括逐步弯曲法、渐进弯曲法、连续弯曲法等[2]。

A 逐步弯曲法

逐步弯曲（多点弯曲）是指在弯曲区分别取多个不同的半径，各辊子沿不同的半径排列布置。连铸坯在被弯曲过程中，其在任意两个相邻辊子间的曲率保持不变，只是在各个弯曲点处连铸坯的曲率有一个突变。也就是说，在任意两相邻弯曲辊之间，连铸坯的弯曲应变速率为零，只是在辊子附近有瞬间应变速率产生。

B 渐进弯曲法

渐进弯曲是通过设计一条曲率半径连续改变的曲线作为铸坯在变形区内的运行弧线，以使铸坯在该区内以恒定的应变速率变形。这种弧线可以是悬链线、回旋曲线、双曲线或抛物线。很明显，铸坯的应变速率还与变形区的长度有关。将变形区长度增加，可实现铸坯低应变速率。

在奥钢联的渐进弯曲法中，起弯曲作用的辊不少于两个，如图 9-2 中的 B_{R_2} 号辊及 B_{R_3} 号辊，其余的辊仅起支撑作用。整个变形区 B_{VA} 被弯曲辊 B_{R_2} 及 B_{R_3} 分成三个区：区间较长且具有恒定应变速率的中间区，在其上下还有两个较小的过渡区。在过渡区内，应变速率逐渐增大（上区）或逐渐减小（下区）。

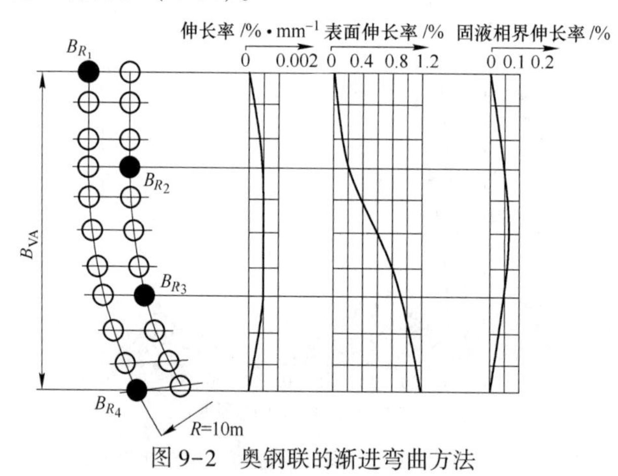

图 9-2 奥钢联的渐进弯曲方法

渐进弯曲法可以在整个弯曲区内获得较低的应变速率。

C 连续弯曲法

连续弯曲是指弯曲区的辊子分别沿着一条给定的连续弯曲曲线布置。设连铸机的基本半径为 R_0，连铸坯通过弯曲区时，曲率由零连续均匀变化到 $1/R_0$，在弧形区曲率保持 $1/R_0$ 不变。在连续弯曲过程中，连铸坯的弯曲应变速率 $\dot{\varepsilon}$ 保持恒定。

9.1.2 铸坯的带液芯矫直

铸坯的矫直过程实际上是铸坯在外力作用下由弯变直的过程。随着连铸生产技术的发展，铸坯的矫直从原理、方法和设备上都有了很大进步。随着连铸机拉坯速度的提高，目前连铸过程一般采用铸坯带液芯矫直。而带液芯矫直又往往会造成拉矫机的“多辊化”以及辊列布置的“扇形段化”——弧形区和水平段均存在驱动辊。

出于带液芯矫直防止内部裂纹生成的需要，常见的带液芯矫直方式主要有：多点矫直、连续矫直、渐进矫直以及压缩浇铸矫直等方式[3]。

9.1.2.1 多点矫直

小方坯和小矩形坯的铸坯厚度较薄、凝固较快、液相深度也较短，当铸坯进入矫直区已完全凝固，通常采用一点矫直。而对大方坯、大板坯来讲，铸坯较厚，等铸坯完全凝固后再矫直，就会增加连铸机的高度和长度，因而采用带液芯的多点矫直。

多点矫直配辊方式如图 9-3 所示。每 3 个辊为一组，每组辊为 1 个矫直点，以此类推；一般矫直点取 3~5 点。采用多点矫直可以把集中一点的应变量分散到多点完成，从而消除铸坯产生内裂的可能性，可以实现铸坯带液芯矫直。

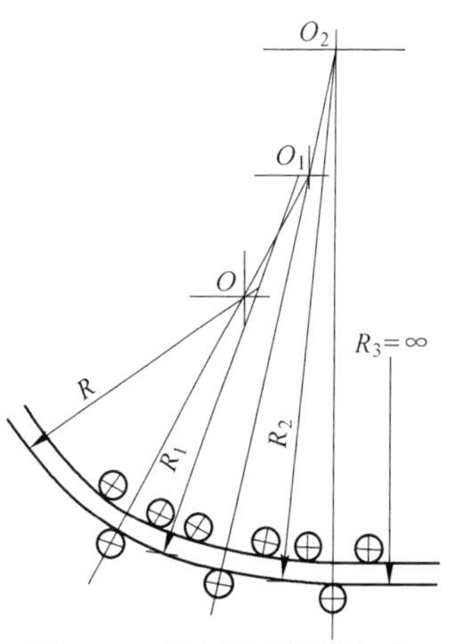

图 9-3 多点矫直配辊方式

9.1.2.2 连续矫直

多点矫直虽然能使铸坯的矫直分散到多个点进行，降低了铸坯每个矫直点的应变量；但每次变形都是在矫直辊处瞬间完成的，应变速率仍然较高，且铸坯的变形是断续进行的，对铸坯的质量存在一定的影响。连续矫直是在多点矫直基础上发展起来的一项技术，其基本原理是使铸坯在矫直区内应变连续进行，那么应变速率就是一个常量，这对改善铸坯质量非常有利，适用于铸坯带液芯矫直。

连续矫直的配置及铸坯应变如图 9-4 所示。图中 *A*、*B*、*C*、*D* 是 4 个矫直辊，铸坯从 *B* 点到 *C* 点之间承受恒定的弯力矩，在近 2m 的矫直区内铸坯两相区界面的应变值是均匀的，这种受力状态对保证铸坯质量极为有利。

连续矫直方式多在板坯连铸机上采用。

9.1.2.3 渐进矫直

奥钢联渐近矫直的基本方法与其渐进弯曲方法基本相同，是通过设定一条曲率半径连续变化的曲线作为铸坯在变形区内的运行弧线，以使铸坯在该区内以恒定的应变速率变形。这种弧线可以是悬链线、螺旋线、双曲线或者抛物线。很明显，铸坯的应变速率还与变形区的长度有关，变形区长度增加，即可实现铸坯的低应变速率。

渐进矫直的缺点是随着矫直（或弯曲）长度的增加，辊子错位的可能性和维护工作量也将增大，因而实际生产中往往出现导辊错位产生应变大大超过计算值的现象。

9.1.2.4 压缩浇铸

连铸生产中为了提高拉速，防止带液芯矫直时铸坯内部固液两相区界面上的凝固层产生内裂，采用压缩浇铸技术。其基本原理是：在矫直点前面有一组驱动辊给铸坯一定推力，在矫直点后面布置一组制动辊给铸坯一定的反推力（见图 9-5），使铸坯在处于受压状态下矫直。从图 9-5 中可以看出，压缩浇铸可以减小铸坯内弧中的拉应力。通过控制对铸坯的压应力，可使内弧中拉应力减小甚至为零，实现对带液芯铸坯的矫直，达到铸机高拉速、提高铸机生产能力的目的。

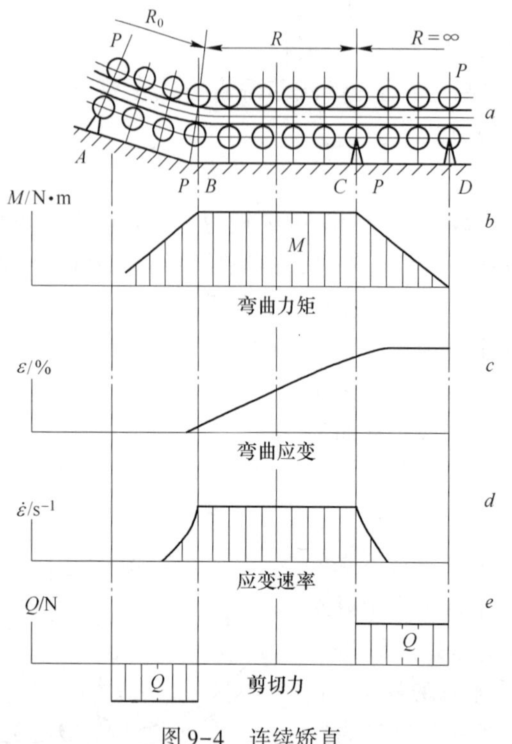

图 9-4　连续矫直

a—辊列布置；*b*—矫直力矩；*c*—矫直应变；*d*—应变速率；*e*—剪应力分布

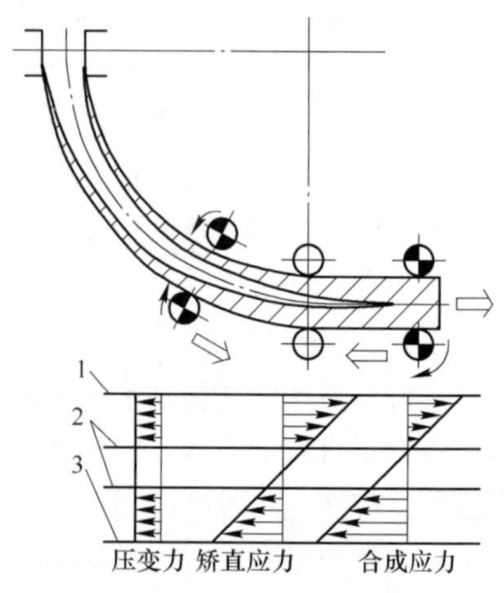

图 9-5　压缩浇铸及铸坯应力图

1—内弧表面；2—两相界面；3—外弧表面

9.2　矫直力经典计算方法

拉坯矫直机的作用包括拉坯、矫直、送引锭杆、处理事故（如冻坯）等几个方面。其工作过程中不但应该能够提供使铸坯前进的足够的拉坯力，而且应该能够提供足够的矫直力。矫直力的提供能力必须适应可浇铸的最大断面和最低温度铸坯的矫直要求。

9.2.1　矫直力的经典理论计算方法

矫直反力的计算是一个比较复杂的问题。由于在连铸机内，铸坯在高温状态下既有弹性又有塑性，甚至还有蠕变变形；另外，实际矫直过程中各矫直辊之间存在复杂的静不定受力问题，因此矫直力的计算难以简单地用公式来表达。

一般资料中常按钢的屈服强度和铸坯断面系数来计算矫直反力（见式（9-1）），但这与实际有较大的出入。

$$p \approx \beta \frac{\sigma_{0.2} b h^2}{t}(n-2) \tag{9-1}$$

式中　$\sigma_{0.2}$——热或冷态屈服极限，N/mm^2；

b——板宽，mm；

h——板厚，mm；

t——辊距，mm；

n——辊数；

β——考虑部分辊子矫直力的降低系数，取1.5~2.0。

另外，对矫直或弯曲过程中起作用的辊子数也有不同的认识，最简单的办法是取一段铸坯作自由体，按三点矫直，矫直反力分配按1∶2∶1计算。日本新日铁公司矫直力的简易计算按五点矫直，反力分配为1∶2∶6∶2∶1。但是，实际上铸坯是一个连续体，矫直是在导辊群中进行的，铸坯近似于变断面、多支点的连续梁。日本日立造船公司分析了铸坯在铸机中矫直的实际状态，并编制出了一个计算程序，考虑承受矫直反力的辊子有13个，这样矫直反力的计算结果与在铸机上的实测值基本相符。

9.2.2 带液芯弯曲/矫直时的裂纹控制

带液芯弯曲/矫直时，由于坯壳的凝固前沿也会发生塑性变形，因此，如何防止铸坯在固液两相区产生内部裂纹是带液芯弯曲/矫直参数设计时应该注意的一个重要方面。

带液芯弯曲/矫直时，防止裂纹生成的办法是把铸坯凝固截面上的应变控制在许用应变以内。由于引起铸坯应变的因素有鼓肚、弯曲/矫直、辊子位错等因素，因此，防止裂纹生成的控制准则为：

$$\varepsilon_T = \varepsilon_b + \varepsilon_u + \varepsilon_m \leqslant [\varepsilon] \tag{9-2}$$

式中 ε_T——铸坯凝固界面上的合成应变,%；

ε_b——铸坯凝固界面上的鼓肚应变,%；

ε_u——铸坯凝固界面上的弯曲或矫直应变,%；

ε_m——铸坯凝固界面上的辊子错位应变,%；

$[\varepsilon]$——铸坯凝固界面上的允许应变,%，一般取0.5%。

在计算中，当某对夹辊处出现 $\varepsilon_T \geqslant [\varepsilon]$ 的情况时，应对辊列做相应修改，直至整个辊列的每对夹辊处均满足 $\varepsilon_T \leqslant [\varepsilon]$ 为止。

铸坯凝固界面上允许应变 $[\varepsilon]$ 的确定是一个非常复杂的问题，它与浇铸的钢种、变形速度 $\dot{\varepsilon}$、凝壳厚度 d 以及变形速度等因素密切相关。尽管文献报道了用试验测得的不同钢种凝固界面上产生裂纹的临界应变值，但各测定者测定的结果有较大的差异（详见第10章）。

9.2.2.1 带液芯顶弯/矫直应变的经典理论计算

A 将液芯铸坯视为完全凝固时顶弯/矫直应变的计算[4]

液芯铸坯的矫直变形最简单的分析方法，是将液芯铸坯视为完全凝固来处理，由此带来的便利是可得到非常简单的变形关系，如图9-6所示，即：

$$\varepsilon_i = \pm \frac{H_0 - 2H}{2(R - H_0/2)} \approx \pm \frac{H_0 - 2H}{2R} \tag{9-3}$$

$$\varepsilon_0 = \pm \frac{H_0}{2(R - H_0/2)} \approx \pm \frac{H_0}{2R} \tag{9-4}$$

式中 ε_i，ε_0——分别为铸坯凝固前沿和外表面的应变；

+，-——分别表示内外弧受拉和受压应变；

H_0，H——分别表示连铸坯厚度与坯壳厚度；

R——连铸机半径。

对于多点矫直（见图 9-7），同样可以得到：

$$\varepsilon_i^{n-1} = \frac{H_0 - 2H_{n-1}}{2(R_{n-1} - H_0/2)} - \frac{H_0 - 2H_n}{2(R_n - H_0/2)} \approx \frac{H_0 - 2H_n}{2}\left(\frac{1}{R_{n-1}} - \frac{1}{R_n}\right) \tag{9-5}$$

$$\varepsilon_0^{n-1} = \frac{H_0}{2(R_{n-1} - H_0/2)} - \frac{H_0}{2(R_n - H_0/2)} \approx \frac{H_0}{2}\left(\frac{1}{R_{n-1}} - \frac{1}{R_n}\right) \tag{9-6}$$

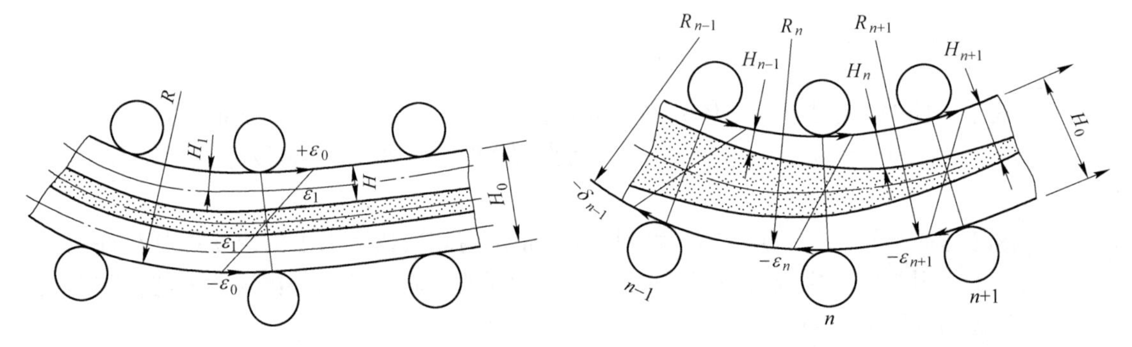

图 9-6 铸坯矫直变形

图 9-7 铸坯多点矫直变形

B 考虑液芯时的应变计算

A. Vaterlaus 提出，内外弧的坯壳各自绕其中性轴弯曲，从而可计算其应变。

内弧上：

$$\varepsilon_i = -\frac{H - H_1}{R - H_0 + H_1} \tag{9-7}$$

$$\varepsilon_0 = \frac{H_1}{R - H_0 + H_1} \tag{9-8}$$

外弧上：

$$\varepsilon_i = \frac{H - H_0}{R - H_1} \tag{9-9}$$

$$\varepsilon_0 = \frac{-H_1}{R - H_1} \tag{9-10}$$

这种方法得出的结论是内弧凝固前沿受压应变，不可能开裂。这与实际是相反的，说明考虑的因素不全面。

实际上，内外弧的坯壳各自按其中性轴弯曲后，内外弧坯壳的弧线长度并不相同。由于完全凝固端和夹持辊的作用，矫直后必将保持为同一体，因此内外弧分别还要受拉压变形（见图 9-8），其拉压应变 ε_T 可由式（9-11）计算：

$$\varepsilon_T = \pm\frac{H_0 - 2H_1}{2(R - H_0/2)} \tag{9-11}$$

式中，内弧取“+”号，外弧取“-”号。

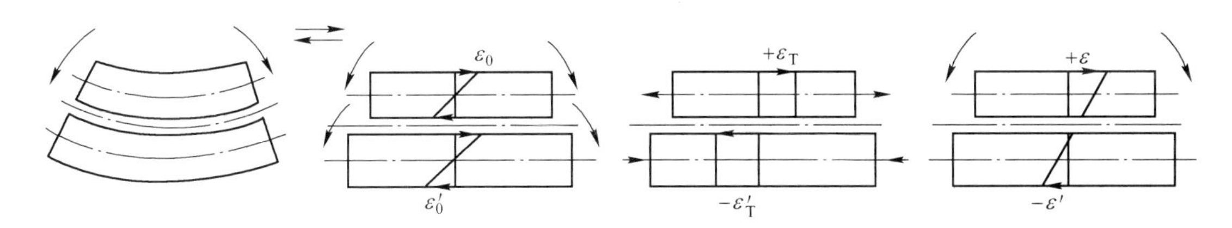

图 9-8 铸坯矫直变形分解示意图

液芯铸坯矫直的应变应该是式（9-7）~式（9-11）之和，即：

内弧上：

$$\varepsilon_i = -\frac{H - H_1}{R - H_0 + H_1} + \frac{H_0 - 2H_1}{2(R - H_0/2)} \tag{9-12}$$

$$\varepsilon_0 = \frac{H_1}{R - H_0 + H_1} + \frac{H_0 - 2H_1}{2(R - H_0/2)} \tag{9-13}$$

外弧上：

$$\varepsilon_i = \frac{H - H_0}{R - H_1} - \frac{H_0 - 2H_1}{2(R - H_0/2)} \tag{9-14}$$

$$\varepsilon_0 = \frac{-H_1}{R - H_1} - \frac{H_0 - 2H_1}{2(R - H_0/2)} \tag{9-15}$$

实际上，H_1、H 和 H_0 较 R 小得多，因此，在式（9-12）~式（9-15）中分母 H_1 和 H_0 都可忽略不计。由此导致的误差 $\Delta<0.02\%$，从而简化成：

$$\begin{cases} \varepsilon_i = \pm \dfrac{H_0 - 2H}{2R} \\ \varepsilon_0 = \pm \dfrac{H_0}{2R} \end{cases} \tag{9-16}$$

式（9-16）与式（9-3）和式（9-4）完全一样，这说明用式（9-3）和式（9-4）计算液芯铸坯的矫直应变，是一种简便且可靠的近似。铸坯半径越大，其误差越小。也就是说，液芯铸坯的矫直像实心一样作为整体弯曲考虑，不会带来多大误差。

一般地，在铸机设计确定矫直点数量时，从控制矫直产生的裂纹的角度出发，矫直点的数量应为：

$$N \geqslant \frac{H_0 - 2H}{(2R - H_0)[\varepsilon_u]} \tag{9-17}$$

式中 $[\varepsilon_u]$——铸坯凝固界面允许的矫直应变，%；一般地，在矫直点处，$[\varepsilon_u] = 0.1\% \sim 0.15\%$；在弯曲点处，$[\varepsilon_u] = 0.2\%$。

9.2.2.2 鼓肚应变的经典理论计算[5]

铸坯鼓肚应变主要由于材料的蠕变变形所致。基于材料蠕变模型获得的困难性，铸坯鼓肚变形的经典理论计算往往需要进行简化。

下面的方法就是将相邻两辊之间的铸坯看做是两端固定的板梁，在同时考虑梁的弹性变形、铸坯高温蠕变及铸坯宽度影响的基础上进行鼓肚应变计算。

在铸机第 i 辊处铸坯鼓肚应变的计算式为：

$$\varepsilon_{b(i)} = \frac{1600 s_i \delta_i}{l_i^2} \tag{9-18}$$

式中　s_i——第 i 辊处铸坯凝壳厚度，mm；

l_i——第 i 辊处的辊间距，mm；

δ_i——铸坯鼓肚变形量，mm；

$\varepsilon_{b(i)}$——第 i 辊处铸坯凝固界面的鼓肚应变，%。

其中：

$$\delta_i = \frac{\eta\alpha p l^4 \sqrt{t}}{32 E s_i^3} = \frac{\eta\alpha p l^4 \sqrt{\dfrac{l_i}{v_g}}}{32 E s_i^3} \tag{9-19}$$

式中　p——第 i 辊处钢水静压力，kg/cm^2；

l——辊距与有效鼓肚宽度两者中的较小者（对板坯而言，l 即为辊距），cm；

t——辊间停留时间，min；

v_g——拉坯速度，cm/min；

E——弹性系数；

s_i——第 i 辊处铸坯凝壳厚度，cm；

α——考虑铸坯宽度因素的铸坯形状系数；

η——铸坯形状系数的修正系数。

铸坯形状系数 α 值是根据弹性理论得出的，实际上考虑到塑性变形还应乘一个修正系数 η。η 值是根据与实测数据的比较确定的。对板坯铸机来讲，辊距小于铸坯宽度，则 $\eta\alpha = 1$。

9.2.2.3　辊子错位应变

连铸机夹辊对弧不准引起的铸坯凝固界面上的应变简称辊子错位应变，可以用式（9-20）计算：

$$\varepsilon_{m(i)} = \frac{300 s_i \delta_m}{l^2} \tag{9-20}$$

式中　$\varepsilon_{m(i)}$——第 i 辊处因辊子错位在凝固界面上产生的应变，%；

δ_m——辊子错位量，mm，见图 9-9；

s_i——第 i 辊处铸坯凝壳厚度，mm；

l——辊距，mm。

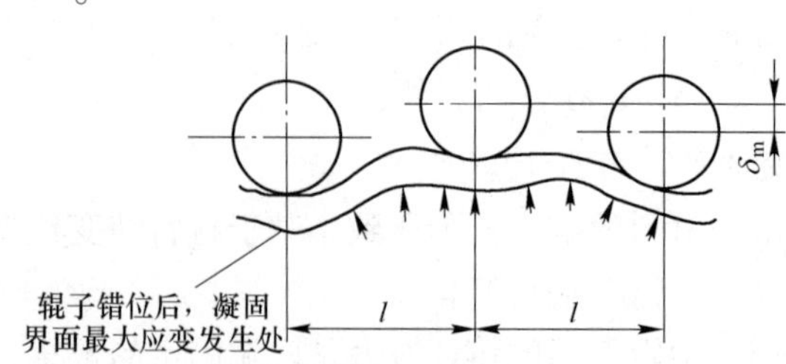

图 9-9　辊子错位坯壳变形示意图

9.3 高温铸坯的蠕变材料模型

9.3.1 目前铸坯常见的蠕变材料模型

板坯连铸带液芯矫直仿真一个不能回避的问题是坯壳的鼓肚变形，而鼓肚变形又主要与材料蠕变相关。因此，仿真建模时首先应解决的是材料蠕变模型问题。

在连铸过程中，材料蠕变是引起坯壳鼓肚变形的主要因素，而坯壳鼓肚又与拉坯阻力、铸坯内部质量等关系到设备正常生产与产品质量的因素息息相关。因此，铸坯鼓肚行为的研究和控制是提高铸坯质量的关键。

在力和温度的共同作用下，坯壳鼓肚变形主要由两部分组成：一部分为与时间无关的瞬时弹性变形，另一部分为随时间不断增大的蠕变变形。有研究认为，蠕变变形比弹性变形约大 4 倍[6]。由此可见，蠕变变形是连铸过程中坯壳鼓肚变形的主要原因。

对金属蠕变的研究，日本和美国早在 20 世纪 80 年代就做了大量的实验，代表性的有日本的 T. Suzuki 做的蠕变实验[7]和美国 Wray 做的拉伸实验[8,9]，他们都全面综合地描述了在整个应变率、应变、碳含量和温度范围内的金属变形行为，并且他们的数据彼此兼容，在部分重叠的实验条件下对材料有着相似的机械行为描述。

我国对连铸坯壳鼓肚的研究一般都采用近似公式计算的方法。例如：1993 年，盛义平等人对国内常见的计算连铸坯壳鼓肚变形量的几个主要近似公式进行了评价，并根据蠕变定律建立了新的物理意义更为明确的计算公式，对宝钢生产的连铸坯进行计算表明新公式计算结果可靠[6]；1996 年，孙蓟泉等进一步提出板坯的黏弹性薄板模型，应用材料流变理论及弹性薄板理论，分析计算了连铸板坯在钢水静压力与不均匀温度场作用下所发生的鼓肚变形与应力，计算结果与宝钢板坯连铸的设计公式所得结果相吻合[10]；2001 年，王忠民等人考虑到板坯的弹性变形和黏性变形的耦合性，进一步提出了板坯鼓肚变形的黏弹性薄板模型，根据弹性-黏弹性的相应原理得到了坯壳鼓肚变形的解析解，并讨论了 Maxwell 模型中材料蠕变特征值（即松弛时间）对板坯鼓肚变形的影响[11]。

虽然连铸坯壳鼓肚变形的近似计算公式不断得到改善，但是其计算过程中的许多近似处理，如用简支梁模型或薄板模型代替坯壳等，使得计算精度一直难以保证。连铸过程是一个几何、材料、温度场、边界条件等多重非线性的复杂高耦合问题，显然，用经典理论方法直接对其进行计算存在很大的困难。

近年来，随着计算机速度的提高、仿真技术的飞速发展，对连铸坯壳复杂热机耦合行为的仿真分析已经成为可能。不过，仿真计算的可靠性很大程度上依赖于材料模型的可靠度，目前对高温材料复杂变形行为精确数学描述的欠缺成为制约仿真计算可靠性提高的主要因素。

针对高温铸坯材料的应力、应变和时间之间的复杂关系，Patrick F. Kozlowski、Brian G. Thomas、Jean A. Azzi、Hao Wang 等人对比研究了目前流行的四种材料蠕变数学模型[12]：

模型一：

$$\dot{\varepsilon}_{p} = C\exp\left(\frac{-Q}{T}\right)\sigma^{n} \tag{9-21}$$

$$C = 24233 + 49973(\mathrm{pctC}) + 48757(\mathrm{pctC})^{2}$$

$$Q = 49480$$

$$n = 5.331 + 4.166 \times 10^{-3}T - 2.166 \times 10^{-6}T^2$$

模型二：

$$\dot{\varepsilon}_p = C\exp\left(\frac{-Q}{T}\right)\sigma^n t^m \tag{9-22}$$

$$C = 0.3091 + 0.2090(\text{pctC}) + 0.1773(\text{pctC})^2$$

$$Q = 17160$$

$$n = 6.365 - 4.521 \times 10^{-3}T + 1.439 \times 10^{-6}T^2$$

$$m = -1.362 + 5.761 \times 10^{-4}T - 1.982 \times 10^{-8}T^2$$

模型三：

$$\dot{\varepsilon}_p = C\exp\left(\frac{-Q}{T}\right)(\sigma - \alpha_\varepsilon \varepsilon_p^{n_\varepsilon})^n \tag{9-23}$$

$$C = 46550 + 71400(\text{pctC}) + 12000(\text{pctC})^2$$

$$Q = 44650$$

$$\alpha_\varepsilon = 130.5 - 5.128 \times 10^{-3}T$$

$$n_\varepsilon = -0.6289 + 1.114 \times 10^{-3}T$$

$$n = 8.132 - 1.540 \times 10^{-3}T$$

模型四：

$$\dot{\varepsilon}_p = C\exp\left(\frac{-Q}{T}\right)(\sigma - \alpha_\varepsilon \varepsilon_p^{n_\varepsilon} + \alpha_t t^{n_t}\sigma^{n_\sigma})^n \tag{9-24}$$

$$C = 6519 + 1.005 \times 10^5(\text{pctC}) + 3.664 \times 10^5(\text{pctC})^2$$

$$Q = 64020$$

$$\alpha_\varepsilon = 162.7 - 4.326 \times 10^{-3}T$$

$$n_\varepsilon = -1.069 + 1.345 \times 10^{-3}T$$

$$\alpha_t = 0.1495$$

$$n_t = 0.3299$$

$$n_\sigma = 0.7224 - 9.885 \times 10^{-5}T + 1.541 \times 10^{-7}T^2$$

$$n = 12.81 - 6.645 \times 10^{-4}T$$

式中　$\dot{\varepsilon}_p$——蠕变应变率，s^{-1}；

ε_p——蠕变应变；

σ——应力，MPa；

C——材料碳含量影响参数，$MPa^{-n} \cdot s^{-m-1}$；

Q——变形能常数，K；

T——温度，K；

t——时间，s；

m——温度相关时间影响指数；

n——温度相关综合应力影响指数；

n_ε——温度相关应变影响指数；

n_σ——温度相关应力影响指数；

n_t——常数；

α_ε——温度相关常数，$MPa \cdot s^{-n_\varepsilon}$；

α_t——常数，$MPa^{1-n_\sigma} \cdot s^{-n_t}$。

其中，模型一为无硬化材料模型，模型二为时间硬化材料模型，模型三为应变硬化材料模型，模型四为时间-应变耦合硬化材料模型。

为了选择合适的可用于铸坯鼓肚仿真分析的材料模型，在此针对材料 Q235，分别采用以上四种材料蠕变模型对其蠕变变形行为进行有限元仿真分析，并将仿真分析结果与 Gleeble-3500 型热/力模拟试验机试验结果[13]进行比较，从而选出较合理的材料蠕变模型。

根据标准蠕变试样结构（ϕ10mm×125mm）和载荷的轴对称性，建立二维轴对称模型，试样一端轴向固定，另一端施加均布压力，温度均布。

仿真结果（图 9-10）表明：由于模型一过于简单，蠕变应变速度只是应力的函数，因此误差较大；模型三在蠕变起始阶段蠕变应变速度偏大，进入稳态阶段后又偏小。因此，蠕变模型一和蠕变模型三都不太适合连铸鼓肚计算分析。而模型二和模型四蠕变曲线形状相似，相对真实地反映了材料的高温蠕变性能，但模型四比较复杂，同时模型二总体偏差最小（图 9-10）。因此，最终选用蠕变模型二作为材料模型来研究铸坯的鼓肚变形。

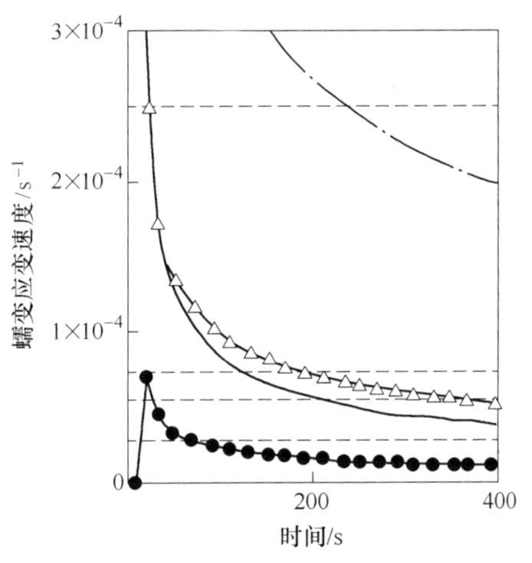

图 9-10 用材料蠕变模型二建模时蠕变应变速度仿真分析结果

—●—1150℃×5MPa；——1150℃×8MPa；—△—1300℃×5MPa；—·—1300℃×8MPa

尽管可以选用时间硬化材料的蠕变模型二作为材料模型来研究铸坯的鼓肚变形，但该蠕变材料模型的温度适应范围（1150~1300℃）与板坯连铸温度范围、应变速率的波动范围（特别是采用动态轻压下后）（碳含量 0.005%~1.54%、温度 950~1400℃、应变 10^{-6}~$10^{-3}s^{-1}$）存在一定的不适应性，所以铸坯的高温蠕变模型还有待进一步完善。

9.3.2 高温铸坯蠕变材料模型的确定

在连铸的整个工艺环节中，铸坯从高温熔点到完全凝固的过程中的温度跨度范围大，铸坯在不同工艺段中的应力水平的波动范围也较大，并且铸坯在高温下力学性能会表现出很大的差异。因此，铸坯在不同温度和不同应力水平下的高温蠕变的差异也较大。AH36

铸坯材料在相同温度和不同应力水平下的高温蠕变曲线如图 9-11 所示，在相同应力和不同温度水平下的高温蠕变曲线如图 9-12 所示[14]。

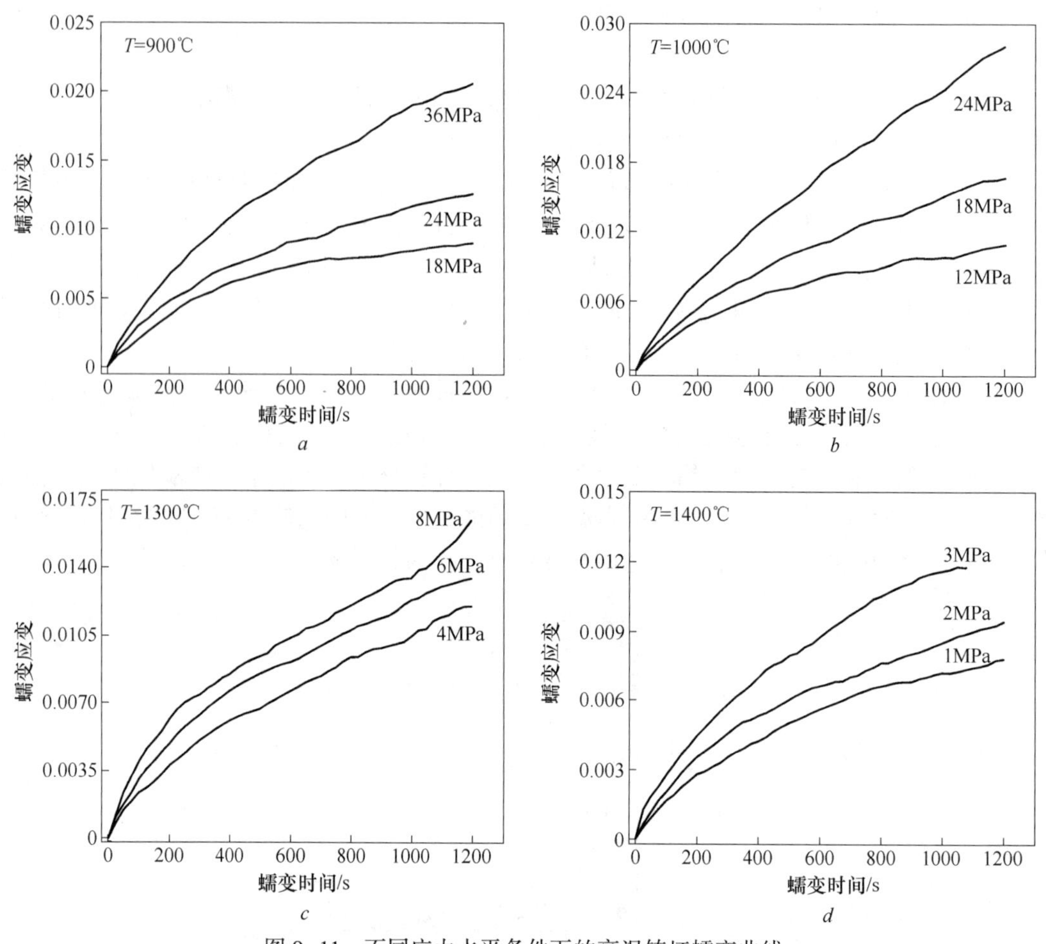

图 9-11 不同应力水平条件下的高温铸坯蠕变曲线

由图 9-11 和图 9-12 可以看出：不同的温度和应力水平对铸坯材料的高温蠕变影响较大。在相同温度下，铸坯高温蠕变规律基本相同，但蠕变量的大小随应力增大而上升；在相同的应力条件下，各温度条件下的高温蠕变曲线趋势大致相同，随着温度的升高，蠕变量会变大，材料强度会明显下降，对应力更为敏感；并且材料进入蠕变稳态阶段的时间会提前，即材料的硬化阶段持续时间变短，说明材料在高温下受热导致其由于变形而产生的硬化效果减弱，同时也意味着材料会更容易进入蠕变加速阶段。

9.3.2.1 高温蠕变模型的构建

由于连铸上的应变量一般较小，并且铸坯从结晶器到出连铸机的持续时间也不是很长，同时参考相关文献，选定分别用 Baily-Norton 模型[15]和 Garofalo 模型[16]来构建铸坯的高温蠕变模型。

A Norton-Bailey 蠕变模型

由于在现有的很多关于连铸的研究中，许多研究者都采用 Baily-Norton 模型来进行铸坯蠕变变形。在系统完成铸坯的高温蠕变实验的基础上，通过对时间指数 m、应力指数 n

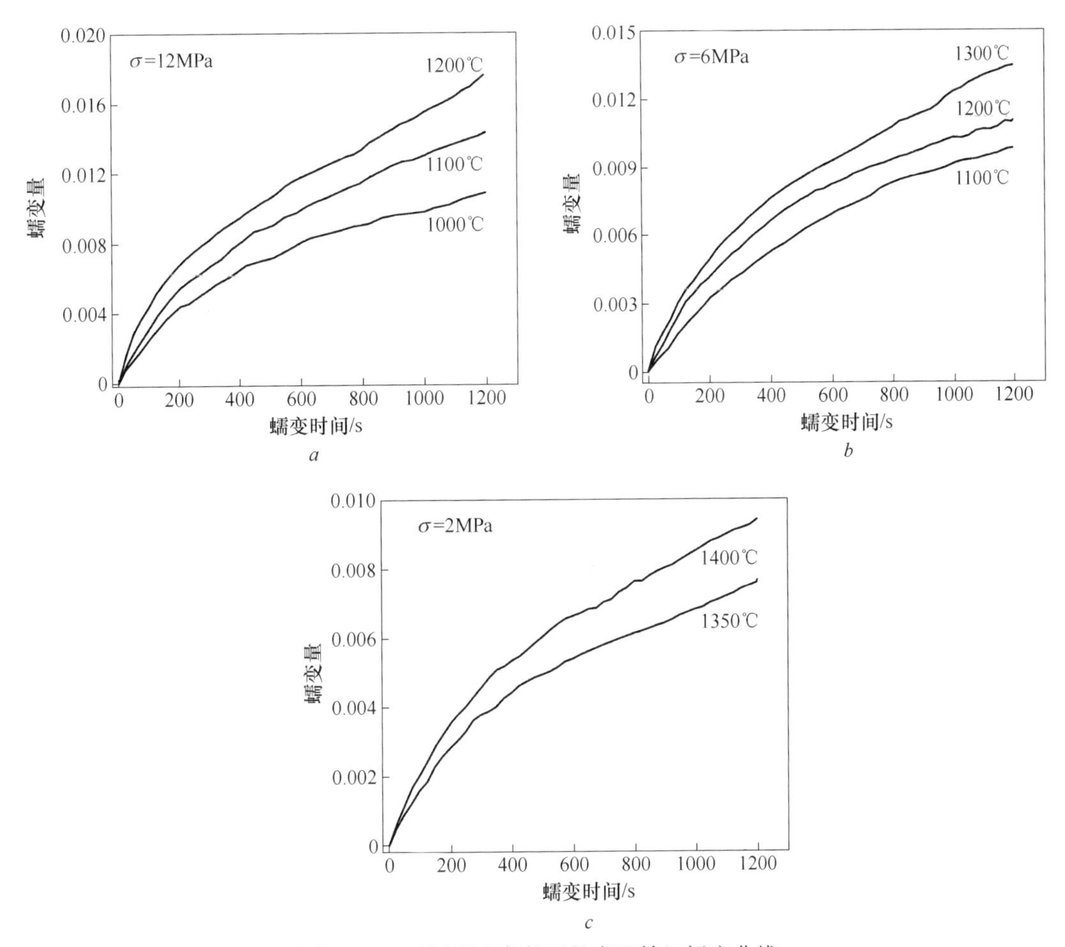

图 9-12 不同温度条件下的高温铸坯蠕变曲线

以及幂律系数 A 的确定，最终获得了材料 AH36 在温度范围为 800～1400℃ 的高温固相区内的蠕变曲线模型：

$$\varepsilon_c = A\sigma^n t^m \tag{9-25}$$

式中：

$$A = 5.89 \times 10^{-10}T^2 - 1.15 \times 10^{-6}T + 5.71 \times 10^{-4}$$

$$n = -2.477 \times 10^{-6}T^2 + 4.58 \times 10^{-3}T - 1.0008$$

$$m = -1.786 \times 10^{-9}T^3 + 4.98 \times 10^{-6}T^2 - 4.24 \times 10^{-3}T + 1.642$$

为了验证获得的该蠕变模型及其参数的拟合效果，将结合不同温度、应力水平下的预测曲线图以及试验数据与模型的预测值之间的相对误差来进行综合分析。模型在不同温度、应力水平下的预测曲线与实际试验值的比较如图 9-13 所示。

从图 9-13 可以看出：每个温度下预测值与试验值的平均相对误差在 4.3%～10.3%之间波动，总体而言较低温度和低应力条件下的模型预测值与试验值的吻合度较好；但当温度高于 1200℃时，预测曲线出现了明显的偏差，尤其 1400℃时偏离度较大。这主要是因为温度水平越高，材料进入稳态阶段就会越提前，曲线中减速阶段的比例就越小，导致整个曲线已经不再是减速阶段占据主导，所以使 Norton-Bailey 模型的预测效果随温度的升高而变差。

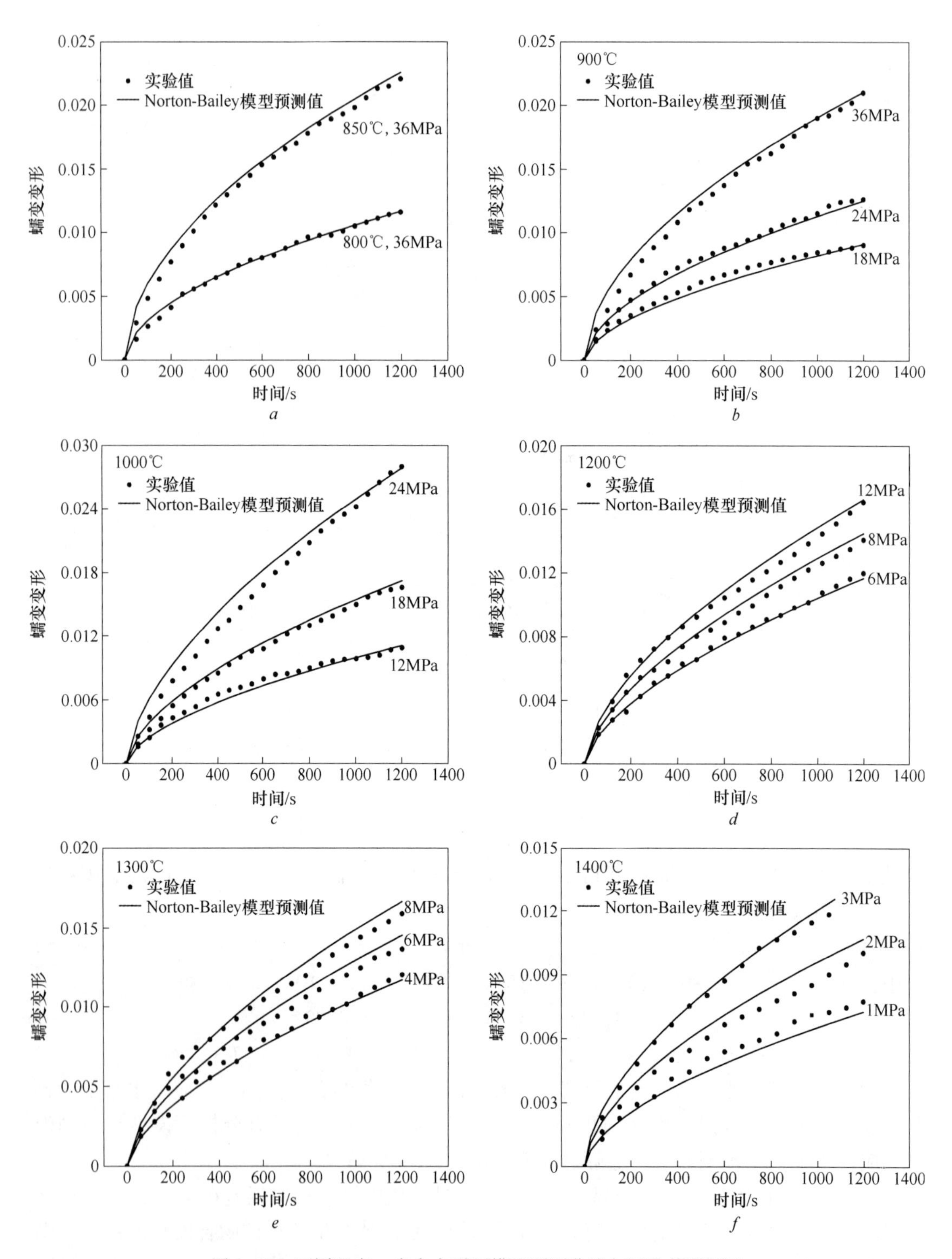

图 9-13　不同温度、应力水平下模型预测曲线与试验值的对比

B　Garofalo 蠕变曲线模型

从铸坯的高温蠕变试验曲线上看，部分铸坯的高温蠕变曲线确实由硬化阶段占据了主

导地位，但也不能否定部分曲线已经进入了稳态阶段。因此，单纯采用时间硬化模型对部分试验曲线的拟合效果可能不佳。为了更完整地描述铸坯材料的蠕变行为，这里选取了一个能更好地描述大多数金属蠕变第一阶段以及第二阶段的蠕变模型，即 Garofalo 曲线模型来构建铸坯的高温蠕变模型：

$$\varepsilon_c = \varepsilon_T(1 - e^{-rt}) + \dot{\varepsilon}_s t \tag{9-26}$$

式中：$\varepsilon_T = (-0.02586 + 7.81 \times 10^{-5}T - 7.762 \times 10^{-8}T^2 + 2.593 \times 10^{-11}T^3) \cdot \sigma^{0.82}$

$r = (0.000689 + 2.06 \times 10^{-6}T - 3.99 \times 10^{-9}T^2 + 2.9957 \times 10^{-12}T^3) \cdot \sigma^{0.37}$

$\dot{\varepsilon}_s = \exp(-190.38 + 0.4559T - 3.976 \times 10^{-4}T^2 + 1.1598 \times 10^{-7}T^3) \cdot \sigma^{1.7}$

Garofalo 模型在不同温度、应力条件下的预测曲线与实际试验值的比较如图 9-14 所示。

从图 9-14 可以看出：每个温度下预测值与试验值的平均相对误差大都保持在 2.3%~8.5%，但高温条件下的 Garofalo 模型的预测效果较好，当温度高于 1200℃时，预测曲线与试验值的吻合程度明显要优于 850~1200℃，这是因为温度越高，材料进入稳态阶段的时间越早，这时在整个蠕变曲线中稳态阶段占的比例就越明显，刚好 Garofalo 模型能较好地描述这种情况。

9.3.2.2 两种模型的预测效果比较

尽管 Norton-Bailey 与 Garofalo 两种蠕变模型获得的预测值与试验值都存在一定的偏差，但两者的整体相对误差都稳定在 10%以内，两个模型各自的预测值在各温度下的平均相对误差对比图如 9-15 所示。

由图 9-15 可见：800~1200℃时，Norton-Bailey 模型的预测效果要优于 Garofalo 模型；当温度大于 1200℃后，Garofalo 模型的预测效果又明显优于 Norton-Bailey 模型。由于考虑到铸坯在高温下存在几个不同的脆性区，因此可以考虑根据不同的温度范围来对 AH36 的高温蠕变模型进行分段表述。即：以 1200℃为分界点，确定了铸坯 AH36 在连铸高温下的蠕变模型的分段表述如下：

$$\varepsilon_c = \begin{cases} A\sigma^n t^m & (800℃ \leq T < 1200℃) \\ \varepsilon_T(1 - e^{-rt}) + \dot{\varepsilon}_s t & (1200℃ \leq T \leq 1400℃) \end{cases} \tag{9-27}$$

式中：$A = 5.89 \times 10^{-10}T^2 - 1.15 \times 10^{-6}T + 5.71 \times 10^{-4}$

$n = -2.477 \times 10^{-6}T^2 + 4.58 \times 10^{-3}T - 1.0008$

$m = -1.786 \times 10^{-9}T^3 + 4.98 \times 10^{-6}T^2 - 4.24 \times 10^{-3}T + 1.642$

$\varepsilon_T = (-0.02586 + 7.81 \times 10^{-5}T - 7.762 \times 10^{-8}T^2 + 2.593 \times 10^{-11}T^3)\sigma^{0.82}$

$r = (0.000689 + 2.06 \times 10^{-6}T - 3.99 \times 10^{-9}T^2 + 2.9957 \times 10^{-12}T^3)\sigma^{0.37}$

$\dot{\varepsilon}_s = \exp(-190.38 + 0.4559T - 3.976 \times 10^{-4}T^2 + 1.1598 \times 10^{-7}T^3)\sigma^{1.7}$

9.4 连铸坯带液芯顶弯过程仿真

为了获得高内部质量的合金钢铸坯，本书作者对合金钢方坯及圆坯连铸进行了直弧式连铸工艺的预研。

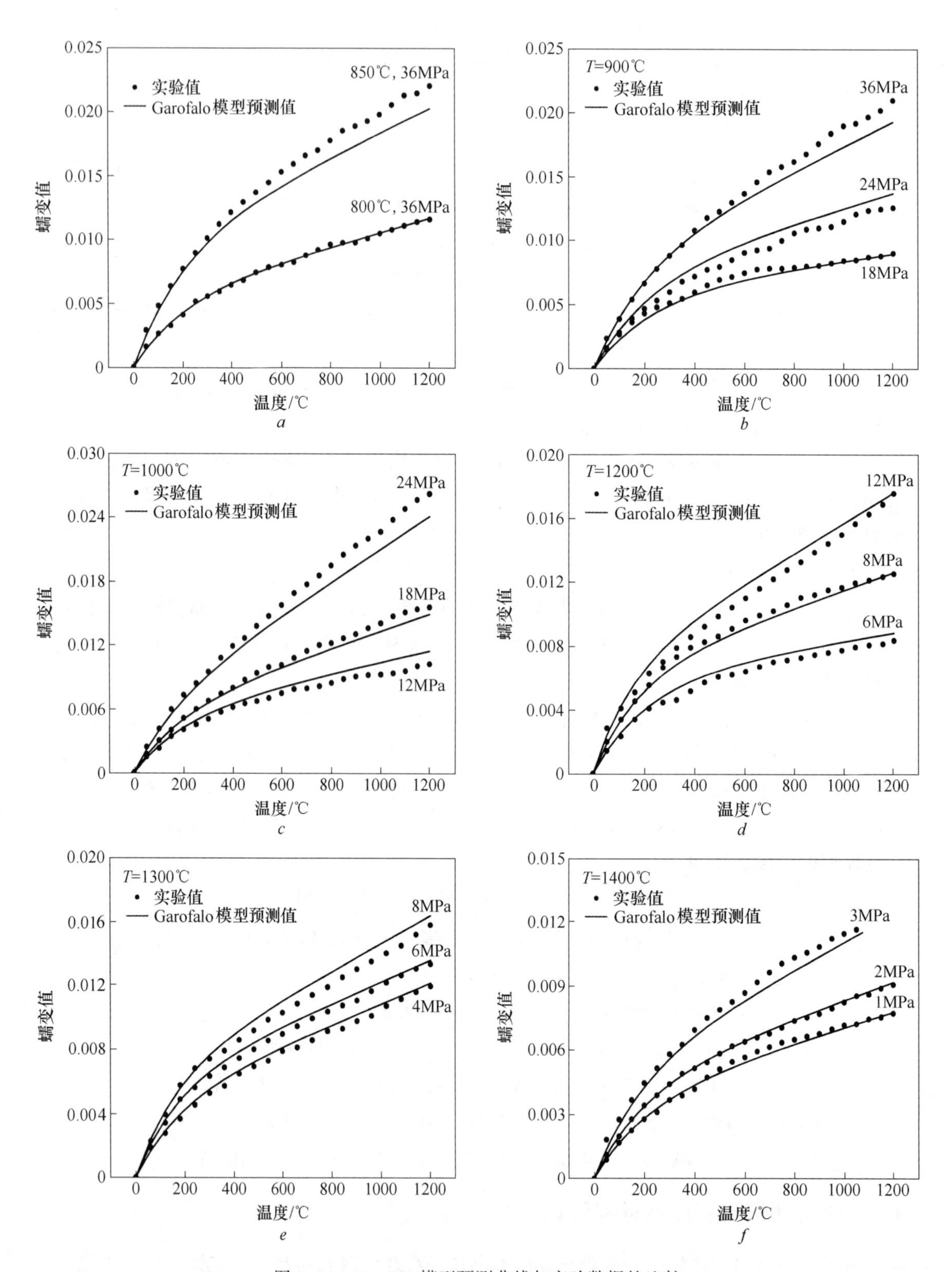

图 9-14 Garofalo 模型预测曲线与实验数据的比较

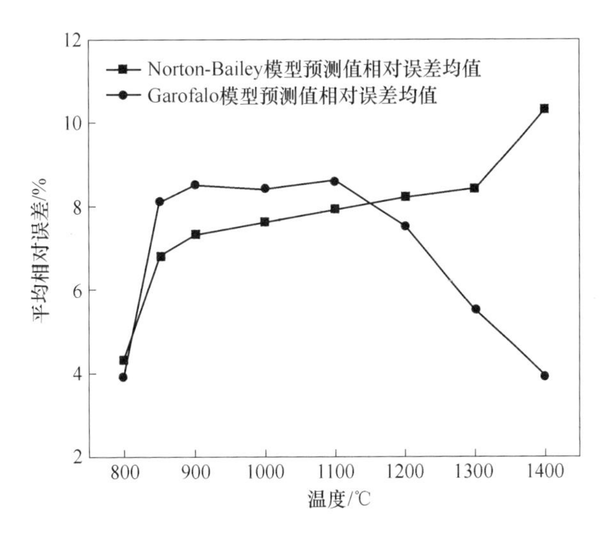

图 9-15 两个不同蠕变模型的预测（相对）误差对比

整体几何模型如图 9-16 所示，模型参数及特点如下：

(1) 截面尺寸 150mm×150mm，结晶器长度 1000mm，钢种 40Cr，拉速 2.2m/min；

(2) 坯壳厚度及温度场根据连铸凝固过程仿真分析结果而设定；

(3) 材料弹塑性变形，且屈服强度随温度而变化；

(4) 三维 1/2 对称模型，铸坯动态前进；

(5) 将辊子处理成刚性，辊道表面与坯壳表面的作用通过接触单元来模拟。

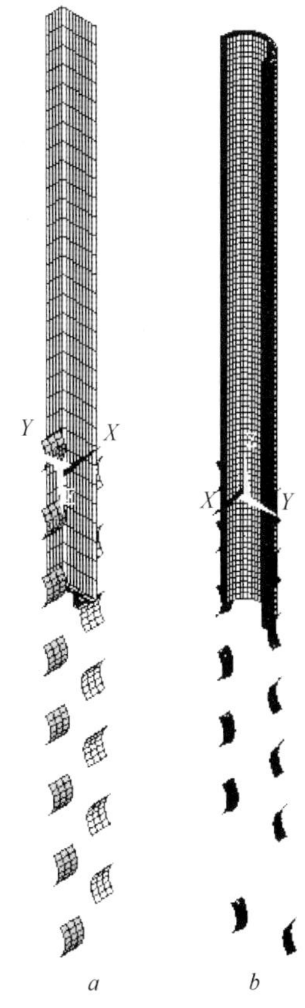

图 9-16 整体几何模型
a—方坯顶弯仿真；
b—圆坯顶弯仿真

从方坯顶弯过程仿真结果（图 9-17）可以发现：铸坯塑性变形从第一顶弯辊后开始，等效塑性应变量表现为内外弧表面大，中线面小，与矩形梁弯曲变形时的应变分布规律相似，符合人们的一般认识；方坯顶弯时，在第三、第四对顶弯辊之间等效塑性应变量达到最大值 1.31%，等效应变最大点位置为铸坯内弧表面，且该处坯壳内表面应变水平也较高，达 0.88%；由于方坯坯壳角部温度低，材料变形阻力大，因此顶弯过程中应力最高位置为铸坯角部。

圆坯连铸顶弯过程应力应变结果与方坯基本相似：等效塑性变形量表现为内外弧表面大，中线面小；第三、四顶弯辊之间内弧表面等效塑性应变达到最大值 1.77%，该点坯壳内表面塑性应变也高达 1.32%。另外，圆坯在顶弯过程中会出现一定程度的截面椭圆变形，对于直径为 250mm 的圆坯，顶弯后内外弧方向直径缩短 1.70mm，垂直方向拉长 1.35mm。

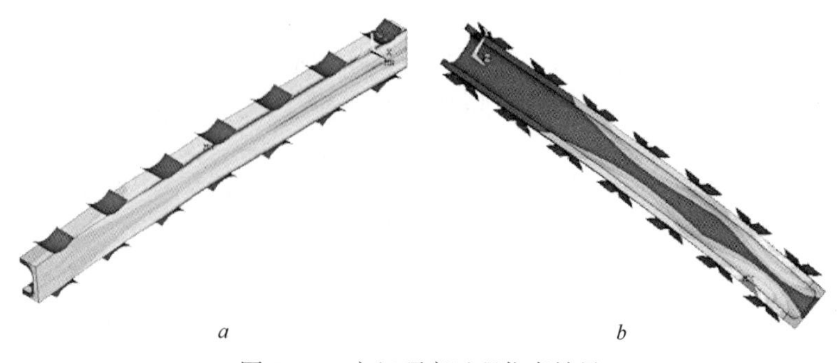

a　　b

图 9-17　方坯顶弯过程仿真结果

a—等效应力；b—等效塑性应变

9.5　大断面合金钢连铸坯矫直过程仿真研究

采用连铸方法来生产合金钢具有收得率高、生产效率高的优点，是目前国际上的趋势所在。但是，由于合金钢的成分相对于普碳钢来讲更加复杂，因此合金钢连铸坯的内部质量更加难以保证。由于提高轧制过程的压缩比可以在相同铸坯内部质量基础上获得高质量的轧后产品，因此，近年来国内合金钢连铸生产的大断面甚至超大断面化也就成了一种趋势。

大断面合金钢连铸可以选择的机型有立式连铸机与弧形连铸机两种。如果采用弧形连铸机，则必然出现带液芯矫直现象。由于断面大、拉速低、矫直时坯壳表面温度低等因素的存在，大断面合金钢连铸的矫直过程具有与普通多点矫直不同的特征，值得深入研究。

9.5.1　大断面矩形坯连铸带液芯矫直仿真研究

仿真对象基本情况为：断面尺寸 370mm×480mm、结晶器铜管长度 800mm、铸机半径 R14m、拉速 0.28~0.46m/min、钢种 GCr15、四点矫直。矫直区及其参数如图 9-18 所示。

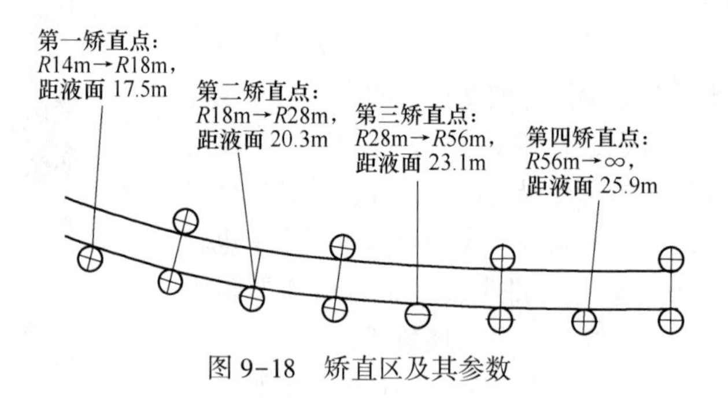

图 9-18　矫直区及其参数

9.5.1.1　仿真模型

矫直仿真模型如图 9-19 所示。根据对称性采用 1/2 模型，以每个矫直点处两个辊距长度来建立坯壳模型，忽略坯壳厚度及温度的纵向变化。分空心模型与实心模型两种：实心模型用于完全凝固后的铸坯矫直，以位移约束的方式模拟铸辊对铸坯的作用；空心模型用于带液芯矫直，模型内表面施加钢水静压力。各矫直点处坯壳厚度及表面温度参照凝固过程仿真分析结果选取，坯壳材料处理成理想弹塑性材料，屈服强度随温度而变化。

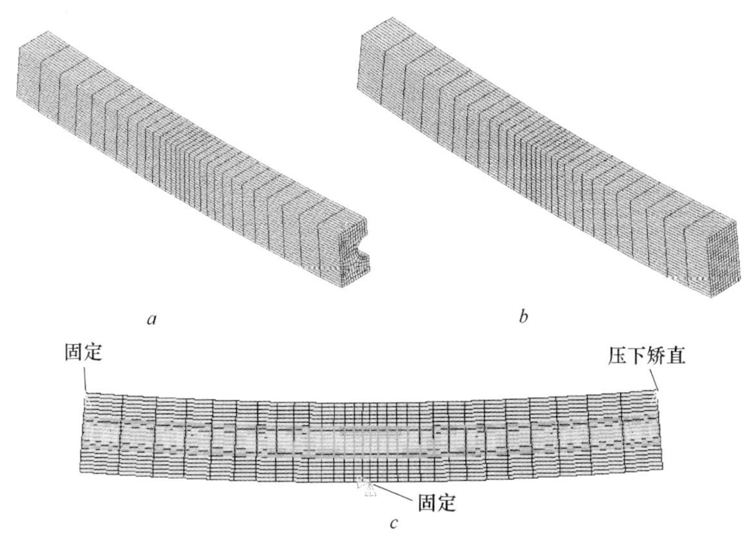

图 9-19 矫直仿真模型

a—空心模型；b—实心模型；c—载荷及边界条件

9.5.1.2 理想矫直条件下矫直过程的变形与矫直力

理想矫直条件为：不考虑铸坯自重的影响；不考虑多个矫直辊的共同作用，各矫直点曲率的变化全部由紧随其后的压下辊一次性压下完成。

由凝固过程仿真分析可知：最高拉速 0.46m/min 时浇铸过程具有最长液芯，属于典型的带液芯多点矫直工况。最高拉速 0.46m/min 时各道次矫直参数见表 9-1，仿真结果见表 9-2。

表 9-1 最高拉速 0.46m/min 时各道次矫直参数

矫直点	矫前半径/m	矫后半径/m	到液面距离/m	坯壳厚度/mm	表面宽边中部温度/℃	表面角部温度/℃	表面窄边中部温度/℃
1	14	18	17.5	98	972	790	949
2	18	28	20.3	112	948	750	917
3	28	56	23.1	130	918	720	885
4	56	∞	25.9	162	890	695	850

表 9-2 最高拉速 0.46m/min 时各道次矫直仿真结果

矫直点	矫直面典型位置应变率/%				矫直力/t
	A	B	C	D	
1	1.07	0.48	0.47	0.56	55.2
2	1.32	0.47	0.51	0.68	65.7
3	1.04	0.21	0.28	0.55	75.7
4	1.22	0.10	0.20	0.65	81.9

最高拉速时各道次矫直仿真结果表明：由于矩形坯角部温度低，因此矫直时最高等效应力出现在表面角部（见图 9-20）。矫直点受压面出现了不同于简单弯曲时的应力-应变规律：高应力应变区并不与接触点重合，而是以接触点为对称中心前后出现两个高应力区；带液芯矫直时，各道次坯壳内表面应变率在 0.10%~0.51%之间变化。

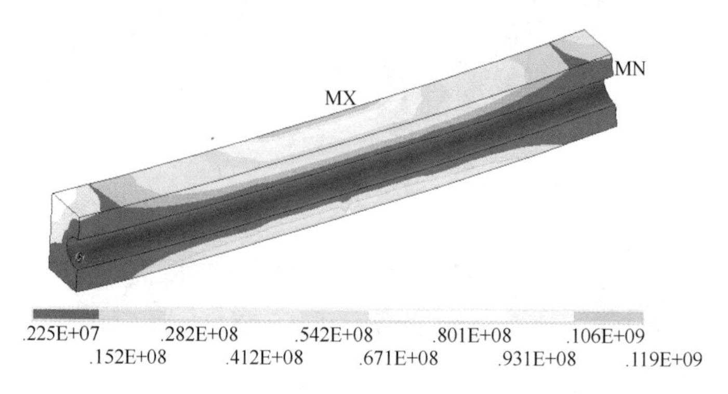

图 9-20　带液芯矫直时的等效应力分布

带液芯矫直时矫直点塑性应变如图 9-21 所示。

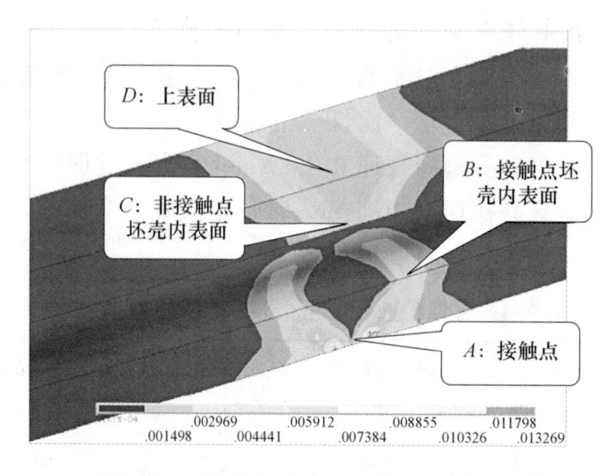

图 9-21　带液芯矫直时矫直点塑性应变

从凝固过程仿真结果可知：最低拉速 0.28m/min 时铸坯进入矫直区已经完全凝固，这时由于温度低、截面大，需要的矫直力很大，可以用来计算矫直过程的极限矫直力。

拉速 0.28m/min 时各道次矫直仿真结果见表 9-3。与带液芯矫直相比，完全凝固状态下各道次矫直力显著上升；接触点前后仍存在高应变区；完全凝固状态下，非接触面（*D* 点）的应变率各道次不大于 0.55%；完全凝固矫直时最大道次矫直力达 143.3t。

表 9-3　拉速 0.28m/min 时各道次矫直仿真结果

矫直点	矫直面典型位置应变率/%		矫直力/t
	A	*D*	
1	0.85	0.48	98.0
2	1.08	0.55	119.5

续表 9-3

矫直点	矫直面典型位置应变率/%		矫直力/t
	A	*D*	
3	0.85	0.42	137.5
4	0.78	0.41	143.3

9.5.1.3 实际生产条件下的矫直力

实际生产条件的不同在于：铸坯自重的作用使矫直力减小的作用；大断面连铸时，各矫直点曲率的变化可能不能全部由紧随其后的压下辊一次性压下完成，即可能出现跨辊矫直的现象。

仿真分析发现：如果考虑重力作用，同时按跨辊矫直计算矫直力时，矫直力约为理想状态的1/3。

显然，由于断面大、冷却过程长，大断面连铸拉速较低时容易出现表面温度过低的现象，容易造成矫直过程矫直力过大，因此大断面连铸一般应在空冷区采取一定的保温措施以防止矫直过程铸坯温度过低。

对于大断面连铸过程，为了保证低温时的矫直能力以及带液芯矫直时防止裂纹的出现，在条件允许的情况下，应该考虑适当增加矫直点的数量。

9.5.2 大断面圆坯连铸带液芯矫直仿真研究

仿真对象基本情况为：断面 *R*800mm、结晶器铜管长度 800mm、铸机半径 *R*16.5m、拉速 0.12~0.18m/min、钢种 GCr15。矫直辊直径 500mm、凹槽深度 20mm、凹槽圆弧半径 450mm。分五点矫直：

第一点 *R*16.5m→*R*20.6m，距液面 21.20m

第二点 *R*20.6m→*R*27.5m，距液面 23.45m

第三点 *R*27.5m→*R*41.3m，距液面 25.70m

第四点 *R*41.3m→*R*82.5m，距液面 27.95m

第五点 *R*82.5m→∞，距液面 32.80m

矫直模型网格如图 9-22 所示：1/2 对称模型；分空心模型与实心模型两种；将矫直点支撑辊处理成刚性面，刚性面与铸坯之间定义为接触关系；坯壳厚度及温度分布参照凝固过程仿真分析结果选取；坯壳材料按理想弹塑性考虑，屈服强度随温度变化。

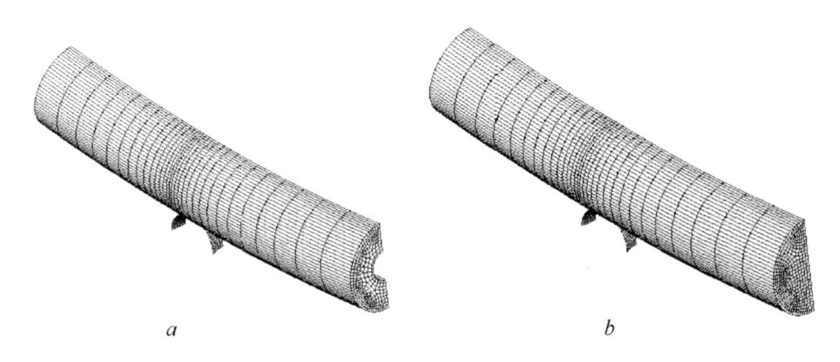

图 9-22 矫直模型网格

a—空心模型；*b*—实心模型

最高拉速 0. 18m/min 时各道次矫直参数见表 9-4。

表 9-4　最高拉速 0. 18m/min 时各道次矫直参数

矫直点	矫前半径 /m	矫后半径 /m	到液面距离 /m	坯壳厚度 /mm	表面温度 /℃
1	16. 5	20. 6	21. 2	276. 8	710. 1
2	20. 6	27. 5	23. 45	310. 4	684. 8
3	27. 5	41. 3	25. 7	348. 4	663. 4
4	41. 3	82. 5	27. 95	完全凝固	645. 1
5	82. 5	∞	32. 8	完全凝固	609. 5

理想矫直条件下，最高拉速 0. 18m/min 仿真结果（见表 9-5）表明：带液芯矫直时，矫直点 1、矫直点 2 下表面出现局部塑性应变，而上表面则未出现明显的塑性应变，说明出现了不能正常矫直的情况，这主要是由于圆坯连铸矫直辊与铸坯表面接触面积较小造成的；矫直点 4、矫直点 5 由于辊距的增加，能够进行正常矫直，坯壳外表面应变率为 0. 67%～5. 54%，矫直力分别为 177. 1t 和 264. 2t。

表 9-5　最高拉速 0. 18m/min 时各道次矫直仿真结果

矫直点	矫直面典型位置塑性应变率/%				矫直力/t
	A	*B*	*C*	*D*	
1	6. 01	1. 23	0. 12	0. 01	260. 8
2	4. 93	0. 76	0. 30	0. 17	316. 8
3	未分析				
4	5. 54			1. 03	177. 1
5	1. 91			0. 67	264. 2

最低拉速 0. 12m/min 时各道次仿真结果（见表 9-6）表明：拉速 0. 12m/min 时铸坯进入矫直区前就已经完全凝固，与带液芯矫直相比，完全凝固状态下各道次矫直力显著上升，矫直点 1～3 不能正常矫直，矫直点 4、矫直点 5 能正常矫直；最大矫直力出现在矫直点 3 处，最大矫直力在 500t 以上。

表 9-6　最低拉速 0. 12m/min 时各道次矫直仿真结果

矫直点	矫直面典型位置塑性应变率/%		矫直力/t
	A	*D*	
1	8. 25	0. 14	472. 7
2	7. 29	0. 33	533. 6
3	7. 71	0. 28	592. 6
4	6. 25	0. 82	294. 1
5	1. 70	0. 47	374. 3

圆坯带液芯矫直时矫直点应变如图 9-23 所示。显然，与大断面矩形坯连铸矫直过程

相比，圆坯连铸矫直会出现一个新的问题：由于矫直辊与圆坯表面的接触面比较小，在大的矫直力条件下，可能在接触点位置出现局部压垮而不能正常矫直的情况。要避免此问题的出现，必须从以下几个方面入手：空冷区保温与合适拉速的选取，有效避免过低温度矫直；足够大的铸机弧形半径为矫直过程提供足够的空间；尽量多的矫直点数量使矫直力分散化；进行矫直辊与圆坯表面接触方式优化设计，以有效提高支撑辊与铸坯表面接触面积。另外，由于接触区的变小，圆坯连铸矫直时接触表面容易出现局部塑性变形而最终在产品表面形成压痕。

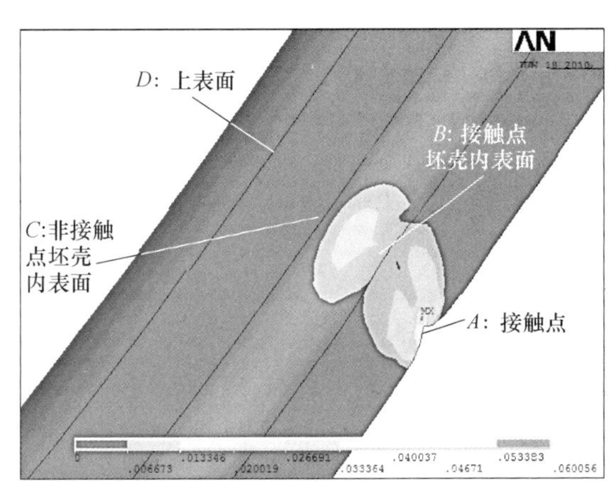

图 9-23　圆坯带液芯矫直时矫直点应变

实际生产中，与大断面矩形坯连铸相比，大断面圆坯连铸更容易出现跨辊矫直现象。

参 考 文 献

[1] 王叶婷. 直弧形板坯连铸机辊列系列化 [J]. 机械研究与应用，2008，21 (4)：78~81.

[2] 曹广铸 . 现代板坯连铸 [M] . 北京：冶金工业出版社，1994.

[3] 贺道中 . 连续铸钢 [M] . 北京：冶金工业出版社，2007.

[4] 任吉堂，等 . 连铸连轧理论与实践 [M] . 北京：冶金工业出版社，2002.

[5] 高德成，周立平，陈士军. 连铸机总体设计中几个重要参数的确定 [J]. 一重技术，2001，87 (1) .

[6] 盛义平，孙蓟泉，章敏. 连铸板坯鼓肚变形量的计算 [J]. 钢铁，1993，28 (3)：20~25.

[7] Suzuki T，Tache K H，Wunnenberg K，et al. Creep properties of steel at continuous casting temperatures [J]. Ironmaking and Steelmaking，1988，15 (2)：99~100.

[8] Wray P J. Effect of carbon content on the plastic flow of plain carbon steels at elevated temperatures [J] . Metallurgical and Materials Transactions A. 1982，13 (1)：125~134.

[9] Wray P J. High temperature plastic flow behavior of mixtures of austenite，cementite，ferrite，and pearlite in plain-carbon steels [J] . Metallurgical and Materials Transactions A. 1984，15 (11)：2041~2058.

[10] 孙蓟泉，盛义平，张兴中. 连铸板坯的鼓肚变形与应力分析 [J]. 钢铁研究学报，1996 (1)：11~15.

[11] 王忠民，刘宏昭，杨拉道，等. 连铸板坯的粘弹性板模型及鼓肚变形分析 [J]. 机械工程学报，2001，37 (2)：66~69.

[12] Patrick F Kozlowski，Brian G，et al. Simple constitutive equations for steel at high temperature [J]. Metallurgical and Materials Transaction A，1992，23 (3)：903~918.

[13] Man Yuan, Li Xiankui, Yang Ladao, et al. Research on elevated temperature characteristics of Q235 steel during continuous straightening [J]. Hot Working Technology, 2008, 37 (13): 11~14.

[14] 张鹏. 连铸板坯 AH36 高温力学性能及本构关系研究 [D]. 北京: 北京科技大学, 2016.

[15] Binienda W K, Robinson D N. Creep model for metallic composites based on matrix testing [J]. Journal of Engineering Mechanics, 1991, 117 (3): 624~639.

[16] Garofalo F, Butrymowicz D B. Fundamentals of Creep and Creep-Rupture in Metals [J]. Physics Today, 1966, 19 (5): 100~101.

[17] 吕伟, 等. 薄板坯连铸结晶电磁制动的数值模拟 [J]. 沈阳航空工业学院学报, 1998: 15~22.

[18] Resch H, Wahl H, Kollerer S, Stachelberger C. Improvements in HIC resistance with ASTC [C]. Proc. 4th ECCC, Birmingham UK, Ref. Nb.: C0208/80.

[19] Morsi S A, Alexander A J. An investigation of particle trajectories in two-phase flow systems [J]. J. Fluid Mechanics, 1972, 55 (2): 193~208.

[20] 熊毅刚. 板坯连铸 [M]. 北京: 冶金工业出版社, 1994.

10 凝固末端轻压下技术

10.1 连铸坯的内部质量与凝固末端轻压下技术

10.1.1 连铸坯的中心缺陷及造成原因

连铸坯的中心缺陷主要包括中心偏析、疏松、缩孔等[1]。

对于连铸坯而言，中心偏析主要表现为溶质元素在铸坯中心分布的不均匀性。C、Mn、P 和 S 等溶质元素在铸坯横剖面上的分布特点为中心处浓度出现峰值，而两边浓度低；在铸坯纵剖面上则以 V 形偏析、点状偏析等表观形式存在，如图 10-1 所示。

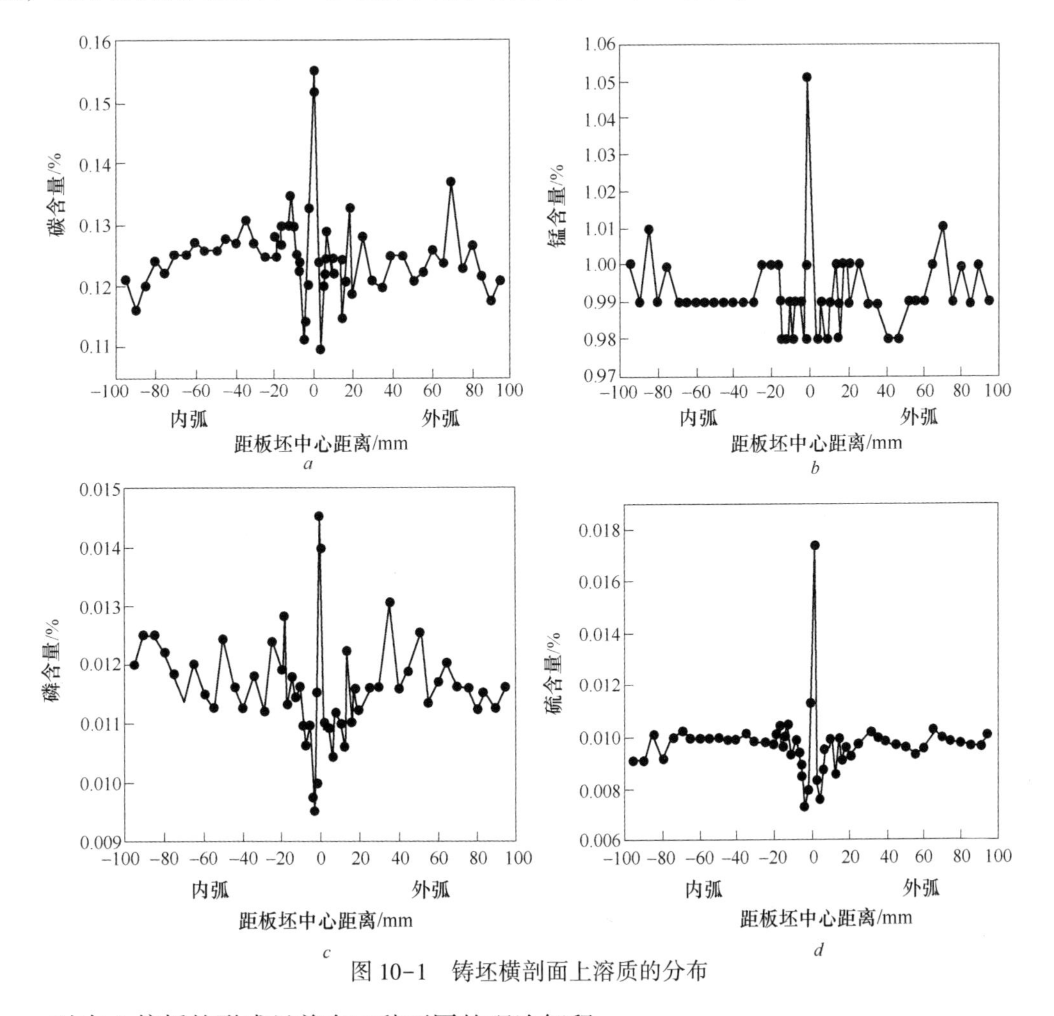

图 10-1 铸坯横剖面上溶质的分布

对中心偏析的形成目前有三种不同的理论解释：

(1) 溶质元素富集理论。在铸坯的凝固过程中，钢水的选分结晶特性不可避免地导致了晶间液相区溶质元素的富集。与此同时，铸坯凝固收缩又使得富集溶质元素的钢水不断向铸坯中心附近补充并凝固，从而形成了溶质含量中心高、周围低的分布状态，即中心偏析。

(2) “晶桥”理论。连铸坯在凝固的条件下，由于铸坯有发达的柱状晶所引起的，可用图 10-2 所示的小钢锭凝固模式来说明。这种偏析的形成，大体上可分四个阶段：1) 柱状晶的生长；2) 由于某些工艺因素的影响，柱状晶的生长变得很不稳定，即某些柱状晶生长快，而另一些柱状晶生长慢；3) 在这种情况下，优先生长的柱状晶在铸坯中心相遇，形成了所谓的“晶桥”；4)“晶桥”形成后，上部钢水受阻不能对下部钢水的凝固收缩进行及时补充，因而在“晶桥”下边，钢水按一般钢锭凝固的模式凝固，其结果如图 10-2 最下部分所示，形成了连铸坯的中心偏析带。

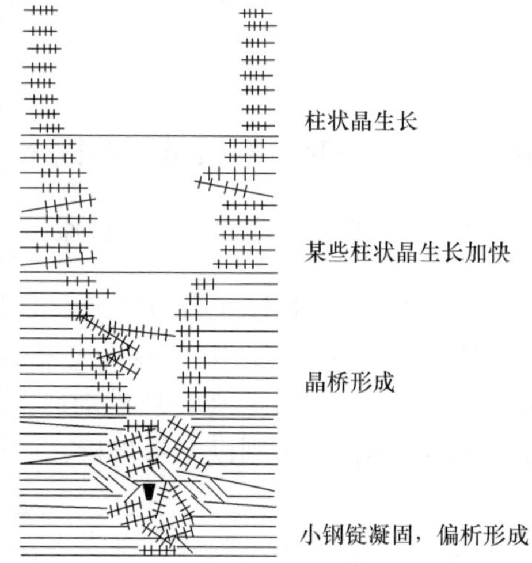

图 10-2 小钢锭凝固模式

(3) 铸坯芯部空穴抽吸理论，即凝固收缩和鼓肚理论。在板坯或大方坯中，有时柱状晶并未发展到铸坯中心，即并无“晶桥”的形成，但是仍然发生了中心偏析。这说明中心偏析的形成除上述冶金因素外，还有其他方面的原因。已经查明，这是由于凝固收缩和铸坯“鼓肚”(铸坯宽面向外凸起的现象) 所引起。当铸坯在两相区凝固时会产生体积收缩，以及连铸坯二冷区辊距较大时连铸坯壳较薄，或者是铸坯液芯静压力过大时，导致的铸坯鼓肚变形，在铸坯中心产生了相当于负压的抽力作用，两相区内偏析元素富集的不纯钢水被吸向心部形成了中心偏析带。

连铸坯中心疏松、缩孔缺陷的产生则与连铸坯最后阶段的凝固行为有关：连铸坯相当于长宽比相当大的钢锭，在连铸机上边运行边凝固，液相穴很长；在凝固初期，钢的液态和固相率较低的液-固态均具有较好的流动性，铸坯内部的体积收缩可以通过液态和液-固态的流动来补偿；而在凝固后期，由于某些柱状树枝晶优先成长搭接成“凝固桥”，阻碍了钢液流动，导致凝固末端钢水补缩不好，从而产生中心疏松、缩孔。

10.1.2 凝固末端轻压下改善铸坯内部质量机理

轻压下技术是在容易形成中心偏析、疏松的铸坯凝固过程最后阶段实施一定的压下量，使铸坯中心区域产生一定的压缩变形。轻压下技术一方面可以补偿凝固末期残余钢水的体积收缩，促进枝晶脱落和重熔，增加等轴晶比例，减少中心疏松和缩孔并可能促进中心裂纹的焊合，从而达到提高连铸坯中心致密度的效果；另一方面，轻压下技术使容易形成偏析及疏松的地方的非浓化钢液均匀流动，消除或减少因铸坯收缩形成的内部空隙，不但防止晶间富集溶质的钢液向铸坯中心横向流动，而且轻压下所产生的挤压作用还可以促使液芯中心富集溶质的钢液沿拉坯方向反向流动，使溶质元素在钢液中重新分配，从而使铸坯的凝固组织更加均匀、致密，达到改善中心偏析的目的。轻压下工作原理如图 10-3 所示。

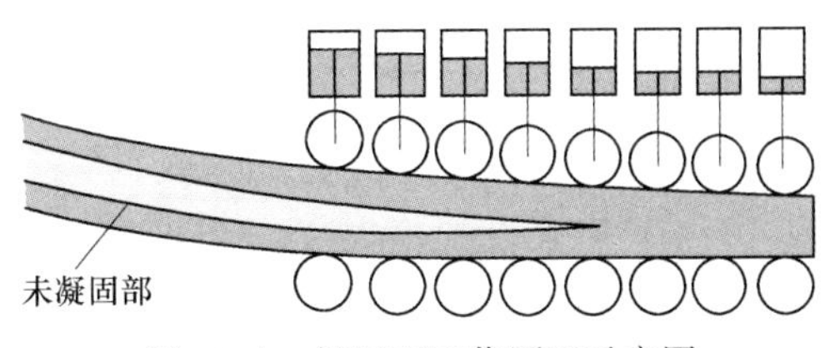

图 10-3 轻压下工作原理示意图

根据 Masaoka 等人的研究[2,3]，假设轻压下时铸坯厚度的减少是瞬间完成的，并且已知实施轻压下时两相区的固相率和坯壳厚度，那么就可以计算在实施一定压下量后的铸坯中心偏析量。

假设铸坯的凝固过程是线性变化的，即：

$$C_e S_e = C_i S_i - (\rho_s/\rho_l) \sum CS_j \Delta S_j \tag{10-1}$$

式中 C_e——中心偏析量，%；

S_e——中心偏析区域，cm^2；

C_i——凝固区入口溶质的量，%；

S_i——凝固区入口处未凝固区域的面积，cm^2；

ρ_s——凝固后固相的密度，g/cm^3；

ρ_l——凝固后液相的密度，g/cm^3；

$\sum CS_j$——凝固区固相内的溶质的量，%；

ΔS_j——凝固区固相的面积，cm^2。

$$CS_j = -A_j v_j + C_j \tag{10-2}$$

式中 A_j——溶质在钢液中的积累因子，%；

v_j——凝固区液相的流动速度，cm^3/min；

C_j——进入凝固区 j 前固相质量分数。

$$V_j = S_j v_c \beta - v_j \tag{10-3}$$

$$v_j = (\sum w\eta_i \Delta h_i) v_c \tag{10-4}$$

式中 S_j——凝固期液相的面积，cm^2；

v_c——拉速，cm/min；

β——凝固收缩率；

v_j——固/液界面轻压下率，cm^3/min；

w——方坯厚度，cm；

η_i——轻压下系数。

$$C_e S_e = D + (\rho_s/\rho_l) \sum A_j \Delta S_j v_j \tag{10-5}$$

$$D = C_i S_i - (\rho_s/\rho_l) \sum C_j \Delta S_j \tag{10-6}$$

$$\text{最大偏析尺寸} = \alpha C_e S_e \tag{10-7}$$

式中 A_j——凝固期溶质的平均累积速度；

v_j——凝固期液相的平均流速；

α——比例常数。

通过式（10-7）可以得到在实施轻压下时铸坯中心偏析量。

10.1.3 凝固末端轻压下的应用

10.1.3.1 轻压下的实现方式

轻压下技术自问世以来，根据压下方式的不同共出现过三种形式（见图 10-4）：辊式轻压下、连续锻压式轻压下以及凝固末端强冷轻压下。各种轻压下方式分类见表 10-1[4]。

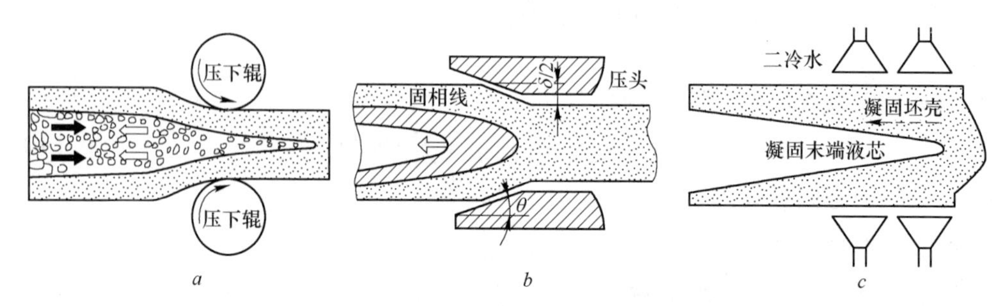

图 10-4 轻压下设备

a—辊式轻压下；b—连续锻压式轻压下；c—凝固末端强冷轻压下

表 10-1 各种轻压下方式分类

名称	方式	应用	特点
机械应力轻压下	辊式轻压下	板坯、方坯及圆坯	消除中心缺陷效果良好； 投资经济、有效
	连续锻压式轻压下	大方坯	消除中心缺陷效果好； 设备庞大，投资和维护成本高
热应力轻压下	凝固末端强冷轻压下	小方坯	消除中心缺陷效果良好，投资少，占地面积小； 易出现裂纹，应用范围狭窄，反应不及时

热应力轻压下由于应用范围小、凝固末端连续锻压技术因其设备复杂，应用受到了限制。因此，辊式轻压下就成了最常见和成功的技术，目前在国内外得到广泛应用。

10.1.3.2 辊式轻压下的发展和应用

虽然辊式轻压下在板坯、方坯和圆坯上都可以应用，但由于板坯的压下效率最高，因此在板坯上应用得最多，技术也最成熟。辊式轻压下技术的发展见表 10-2。

表 10-2 辊式轻压下技术的发展

名称	生产时间	技术名称	应用
静态轻压下	20 世纪 70 年代末	小辊径分节辊扇形段	日本 NKK 首先应用，而后在全世界推广
	20 世纪 80 年代末	人为鼓肚轻压下技术（IBSR）	日本 NKK
	20 世纪 90 年代初	圆盘辊轻压下（DRSR）	日本新日铁
动态轻压下	20 世纪 90 年代末	液压夹紧式扇形段	奥钢联，德国 SMS Demag，意大利 Danieli 等

A 小辊径分节辊扇形段

由于中心偏析是钢水流动造成的，而鼓肚是造成钢水流动的原因之一。初期的辊式压下装置使用整体辊，其辊径大，辊距也大，从而铸坯坯壳在前后两对夹辊间易产生鼓肚，致使中心液相穴内的钢水局部流动，因此，不能充分减轻中心偏析。同时，辊身由于过长而容易挠曲。为了改善轻压下的效果，在铸机的轻压下区安装了由分节辊组成的轻压下扇形段。此法最早由日本 NKK 提出，自 1976 年安装使用取得良好效果后，在世界范围内得到迅速推广。

B 人为鼓肚轻压下技术

到 20 世纪 80 年代后期，日本钢管公司提出了人为鼓肚轻压下技术（intended bulging soft reduction），即将进行轻压下辊的前面辊缝人为放大，然后再实施轻压下。

C 圆盘辊轻压下

20 世纪 90 年代初，新日铁提出了圆盘辊轻压下法（disk roll soft reduction），又称为凸形辊轻压下法。由于采用有意鼓肚来减小抵抗阻力，会受到坯壳厚度的限制，特别是当坯壳较薄时，铸坯两侧附近会产生内裂，而且经常要调整上部辊子以达到所需的辊缝，使操作变得复杂。为了克服有意鼓肚法的缺点，把辊子的中间部分做成凸台，这样可以达到减小阻力的目的（见图 10-5）。

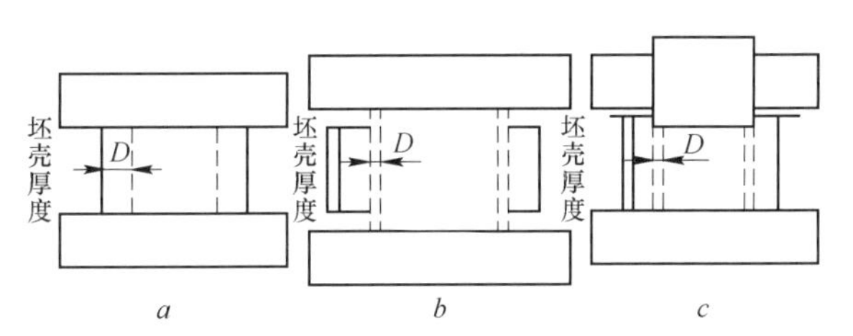

图 10-5 平辊法、有意鼓肚法和圆盘压下法示意图

a—平辊法；*b*—有意鼓肚法；*c*—圆盘法

10.1.3.3 静态轻压下与动态轻压下[5]

静态轻压下技术（static soft reduction，简称 SSR），是在铸坯浇铸初期，预先设定轻压下参数，并在整个连铸连浇生产过程中不再改变。因此，它无法适应复杂的连铸连浇动态生产过程。例如，当拉坯速度发生较大变化时，铸坯的凝固状态一定会发生很大的变化，此时如果还是保持预先设定的轻压下命令参数，显然无法满足连铸生产的质量和工艺要求。

动态轻压下技术（dynamic soft reduction，简称 DSR）是在连铸生产过程中，根据板坯的凝固情况，动态跟踪板坯上指定的凝固范围，并实时地调整轻压下参数，因此可以适应连铸生产中的拉速与钢种的变化，从而更好地保证轻压下的效果。

需要注意的是，过于频繁地调整轻压下状态，也可能会给板坯质量带来不利影响。图 10-6 所示为压下状态变化引起的板坯上某点压下速率的变化。图中箭头表示轻压下状态的变化方向。压下状态变化前，板坯上某点由 *A* 移动到 *B* 时，被压下量为 *SR*；压下状态调整的过程中，*A* 与 *B* 之间的压下量为 *SR′*。显然，在压下状态调整的过程中，板坯在 *A*、*B* 点之间以单位时间为基准的压下速率发生了变化。压下速率发生变化，会使板坯内部凝固前沿的应变速率发生变化，继而影响临界应变的大小。所以，在轻压下状态调整过程中，如果轻压下速率发生较大变化，就会使轻压下速率脱离适宜的范围，从而影响板坯的质量。

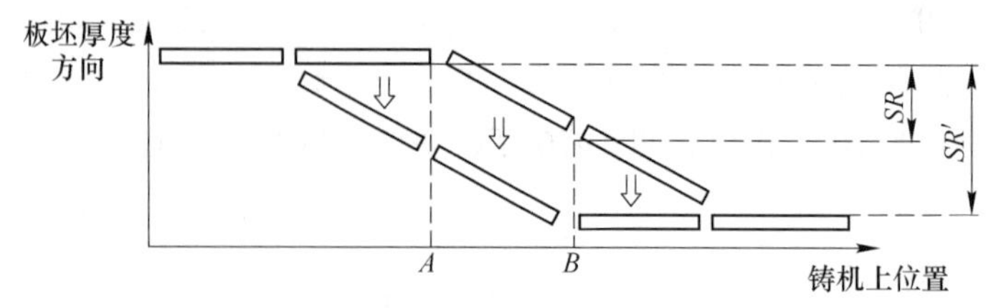

图 10-6 压下状态变化引起的板坯某点压下速率变化

目前，国际上已掌握并比较成功应用动态轻压下技术的公司主要有奥钢联 VAI、德国 SMS Demag、日本住友重机和意大利 Danieli 等。扇形段技术较先进的是奥钢联公司的 SMART 扇形段和西马克公司的 CYBERLINK 扇形段，两者的结构虽不完全相同，但功能基本相同。奥钢联开发的 SMART（single minute adjustment and restranding time）扇形段，能够在线远程迅速改变板坯厚度。

10.1.3.4 板坯连铸轻压下与方坯（矩形坯）连铸轻压下

从应用角度讲，凝固末端轻压下技术又分为板坯连铸轻压下技术与方坯（矩形坯）连铸轻压下技术。对于板坯连铸而言，多采用密排辊扇形段进行压下，压下效率一般比较高，总压下量一般不超过 3.5mm；而方坯（矩形坯）凝固前沿液芯面积较小、压下效率较低，且多采用拉矫机多点断续压下，其单点压下量一般不大于 2mm，总压下量一般不大于 5mm。

10.2 凝固末端轻压下关键技术

由于轻压下工艺是通过对铸坯凝固最后阶段中心区的压缩变形来达到改善铸坯中心缺陷（偏析、疏松、缩孔）的目的，该过程的进行必然在铸坯固液两相界面产生塑性变形，而过大的界面塑性变形将导致中心裂纹的产生。因此，合适的轻压下工艺应该具有如下特征：一方面能显著改变铸坯内部质量；另一方面又能有效避免压下过程裂纹的产生。

轻压下工艺的关键技术包括两方面：压下位置（区域）的确定以及压下制度的确定。

10.2.1 压下位置及区域的确定

10.2.1.1 理论压下位置及区域[6,7]

压下位置及区域是动态轻压下技术的重要参数。压下位置靠前，两相区富集溶质的钢液仍可流动，改善铸坯内部质量效果不明显；压下位置靠后，由于残剩在枝晶间的钢液被搭桥分隔，故对铸坯的轻压下不但达不到改善铸坯内部质量的效果，而且容易导致树枝晶间产生裂纹，并增加拉坯阻力，影响扇形段寿命。目前普遍认为，压下位置和两相区的固相率有关，铸坯的中心偏析和疏松发生在凝固末端的固液两相区内。凝固末端两相区为液相线温度（中心线固相率 $f_s=0$）和固相线温度（中心线固相率 $f_s=1$）之间的区域，如图 10-7 所示。由图可知，从 $f_s=0$ 至 $f_s=1$ 处，钢液中杂质元素含量越来越高，q_2 区内的凝固收缩可以通过左端非浓化钢液的流动来补偿；q_1 区内的凝固收缩时得到 q_2 内的浓化钢液的补充。由于相邻柱状晶的二次晶臂开始并完成相互联结，补充钢液较困难；在 p 区内残余浓缩钢液被枝晶网封闭起来，凝固收缩是将得不到前沿钢液的补充。因此，q_2 区钢液流动将不会造成中心偏析，反而均匀了该区内溶质分布；q_1 区的收缩则将导致富集杂质元素钢液的集中，从而促进中心偏析的形成；p 区的凝固收缩因没有钢液的补充将形成疏松。

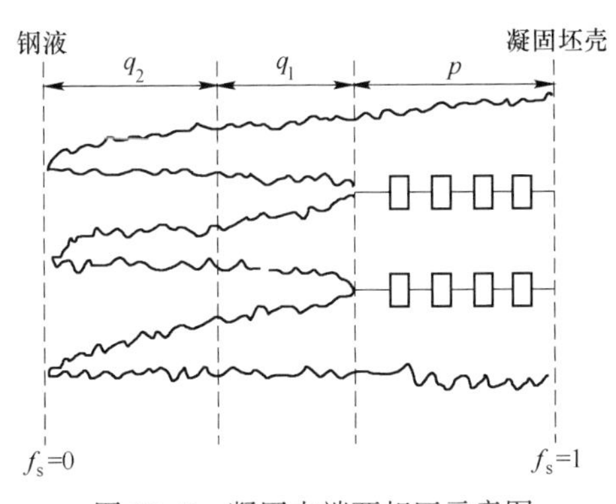

图 10-7　凝固末端两相区示意图

q_1—固相相邻柱状晶的二次晶臂开始并完成相互联结（搭桥）；q_2—固液相均可流动

Takahashi 和 Suzuki 等人[8]的研究指出：q_1 和 q_2 相分界处的固相率为 0.3~0.4，而 q_1 和 p 相分界处的固相率为 0.6~0.7。钢种不同，所要求的固相率也不同，一般高碳钢为 0.4~0.7。

根据图 10-7，液芯大压下量的位置选择在 q_2 区域，而在 q_1 区域则没有采用液芯大压下。在 q_2 区域压下可促进钢液中溶质元素的重新分配，均匀钢液的温度。这在一定程度上可以减少铸坯的中心偏析，然而对于铸坯的中心疏松、缩孔等缺陷改变不明显。因此，实际生产时应在 q_1 区域实施轻压下，一方面消除或减少因铸坯收缩形成的内部空隙，从而防止晶间富集溶质的钢液向铸坯中心横向流动；另一方面轻压下所产生的挤压作用还可以促使液芯中心富集溶质的钢液沿拉坯反向流动，使溶质元素在钢液中再一次重新分配，使铸坯的凝固组织更加均匀、致密，达到改善中心偏析、疏松和缩孔的目的。

另外，根据美国专利说明书 4687047 所述[9]：对铸坯实行轻压下的适宜部位，是相当于从铸坯中心固相率为 0.1~0.3 到铸坯中心固相率达到流动极限固相率 f_{sc}（指钢液达到流动极限时的固相率）之间的一段铸坯。一般的经验是，普通碳素钢的 $f_{sc}=0.6$，低合金钢的 $f_{sc}=0.65\sim0.75$。当 $f_s>f_{sc}$ 时，钢液黏性太大，基本不会流动，若此时进行压下，则很有可能反而对内部质量产生有害影响。

中国台湾中钢公司的大方坯连铸机生产表明[10]：在中心固相率低于 0.55 时压下，铸坯内部裂纹非常密集，且中心偏析改善效果有限；中心固相率大于 0.75 时，没有裂纹产生，但轻压下的作用不大；而在中心线固相率为 0.55~0.75 的区域进行压下能取得很好的效果。

韩国浦项公司在连铸钢种为 S82、拉速为 0.8m/min、250mm×330mm 的方坯时，压下位置在 f_s 为 0.3~0.7 的区域内[11]。

由于各生产现场实际情况各不相同，因此实际生产中压下区域的设定都是根据试验修正后取最佳值。

10.2.1.2 压下位置及区域的工程确定方法

理论上得到轻压下的合适区域以后，如何在实际生产中对该区域进行准确的把握则是一个国际性的难题，主要原因在于：(1) 铸坯中心的固相率状态处于红热的坯壳包围下无法直接测量；(2) 铸坯属于高温、动态目标，所以一般接触式测量也有困难；(3) 凝固坯壳表面存在氧化铁皮，近表区域则存在冷却水及大量的水蒸气，大大增加了铸坯表面温度非接触式测量的难度；(4) 铸坯最终凝固点位置、固相率状态受钢种、拉坯速度、浇铸温度、冷却状态（包括一冷和二冷）等多方面动态参数的影响，实际生产过程中始终处于动态波动状态，大大增加了数学模型的建立难度。

采用传热模型计算凝固末端位置要求模型准确、计算时间短，以便在浇铸条件变化时可以准确、实时地跟踪板坯凝固状态。传感器探测方式的基本原理是通过对不同凝固状态的板坯返回的不同信号进行处理，从而确定板坯的凝固末端位置。然而，由于连铸工艺的复杂多变，要得到准确的传热模型参数是几乎不可能的；又由于连铸工艺环境恶劣多变，要得到完全纯净、有效的探测返回信息难度也非常大。因此，实际的连铸生产过程中，很难确定准确的铸坯凝固末端位置及其他凝固状态信息。

当然，虽然无法得到凝固末端的准确位置，但是通过热传导模型计算或传感器探测得出的凝固末端位置，对动态轻压下的决策还是具有很大的参考价值。意大利的 Danieli 公司开发的 LPC 模型和奥钢联的 DYNACS 模型都可以根据不同的浇铸条件，在线计算铸坯的凝固状态[12]。

而 SMS Demag 公司则在连铸扇形段上安装了传感器，用于铸坯凝固末端位置的直接在线探测[13]。

另外，用于确定铸坯最终凝固点位置的间接技术还包括测量铸坯坯壳厚度的射钉测试法、凝固过程仿真分析法等，具体内容参见本书第 12 章。

10.2.2 压下制度的确定

压下制度参数包括总压下量、压下速率及压下区域内的压下率。具体到板坯连铸机则为总压下量、参与压下的扇形段及扇形段入、出口开口度的设定；具体到方坯（矩形坯）连铸机则为参与压下的压下辊对数、单辊压下量、总压下量。

10.2.2.1 压下量

压下量要完全补偿压下区间内钢液在凝固过程中的体积收缩量，一般要稍大于体积收缩量，这样才能保证凝固末端富集溶质钢液的流动。压下量过小，对改善中心偏析效果不明显；压下量过大，铸坯受到过度挤压，铸坯易产生内部裂纹（见图 10-8），同时加剧辊子的磨损，减少设备使用寿命。压下量大小必须满足三个要求[5]：

(1) 能够补偿压下区间内的凝固收缩，减少中心偏析和中心疏松；

(2) 避免铸坯产生内裂；

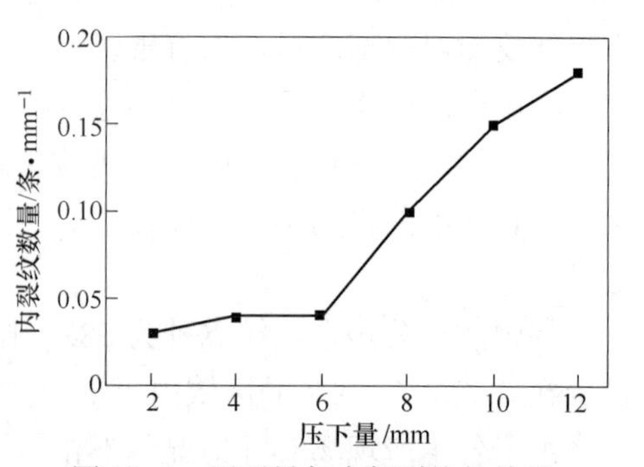

图 10-8 压下量与内部裂纹的关系

(3) 压下时产生的反作用力要在铸机扇形段的许可载荷范围内。

根据钢种不同，铸坯由液相转为固相的收缩率不一样，一般收缩率在3%~4%之间。碳含量和合金含量高的钢种，其收缩率较大，同时这些钢坯中心部位的碳和合金元素的偏析较严重；碳含量和合金含量高的钢种在凝固末端的动态轻压下技术中需要的压下量比低碳钢大。

10.2.2.2 压下率

压下率指浇铸方向单位长度上的压下量，最大压下率根据铸坯产生内部裂纹的临界应变来确定。铸坯凝固末端是两相区，临界应变率 ε_0 很低，据有关资料介绍临界应变率在0.2%~0.4%之间。对铸坯进行轻压下产生的应变 ε 由式（10-8）确定：

$$\varepsilon = C(r_s a)/l \tag{10-8}$$

式中 ε——固液界面的应变，%；

C——常数；

a——铸坯厚度，mm；

l——辊距，mm；

r_s——压下率，mm/m。

10.2.2.3 压下速率[4]

压下速率与压下率的关系为：

$$v_R = \delta v_C \tag{10-9}$$

式中 v_R——压下速率；

δ——压下率；

v_C——拉速。

压下量对应于应变，而压下速率对应于应变率，压下量和压下速率过大都会导致应变和应变率过大，从而产生铸坯内裂纹[7]。

极限压下速率的确定必须从铸坯的高温物性入手。铸坯高温物性包括随温度变化的弹性模量 E、塑性模量、屈服极限 σ_s、瞬时热膨胀系数 α 以及铸坯在不同温度和变形条件下的临界应变值和临界应力值，它们是计算铸坯压下过程中位移、应力、应变及判定内裂纹形成的基础。铸坯的受力来自两个方面：由自身温度不均匀产生的热应力和外加载荷产生的机械力。热应力的计算关键要了解铸坯在不同温度下的瞬时膨胀系数，瞬时膨胀系数主要和碳含量有关。只有明确了铸坯随温度变化的弹性模量、与温度和应变率相关的屈服应力，才能进行铸坯的应力应变计算。许多研究者用实验所得数据回归出高温下钢的强度极限 σ_b 和弹性模量 E 随温度和化学成分的变化规律。一般情况下，钢的 σ_b（kPa）和 E（kPa）是随温度升高而降低的，它们与化学成分及温度 t(℃）的关系如下：

$$\begin{aligned}\sigma_b = {} & 40140 + 640w[\mathrm{C}]^2 - 880w[\mathrm{Si}] + 170w[\mathrm{Mn}] - 7680w[\mathrm{P}] - \\ & 1260w[\mathrm{S}] - 25.94t + 0.0001726t^2\end{aligned} \tag{10-10}$$

$$\begin{aligned}E = {} & 30230080 + 4209560w[\mathrm{C}] - 14120080w[\mathrm{C}]^2 + 2012890w[\mathrm{Si}] - \\ & 518690w[\mathrm{Mn}] - 1176840w[\mathrm{P}] - 17064180w[\mathrm{S}] - 508950t + 1.3524\end{aligned} \tag{10-11}$$

以上两式中，$w[\mathrm{C}]$、$w[\mathrm{P}]$、$w[\mathrm{Mn}]$、$w[\mathrm{Si}]$、$w[\mathrm{S}]$ 的单位为%[14]。

当铸坯超过弹性范围，将会发生塑性变形。Han 等[15]研究出了温度和应变率与应力的本构方程，可以利用该公式进行应力、应变的计算：

$$\varepsilon_{\mathrm{P}} = A\exp\left(-\frac{Q}{RT}\right)[\sinh(\beta K)]^{1/m} \tag{10-12}$$

$$\sigma = K\varepsilon_{\mathrm{P}}^{n} \tag{10-13}$$

式中 A，β，m——常量；
ε_{P}——有效塑性应变；
σ——应力；
K——强度系数；
n——变形强化系数；
Q——变形能；
R——摩尔气体常数。

Zeze 等人[16]对液芯厚度与压下量、压下速率与压下量的相互作用对铸坯质量的影响进行了系统的实验研究，结果如图 10-9 所示。由图 10-9 可知：在压下速率小于 0.02mm/s 时，无论怎么增加压下量，也不能防止 V 形偏析，这是因为压下速率小于凝固收缩速率，来不及充分补充凝固收缩的缘故；同时，由于压下速率的增大导致应变率增加，相应的临界应变变小，从而使临界压下量减少；此外还可以看出，随着压下速率的增加，为防止 V 形偏析的必要压下量增加，但压下量区间变窄。

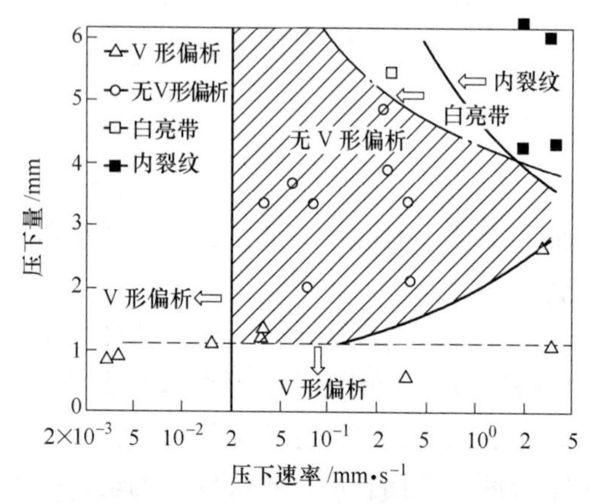

图 10-9 压下速率和压下量对 V 形偏析的影响
（液芯厚度为 32mm）

以上关于压下量、压下率以及压下速率的参数确定理论对生产实际具有一定的指导意义。但是，考虑到各个参数的适合值（或范围）与钢种、铸坯断面、设备及具体工艺情况的密切相关性，以及实际生产现场的复杂性，所以各参数的具体情况通常还需要在生产实践中逐渐摸索确定。而且，由于板坯连铸与方坯连铸轻压下设备上的差异，二者在压下制度的确定方法上也相应地存在差异。

10.3 板坯连铸凝固末端轻压下技术

板坯连铸中凝固末端的轻压下技术有两种：一种是在铸坯出结晶器下口后即开始的、以压缩铸坯厚度为目的的轻压下技术（liquid core reduction）。典型的如我国邯钢、马钢引进的 CSP 薄板坯连铸连轧生产线，采用漏斗形结晶器，结晶器出口厚度分 80mm 和 70mm 两种，通过轻压下生产 70mm 和 60mm 厚的薄板坯；我国鞍钢的 ASP 生产线，通过轻压下，铸坯厚度仅 40mm。另一种就是在连铸坯凝固末端处实施的、以改善铸坯内部质量为目的的轻压下技术，分静态轻压下技术（static soft reduction）和动态轻压下技术（dynamic soft reduction）。

10.3.1 板坯连铸凝固末端动态轻压下技术的设备基础

动态轻压下技术要求能够快速地远程调整铸辊的辊缝值，以实现随着铸坯凝固末端位置的变化而调整轻压下的区域，设备上一般通过动态轻压下扇形段来实现。相对于传统扇形段，动态轻压下扇形段一般采用液压驱动系统来实现辊缝的在线实时调整。液压驱动既能保证调整速度，又能保证调整精度；而且动态轻压下扇形段辊列结构与传统扇形段基本相同，既利于实现多辊的、近似连续的、高效率压下，而且降低了投资和维护成本。

典型的具有动态轻压下功能的液压夹紧式远程辊缝可调节扇形段主要有奥钢联的 SMART 扇形段、达涅利的 OPYIMUM 扇形段以及西马克-德马格的 CYBERLINK 扇形段。

10.3.1.1 SMART 扇形段[17]

SMART 扇形段结构如图 10-10 所示。其内、外框架上均有 7 个分节辊，外框架固定在水泥基座上，通过调节内框架 4 个角部的液压缸使内框架与外框架形成锥度，从而完成轻压下。内框架液压系统控制功能包括：扇形段压下力调节、扇形段压下位置控制、4 个缸体的对称性监测、压下位置检测、连锁功能、手动功能、校准功能、报警功能等。

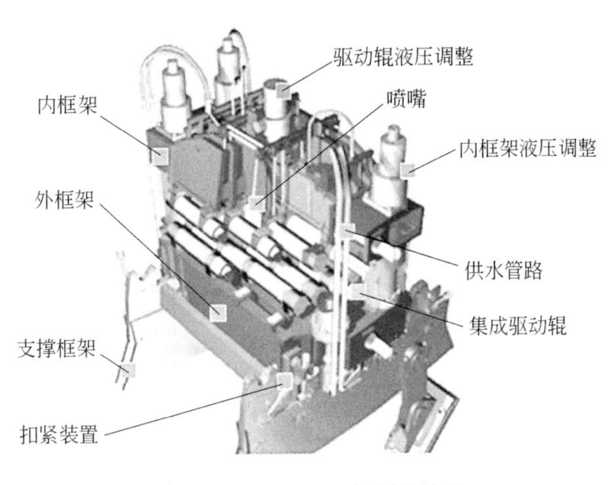

图 10-10 SMART 扇形段结构

10.3.1.2 OPTIMUM 扇形段[13]

OPTIMUM 扇形段是意大利达涅利公司针对板坯连铸机的建设而开发出的最新一代扇形段技术，其结构如图 10-11 所示。从图中可以看出：每个扇形段包含 6 对从动辊和 1 对分别由液压缸单独进行压下的驱动辊，且驱动辊安装在扇形段的中间位置处，这样的驱动布置可确保任意时刻驱动辊与铸坯之间存在最大的牵引力，且在穿入引锭杆时可以单独抬升驱动辊；扇形段上框架与下框架之间通过 4 根连杆相连接，板坯入口端的两根连杆可以转动并承受浇铸方向上所有的剪切力，板坯出口端的两根连杆采用 1 对销子进行连接且允许扇形段延伸及旋转，并通过 4 个液压缸的驱动来实现上、下框架之间的相对运动，从而实现扇形段的夹紧和松开。

10.3.1.3　CYBERLINK 扇形段[13]

CYBERLINK 扇形段由德国西马克-德马格公司研究开发，其结构如图 10-12 所示。每个 CYBERLINK 扇形段包含 4 个带压力和位置传感器的液压缸，通过液压缸的伸缩来实现扇形段的夹紧与松开；仅有上、下框架而没有侧框架，通过两根导杆来引导上框架的运动。

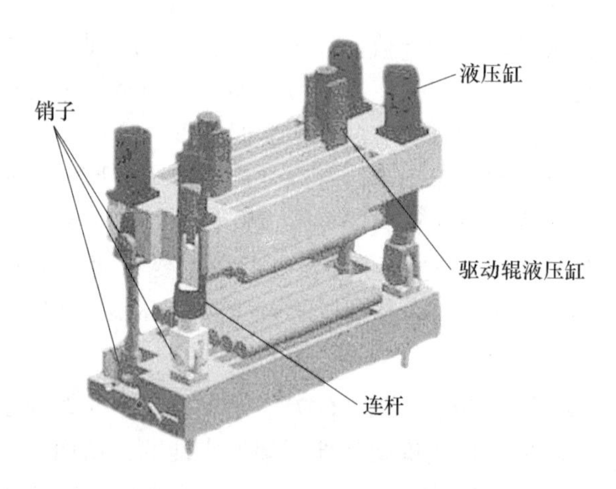

图 10-11　OPTIMUM 扇形段结构

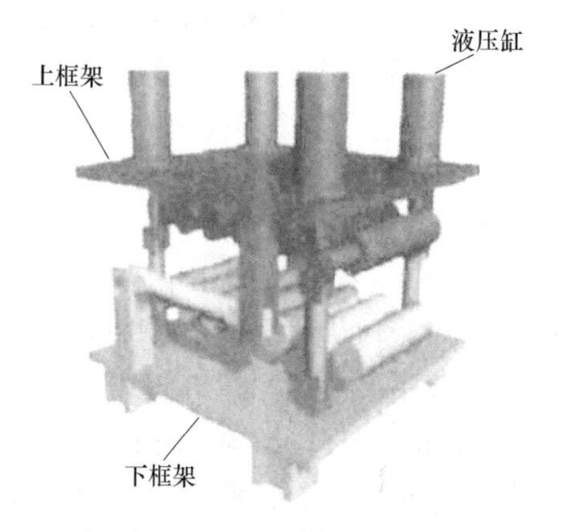

图 10-12　CYBERLINK 扇形段结构

CYBERLINK 扇形段包括三个重要的子功能：(1) 在线自动对中；(2) 在线追踪最终凝固点；(3) 在线计算和优化辊缝。扇形段安装有一个对上框架进行悬吊的机构，在浇铸过程中可对上框架进行自动对中，这将大幅度降低夹辊的磨损；通过上框架的周期性低幅（约 2mm）、低频（约 2Hz）振动，可在线探测出铸坯最终凝固点的位置，并可直接测试出两相糊状区的液（固）相分数，从而为轻压下位置、区域、压下参数的动态设定提供依据；另外，对于板坯连铸来讲，重要的参数不仅包括铸坯两相区的固液相分数，而且还包括每个扇形段的正确辊缝，因此扇形段可通过在线计算来获得优化的辊缝，而优化的辊缝即意味着优化的铸坯支撑和均匀负载状况，并可消除由过大的辊缝所引起的几何和质量问题以及由过小的辊缝所引起的过度的夹辊和轴承载荷。

10.3.1.4　其他

图 10-13 所示为国内某厂的四点铰支方式轻压下扇形段。由图可知，上、下框架通过 4 个夹紧液压缸进行铰支连接，且扇形段中的驱动辊可以单独油缸压下。该结构扇形段的优点是四个铰支点的距离分别由油缸控制，随时在线可调；而且可实现扇形段入口、出口辊缝的不同及无级调整[20]。

另外，值得注意的是：由于动态轻压下扇形段相对于普通扇形段增加了动态辊缝调节功能，结构上增加了油缸及铰支结构，可能在结构刚度上带来不利影响。以四点铰支扇形段为例：(1) 该结构扇形段的侧向定位一般通过止推块结构来实现，不但本身的侧向定位刚度比较小，而且容易在长期工作中由于磨损而造成间隙的增大，导致扇形段的倾斜。因此，这种结构扇形段容易出现空载状态下辊缝的锯齿形，并容易引起正常生产时铸辊的受力不均。(2) 铰支连接杆本身的刚度比较小，容易在铸坯鼓肚力作用下出现较大的弹性变形。

因此，动态轻压下扇形段的设计应注意两个问题：(1) 扇形段应具有足够的侧向刚

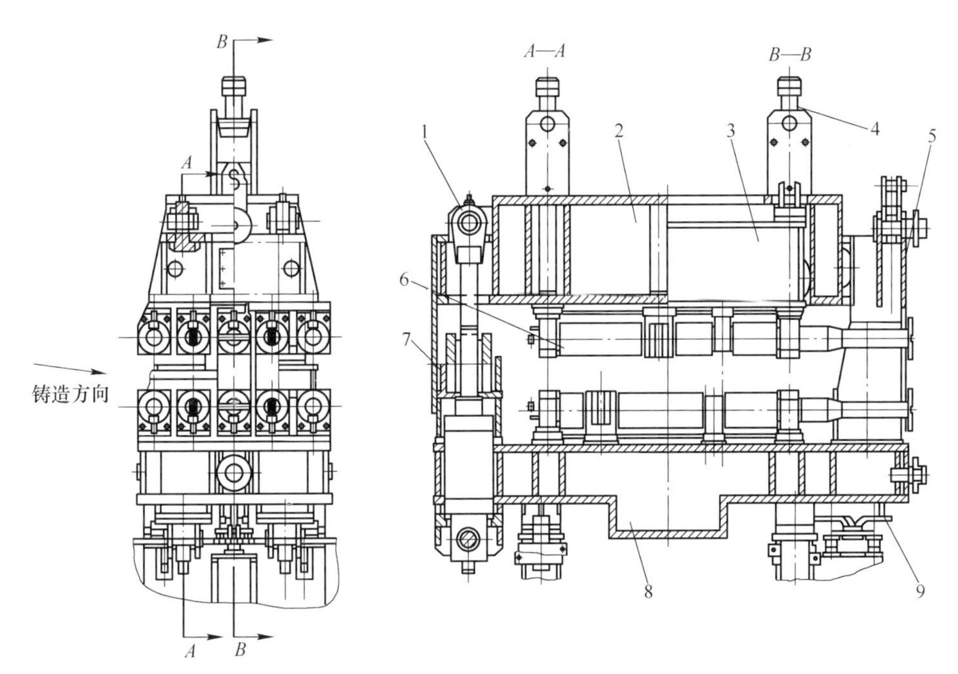

图 10-13 国内某厂的四点铰支方式轻压下扇形段结构

1—夹紧液压缸；2—上框架；3—活动梁；4—压下缸；5—侧框架；6—导辊；7—中空油缸；8—下框架；9—配管

度，有效防止锯齿形辊缝。(2) 扇形段上、下框架连接结构刚度足够大，以便有效控制扇形段在鼓肚力作用下的变形。

10.3.2 轻压下位置与区域的在线确定方法

目前用来确定凝固末端位置的在线检测方法主要有两种：一种是通过在线传热模型来计算，另一种是通过安装在铸机上的传感器实时探测。

在线计算代表性的有奥钢联的动态热跟踪模型 DYNACS（dynamic strand cooling management system），可以在线动态跟踪铸坯的热状态及凝固过程。DYNACS 的热跟踪模型可在无任何传感器的情况下，根据准确可靠的过程模型，确定凝固的最终点。它根据实际水流量、铸速、钢种和过热度，确定在线温度数据表，并基于温度数据表及表面温度控制和鼓肚限度控制，计算每个冷却段水流量的设定值，估计铸坯的热动态特性（包括剩余的内部热能）。DYNACS 通过铸坯热跟踪和对二冷喷水量的控制，可控制和确定铸坯的凝固点，为轻压下的实施提供准确的凝固位置[19]。

另外，郭薇等人根据传统有限差分思想提出了一种可以应用于在线的、快速计算温度场的新方法，并通过离线模拟和在线调试，验证了模型的可用性和准确性。其基本方法如下：根据相同的时间间隔将整条铸坯流线划分为多个跟踪单元，并认为流线就是由不断“出生”的跟踪单元所组成（见图 10-14）；将单元格赋予寿命、位置、中心温度、表面温度、所处冷却区等属性，将初始条件和过程条件与单元格温度场相关联，从而使单元格与时间相关，从静态转向动态；由于每个小单元均可以代表该点处的温度，而且和时间相关，因此将所有小单元串起来就可以描述一个动态的温度场；对于每一个跟踪单元的温度场分布，则用一维非稳态热传输方程解出[20]。

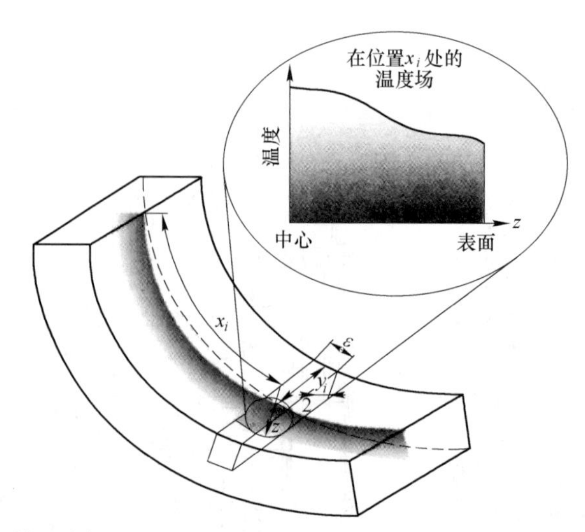

图 10-14　铸坯在拉速方向上的离散化和一个跟踪单元在中心点处的温度曲线

通过在铸机上安装传感器方法来在线探测凝固末端位置的代表性方法则有达涅利的OPTIMUM 扇形段以及西马克-德马格的 CYBERLINK 扇形段。

其中，CYBERLINK 扇形段对液相穴末端位置在线监测的基本工作原理如下：上框架做周期性低幅（约 2mm）、低频（约 2Hz）振动，在振动周期内，对液压缸的作用力和行程的相位移进行测试；若铸坯已完全凝固，则铸坯反馈到液压缸上的作用力很大，且行程的相位移非常低；一旦两相糊状区进入扇形段内，则液压缸上的作用力逐渐降低，且相位移逐渐增加；而当液相穴进入扇形段时，则液压缸上的作用力非常小，且会产生一个相当大的相位移。通过从液压缸反馈回来的信息，结合由热模拟测试和相位移测试的对比研究所获得的行程相位移与液相分数之间的相应关系，即可在线测试出铸坯两相糊状区内的固（液）相分数，并找出最终凝固点的位置。

10.3.3　板坯连铸轻压下的压下制度

在压下区间已知的条件下，轻压下的压下制度需要确定的参数包括总压下量、压下率及压下速率。由于当前对压下制度的研究以工业试验与实验研究为主，即通过检测实际生产时铸坯中心质量的状态来确定轻压下的关键工艺参数，关于轻压下压下制度的理论确定方法目前较少报道。

林启勇等人采用理论推导的方法建立了一个板坯连铸轻压下过程压下率的理论模型，其模型基于以下几方面的假设而建立[21]：

（1）轻压下的作用效果刚好补偿液芯的凝固收缩；

（2）忽略轻压下过程铸坯的展宽，并假定轻压下时铸坯沿前进方向无延伸。

由此推导得到补偿凝固收缩的铸坯轻压下必要压下率为：

$$\frac{\mathrm{d}H}{\mathrm{d}z}=2\left(-\frac{\mathrm{d}Y_{\mathrm{suf}}}{\mathrm{d}z}\right)=2\frac{\int_0^{Y_{\mathrm{suf}}}\int_0^{X_{\mathrm{suf}}}\left(\frac{\partial\bar{\rho}}{\partial z}\right)\mathrm{d}x\mathrm{d}y}{\int_0^{X_{\mathrm{suf}}}\bar{\rho}\Big|_{y=Y_{\mathrm{suf}}}\mathrm{d}x}\tag{10-14}$$

式中 x，y，z——分别表示铸坯宽面方向、厚度方向、拉坯方向坐标；

X_{suf}——铸坯半宽处铸坯外表面的位置；

Y_{suf}——铸坯半厚处铸坯外表面的位置；

H——铸坯厚度；

$\bar{\rho}$——等效密度，其表达式如下：

$$\bar{\rho} = f_s\rho_s + (1 - f_s)\rho_l$$

f_s——固相率；

ρ_s，ρ_l——分别为固相密度、液相密度。

铸坯横截面内的等效密度 $\bar{\rho}$ 值与铸坯的温度场密切相关。铸坯的温度场可用数值方法求解凝固传热模型获得。

针对某厂 210mm×1000mm 板坯连铸过程，在中心固相率为 0.3～0.7 区间进行压下条件下，采用以上模型对不同拉速条件下的压下率进行了理论计算，计算结果如图 10－15 所示[22]。

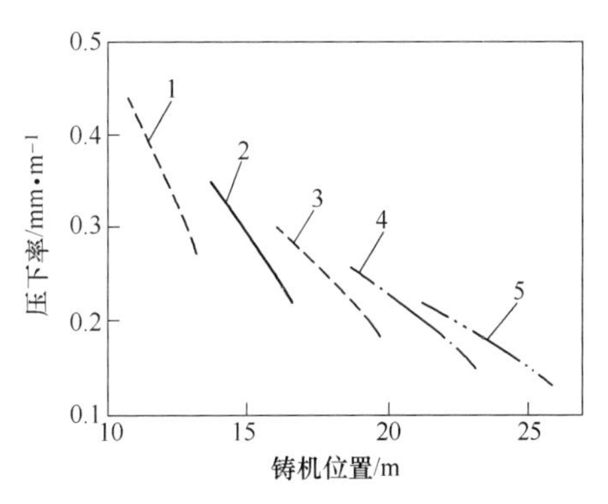

图 10-15 不同拉速下压下率沿铸机位置的分布

1—0.8m/min；2—1.0m/min；3—1.2m/min；4—1.4m/min；5—1.6m/min

由图可知，同一拉速下，压下率沿拉坯方向呈线性减小。原因是在外表冷却条件变化不大的情况下，由于凝固末端两相区内横断面的液相面积逐渐减小，拉坯方向单位长度的凝固收缩量减少，从而导致压下区间内的压下率不断减小。由于拉速较低时，铸坯表面热流较大，铸坯凝固速度较快，沿拉坯方向单位长度的凝固收缩量增加，因此，拉速较低时，压下率的最大值和最小值都大于较高拉速对应的压下率的最大值和最小值。而平均压下率与拉速呈反比关系。

但是通过此模型计算得到的压下率范围为 0.18～0.37mm/m，而某厂实际应用中取得良好的中心质量的压下率范围为 0.75～1.4mm/m，计算值较实际应用值小，这主要是由于计算只考虑了凝固收缩对压下率的影响，而没有考虑热收缩以及轻压下时铸坯在宽面和拉坯方向上的变形影响。热收缩相对于凝固收缩是很小的，可以忽略不计，但压下时的铸坯变形影响大。

为了描述铸坯表面压下传递到凝固前沿的效率而提出了压下效率的概念：

$$\eta = \frac{\text{液芯厚度的减少量}}{\text{铸坯表面压下量}} \tag{10-15}$$

一般地，板坯的压下效率在 20%～50%之间[23]。

Ito 等人[24]经过不同形状的铸坯的轻压下试验，拟合出压下效率公式：

$$\eta = \exp(2.36\lambda + 3.73) \times \left(\frac{R}{420}\right)^{0.587} \tag{10-16}$$

式中 R——压下辊辊径；

λ——铸坯形状指数。

压下效率主要和液芯厚度、压下量、铸坯的断面尺寸相关：

(1) 压下量较小(小于 1mm)时,压下效率随压下量的增大呈快速增长变化趋势;而当压下量超过 1mm 以后,压下效率则趋于稳定[25]。

(2) 压下效率与板坯宽度呈线性增加关系。板坯宽度每增加 150mm(相对于 1000mm 的 15%),压下效率增加 0.02(压下效率增加 3%~5%),板坯宽度对板坯压下效率的影响小。

(3) 板坯厚度增加,压下效率也增加。板坯厚度增加 30mm(相当于 210mm 的 15%),压下效率增加 0.13(压下效率增加 30%~33%),板坯厚度对板坯压下效率的影响大(见图 10-16)。

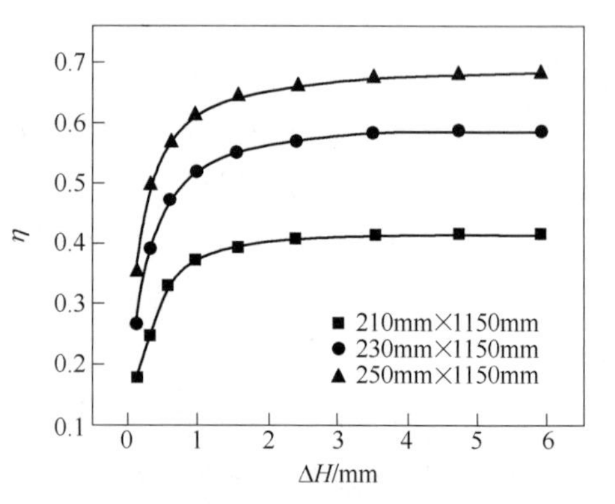

图 10-16 板坯厚度对板坯压下效率的影响
(板坯宽度为 1150mm)

(4) 钢种的两相区温度宽度越小,压下效率越高。钢种对压下效率的影响小。

10.3.4 人为鼓肚轻压下技术

人为鼓肚轻压下(intentional bulging and soft reduction,简称 IBSR)[26],由日本钢管公司经过多年的研究开发,成功地应用在该公司福山 6 号板坯连铸机上。

一般的轻压下能够改善沿板坯中心线沿厚度方向的中心偏析,而 IBSR 除能够达到同样的目的外,还能够改善沿板坯宽度方向的中心偏析。测试表明,传统的板坯凝固终端凝固部分呈“W”状,其凸出面至低谷的距离最大时可达 2~3m(见图 10-17*a*),这种凝固状态对钢水的流动和板坯质量是不利的,也不利于凝固终端采用轻压下。人为鼓肚后,凝固终端凝固部分变成了平直状,这样促进了钢水的流动,便于在该区域采用轻压下,使轻压下的效果得以充分体现,如图 10-17*b* 所示。

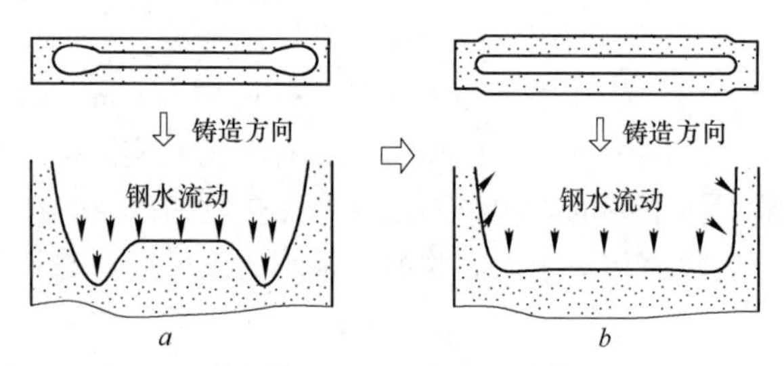

图 10-17 板坯凝固终端形状
a—传统的板坯凝固终端;*b*—人为鼓肚的板坯凝固终端

图 10-18 所示为采用 IBSR 后中心线沿板坯宽度方向中心偏析的改善情况。图中 *IB* 代表人为鼓肚量。当人为鼓肚量为 2~4mm 时,沿板坯宽度方向的中心偏析改善状况最为理想。

图 10-19 所示为采用 IBSR 工艺后的辊缝设定曲线。连铸机核心部位设备的排列依次是结晶器、零号扇形段和其他各扇形段;而人为鼓肚的起点是从零号扇形段以后开始的,以后辊缝逐渐加大,加大到设定点后,又逐渐收缩。逐渐加大的区域称为人为鼓肚区域,即图中的 *A* 区;逐渐收缩的区域称为轻压下区域,即图中的 *B* 区。

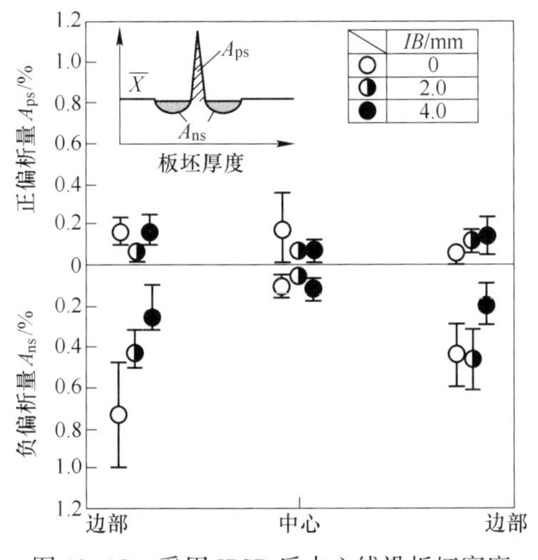

图 10-18 采用 IBSR 后中心线沿板坯宽度方向中心偏析的改善情况

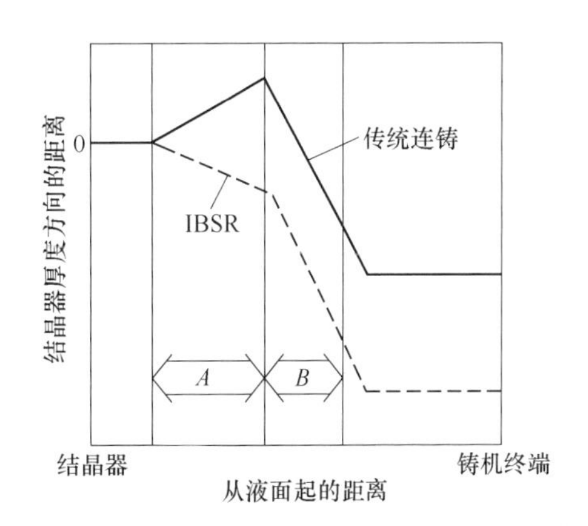

图 10-19 采用 IBSR 工艺后的辊缝设定曲线

A—鼓肚区域；B—轻压下区域

10.4 连铸坯固液界面的临界应变

在铸坯凝固末端轻压下中，铸坯固液界面的临界应变（应力）是一个非常重要的问题，因为常用临界应变（应力）作为铸坯内裂纹形成的判据，通常认为铸坯在该区域内受力或变形超过一定程度时，将会产生内裂纹。

但临界应变（应力）确定比较复杂，因为内裂纹敏感区一般在 ZST（zero strength temperature）和 ZDT（zero ductibility temperature）之间，这些值不但与压下量有关，而且从变形到产生裂纹还受变形速率的影响，此外，临界应变值与钢种成分、应变累积和在低延性区的停留时间等因素有关[27]。

对于判断铸坯内裂纹形成的临界应变值的研究，国内外不同学者采用的方法不尽相同，但临界应变问题的研究基本思路是，首先通过原位熔化弯曲法、带液芯钢锭弯曲或拉伸法、凝固壳局部顶压变形法等[28~30]使正在凝固的试样发生一定程度的变形，接着利用有限元或其他分析方法计算凝固末端产生的拉应变的大小，然后对冷却下来的试样做硫印或者其他检查，确定试样中是否有内裂纹的形成。其中部分学者关于临界应变的代表性的结果如表 10-3 所示。

表 10-3 部分学者关于临界应变的代表性的结果

研究者	临界应变/%	应变速率	碳含量/%	实验方法
T. Mastuniya et al	1.0~3.8	5×10^{-4}	0.042~0.64	原位熔化弯曲法
K. Miyamura et al	0.32~0.62	$(5\sim40)\times10^{-4}$	0.18~0.24	凝固壳弯曲试验法
H. Sugitani et al	1.0~1.5	$(0.4\sim2.5)\times10^{-4}$	0.42	凝固壳弯曲试验法
H. Fuji et al	1.0~1.6	$(20\sim54)\times10^{-4}$	0.12~0.16	熔敷金属弯曲法
H. Sato et al	0.45~0.56	$(1\sim2)\times10^{-4}$	0.13	凝固壳局部顶压变形法
K. Marukawa et al	3.2~3.3	$(15\sim35)\times10^{-4}$	0.13~0.15	凝固壳局部顶压变形法

续表 10-3

研究者	临界应变/%	应变速率	碳含量/%	实验方法
K. Narita et al	0. 5～1. 0	$(30\sim60)\times10^{-4}$	0. 16～0. 23	凝固壳局部顶压变形法
T. Ito et al	3. 2～3. 6	$(8\sim67)\times10^{-4}$	0. 17～0. 28	凝固壳局部顶压变形法
A. Yamanaka et al	0. 7～2. 1	$(1\sim60)\times10^{-4}$	0. 05～0. 8	带液芯钢锭拉伸法
M. Kinefuchi et al	0. 2～0. 5	$(2\sim50)\times10^{-4}$	0. 15	带液芯钢锭拉伸法

此外，部分学者研究了临界应变和一些相关变量（成分、应变率等）的关系，应变率和临界应变的关系如图 10-20 所示[31]，临界应变和碳含量的关系如图 10-21 所示[32]。图 10-21 中虚线为理论计算值，其余为试验值。可以看出：在 $w[C]=0\sim0.1\%$ 和 $w[C]=0.17\%\sim0.65\%$ 之间，临界应变是下降的；当 $w[C]=0.1\%\sim0.17\%$ 之间，临界应变上升，这可能与发生包金晶相变有关系。

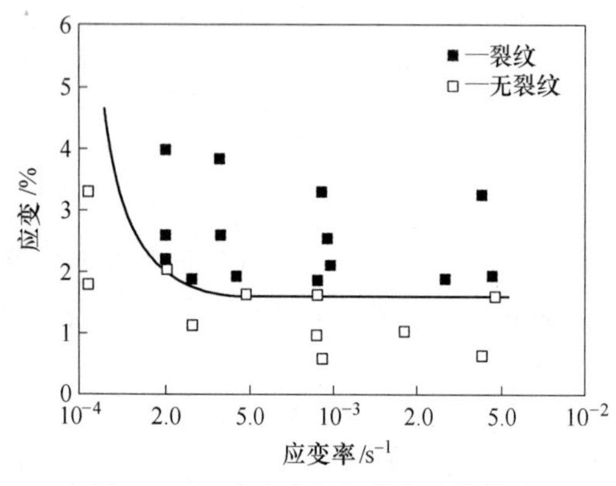

图 10-20　应变率与临界应变的关系

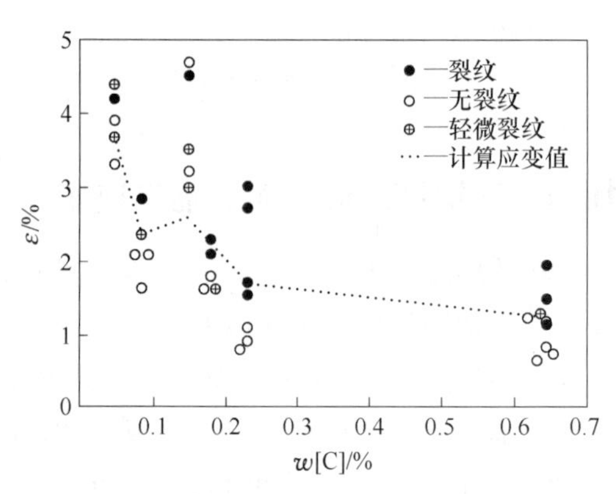

图 10-21　碳含量和临界应变关系的计算值与实验值（在应变率为 $5\times10^{-4}s^{-1}$ 时）

从表 10-3 和图 10-20、图 10-21 中可以看出：各研究者得出的结果差别较大，在钢种成分和应变速率都相近的情况下，不同研究者得到的数据也不能保持一致，究其原因是没有统一的实验标准，实验条件的差异也是造成临界应变值不一致的主要原因，从带液芯钢锭的弯曲、变形到铸坯取样的重熔、凝固差异显而易见，同时加热冷却速度、凝固结构、变形方式及参数的影响也是相当复杂的。由于裂纹的产生原因非常复杂，目前只能从理论上预测裂纹产生的趋势，具体到某一连铸机，在临界应变范围内铸坯是否产生了裂纹，只能通过现场生产来验证。

10. 5　方坯/矩形坯连铸凝固末端轻压下仿真研究

在方坯/矩形坯连铸生产合金钢时，由于合金钢的碳含量、合金含量一般较普碳钢高，其凝固过程中两相区较长，因此合金钢连铸更容易形成严重的中心偏析与中心缩孔，而这种缺陷即使通过后续的加热、轧制也难以消除，从而影响最终质量。

基于凝固末端轻压下工艺对铸坯内部质量的显著改善效果，以及连铸方式生产高质量合金钢的需求，方坯/矩形坯连铸采用凝固末端轻压下技术的工艺方案越来越受到工程设计人员及生产现场的青睐。

与板坯连铸的密排辊近似连续压下不同，为减少投资，方坯/矩形坯连铸一般采用多点矫直用的拉矫机来对铸坯同时进行轻压下，所以其压下方式为多点断续式压下。由于方坯（矩形坯）凝固前沿液芯面积较小、压下效率低、多点断续压下，其单点压下与总压下量均较板坯轻压下大，单点压下量一般不大于 2mm，总压下量一般不大于 5mm。

与板坯连铸轻压下相比，方坯/矩形坯连铸轻压下时压下引起的铸坯展宽及延伸变形更加明显，所以压下效率较板坯连铸更低。由于轻压下过程合理压下量的确定涉及铸坯断面形状、钢种、连铸机工艺参数、凝固过程的温度场、液芯形状等多方面的因素，因此轻压下制度的纯理论计算是很困难的。曹学欠等人[33]虽然对大方坯连铸生产 GCr15 轴承钢的轻压下制度进行了理论计算，但离实用还有较大的距离。

目前，研究压下制度的可行方法是对凝固及轻压下过程进行仿真研究，不但可以确定不同拉速条件下的压下区域，同时还可以确定不同拉速条件下的总压下量及各单辊压下量。同时，轻压下过程的仿真研究还可以得到压下过程的力能参数，为设备设计提供载荷依据。

10.5.1 方坯/矩形坯连铸凝固末端轻压下仿真模型

图 10-22 所示为方坯/矩形坯连铸轻压下过程仿真分析模型。建模过程中模型的简化及关键问题的处理方法主要包括：

（1）材料的变形为刚塑性变形，变形阻力及弹性模量均随温度而变化；

（2）采用四分之一三维模型；

（3）将液芯区处理成空腔，钢水静压力施加于空腔内壁，液芯大小根据凝固过程仿真结果确定；

（4）压下辊处理成刚性辊；

（5）压下辊与铸坯表面之间的相互作用由接触单元来模拟；

（6）压下区域网格细化；

（7）铸坯温度场由连铸凝固过程仿真分析获得。

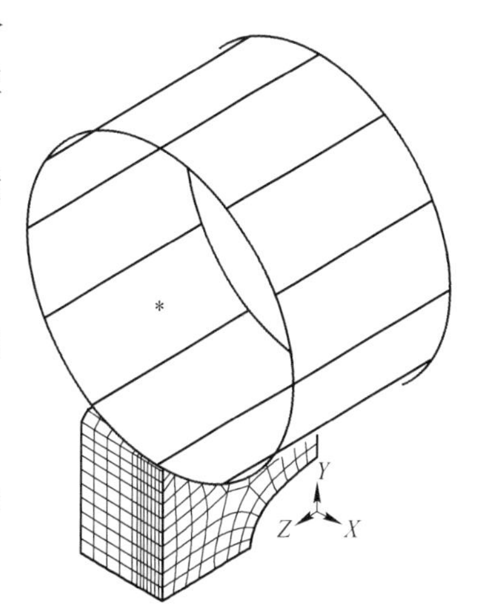

图 10-22 方坯/矩形坯连铸轻压下过程仿真分析模型

10.5.2 轻压下作用条件下铸坯的应力应变

轻压下作用时，矩形坯连铸的截面变形如图 10-23 所示，其变形规律为：

（1）铸坯截面主要表现为压扁变形，高度方向被压缩，宽度方向则伸长。

（2）液芯区也是高度方向被压缩，宽度方向伸长；并且，由于压缩量大于伸长量，因此轻压下作用下液芯区面积缩小，这正是轻压下能够改善铸坯心部质量的原因所在。

（3）轻压下作用下侧边的变形规律为：角部与中部外胀量大，距角部 1/6 厚度处外胀量最小，但两者相差不大，一般情况下不会影响成品铸坯的断面形状。

（4）由于铸坯内部材料承受载荷的能力小于外部材料承受载荷的能力，铸坯的三维变形又与壳状物变形相似，即非接触受力区也发生了比较明显的塌陷现象。

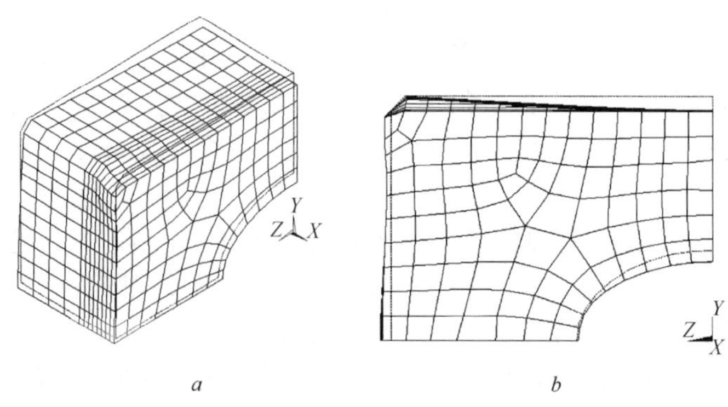

图 10-23　轻压下作用时矩形坯的截面变形

a—变形体视图；*b*—截面变形图

图 10-24 所示为压下量与液芯区体积收缩率的关系，可见液芯区体积收缩率与压下量呈近似正比关系。而且，与 240mm×240mm 方坯相比，350mm×470mm 矩形坯由于液芯呈椭圆形，所以在相同压下量条件下其压下效果更高。

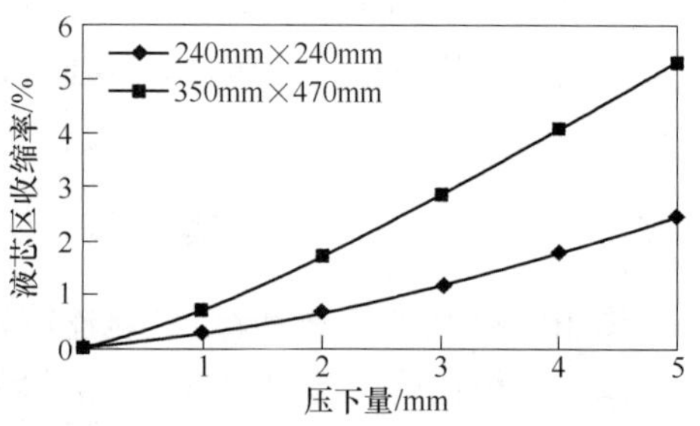

图 10-24　压下量与液芯区体积收缩率的关系

图 10-25 所示为方坯轻压下条件下的应力和应变。从应力分布规律看，轻压下条件下铸坯角部应力水平最高，然后为坯壳外表面，内表面的应力水平最低，显然这是由于铸坯内高外低的温度场分布规律造成的。

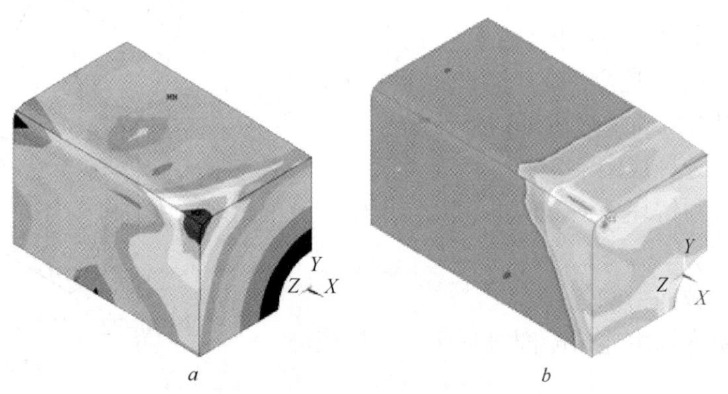

图 10-25　方坯轻压下条件下的应力和应变

a—等效应力；*b*—等效应变

等效应变方面，则表现为与铸辊接触的铸坯上下表面及附近区域应变大、铸坯中部应变小的分布规律，并且在角部存在局部高塑性应变区。另外，从仿真结果看，固液两相区界面等效塑性应变在铸坯截面 180mm×180mm、道次压下量 2mm、中心固相率 0.5 时达到了 3.6%，显然超过了理论上的临界应变 0.2%～0.4%。但现场生产实际表明，方坯/矩形坯连铸道次压下量 2.0mm 是工程上常采用的数值，且产品质量检验表明不会产生附加内部裂纹。这说明，轻压下条件下，铸坯内部裂纹的控制不能以简单的界面临界应变来加以界定。

10.5.3　辊形对轻压下效果的影响仿真研究

在方坯/矩形坯连铸凝固末端进行轻压下，当采用平辊压下时，在铸坯的角部和对角线区域将形成一个高的塑性应变区，并且随压下量的增大，高应变区域有向铸坯凝固前沿转移的趋势，因此在压下过程中改善铸坯偏析的效果有时并不明显，甚至还会有裂纹的产生。为此，日本钢管公司试图通过有意鼓肚来避开铸坯抵抗变形能力较强的边角部，来增强轻压下改善偏析的效果。但是，采用有意鼓肚来减小抵抗阻力会受到坯壳厚度的限制，当坯壳较薄时，在铸坯两侧附近会产生内裂，同时经常要调整上部辊子来实现辊缝的变化，使操作变得复杂[4]。日本新日铁[34]在生产现场通过改变辊型和铸坯截面形状，来研究轻压下改善偏析效果和铸坯内裂纹产生的原因，其试验方法如图 10-26 所示。试验结果表明，在轻压下过程中，采用合理的压下辊辊型有助于提高轻压下的效果。

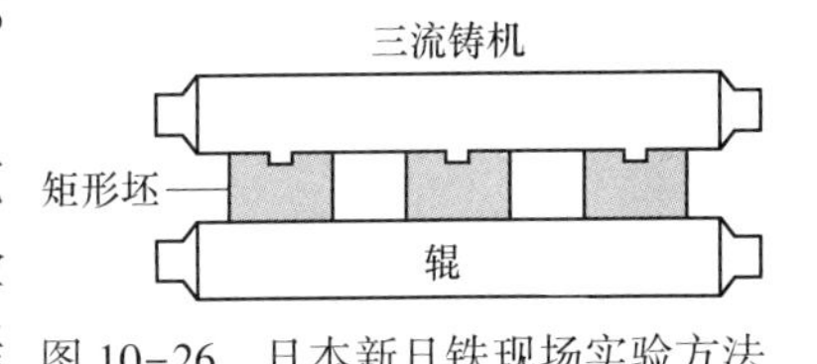

图 10-26　日本新日铁现场实验方法

本书编者对 45 钢 150mm×150mm 方坯连铸轻压下过程进行了不同辊型压下效果的对比仿真分析，仿真模型如图 10-27 所示，分别就平辊、阶梯辊和弧形辊三种不同辊型的铸坯凝固末端的轻压下效果进行比较，并且对阶梯辊和弧形辊的宽度做以下规定：阶梯辊和弧形辊直接从铸坯的中部开始轻压下，希望在获得较好的轻压下效果的同时，减小铸坯内部裂纹产生的概率；阶梯辊的台阶宽度等于铸坯中心固相率为 0.2 时的液芯直径；弧形辊在达到最大压下量时，与铸坯接触的长度等于铸坯中心固相率为 0.2 时的液芯直径。

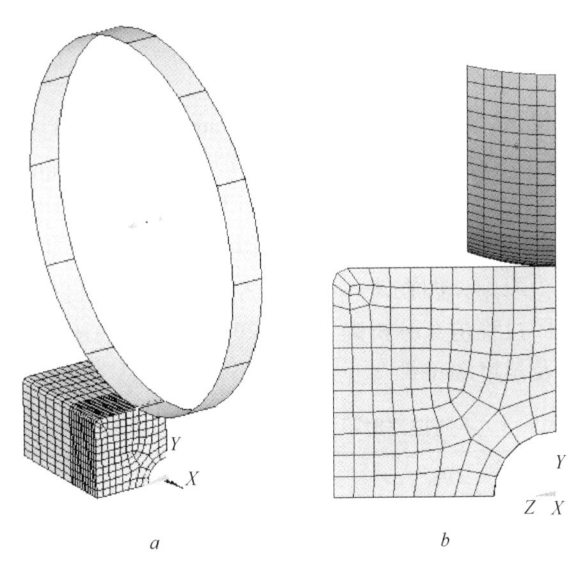

图 10-27　非平辊轻压下过程仿真模型
a—阶梯辊模型；*b*—弧形辊模型

在中心固相率为 0.4 条件下，进行多工况对比分析发现：

（1）在相同的压下量下，阶梯辊压下所得到的液芯体积收缩率最大，弧形辊其次；压下量 2mm 时，平辊压下所得的液芯体积收缩率为 0.92%，阶梯辊、弧形辊则分别为 2.25%、1.31%（见图 10-28）。

（2）在相同的压下量条件下，平辊压下在铸坯凝固前沿产生最大的等效塑性应变，阶梯辊压下其次，弧形辊压下在铸坯凝固前沿产生最小的等效塑性应变。压下量 2mm 时，平辊压下所产生的铸坯凝固前沿等效塑性应变为 4.3%，阶梯辊、弧形辊压下的等效塑性应变分别为 3.5%、1.6%（见图 10-29）。

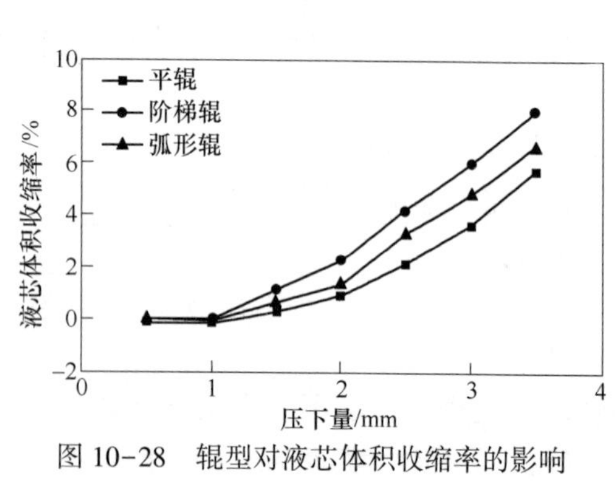

图 10-28　辊型对液芯体积收缩率的影响

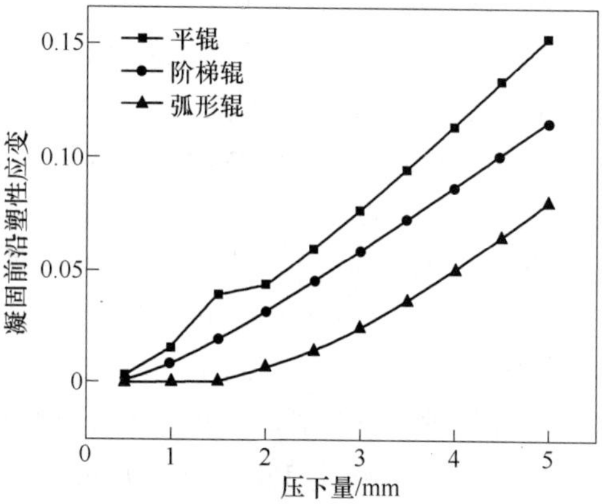

图 10-29　辊型对铸坯凝固前沿等效塑性应变的影响

（3）在相同压下量条件下，弧形辊所需的压下力最小，阶梯辊其次。压下量为 2mm 时，平辊压下所需的压下力为 435kN，阶梯辊和弧形辊压下所需的压下力分别为 289kN、169kN。

10.5.4　方坯连铸动态轻压下工艺仿真分析实例

仿真对象主要参数包括：铸坯尺寸 160mm×160mm、钢种 82B（含碳 0.82%）、结晶器有效长度按 800mm 计算、二冷区长度 6000mm、拉速 1.8~2.1m/min。

碳钢流动临界固相率一般为 0.2~0.33（此处取 0.3）、流动极限固相率为 0.7 左右。82B 发生中心偏析的固相率区间为 0.3~0.7。应以在铸坯液芯流动临界固相率与流动极限固相率之间进行轻压下为原则，即在铸坯中心固相率 0.3~0.7 区间内进行轻压下。

首先，通过铸坯凝固过程仿真分析确定不同拉速条件下的压下区间，同时为轻压下过程的仿真提供坯壳形状及温度场条件（见表 10-4）。

表 10-4　不同拉速时不同中心固相率截面到液面的距离

中心固相率	拉速 2.1m/min	0.3	0.4	0.5	0.6	0.7	0.8
中心温度/℃		1422.7	1413.0	1403.2	1393.5	1383.7	1374.0
到液面的距离/m		12.8	13.8	14.8	15.8	16.7	17.4
液芯半径/mm		33.1	29.4	25.0	20.2	15.0	9.0
中心固相率	拉速 1.8m/min	0.3	0.4	0.5	0.6	0.7	0.8
中心温度/℃		1422.7	1413.0	1403.2	1393.5	1383.7	1374.0
到液面的距离/m		10.9	11.9	12.8	13.5	14.1	14.5
液芯半径/mm		31.5	27.4	23	17.8	14.0	9.0

注：82B 钢固相线温度为 1355℃，液相线温度为 1452℃。

然后，进行阶梯辊轻压下仿真：凸辊宽度 70mm、直径 350mm，处理成刚性辊，轻压下效果分析以铸坯中心固相率为 0.5（在 0.3~0.7 的中间）为准，液芯半径按 24.0mm 计算，根据凝固过程仿真分析结果施加截面温度场，液芯内表面承受钢水静压力。

由仿真结果（图 10-30）可知，凸辊压下、中心固相率为 0.5 时，道次压下量 2mm 可得到 3.76%的液芯体积收缩率，道次压下量 3mm 可得到 5.81%的液芯体积收缩率。由于 2mm 的道次压下量已经可以产生足够大的液芯收缩，因此取 2mm 为最终的道次压下量，而总压下道次数则取 3 道次。

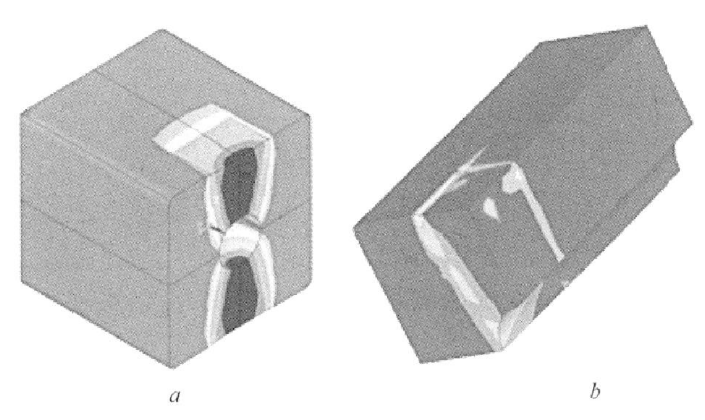

图 10-30 轻压下仿真结果云图
a—铸坯高度方向变形云图；*b*—拉伸塑性应变云图

最后，根据凝固过程仿真及凸辊压下过程仿真结果确定动态轻压下方案。

为保证在铸坯中心固相率为 0.3~0.7 区间内进行轻压下，不同拉速条件下的有效压下区间如下：拉速 2.1m/min 时，距液面 12.8~16.7m；拉速 1.8m/min 时，距液面 10.9~14.1m。

考虑到轻压下设备与多点拉矫设备的共用，实际可以考虑两种配辊方案：5 辊方案与 4 辊方案（见表 10-5）。道次压下量 2mm、总压下 3 道次时，不同布辊方案条件下的动态轻压下工艺见表 10-6。

表 10-5 压下辊配置方案

压下辊号		1	2	3	4	5
到液面的距离/m	方案 A	12.0	12.75	13.5	14.25	15
	方案 B	12.0	13.0	14.0	15.0	

表 10-6 不同布辊方案条件下的动态轻压下工艺

工况	拉速 /m · min^{-1}	冶金长度 /m	压下辊数	总压下量 /mm	单辊压下量/mm	配辊方案	轻压下装置压下辊工作制度				
							1 号	2 号	3 号	4 号	5 号
最大拉速	2.1	17.5	3	6	2	A			*	*	*
						B		*	*	*	
最小拉速	1.8	14.7	3	6	2	A	*	*	*		
						B	*	*	*		

注：道次压下量为 2mm，总压下道次为 3 道次。

10.6 板坯凝固末端压下模型的研究

板坯凝固末端压下模型与方坯压下模型的建立类似，其具体的流程图如图 10-31 所示。

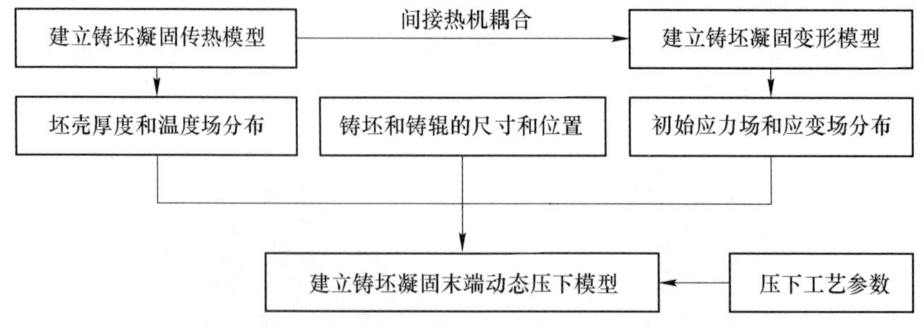

图 10-31 凝固末端动态压下建模过程的流程图

在模型中，铸坯和铸辊的尺寸和位置根据所研究的连铸机实际生产规格，铸坯坯壳横截面轮廓和温度场分布根据凝固传热仿真结果，铸坯初始应力场和应变场分布根据凝固变形仿真结果，从而建立铸坯凝固末端在辊列压下运动中的三维热力耦合有限元模型，如图 10-32 所示。

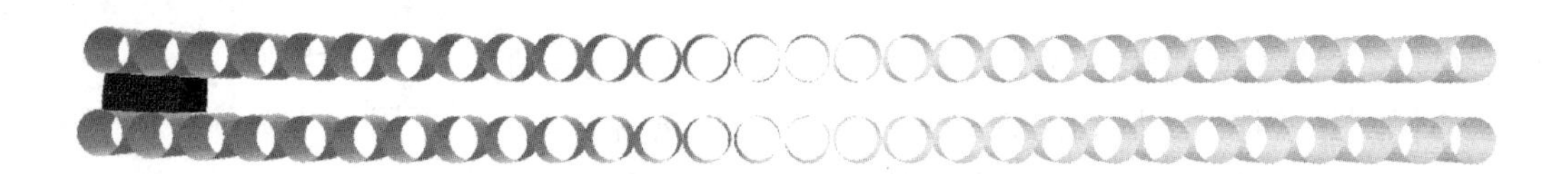

图 10-32 凝固末端压下模型示意图

凝固末端压下工艺参数主要包括压下区间、压下分配和压下总量，在确定以上工艺参数时除了考虑前面理论分析的因素外，还要考虑铸坯窄面鼓肚、宽面间隙和应力应变的大小来判断裂纹的产生趋势，只有合理确定这些参数值才能达到消除或减少铸坯中心偏析和疏松的目的，并避免内裂纹的产生：

（1）铸坯过早压下会产生内裂纹，过晚压下则会产生严重偏析；

（2）铸坯压下量过小，对中心偏析和疏松的改善不明显，压下量过大，铸坯承受过度挤压，可能会引起尚未凝固且富集偏析元素的钢液流到相邻的鼓肚区形成偏析，还可能导致铸坯内裂或者引起对压下区夹辊的损伤。

10.6.1 压下区间对压下结果的影响

压下区间是凝固末端压下技术的重要参数之一。目前一致认为，中心偏析和疏松发生在凝固末端的液固两相区内，对于压下区间目前没有一个定值，一般企业都是根据实验修正后取得最佳值，很显然该值和钢的成分、铸坯断面及生产设备有关。

保证压下量和压下分配不变，通过改变不同的压下区间，建立铸坯凝固末端压下模型，可以得到不同压下区间对应的仿真结果，其中不同压下区间的压下方案如表 10-7 所示，不同压下方案时不同扇形段中角部应变和应变率如图 10-33 和图 10-34 所示。

表 10-7 不同压下区间的压下方案

压下方案	seg8	seg9	seg10	seg11
方案 1	2mm	2mm	2mm	
方案 2		2mm	2mm	2mm
方案 3		3mm	3mm	

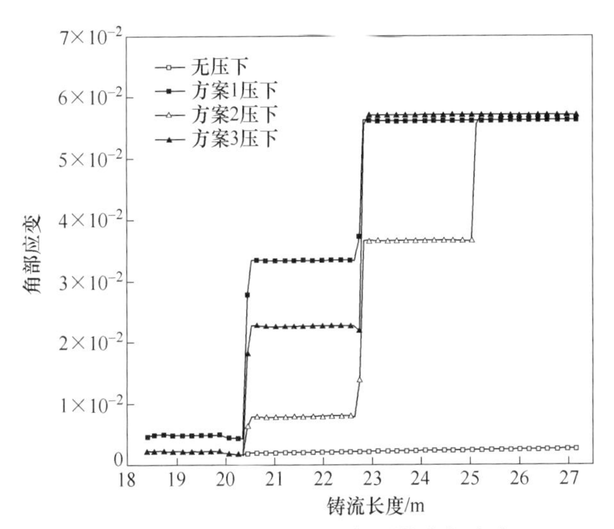

图 10-33 在不同压下区间下的角部应变

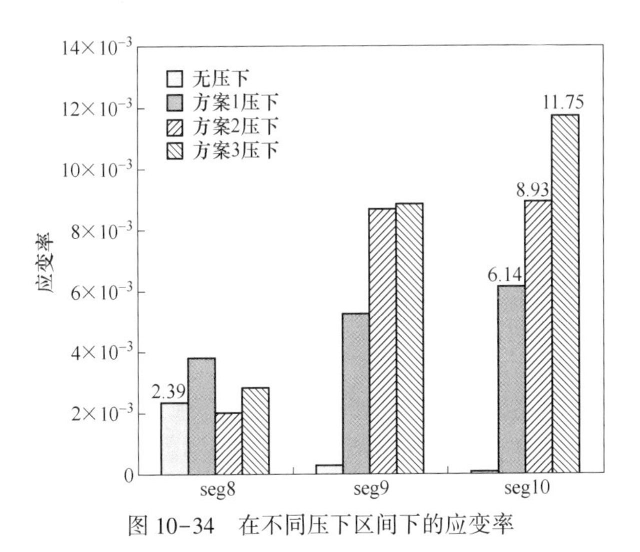

图 10-34 在不同压下区间下的应变率

分析表明：无压下时铸坯的角部应变一直维持 0.2%，按方案 1 压下时，角部应变会随时间不断增大，分别为 0.48%、3.3% 和 5.5%；按方案 2 压下时，角部应变分别为 0.77%、3.6%和 5.6%；按方案 3 压下时，角部应变分别为 2.3%和 5.6%，在控制角部应变方面，方案 1 压下比较好；同时，无压下时铸坯的应变率最大值为 0.239%，方案 1 压下时应变率最大值为 0.614%，方案 2 压下时应变率最大值为 0.893%，方案 3 压下时应变率最大值为 1.175%，不同压下区间对铸坯脆性温度范围的应变影响很大。因此，如果晚于 seg10 段后再实施凝固末端压下，角部将承受主要的压下力，一方面压下力大，压下困难，另一方面将造成角部和凝固末端产生裂纹，所以压下区间在 seg8～10 比较合适，此时板坯的窄边坯壳较薄，温度较高，变形抗力较小，容易实现凝固末端动态压下。

10.6.2　压下分配对压下结果的影响

保证压下区间和压下量不变，通过改变不同的压下分配，建立铸坯凝固末端压下模型，可以得到不同压下区间对应的仿真结果，其中不同压下分配的压下方案如表 10-8 所示，不同压下分配方案下的应变最大值如图 10-35 所示。

表 10-8　不同压下分配的压下方案

压下方案	seg8	seg9	seg10
方案 1	2mm	2mm	2mm
方案 2	1mm	1mm	4mm
方案 3	1mm	4mm	1mm
方案 4	4mm	1mm	1mm

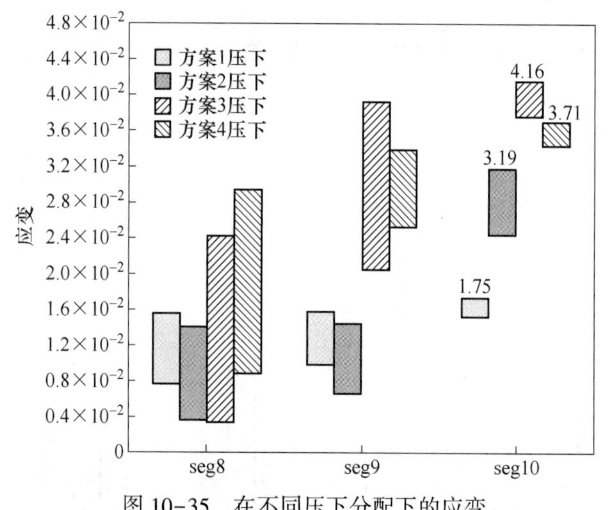

图 10-35　在不同压下分配下的应变

从图 10-35 可以看出：按方案 1 压下时应变最大值为 1.75%，方案 2 压下时应变最大值为 3.19%，方案 3 压下时应变最大值为 4.16%，方案 4 压下时应变最大值为 3.71%，不同压下区间对铸坯脆性温度范围的应变影响很大。

10.6.3　压下总量对压下结果的影响

压下量要完全补偿压下区间内钢液在凝固过程中的体积收缩量，才能防止富集溶质钢液的流动。压下量的大小必须满足三个要求：（1）能够补偿压下区间内的凝固收缩，减少中心偏析和中心疏松；（2）避免铸坯产生内裂纹；（3）压下时产生的反作用力要在铸机扇形段许可载荷范围内。在保证压下区间和压下分配不变，通过改变不同的压下量，建立铸坯凝固末端压下模型，可以得到不同压下总量对应的仿真结果，其中不同压下量的压下方案见表 10-9，不同压下方案时不同扇形段中角部应变和应变率如图 10-36 和图 10-37 所示。

表 10-9 不同压下量的压下方案

压下方案	seg8	seg9	seg10
方案 1	1mm	1mm	1mm
方案 2	2mm	2mm	2mm
方案 3	3mm	3mm	3mm
方案 4	4mm	4mm	4mm

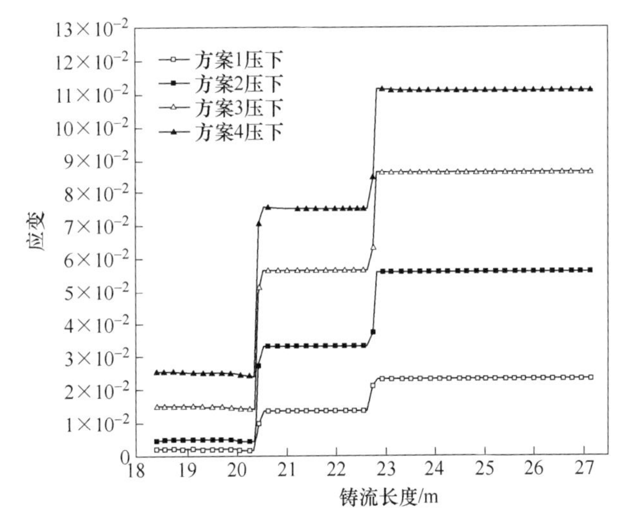

图 10-36 在不同压下总量下的角部应变

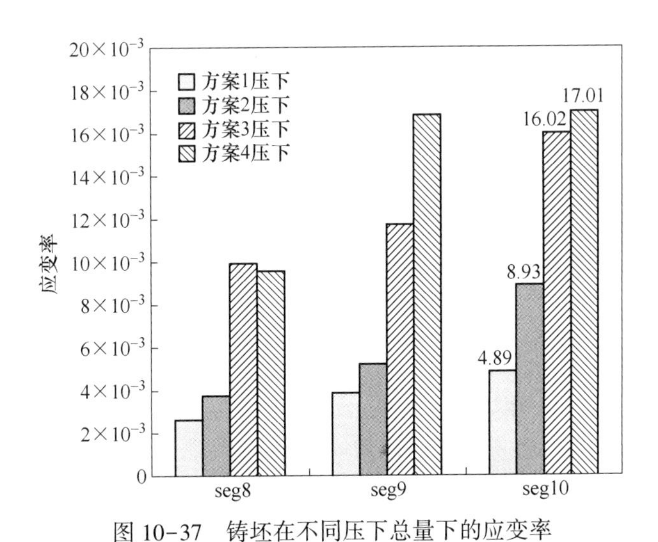

图 10-37 铸坯在不同压下总量下的应变率

分析可知：按方案 1 压下时角部应变分别为 0.3%、1.2%和 2%，按方案 2 压下时角部应变分别为 0.5%、3.3%和 5.5%；按方案 3 压下时角部应变分别为 1.5%、5.5%和

8.7%；按方案 4 进行压下时角部应变分别为 2.5%、7.5%和 11.5%，在控制角部应变方面，方案 1 压下比较好。同时，方案 1 压下时应变率最大值为 0.485%，方案 2 压下时应变率最大值为 0.893%，方案 3 压下时应变率最大值为 1.602%，方案 4 压下时应变率最大值为 1.701%，不同压下量对铸坯脆性温度范围的应变影响很大。因此，当压下量较小（3mm）时，铸坯窄面鼓肚变形量很小，但压下效果不明显，当压下量过大（9mm、12mm）时，铸坯压下效果明显，但应变值超过临界应变，铸坯会产生内裂纹。

参 考 文 献

[1] 贺道中．连续铸钢［M］．北京：冶金工业出版社，2007.

[2] 田陆，詹志伟，周雄文，等．轻压下技术对连铸坯中心偏析的影响［C］．第八届全国连铸学术会议论文集，2007.

[3] Masaoka. Improvement of centerline segregation in continuously cast slab with soft reduction technique［C］. Steelmaking Conference Proceeding. 1989：63~69.

[4] 朱苗勇，林启勇．连铸坯的轻压下技术［J］．鞍钢技术，2004（1）.

[5] 刘斌．基于铸坯液芯预测的动态轻压下方法［R］．上海交通大学博士后出站报告，2007.

[6] 罗传清，倪红卫，刘光明，等. 动态轻压下技术在板坯连铸上的应用［C］．第四届发展中国家连铸国际会议论文集，2008.

[7] 钟云涛．液芯大压下量技术在板坯连铸中的应用与研究［C］．第七届中国钢铁年会论文集，2009（8）：138~143.

[8] Suzuki K，Takahashi K. Mechanical properties of the slabbing mill roll materials at room and elevated temperatures［J］. Trans，Iron and Steel Institute of Japan，1975，61（3）：371~387.

[9] Ogibayashi，Shigeaki，Yamada，et al. Continuous casting method：US，4687047［P/OL］. 1987-08-18. http：//patft. uspto. gov/netacgi/nph-Parser？Sect1 = PTO2&Sect2 = HITOFF&p = 1&u = %2Fnetahtml%2FPTO%2Fsearch-bool. html&r = 1&f = G&l = 50&co1 = AND&d = PTXT&s1 = 4687047. PN. &OS = PN/4687047&RS = PN/4687047.

[10] 李晓伟，张维维，魏元，等. 连铸轻压下技术的发展和应用［J］. 鞍钢技术，2008（1）：10~14.

[11] Kuyng Shik Oh. Development of Soft Reduction for the Bloom Caster at Pohang Works of Posco［C］. Steelmaking Conference Proceeding，1995：301~305.

[12] 宋东飞. 动态轻压下技术在板坯连铸的应用［J］. 冶金动力，2005（1）：83~84.

[13] 冯科. 板坯连铸机轻压下扇形段的设计特点［J］. 炼钢，2006（4）：53~55.

[14] 闫小林. 连铸过程原理及数值模拟［M］. 石家庄：河北科学技术出版社，2001：152~153.

[15] Han H N，Lee Y G，Oh K h，et al. Analysis of hot forging of porous metals［J］. Materials Science & Engineering A，1996，206：81~89.

[16] Zeze M，Misumi H，Nagata S，et al. Segregation behavior and deformation behavior during soft-reduction of unsolidified steel ingot［J］. Tetsu-to-Hagane，2001，87（2）：71~76.

[17] Morwald K，Thalhammer M，Federspiel C，et al. Benefits of SMART segment technology and Astc strand taper control in continuous casting［J］. Steel Times Internation，2003，Dec/Jan：17~19.

[18] 王朝盈，刘彩玲，刘光辉．厚板坯连铸轻压下技术和轻压下扇形段［J］．重型机械，1999（5）：9~11.

[19] 汪洪峰，程乃良．动态轻压下技术在梅山高效连铸中的应用［J］．宽厚板，2003（6）：24~27.

[20] 郭薇，祭程，赵琦，等．板坯连铸动态轻压下系统中在线实时温度场的计算模型［J］．材料与冶金学报，2006，5（3）：186~189.

[21] 林启勇，朱苗勇．厚度和宽度对连铸板坯轻压下率的影响［J］．材料研究学报，2008，22（4）：425~428.

[22] 朱苗勇，林启勇，王军．连铸板坯轻压下过程压下率参数的理论分析［J］．鞍钢技术，2007（4）：1~5.

[23] 林启勇，朱苗勇．连铸板坯轻压下过程压下率理论模型［C］．第八届全国连铸学术会议论文集，2007.

[24] Ito Y，Yamanaka A，Watanabe T. Internal reduction efficiency of continuously cast strand with liquid core［J］. Revue de Metallurgie-CIT，2000，97（10）：1171.

[25] 林启勇，朱苗勇．钢种和断面对连铸板坯轻压下效率的影响［J］．钢铁，2010，45（3）：32~37.

[26] 罗秉臣，刘彩玲，王庆新．厚板坯连铸新技术［J］．重型机械，2000（4）：21~23.

[27] 王作奇．酒钢连铸板坯内部裂纹研究［D］．西安：西安建筑科技大学，2003.

[28] Matsumiya T，Ito M，Kajioka H，et al. An evaluation of critical strain for internal crack formation in continuously cast slabs［J］. Transactions ISIJ，1986，26：540~546.

[29] Miyazaki J，Narita K，Nozaki T，et al. On the internal cracks caused by the bending test of small ingot［J］. Transactions ISIJ，1981，21：B210.

[30] Wunnenberg K，Flender R. Investigation of internal crack formation in continuous casting，using a hot model［J］. Ironmaking and Steelmaking，1985，12（1）：22~29.

[31] Yamanaka A，Nakajima K，Okamura K，et al. Critical strain for internal crack formation in continuous casting［J］. Iron and Steel Making，1995，22（6）：508~512.

[32] Young M W，Tae Jung Y，Dong J S，et al. A new criterion for internal crack formation in continuously cast steels［J］. Metallurgical and Materials Transactions B，2000，31B：779~794.

[33] 曹学欠，祭程，朱苗勇，等．轴承钢 GCr15 大方坯轻压下压下量参数的研究与应用［C］．第七届中国钢铁年会论文集，2009（2）：714~718.

[34] 沖森麻佑己. Development of Soft Reduction Techniques for Preventing Center Porosity occurrence in Large Size Bloom［J］．鉄と鋼，1994：120~123.

11 连铸扇形段铸坯鼓肚变形及辊缝控制技术

扇形段是板坯连铸机的主要组成部分，其作用是引导从支撑导向段拉出的铸坯继续进行喷水冷却，直到铸坯完全凝固。每台连铸机都是由多个扇形段组成，它安装在支撑导向段之后至连铸机整个机长的终端，在连铸机主机设备中扇形段零部件数量最多、质量最大，它的性能优劣和质量好坏直接影响连铸工厂产品的产量和质量。本章集中分析扇形段铸坯鼓肚变形、辊列设计计算及辊缝控制技术问题。

11.1 连铸坯鼓肚问题的理论解析

11.1.1 连铸坯的鼓肚变形

带液芯的铸坯在运行过程中，高温坯壳在钢液静压力及不均匀温度场作用下，于两支撑辊之间发生的鼓胀成凸面的现象，称为鼓肚变形（见图 11-1）。板坯宽面中心凸起的厚度与边缘厚之差称为鼓肚量，依此衡量鼓肚变形程度。鼓肚变形不仅有弹性变形，而且还会伴随着高温产生蠕变变形。

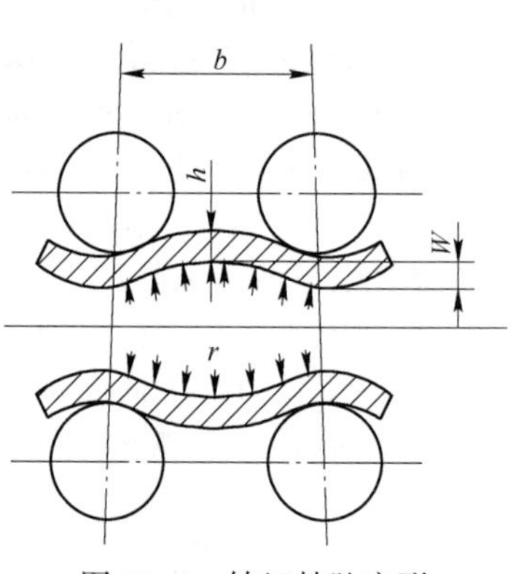

图 11-1 铸坯鼓肚变形

在板坯连铸工艺过程中，随着热送轧制（HCR）和直接轧制（HDR）新技术的出现和采用，对铸坯质量提出了越来越高的要求。众所周知，铸坯坯壳的冷却和凝固条件在很大程度上决定了铸坯的质量。浇铸宽板坯时，钢水静压力可使导辊间的铸坯产生鼓肚，使正在凝固的坯壳发生变形。一旦变形率超过限度，就会使铸坯产生中心偏析等缺陷；当鼓肚的铸坯中心偏析加重时，就会在铸坯的中心产生一字形的内部裂纹。鼓肚变形还会引起支撑导辊反力的增大，严重时使生产中断，降低了连铸生产效率。

11.1.2 板坯连铸鼓肚变形解析解

11.1.2.1 常见的坯壳鼓肚变形量计算公式

文献［1~4］较早地提出了连铸板坯鼓肚变形量的计算及鼓肚变形与应力的计算方法。

文献［1］列举了当时国内常见的计算坯壳鼓肚变形量的几个主要近似公式：

$$\delta = \frac{\eta_1 \alpha_h p l \sqrt{t_s}}{32ES^3} \tag{11-1}$$

$$\delta = \frac{pl^2}{16ES^3}\left[\frac{5}{2}l^2 - 3\gamma d^2 + \gamma(B+d)^2\right] \tag{11-2}$$

$$\delta = \frac{pl^4 H}{200EJ} \tag{11-3}$$

$$\delta = \frac{pl^4 B}{200EJ} \tag{11-4}$$

$$\delta = \frac{\eta\alpha pl^4}{32ES^3}\sqrt{t} \tag{11-5}$$

式中 p——钢水静压力，Pa；

l——辊间距，mm；

E——坯壳的弹性模量，N/cm^2；

S——坯壳厚度，mm；

t_s——铸坯经过辊距 l 所需的时间，min：

$$t_s = \frac{l}{v}$$

v——拉坯速度，m/min；

α_h——考虑铸坯宽度的形状系数；

η_1——形状系数 α_h 的修正系数（对于板坯，$\eta_1\alpha_1 = 1$）；

γ——泊松比；

d——板坯厚度，mm；

B——板坯宽度，mm；

J——计算处单位宽度坯壳的惯性矩；

H——计算处的钢水静压头。

国外实验以及对宝钢生产的连铸坯进行的验算都证明，在这些计算公式中，式（11-1）给出的结果比较合理，因此经常被引用作为对比的标准[4]。但式（11-1）也存在着明显不足：不能明显看出坯壳的瞬时弹性变形对鼓肚变形量的影响以及计算时需采用相当弹性模量。

文献［1］的研究者根据蠕变定律建立了新的计算公式。在坯壳鼓肚变形的计算模型中，研究者将两支撑辊间的坯壳视为一承受均布载荷的宽面固支的等厚度挠性板，并考虑了铸坯窄面和支撑辊挠曲的影响。在计算板坯坯壳的鼓肚变形量时，可在宽面沿纵向取一宽度为 b 的坯壳加以分析，它相当于一承受均布载荷的两端固支梁（见图11-2）。在高温状态下，恒定的外载荷不但会使物体产生瞬时变形，而且还将使物体的变形随时间继续增大，即产生蠕变。由蠕变理论可知，坯壳中的总应变 ε 为瞬时弹性应变 ε_e 和蠕变应变 ε_c 的叠加，其蠕变变形为：

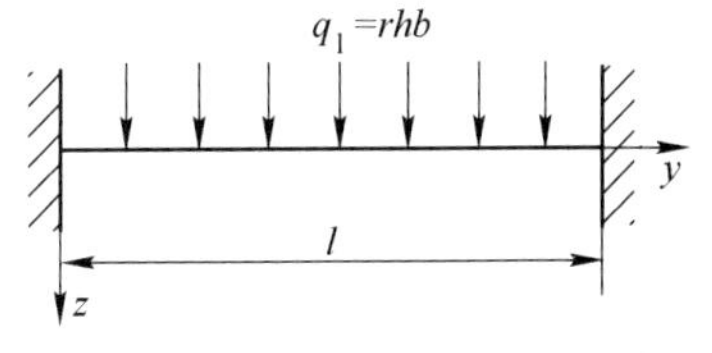

图 11-2 受均布载荷的两端固支梁

$$Z(y) = \left(\frac{Ct^m}{J} + \frac{1}{EJ}\right)\left(\frac{q_e y^4}{24} - \frac{q_e l y^3}{12} + \frac{q_e l^2 y^2}{24}\right) \tag{11-6}$$

$$Z\left(\frac{l}{2}\right) = \frac{q_e l^4}{384EJ} + \frac{q_e l^4 Ct^m}{384J} \tag{11-7}$$

式（11-7）表明，坯壳的鼓肚变形由两部分组成：第一部分为与时间 t 无关的瞬时弹性变形，第二部分为随时间 t 不断增大的蠕变变形。当 $m=\frac{1}{2}$、$C=\frac{1}{E}$，式（11-7）蠕变变形部分与式（11-1）在形式上完全相同，其鼓肚变形量为：

$$\delta=\frac{q_e l^4}{384EJ}+\frac{q_e l^4}{384EJ}\sqrt{t}=\frac{pl^4}{32ES^3}+\frac{pl^4}{32ES^3}\sqrt{t} \tag{11-8}$$

当求出坯壳的鼓肚变形量后，鼓肚应变值可由式（11-9）求出：

$$\varepsilon_b=\frac{1600S\delta}{l^2} \tag{11-9}$$

文献［2］也提出了连铸板坯鼓肚的计算模型。研究者认为：为计算板坯宽面鼓肚，按蠕变规律，需解一个三阶微分方程；按弹塑性规律，需解一个二阶微分方程，十分费时。研究者提出"单位鼓肚"的概念，并制作了"单位鼓肚"图，可方便求得任意钢种用该图和一组代数的方程计算蠕变鼓肚或弹塑性鼓肚及鼓肚应变，从而免除了直接求解三阶或二阶微分方程的麻烦。

11.1.2.2 考虑钢水静压力增量的鼓肚量计算

文献［3］考虑连铸过程中钢水静压力增量的影响，建立了新的数学模型，利用材料力学的弹性变形理论和蠕变变形理论得出鼓肚量的计算公式，计算模型如图 11-3 所示。在计算中，将相邻两支撑辊上的坯壳视为两端都是固定端的定端梁，属于一次超静定梁。

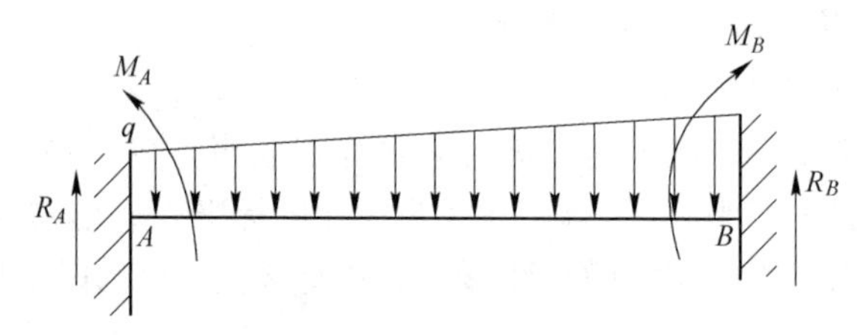

图 11-3 考虑钢水静压力增量的鼓肚量受力模型

铸坯在辊间某一位置，每一时间步长的钢水静压力呈线性增加，其增量为：

$$\Delta q=\rho g v_c \Delta t \tag{11-10}$$

式中 v_c——拉坯速度，m/s；

Δt——时间步长，s；

ρ——钢水密度，kg/m³；

g——重力加速度，m/s²。

由图 11-3 所建立的受力模型得到连铸板坯鼓肚量的计算公式为：

$$\delta=\frac{\eta\alpha t^{\frac{1}{2}}}{E_e I}\left(\frac{1}{36}\rho gBl^2x^3+\frac{1}{12}qlx^3-\frac{1}{120}\rho gBx^5-\frac{1}{24}qx^4-\frac{1}{60}\rho gBl^3x^2-\frac{1}{24}ql^2x^2-\frac{1}{360}\rho gBl^4x\right) \tag{11-11}$$

式中 α——考虑铸坯宽度的形状系数；

η——α 的修正系数（对于一般板坯，可取 $\eta\alpha=1$）；

ρ——钢水密度，kg/m^3；

q——梁左端点所受的载荷，N/mm^2；

B——铸坯宽度，mm；

x——两辊间任意鼓肚量的位置，最大鼓肚量位于 $x=0.525l$ 处；

l——辊间距，mm；

I——梁的截面惯性矩，$I=Bs^3/12$；

s——梁的厚度，mm。

E_e并不是坯壳实际弹性模量，而是修正了的等价弹性模量（N/cm^2），用式（11-12）计算：

$$E_e = (T_{sol} - T_m)/(T_{sol} - 100) \times 10^6 \tag{11-12}$$

式中 T_{sol}——钢水凝固温度,℃；

T_m——坯壳平均温度，可取铸坯表面温度与钢水凝固温度的平均值,℃。

分析表明：拉速越高，对应相同位置的鼓肚量越大，其主要原因是相对于同样断面的铸坯，拉速提高，液相穴长度增加，坯壳厚度必然减小。尽管提高拉速使坯壳蠕变时间略有减少，但相对而言，坯壳厚度减薄的影响占据主导地位。当拉速的增减幅度为 0.1m/min 时，对应相同位置鼓肚量增减为 6%~15%；当辊间距的增减幅度为 10mm 时，对应相同位置鼓肚量增减为 10.5%~21%。

11.1.2.3 铸坯黏弹性板模型及鼓肚变形分析

研究者[5]在文献［1］研究的基础上，考虑到板坯的弹性变形和黏性变形的耦合性，进一步提出了板坯鼓肚变形的黏弹性薄板模型，根据弹性—黏弹性的相应原理得到了坯壳鼓肚变形的解析解，并讨论了 Maxwell 模型中材料蠕变特征值（即松弛时间）对板坯鼓肚变形的影响等。

研究者根据坯壳受到夹辊的支撑作用、坯壳内部钢水静压力及板坯宽度比辊距大得多的状况，并考虑到坯壳在高温下呈现的黏弹性性态，提出了受均布载荷作用的两对边固支、两对边自由的黏弹性薄板计算模型，如图 11-4 所示。

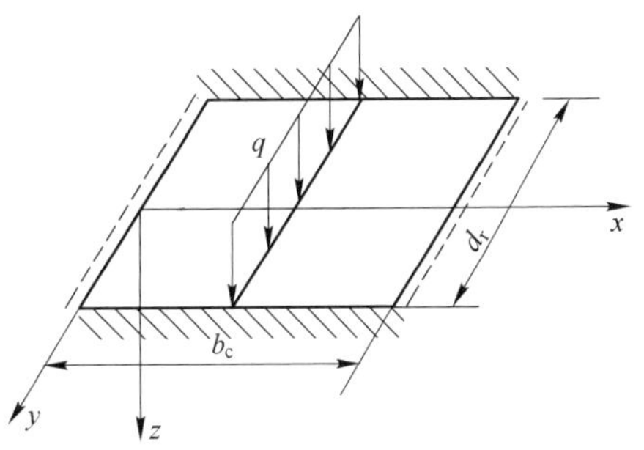

图 11-4 坯壳鼓肚变形黏弹性板坯模型

坯壳的钢在高温区呈现为黏弹性性态，应力与应变关系符合 Maxwell 黏弹性模型，分析得到黏弹性板坯弯曲问题的理论解：

$$f(x, y, t) = \frac{4qb_c^4 \times 12}{\pi^5\delta^3}\left\{\frac{2K\tau_r + \eta_1}{4K\eta_1} + \frac{t}{2\eta_1} + \left[\frac{\tau_r(3K\tau_r + 2\eta_1)}{6K\tau_r + \eta_1} - \frac{2K\tau_r + \eta_1}{4K}\right]\frac{1}{\eta_1}\exp(-\beta t)\right\}\sum_{m=1,3,\cdots}^{\infty}\frac{1}{m^5}\left(1 - \frac{\alpha_m\cosh\alpha_m + \sinh\alpha_m}{\alpha_m + \sinh\alpha_m\cosh\alpha_m}\cdot\cosh\frac{2\alpha_m y}{d_r} + \frac{\alpha_m\sinh\alpha_m}{\alpha_m + \sinh\alpha_m\cosh\alpha_m}\frac{2y}{d_r}\sinh\frac{2\alpha_m y}{d_r}\right)\sin\frac{m\pi x}{b_c} \tag{11-13}$$

式中 η_1——材料的黏性系数；

τ_r——松弛时间（材料的蠕变特征值）；

K——材料的体积模量；

b_c——铸坯宽度，mm；

d_r——辊距，mm；

q——均布载荷（钢水静压力）；

δ——板坯厚度，mm；

t——时间变量；

$$\alpha_m = \frac{m\pi d_r}{2b_c};$$

$$\beta = \frac{6K}{6K\tau_r + \eta_1}。$$

分析表明：本模型不但包含有弹性变形，而且还包含有黏性及弹性、黏性的耦合变形。这两部分变形随时间变化，又称为蠕变变形。黏弹性板坯的最大挠度值 f_{max}（即鼓肚变形 $\varepsilon_{b,\ max}$）发生在 $x = \frac{a}{2}$，$y = 0$ 处，且 f_{max} 随时间发生变化。

尽管这些研究工作使得连铸坯鼓肚变形的近似计算公式不断得到完善，为鼓肚变形理论的发展做出了重要贡献。但由于连铸过程是一个动态过程，将连铸简化为简支梁模型或者薄板模型以及计算中的许多近似处理均会导致计算精度难以保证。为了提高鼓肚变形的计算精度，普遍采用有限元分析方法来计算鼓肚变形。

11.1.3 板坯连铸鼓肚变形的有限元仿真

11.1.3.1 国外连铸鼓肚变形的有限元计算简介

Michel Bellet 等人[6]利用全局非稳态计算方法，通过建立连铸的二维有限元仿真模型，并在考虑辊列布置的曲率半径的基础上，对铸坯进行热机耦合计算。

K. Okamura 和 H. Kawashima[7]建立了三维弹-塑-蠕变有限元模型，计算分析了板坯窄边凝固前沿的应变情况。分析表明，铸坯的蠕变和宽边效应均对铸坯的应变带来较大影响。但由于当时技术条件的限制，该模型只是一个静态模型，同时模型的网格偏少，影响了计算精度。

Tooru Matsumiya[8]对板坯的鼓肚问题进行一定的理论研究，得出了坯壳厚度的公式。他指出：为了减小非稳态的鼓肚现象，应当将支撑辊之间的辊距设置成不同的数值，并给出了辊距设置的具体公式。

Joo Dong Lee 和 Chang Hee Yim[9]对非稳态鼓肚与辊距的关系进行较深入研究。他们使用位移传感器测定了连铸过程中从动辊的运动，并与如结晶器液面、拉速等因素比较其运动波动。研究者观察到从动辊运动过程中有大的波动，并且凝固坯壳的厚度不均匀，认为坯壳厚度不均匀是中碳钢连铸过程中非稳态鼓肚的原因。对轧辊采用二维模型，并用有限元分析方法计算连铸速度变化过程中鼓肚形状及其随时间变化，计算结果与实验结果符合得很好，从而得出结论，非稳态鼓肚周期受辊距影响较大。因此，非稳态鼓肚周期取决于出现不同辊距的位置，在某种程度上也受拉速变化影响。

韩国海事大学的 J. S. Ha、J. R. Cho 和釜山国立大学的 M. Y. Ha 等人[10]采用有限元分析的方法对二次冷却区内的连铸坯鼓肚问题进行了研究。他们先对连铸坯进行了二维弹塑性有限元建模，接着对连铸坯的凝固过程进行了仿真，在此基础上得出了辊间距对连铸坯鼓肚量影响的曲线图。

11.1.3.2 板坯连铸变形的二维模型仿真

国内也利用有限元分析技术，对鼓肚变形进行了大量研究，文献［11］利用有限元法模拟凝固过程并建立二维热机耦合鼓肚模型，分析了拉速与二冷引起的蠕变时间、坯壳厚度及铸坯温度的变化对鼓肚的影响。

铸坯温度场的仿真为鼓肚变形的仿真奠定了基础。以某公司设计的连铸机为研究载体，以 Q235 钢为研究对象。该连铸机工艺参数如下：断面尺寸为 1600mm×220mm；拉坯速度范围为 0.8~1.2m/min；结晶器进出水温差控制在 5~8℃之间；二次冷却强度范围为 0.85~0.55L/kg；总冶金长度为 24.3m。在拉速稳定状态下模拟的铸坯温度场仿真结果如图 11-5 所示。

温度场模拟完成后，以模拟的铸坯温度场为条件进行铸坯鼓肚变形仿真研究。为了完成铸坯鼓肚变形计算，根据铸坯形状的特点、几何特点和高温特性做如下简化：(1) 铸坯宽厚比很大，可假设宽度方向上中间截面不受边缘的影响，也就是说鼓肚的产生与宽度无关，按平面问题处理。(2) 铸坯温度分布和钢水静压力是变化的，温度场采用凝固过程的温度分布，钢水静压力作为节点力来处理。

二维鼓肚变形的有限元模型如图 11-6 所示。

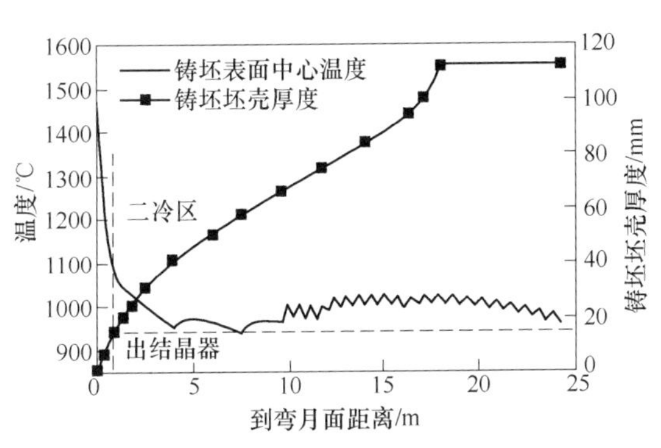

图 11-5 拉速稳定状态下模拟的铸坯表面温度及坯壳厚度

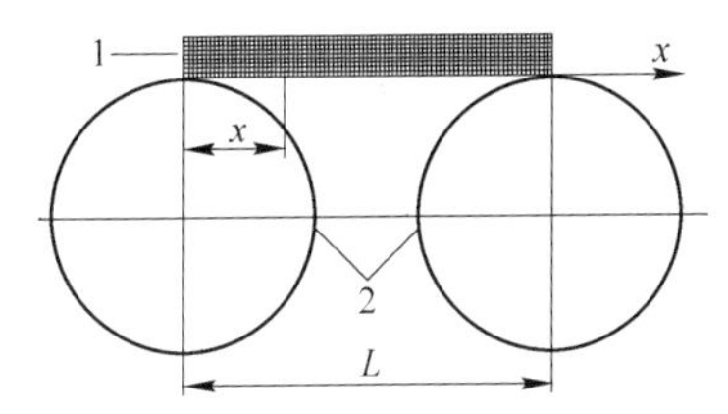

图 11-6 鼓肚变形的二维有限元模型

1—铸坯；2—支撑辊；L—辊间距

分析表明：工艺参数对铸坯质量的影响起决定性作用，合理的工艺参数能提高铸坯的质量。当铸坯表面平均温度升高 50℃时，最大鼓肚量增加约 5%。浇铸温度、拉速、二冷强度的变化均能引起坯壳厚度的变化，当坯壳平均厚度从 12mm 增加至 18mm 时，鼓肚量从 0.9mm 减小到 0.2mm，即鼓肚量随着坯壳厚度的增大急剧减小。蠕变时间是指铸坯经过两相邻支撑辊的时间，当蠕变时间从 4.8s 开始每增加 4s 时，鼓肚量约增加 23%，即蠕变时间越小，鼓肚量越小，可见支撑辊排布越密集，鼓肚量越小。计算也表明了拉速、二冷强度对鼓肚的影响，在该连铸机的工艺参数条件下，拉速 1.0m/min、二冷强度 0.65L/kg 时可实现大拉速、小鼓肚量。

11.1.3.3 板坯连铸三维鼓肚变形仿真研究

为了进一步提高鼓肚变形的分析精度，文献［12］利用 MSC. Marc 软件建立坯壳三维鼓肚变形仿真分析模型，如图 11-7 所示。图 11-7 中模型为连铸机直弧段第一对辊间铸坯模型，辊间距为 215mm，支撑辊的直径为 180mm。由于铸坯鼓肚量与材料在高温下的蠕变行为密切相关，所以采用软件内嵌的蠕变公式，来考虑蠕变对鼓肚变形的影响。

图 11-8 为直弧二段第一对辊间距处的鼓肚变形云图。仿真得出该段最大鼓肚量为 0. 464mm，位置处于铸坯宽面中心处。图 11-9 和图 11-10 分别为沿铸流方向和垂直于铸流方向铸坯表面的鼓肚变化情况。由图 11-10 可见，在铸坯中心处沿铸流方向各截面的鼓肚量基本相同，而在靠近铸坯边部处沿铸流方向各截面鼓肚量相差很大。为讨论方便，将靠近铸坯中心处鼓肚量随铸坯宽度变化平缓的区域定义为平台区；将靠近铸坯边部随铸坯宽度的增加鼓肚量急剧增大的区域定义为过渡区。

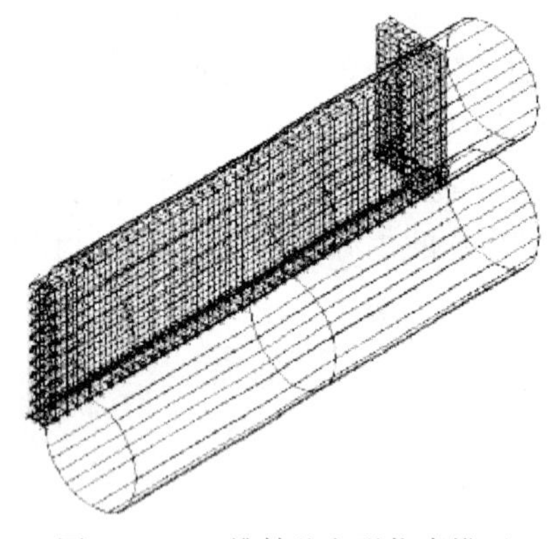

图 11-7 三维鼓肚变形仿真模型

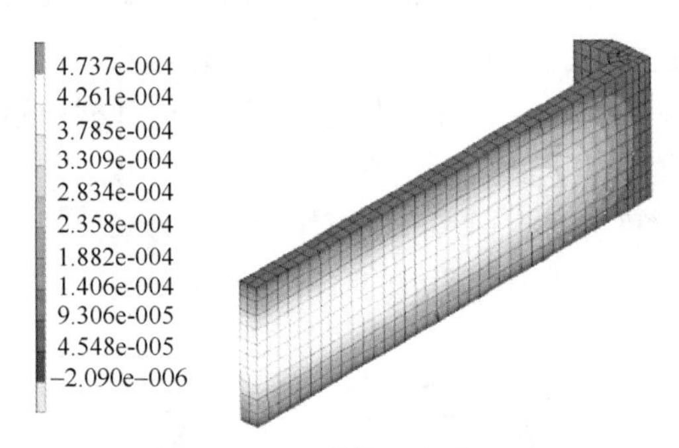

图 11-8 三维鼓肚变形云图

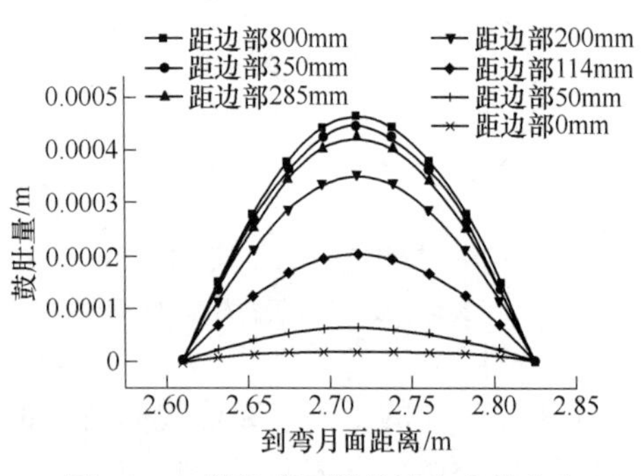

图 11-9 鼓肚变形沿铸流方向的分布

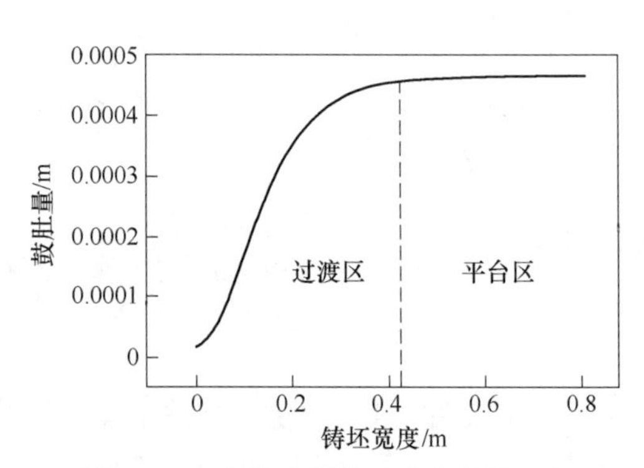

图 11-10 鼓肚变形沿宽度方向的分布

同时分析还表明，影响平台区大小的因素很多。研究表明：宽厚比增大，铸坯平台区也随之增大，即宽厚比为 8 和 6. 5 时，铸坯存在较大的平台区；宽厚比为 5 时，平台区明显变小；宽厚比为 3. 5 和 2 时，铸坯不存在平台区。辊间距的减小，铸坯平台区随之增大，即当辊间距为 215mm 时，平台区约占铸坯宽度的 40%；当辊间距为 193. 5mm 时，平台区约占铸坯宽度的 53%；当辊间距为 172mm 时，平台区约占铸坯宽度的 63%；当辊间距为 150. 5mm 时，平台区约占铸坯宽度的 69%；当辊间距为 129mm 时，平台区约占铸坯宽度的 80%。

虽然铸坯平台区是二维仿真可以胜任的，但当铸坯宽厚比减小到 3.5 左右时，铸坯就不再存在平台区，此时铸坯就不能再用二维模型来仿真而只能用三维模型进行计算。由于一般板坯连铸宽厚比在 5 以上，可以说二维模型对板坯连铸是胜任的，但方坯和矩形坯则最好采用三维模型来进行仿真研究。对于存在平台区的铸坯来讲，当辊间距增大时平台区会逐渐减小，此时二维模型的研究范围也随之减小，想要研究平台区以外的区域也只能用三维模型来仿真计算。

11.1.4 板坯连铸鼓肚变形改进的三维仿真模型

尽管板坯连铸鼓肚变形的三维有限元分析模型已经被广泛运用到鼓肚变形的研究上，但在目前广泛采用的模型中，普遍存在以下问题，即：为了计算铸坯的鼓肚变形，首先采用铸坯的凝固模型来计算铸坯在不同工艺段的温度分布，然后根据温度分布来确定坯壳的厚度。当铸坯坯壳厚度确定开始计算鼓肚变形时，坯壳的厚度、铸坯的温度分布保持不变；同时，为了模拟未凝固液态钢水的压力，将这个压力转化为均布压力施加在凝固坯壳上。但在实际的连铸工艺过程中，铸坯的温度分布、坯壳厚度以及坯壳承受的钢水静压力都是随拉坯过程不断变化的。为了更好地适应连铸的实际工艺过程，特对鼓肚变形的仿真模型进行改进。

为了更好地描述铸坯鼓肚变形的改进计算模型，以某厂 1700mm×220mm 板坯连铸为对象，首先完成板坯的凝固分析，然后再完成铸坯的鼓肚变形分析，铸坯的有限元分析模型如图 11-11 所示。其中，铸坯到达第 6 扇形段时的铸坯温度云图如图 11-12 所示，铸坯不同部位温度随时间的变化曲线如图 11-13 所示，铸坯凝固过程中的坯壳厚度变化曲线如图 11-14 所示。

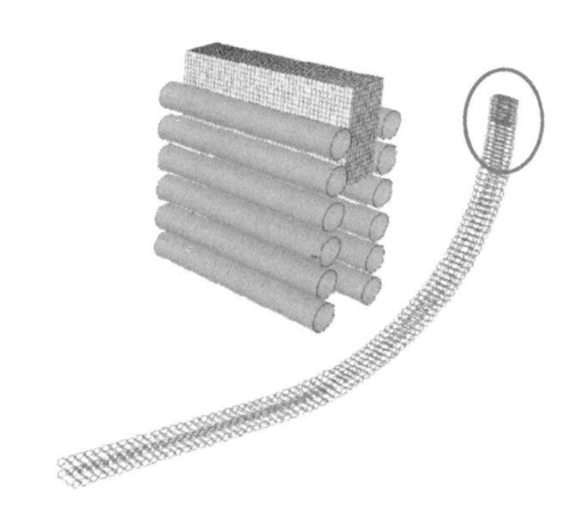

图 11-11 铸坯凝固变形三维的几何模型和网格模型

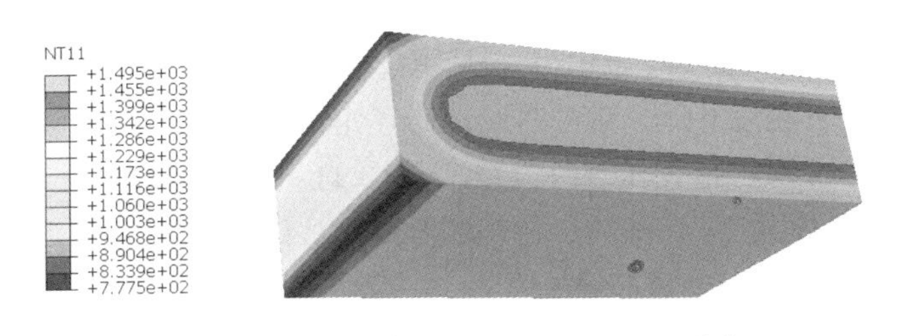

图 11-12 铸坯第 6 扇形段的温度云图分布

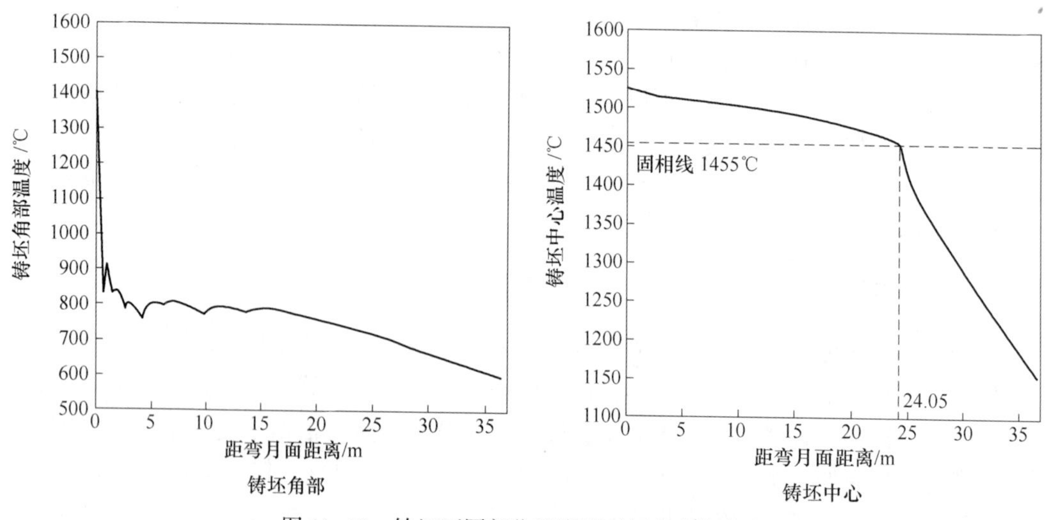

图 11-13 铸坯不同部位温度随时间的变化曲线

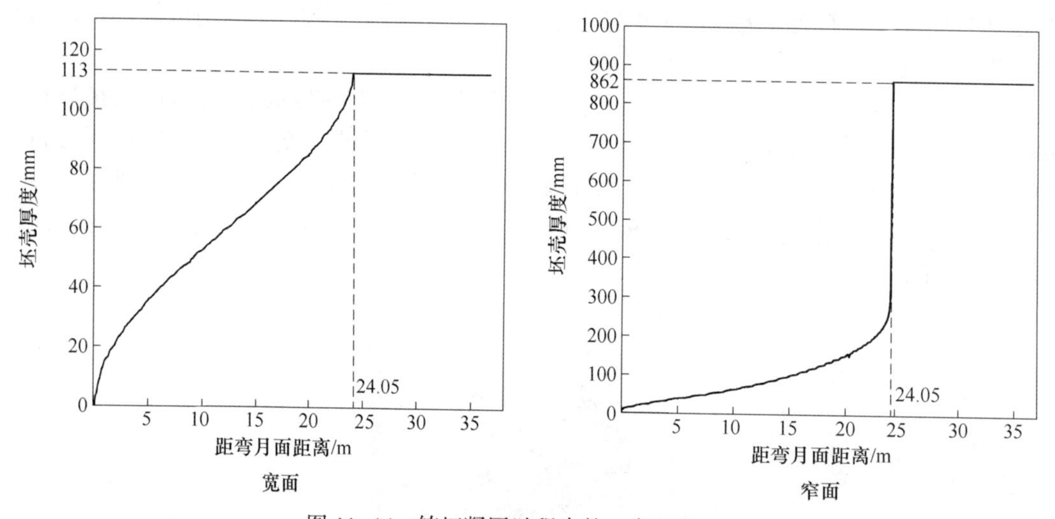

图 11-14 铸坯凝固过程中的坯壳厚度变化

由图 11-13 可以看出：铸坯在结晶器时角部温度降低最快，因为铸坯角部双向传热，冷却强度最大，铸坯中心温度几乎没有变化，因为铸坯在结晶器停留时间较短，且铸坯在凝固过程中存在着凝固潜热，结晶器冷却水带走的热量来自铸坯表面，内部温度并没有及时传导出去。铸坯在二冷区内凝固坯壳的角部区域温度最低，温度变化曲线呈波浪状起伏，因为在二冷区内每个冷却段的喷淋水量有所不同，铸坯依次经过这些冷却段时，温度有时会回升，但是随着不断冷却，温度又缓慢下降。当铸坯完全凝固后，即温度低于固相线时，铸坯中心温度迅速地下降。在弯曲段，铸坯角部温度基本保持 900℃ 以上，由此避开了脆性温度区间，可以防止表面裂纹发生。从图 11-14 还可以看出：当铸坯的拉速为 1.5m/min 时，冶金长度为 24.05m 时，铸坯完全凝固。

11.1.4.1 铸坯坯壳和温度的变化

在传统的计算铸坯的鼓肚变形的模型中，为了简化计算，铸坯的厚度在计算模型中保持不变，同时铸坯的温度也保持不变。但在实际的连铸工况中，铸坯的温度和坯壳厚度是变化的，传统分析模型和改进模型中坯壳厚度如图 11-15 所示。

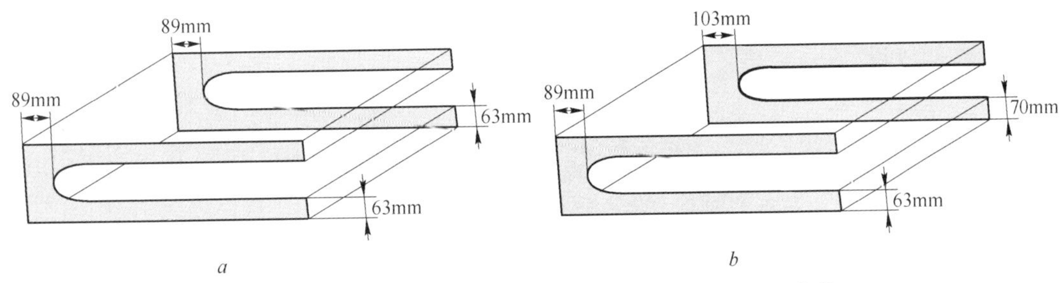

图 11-15 第 6 扇形段铸坯鼓肚变形计算时的坯壳厚度变化

a—传统方法；*b*—改进方法

从图 11-15 可以看出：在第 6 扇形段中，若在鼓肚变形的传统分析模型中，铸坯宽面的厚度保持为 63mm、窄面的厚度为 89mm 不变；而在改进模型中，铸坯宽面的厚度由 63mm 增加到 70mm，而铸坯窄面的厚度由 89mm 增加到 103mm。与此同时，在传统的分析模型中，铸坯的温度场保持不变，而在改进的模型中，铸坯宽面上最高温度由 1088℃下降到 1080℃，窄面上的最高温度由 1100℃下降到 1086℃。铸坯在扇形段中，随着拉坯过程的进行，铸坯温度和坯壳厚度随拉坯的进行而变化更符合连铸的实际工况。

为了实现铸坯温度和坯壳厚度在扇形段的变化，可以利用分段重启动分析技术。重启动分析可以将复杂的模型分析过程分成许多阶段，先进行第一个原始分析，生成需要传递的数据，即将之前的铸坯凝固传热有限元模型的相应温度场结果，通过预定义场功能将温度场导入到铸坯鼓肚变形有限元模型中，生成需要传递的应力应变场数据，之后将其作为下一个分析的初始状态导入到第二个分析中，然后进行后续应力应变场数据的传递，循环反复。为保证温度场结果能够顺利导入，凝固传热模型必须与凝固变形模型中的几何网格保持一致，这样才能保证铸坯在仿真过程中的时间连续性、空间连续性、材料状态特性、温度场连续性。

11.1.4.2 钢水静压力的处理与施加

在连铸生产过程中，钢水静压力的大小直接会影响铸坯的应力应变分布，必须合理地将钢水静压力施加到带液芯的铸坯内部。三维铸坯不仅要考虑纵截面中静压力的施加分布，还要考虑横截面中静压力的施加分布，铸坯横截面温度分布如图 11-16 所示。其中，灰色部分表示液相区和液相渗透区，在液相渗透区和高温脆性区之间施加静压力。

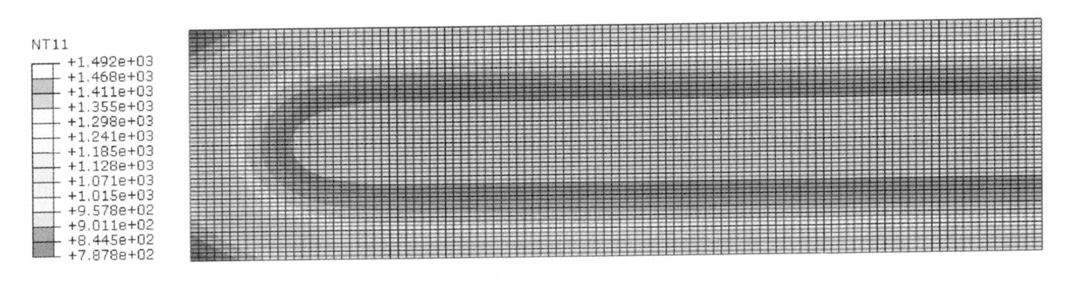

图 11-16 带液芯铸坯横截面的温度场分布

在传统的计算鼓肚变形的模型中，为了模拟为凝固钢水的静压力，即利用温度分析时得到的坯壳厚度数据，将钢水静压力施加在坯壳厚度不变的界面上，并且在该扇形段中压力保持不变（如图 11-17 所示）。

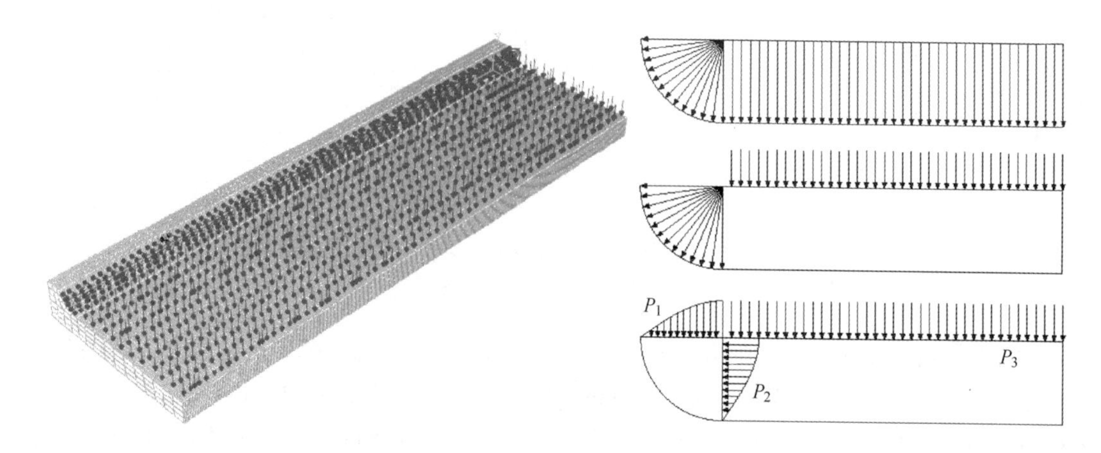

图 11-17 传统模型中铸坯的静压力施加分布

在改进模型中，利用温度分析时得到的坯壳厚度数据，根据凝固传热过程的枝晶力学特征选取铸坯固液交界面，对固液交界面处的单元表面施加了均布压应力。改进模型中带液芯的铸坯网格模型如图 11-18 所示。具体的施加方法是通过计算铸坯单元以拉坯速度运行时每一时刻到结晶器弯月面的垂直距离，由此得出坯壳单元在每一时刻所受钢水静压力的大小，最后加载到零强度温度对应的单元表面上。

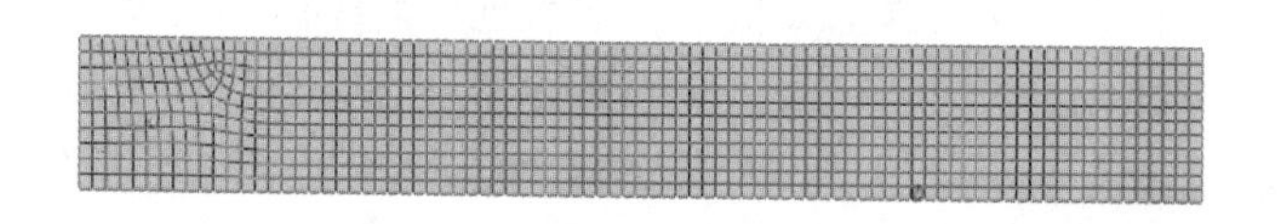

图 11-18 改进模型中带液芯的铸坯网格模型

连铸机的辊列设计决定了铸坯的位置，铸坯的位置决定了钢水静压力的大小（铸坯到弯月面的距离），铸坯的温度场分布决定了铸坯的液芯位置，铸坯的液芯位置决定了钢水静压力的施加位置和施加方向。铸坯在拉坯运行过程中，坯段上的每个节点的位置都不一样，坯段上沿拉坯方向的温度分布也略微有所差异，所以铸坯每个横截面的钢水静压力大小和位置都不一样，为了方便建模和仿真分析，可选择坯段的头部为参考面，将坯段之后的横截面都以与其位置差计算钢水静压力，同时根据拉坯过程中的铸流长度计算坯段头部每个时刻的钢水静压力理论值大小，如图 11-19 所示，这样坯段每个横截面的钢水静压力大小都可以通过计算来实现。

从图 11-20 和图 11-21 可以看出：传统模型和改进模型在宽面上最大鼓肚变形分别为 2. 28mm 和 2. 57mm，改进模型中的鼓肚变形稍微大一点；而在传统模型和改进模型在窄面上最大鼓肚变形分别为 0. 22mm 和 0. 97mm，改进模型上增加的较多，也比较符合连铸的生产实践。

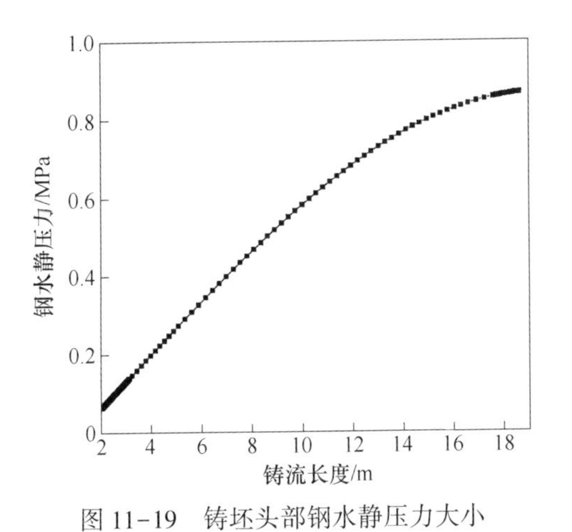

图 11-19 铸坯头部钢水静压力大小

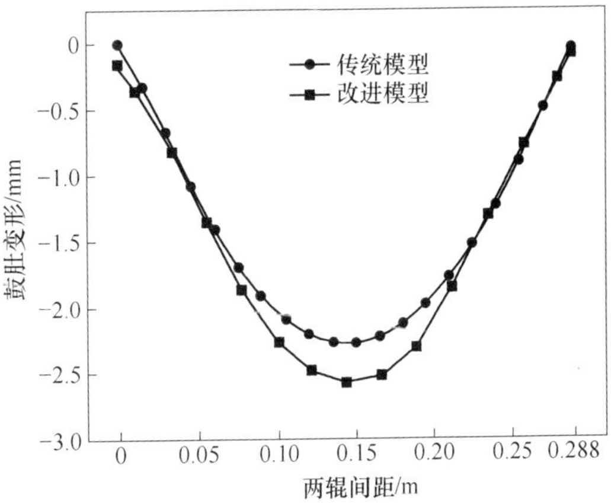

图 11-20 铸坯宽面鼓肚变形对比

11.1.5 连铸过程中的鼓肚遗传研究

为了研究鼓肚的遗传现象，文献［13］建立鼓肚变形的二维动态黏弹性有限元分析模型，如图 11-22 所示。模型的主要参数包括：模型材料 Q235、蠕变模型为时间硬化蠕变模型、铸坯规格为 1900mm×250mm、辊间距 L 为 400mm、坯壳厚度 H 为 50mm、铸辊半径 R 为 115mm、坯壳外表面温度为 1200℃、坯壳内表面温度为 1475℃、拉坯速度为 0.01m/s。通过模型的调试发现，当选取 9 倍辊间距作为铸坯长度时，可以保证铸坯中部出现满足圣维南原理的平台区，同时建立 18 个铸辊使铸坯可以连续前进 9 个辊距的距离，使拉坯开始过程中产生的冲击基本得以消除。

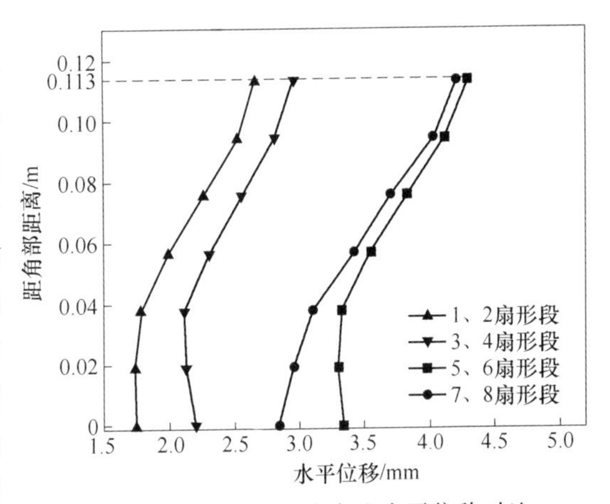

图 11-21 连铸过程中窄边水平位移对比

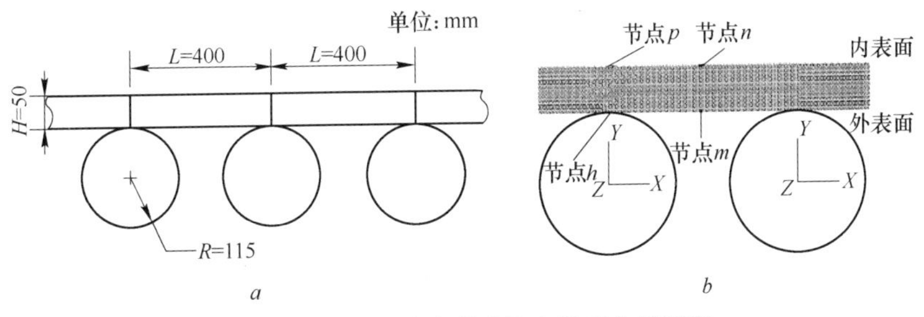

图 11-22 二维动态黏弹性有限元分析模型

a—模型几何尺寸；b—特殊节点位置示意

根据铸坯鼓肚模型，可以得到铸坯上两个节点——节点 h 和节点 m 的时间—位移曲线，如图 11-23 所示。从图中可以明显地看出，两节点位移曲线的幅值不相等，位于铸辊中

点处节点 m 的位移幅值比位于铸辊正上方处节点 h 的位移幅值大，这就是鼓肚遗传现象。

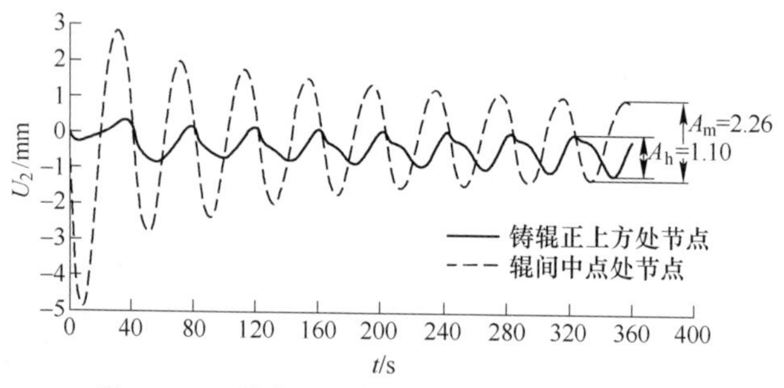

图 11-23　节点 h 和节点 m 的时间—位移曲线

通过对只包含弹性特性的模型和原模型进行对比分析发现：引起铸坯鼓肚遗传的原因在于材料模型中所包含的蠕变特性，并且弹性鼓肚变形量在总变形量中只占很小的一部分，如图 11-23 和图 11-24 所示。将高温蠕变分为正向蠕变和反向蠕变。其中，正向蠕变是指使坯壳鼓肚量增加的蠕变（对应于使坯壳内表面蠕变应变减小的蠕变），而反向蠕变则相反。正、反向蠕变区如图 11-25 所示。从图中可以看出，整个蠕变过程就是由正向蠕变和反向蠕变持续交替组成，共同作用于拉坯过程的各个阶段。

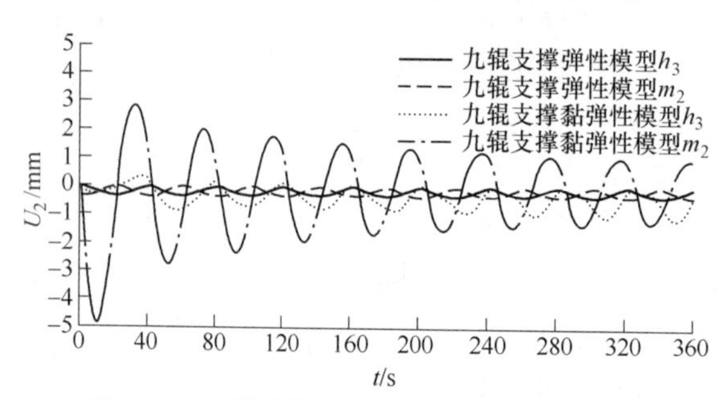

图 11-24　弹性模型和原模型节点位移曲线

在拉坯过程中，正向蠕变使坯壳发生外鼓，产生鼓肚变形；而反向蠕变则使坯壳产生内凹。正、反向蠕变区的长度及受力的不相等导致了蠕变时间 t 和坯壳应力 σ 水平上的差异。由蠕变公式 $\varepsilon^{cr}=A\sigma^{n}t^{m+1}$ 可知，应力效果 σ^{n} 和蠕变时间效果 t^{m+1} 的乘积直接决定着蠕变量的大小。若将反向蠕变看成是对正向蠕变的矫直过程，则意味着反向蠕变区产生的坯壳变形不足以完全抵消正向蠕变区产生的变形，弯曲后的坯壳不能被完全矫直，其中一部分正向蠕变量会以残余变形量的形式成为下一个变形过程的初始变形，最终导致遗传现象的产生，如图 11-26 所示。

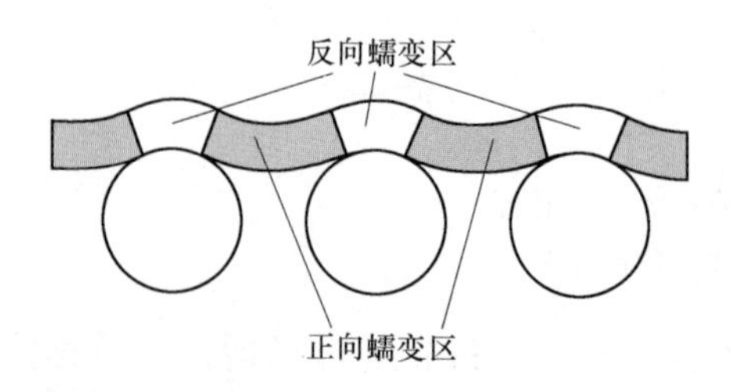

图 11-25　正、反向蠕变区

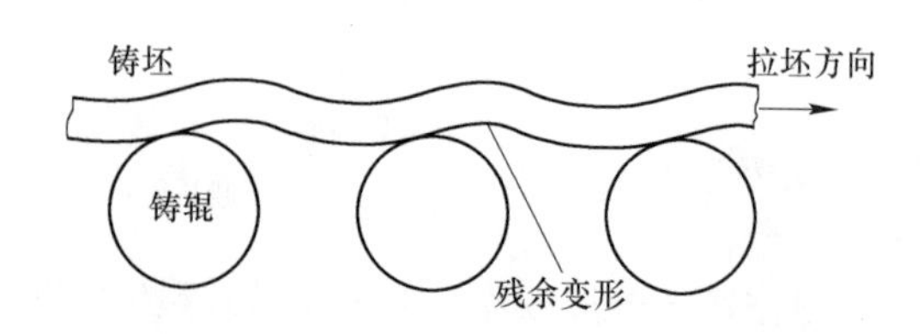

图 11-26　遗传现象引起的坯壳变形

为了便于研究鼓肚的遗传特性，将辊间中点处节点（节点 m）与铸辊正上方处节点（节点 h）的位移变化曲线的幅值比 A_m/A_h 定义为遗传程度值 α，实现对遗传程度的量化定义。根据节点位移变化曲线（图 11-23）可得该模型的遗传程度值 $\alpha=\dfrac{A_m}{A_h}=\dfrac{2.26}{1.10}=2.05$。由此可知，只要坯壳存在遗传现象，则遗传程度值 α 就不为 1；α 越接近 1，说明铸坯各部分的变形越均匀。

辊间距、坯壳特性和拉坯速度对坯壳应力效果或蠕变时间效果的影响各不相同，导致鼓肚遗传程度的差异。

（1）辊间距对遗传特性的影响。随着辊间距的增加，坯壳的遗传程度先增大、后减小。根据正向蠕变和反向蠕变的理论可知，辊间距增加前期，正、反向蠕变区长度差距加大，使正向蠕变时间效果的作用变得明显，遗传程度值增加；随着辊间距的进一步加大，反向蠕变区坯壳的应力集中现象越来越显著，使遗传程度值反而下降。另外，当 $L\leqslant$ 400mm 时，辊径更小的定辊径、变辊间空隙方式对应的遗传程度值更小，主要是由于此时反向蠕变区的坯壳应力水平对辊径的变化表现出更高的灵敏度。

（2）坯壳特性和拉速对遗传特性的影响。坯壳特性主要指坯壳厚度 H、坯壳外表面温度 T_S 及液芯压力 P。坯壳特性和拉坯速度对鼓肚遗传特性的影响都表现为先增后减的变化规律。结合鼓肚遗传的成因分析，这主要是由于各影响因素变化的不同阶段，坯壳应力效果和蠕变时间效果起主导作用的时间不同。例如，在坯壳厚度增加的前期，由于坯壳变形较为明显，蠕变时间的变化起主导作用，正向蠕变时间增加得很快，导致了遗传程度值的增加；而随着坯壳厚度的进一步增加，坯壳应力效果比蠕变时间效果更为敏感，反向蠕变区的蠕变力度更大，使得遗传程度值下降。

综合分析辊间距、坯壳厚度、液芯压力、坯壳外表面温度及拉坯速度对遗传程度的影响，得到：

$$\alpha=0.693L^{1.647}H^{-1.7969}p^{0.706}T_S{}^{-0.1517}v^{0.031} \tag{11-14}$$

当辊间距、坯壳厚度、液芯压力、拉坯速度及坯壳外表面温度已知的情况下，可以根据式（11-14）得到鼓肚变形的遗传程度值，定量地描述此时的遗传特性。

铸坯的鼓肚遗传特性的存在会对坯壳内表面应变、铸辊受力等产生影响，受到鼓肚遗传特性的影响，坯壳内表面上不同位置处节点的应变值不相同，并且铸辊上的载荷存在波动现象。连铸机的结构设计是在控制坯壳内表面的应变量以防止内部裂纹的生成及铸辊载荷计算的基础上进行的。显然，鼓肚遗传现象的存在为连铸过程坯壳内表面应变量及铸辊载荷的准确计算增加了难度。

11.2 连铸机辊列设计计算

11.2.1 直弧形连铸机辊列设计计算

11.2.1.1 直弧形连铸机辊列设计的两种方法

文献［14］提出了直弧形连铸机辊列设计基本概念，并做了如下阐述：

现代化直弧形板坯连铸机，通常还带有液芯弯曲和液芯矫直功能。如图 11-27 所示，连铸机辊列按照外弧线划分，主要由直线段、弯曲区、圆弧区、矫直区、水平区几部分组成；按照设备组成划分，主要由一次冷却的结晶器和二次冷却的铸流诱导支撑辊组成。图 11-27 所示的辊列由一个结晶器和 65 对铸流诱导支撑辊组成。

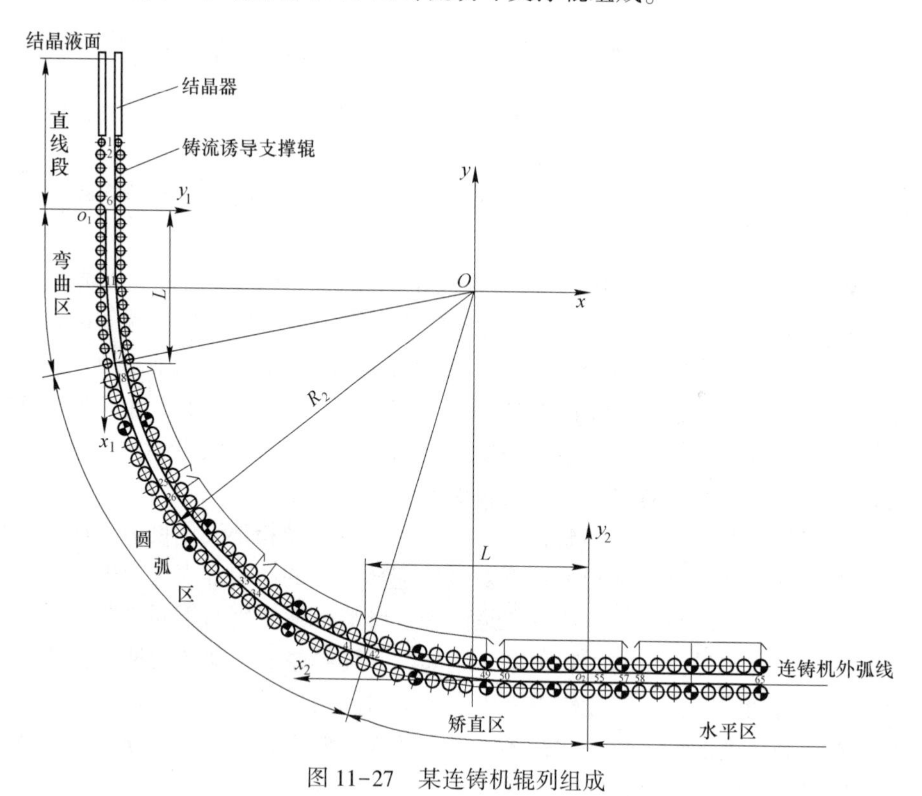

图 11-27 某连铸机辊列组成

直弧形连铸机辊列设计的目标是把直线段、弯曲区、圆弧区、矫直区、水平区采用解析几何的方法有机地衔接起来，目前常用的是多点弯曲矫直和连续弯曲矫直两种设计法。国外西马克-德马格公司和日本的 JSP 公司采用的是多点弯曲矫直设计方法；奥钢联工程技术公司采用的是连续弯曲矫直设计方法。

A 多点弯曲矫直法

多点矫直的概念是曼内斯曼公司最早提出来，并于 1973 年应用于日本川崎制铁公司水岛厂大方坯连铸机上。多点弯曲矫直设计法主要是根据液芯板坯厚度和宽度，在确定了辊列主半径的条件下，按照被弯曲矫直时板坯两相界的等应变原则，使得二次冷却区的支撑诱导辊按照多个圆弧半径相衔接的方法进行设计的。在弯矫区首先要根据经验确定弯曲区的弯曲点数目和矫直区的矫直点数目；然后计算出相邻矫直点之间的圆弧半径，这样就把辊列的几个区段有机地衔接起来。

B 连续弯曲矫直法

连续弯曲矫直法的设想产生于 1960 年，1973 年奥钢联以渐近弯曲、渐近矫直的名称应用于工程实践。连续矫直设计法主要根据板坯厚度和宽度，在确定了辊列主半径的条件下，让液芯板坯按照 $y=\dfrac{kx^3}{6R_zL}$ 曲线或其他类似的曲线进行弯曲和矫直。1982 年，康卡斯特公司提出了在连铸机矫直区域采用浮动辊连续矫直的思想，并于 1983 年首次应用于法国

Seremange 公司 Sollac 厂的 1 号板坯连铸机上。

11.2.1.2 连铸多点弯曲多点矫直与连续弯曲连续矫直辊列设计计算

对于直弧形连铸机，高拉速技术的推广应用，使得连铸坯的弯曲与矫直都是在未完全凝固状态下进行的。为降低连铸坯内裂纹产生的倾向，必须把连铸坯在整个弯曲区或矫直区产生的弯曲应变或矫直应变控制在许用应变范围内 $[\varepsilon]_{弯或矫}=0.002$，以确保连铸坯在整个辊列上产生的坯壳内总拉应变（鼓肚应变、辊子不对中应变和坯壳内弯曲或矫直应变之和）均小于一个统一的许用值 $[\varepsilon]_{总}=0.5\%$[1]。为了获得良好的连铸坯表面质量和内部质量，希望连铸坯在弯曲区和矫直区产生的弯曲或矫直应变速率越小越好，而且变化速率均匀。文献［15］从理论上讨论了多点弯曲多点矫直和连续弯曲连续矫直辊列的设计计算，举例说明了采用不同辊列形式，连铸坯在弯曲区和矫直区的应变规律是不一样的，但在弯曲区和矫直区产生的总弯曲或总矫直应变量是相等的。

A 多点弯曲多点矫直

所谓多点弯曲多点矫直，是指在弯曲区和矫直区分别取多个不同的半径，各辊子沿不同的半径排列布置。连铸坯在被弯曲和被矫直过程中，其在任意两个相邻辊子间的曲率保持不变，只是在各个弯曲点或矫直点处连铸坯的曲率有一个突变。也就是说，在任意两相邻弯曲辊或矫直辊之间，连铸坯的弯曲或矫直应变速率为零，只是在辊子附近有瞬间应变速率产生。因此，判断多点弯曲多点矫直辊列设计的优劣，只研究弯曲区或矫直区各弯曲辊或矫直辊附近产生的应变量和总弯曲或总矫直应变量，研究应变速率无实际意义。

设连铸机的基本半径为 R_0，设 m 点弯曲 n 点矫直，弯曲半径分别为 R_1、R_2、…、R_{m-1}，矫直半径分别为 R_m、R_{m+1}、…、R_{m+n-1}。弯曲各点的弯曲半径可近似按式（11-15）进行初步计算：

$$R_i=\frac{R_0S_0}{S_i} \tag{11-15}$$

式中 R_i——从弯曲起点向弯曲终点依次求出的连铸机外弧弯曲半径，mm；

R_0——连铸机基本半径，主要根据板坯厚度确定，mm；

S_0——弯曲区总弧长，$S_0=\sum L_i$；

S_i——各弯曲段中心点至弯曲起点的弧长，$S_1=L_1/2$、$S_2=L_1/2+L_2$、…，mm；

L_i——各弯曲段弧长，L_i 的值可按照小辊径密排辊的原则，根据经验给定，在辊列校核时可适当调整，mm。

有文献指出，S_0 的取值需满足弯曲区曲率对弧长的变化率（在 0.05~0.06m^{-2}之间，但因为要进行辊列校核处理，一般可放宽到 0.03~0.08m^{-2}），即：

$$\frac{\mathrm{d}K}{\mathrm{d}S}=\frac{1}{R_0S_0} \tag{11-16}$$

由于弯曲和矫直的原理相同，求矫直各点的矫直半径公式同式（11-15）。但矫直半径是从矫直终点向矫直起点依次求得。

根据初步确定的 L_i 和 R_i 值，可计算弯曲区、圆弧区和矫直区的几何尺寸，如图 11-28 所示。

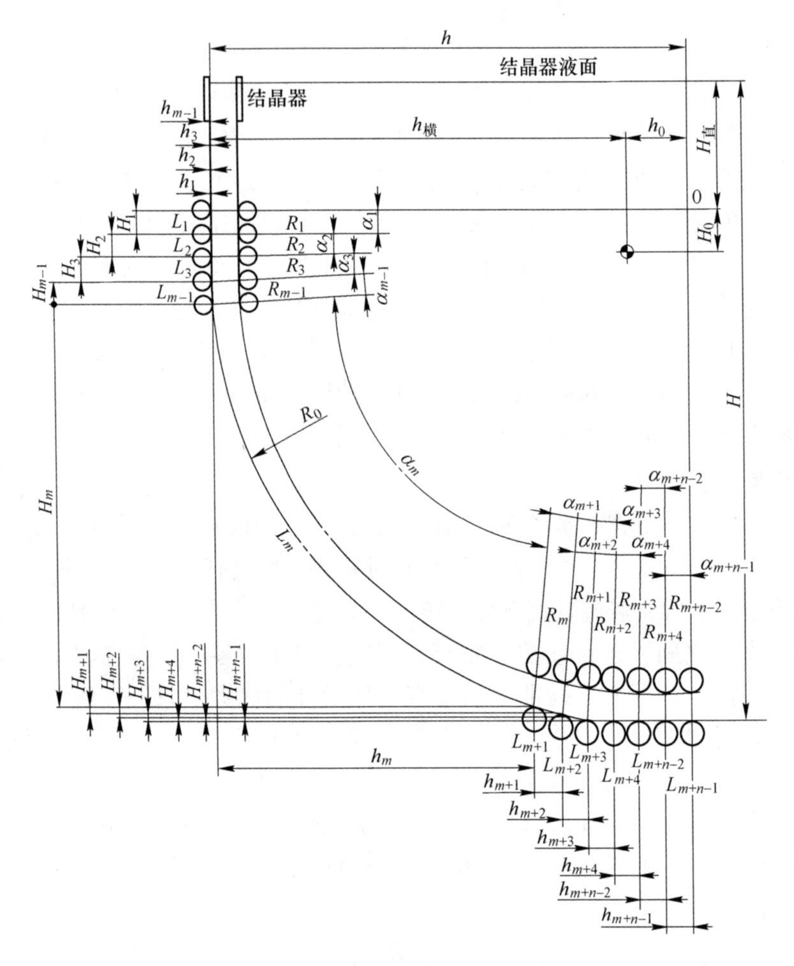

图 11-28　多点弯曲多点矫直辊列设计的几何尺寸计算

$$\alpha_1 = \frac{L_1}{R_1}\frac{180}{\pi}$$

$$\alpha_2 = \frac{L_2}{R_2}\frac{180}{\pi}$$

$$\vdots$$

$$\alpha_{m-1} = \frac{L_{m-1}}{R_{m-1}}\frac{180}{\pi}$$

$$\alpha_m = \frac{L_m}{R_0}\frac{180}{\pi}$$

$$\alpha_{m+1} = \frac{L_{m+1}}{R_m}\frac{180}{\pi}$$

$$\vdots$$

$$\alpha_{m+n-1} = \frac{L_{m+n-1}}{R_{m+n-2}}\frac{180}{\pi}$$

$H_直$为设定值。

$$H_1 = R_1\sin\alpha_1$$

$$H_2 = R_2[\sin(\alpha_1 + \alpha_2) - \sin\alpha_1]$$

$$\vdots$$

$$H_m = R_0[\sin(\alpha_1 + \alpha_2 + \cdots + \alpha_m) - \sin(\alpha_1 + \alpha_2 + \cdots + \alpha_{m-1})]$$

$$\vdots$$

$$H_{m+n-1} = R_{m+n-2}[\sin(\alpha_1 + \alpha_2 + \cdots + \alpha_{m+n-1}) - \sin(\alpha_1 + \alpha_2 + \cdots + \alpha_{m+n-2})]$$

$$H_0 = H_1 + H_2 + \cdots + H_m - R_0\sin(\alpha_1 + \alpha_2 + \cdots + \alpha_m)$$

$$H = H_1 + H_2 + \cdots + H_m + \cdots + H_{m+n-1}$$

$$h_1 = R_1(1 - \cos\alpha_1)$$

$$h_2 = R_2[\cos\alpha_1 - \cos(\alpha_1 + \alpha_2)]$$

$$\vdots$$

$$h_m = R_0[\cos(\alpha_1 + \alpha_2 + \cdots + \alpha_{m-1}) - \cos(\alpha_1 + \alpha_2 + \cdots + \alpha_m)]$$

$$\vdots$$

$$h_{m+n-1} = R_{m+n-2}[\cos(\alpha_1 + \alpha_2 + \cdots + \alpha_{m+n-2}) - \cos(\alpha_1 + \alpha_2 + \cdots + \alpha_{m+n-1})]$$

$$h_横 = h_1 + h_2 + \cdots + h_{m-1} + R_0\cos(\alpha_1 + \alpha_2 + \cdots + \alpha_{m-1})$$

$$h_0 = h - h_横$$

根据初步确定的 L_i、R_i 值和连铸坯的厚度，可计算连铸坯在任一弯曲辊或矫直辊处产生的坯壳弯曲或矫直应变，应变计算公式如下：

$$\varepsilon_i = \left(0.5D - k\sqrt{\frac{L_i}{v}}\right) \times \left(\frac{1}{R_{i-1}} - \frac{1}{R_i}\right) \tag{11-17}$$

式中 D——连铸坯厚度，mm；

k——综合凝固系数，一般取 26.5mm/min$^{1/2}$；

L_i——结晶器液面到计算点弧线长度，m；

v——拉坯速度，m/min；

R——弯曲或矫直半径，m。

辊列的各参数值初步确定后，可用计算机程序进行辊列校核与计算。校核的内容主要有：连铸机角度、平均凝固系数、侧面鼓肚量、坯壳内总拉应变、辊子强度、辊子变形、内弧辊间隙和扇形段上抽间隙等。连铸机角度的设计计算误差允许 $\alpha(\alpha = \alpha_1 + \alpha_2 + \cdots + \alpha_{m+n-1})$ 在 90° ~ 0.0009° 之间；平均凝固系数一般在 26~27mm/min$^{1/2}$之间；侧面鼓肚量一般应小于 2~3mm；坯壳内总变形率应小于 0.005；内弧辊间隙应保证喷嘴安装和更换方便；导辊段上抽间隙必须保证扇形段更换时能顺利抽出。最后根据辊列校核结果，确定辊列设计的优劣，如果某参数值不在限制范围内，应对辊列做适当调整或重新设计进行计算，直至满足要求。

B 连续弯曲连续矫直

所谓连续弯曲连续矫直，是指弯曲区和矫直区的辊子分别沿着一条给定的连续弯曲和连续矫直曲线布置。设连铸机的基本半径为 R_0，连铸坯通过弯曲区时，曲率由零连续均匀变化到 $1/R_0$，在弧形区曲率保持 $1/R_0$ 不变；通过矫直区时，曲率又由 $1/R_0$ 连续均匀变化到零。即在连续弯曲或连续矫直过程中，连铸坯的弯曲应变速率或矫直应变速率 $\dot{\varepsilon}$ 是相等的。但在弯曲和矫直区任一点处，因相邻半径变化很小，应变量可视为零。因此，设计连续弯曲连续矫直辊列时，只以弯曲区或矫直区的应变速率和总弯曲或总矫直应变量作为判据，各点产生的应变量无实际意义。应变速率的许用值 $[\dot{\varepsilon}] = 1.25 \times 10^{-3}$。下面从理论上讨论怎样求弯曲区和矫直区的曲线方程。基于弯曲和矫直的原理相同，以下只从矫直方面进行阐述。图 11-29 所示为连续矫直曲线。取平面直角坐标系，以矫直终点为原点，逆铸流方向为正方向，向左为 X 轴正向，向上为 Y 轴正向。

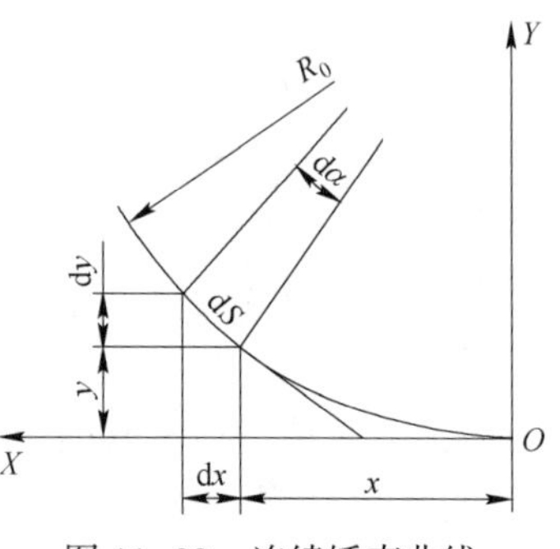

图 11-29　连续矫直曲线

分析可得连续矫直曲线的参数方程为：

$$\begin{cases} x = S\left(1 - \dfrac{S^4}{40R_0^2S_0^2} + \dfrac{S^8}{3456R_0^4S_0^4} - \cdots\right) \\ y = \dfrac{S^3}{2R_0S_0}\left(\dfrac{1}{3} - \dfrac{S^4}{168R_0^2S_0^2} + \dfrac{S^8}{21120R_0^4S_0^4} - \cdots\right) \end{cases} \tag{11-18}$$

将式（11-18）消除参数 S，得到如下关系式：

$$y = \frac{x^3}{6R_0S_0}\left(1 + \frac{2}{35}\frac{x^4}{R_0^2S_0^2} + \frac{293}{39600}\frac{x^8}{R_0^4S_0^4} + \cdots\right) \tag{11-19}$$

式中　S——弧长，mm；

S_0——矫直曲线总弧长，mm；

R_0——铸机的基本半径，mm。

式（11-18）和式（11-19）即为铸流连续矫直曲线的数学表达式，文献中称该曲线为 Cornu 曲线。

当 $S_0/R_0 \leqslant 0.2$ 时，即连续矫直曲线的切线与 X 轴的夹角很小时，也就是 $y' = \tan\alpha \approx 0$ 的情况下，式（11-18）和式（11-19）中的高阶小项可以略去，近似简化为：

$$\begin{cases} x = S \\ y = \dfrac{S^3}{6R_0S_0} \end{cases} \quad 或 \quad y = \frac{x^3}{6R_0S_0} \tag{11-20}$$

式（11-20）就是连续矫直曲线的数学近似表达式，即 Concast 式。

对式（11-20）求导，可得：

$$y' = \frac{x^2}{2R_0S_0} \tag{11-21}$$

式（11-20）是在假设 $y' \approx 0$ 的基础上推理而来的。由 $y' \approx 0$，得 $x \approx S_0 \ll 2R_0$。但一般 $S_0 \approx 2\text{m}$，R_0 在 3~12m 之间，因此 Concast 式相对于真实的理想连续矫直曲线就会产生一定的误差，使得 Concast 连续矫直曲线与基本圆弧半径在连接点处发生曲率跳跃。

为了消除连接点处曲率半径的误差，实现基本圆弧与连续矫直曲线的光滑过渡，得到改进的 Concast 曲线，即：

$$R=\frac{R_0}{\left(1+\frac{S_0^2}{4R^2}\right)^{\frac{3}{2}}} \tag{11-22}$$

在 R_0、S_0 已知的情况下，采用数值法对式（11-22）进行迭代计算，可求出 R 的值，从而求得连续矫直曲线方程。

铸流连续弯曲的数学表达式同连续矫直曲线的数学表达式，只是曲线方程以弯曲起点为原点，取铸流顺流方向为正方向，向下为 X 轴正向，向右为 Y 轴正向。连续弯曲连续矫直在弯曲区和矫直区产生的总弯曲和总矫直应变量的计算公式为：

$$\varepsilon_{总}=\left(0.5D-k\sqrt{\frac{S}{v}}\right)\left(\frac{1}{R_0}-\frac{1}{R_\infty}\right) \tag{11-23}$$

式中 D——连铸坯厚度，mm；
k——综合凝固系数，一般取 26.5mm/min$^{1/2}$；
S——结晶器液面到弯曲段或矫直段中点弧线长度，m；
v——拉坯速度，m/min；
R_0——连铸机基本半径，m；
R_∞——弯曲区起点半径或矫直区终点半径，上限为无穷，m。

11.2.2 大方坯连铸机辊列设计[16,17]

目前，我国连铸比已达到98%以上。由于大方坯连铸机在浇铸优特钢长材方面的技术经济性优势，近年来，国内大方坯连铸机数量逐渐增多，其铸机设计技术也日益受到关注。

连铸机辊列设计是其工艺设计的重要组成部分，也是其本体设备设计的前提和基础。导辊的排列方式不仅直接影响到铸机的投资费用和生产能力，而且与铸坯的质量密切相关。因此，在研究现代大方坯连铸机辊列设计时，必须根据其结构特点，进行综合比较分析，推导建立合理的数学物理模型。

连铸大方坯的钢种大多为中、高碳钢和低合金钢。由于铸坯断面较大，在浇铸过程中容易出现铸坯鼓肚变形、弯矫变形和中心偏析等，从而造成铸坯表面缺陷和内部缺陷。高碳钢和合金钢因其凝固温度区间较大，即固液共存区间较宽，加之固态导热系数较大，易于形成发达的柱状晶区域，从而在连铸坯中常极易产生中间裂纹；同时，在凝固后期存在快速凝固区间。这就使得大方坯的中心部位易出现疏松、夹杂物，以及程度不同的缩孔、微裂纹与夹杂物。大方坯的凝固特性决定了其辊列设计的特点。与小方坯连铸相比，现代大方坯连铸机的特点为：设有防止铸坯发生严重鼓肚变形的密排导辊段；弧形段的支撑导辊较密，以避免拉坯过程中铸坯离开预定弧形弯曲变形；还有采用较多的矫直点以减少矫直变形率等。

11.2.2.1 全弧形多点弯曲多点矫直辊列设计

A 密排导辊段设计

大方坯连铸机设置密排导辊段，是为了减小连铸机拉坯中产生的鼓肚变形和裂纹，提高铸坯质量。对于宽度小于 200mm 的铸坯，其鼓肚量小于 0.1mm 时，可不必设置密排导辊段；而对于宽度大于250mm的大方坯，则需设置适当长度的密排导辊段。如果铸坯厚度大于250mm，还应设置侧导辊，以限制侧边发生超过允许值的鼓肚变形。

B 多点矫直段设计

为了使大方坯连铸机在拉坯过程中的矫直变形率降低到小于0.1%，需采取多点矫直。由于铸坯宽度较窄，流数多为4~6流，而各流又独立驱动，为缩短各流的间距，拉矫段的驱动装置需放在机架的顶部或侧面，通过万向节轴传动拉矫辊，故使前后拉矫辊的间距达800~1400mm，这样每一个拉矫辊的夹角也就随之加大。就其矫直点数而言，在矫直变形率允许范围内，很少超过4点，而且不少机组仅为2点。

11.2.2.2 全弧形连续弯曲连续矫直辊列设计

全弧形连续弯曲连续矫直辊列设计和直弧形连铸机辊列设计类似。为了消除连接点处曲率半径的误差，实现基本圆弧与连续弯曲连续矫直曲线的光滑过渡，大方坯连铸机也采用改进的Concast曲线，即：

$$R = \frac{R_0\left(1 - \dfrac{S_0^2}{40R_0^2} + \dfrac{S_0^4}{3456R_0^4} - \cdots\right)}{\left[1 + \dfrac{S_0^2}{4R_0^2}\left(1 - \dfrac{S_0^2}{40R_0^2} + \dfrac{S_0^4}{3456R_0^4} - \cdots\right)^4\right]^{\frac{3}{2}}} \tag{11-24}$$

式中 R——待定系数，称为自适应系数。

在R_0、S_0已知的情况下，采用迭代方法可计算出R值，即可确定式（11-24）所示的连续矫直曲线。

11.3 板坯连铸机辊缝控制技术

11.3.1 基于凝固收缩的板坯连铸机辊缝的研究[14,18]

在连铸过程中，铸坯出结晶器后，在凝固过程中产生收缩，将发生体积和线尺寸的减小，而当钢水合金元素含量较高，中心区域最后凝固的钢水存在正偏析。辊缝的优化设计可使板坯在铸流导向段获得最佳的冶金效果，而铸机辊列开口度的设计和控制是影响铸坯质量的重要因素，为此，收缩辊缝技术成为近年来推广较快的板坯连铸机先进技术之一。采用合适的辊缝弥补铸坯的凝固收缩可以有效防止钢水负吸入，从而减轻中心偏析。很多钢厂对调整辊缝改善铸坯内部质量的经验进行了分析研究。

文献［18］为了研究辊缝收缩对减轻板坯中心偏析的作用，采用数值模拟方法计算了板坯的温度场和凝固收缩，分析了坯壳厚度和凝固收缩量在冶金长度内的分布，建立了3种辊缝收缩实验方案并比较了其效果，其典型的分析结果如图11-30和图11-31所示。

由图11-30可知，铸坯中心在浇铸以后800s左右进入两相区，位于铸机第5扇形段；到约1470s时完全凝固，位于铸机第10扇形段。由图11-31可知，0段和1段的收缩量都在0.8mm左右，实际浇铸中由于坯壳较薄，在钢水静压力作用下，铸坯厚度决定于辊列位置；2~6段的线性收缩量每段约为0.55mm；7~9段内的线性收缩量每段约为0.6mm，主要原因为7~9段的长度略大于2~6段；10段之后完全凝固，收缩量随之减到0.2mm以下。

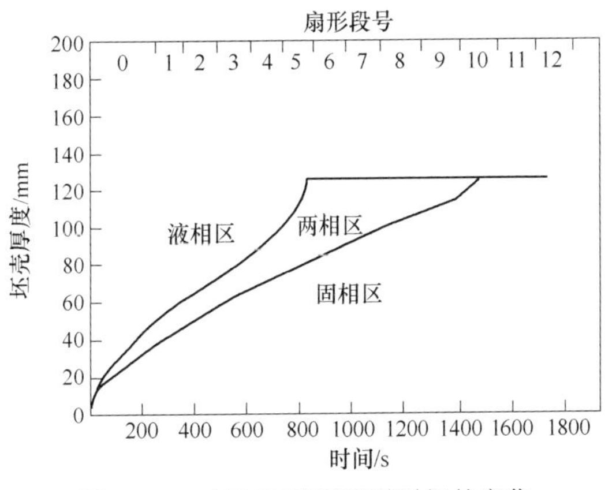

图 11-30 铸坯坯壳厚度随时间的变化

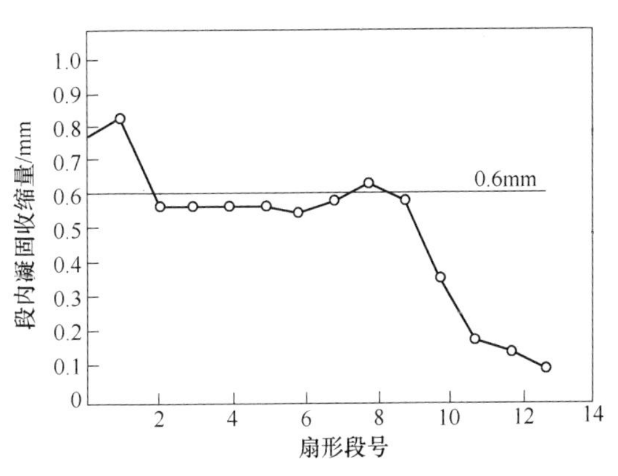

图 11-31 铸机各扇形段凝固收缩量

由于辊缝收缩的作用就是通过影响凝固末端的钢水流动减轻中心偏析，因此，根据铸坯在各扇形段的自由凝固收缩量，在凝固末端附近区域采用不同的辊缝收缩量，建立了三种方案改进原来的辊缝分布，具体辊缝数值及收缩量见表 11-1。

表 11-1 实验方案辊缝数值与各段收缩量 （mm）

扇形段号		1	2	3	4	5	6	7	8	9	10	11
方案一	辊缝	256.8	256.6	256.4	256.2	255.7	255.2	254.7	254.1	253.6	253.2	253
	辊缝收缩量		0.2	0.2	0.2	0.5	0.5	0.5	0.6	0.5	0.4	0.2
方案二	辊缝	256.8	256.8	256.6	256.4	256.2	255.9	255.2	254.4	253.6	253.2	253
	辊缝收缩量		0	0.2	0.2	0.2	0.3	0.7	0.8	0.8	0.4	0.2
方案三	辊缝	256.8	256.6	256.4	256.1	255.8	255.5	255.0	254.3	253.6	253.2	253
	辊缝收缩量		0.2	0.2	0.3	0.3	0.3	0.5	0.7	0.7	0.4	0.2

将三种方案的各段辊缝收缩量与铸坯实际收缩量进行了对比，结果如图 11-32 所示。

方案一在第 5~11 扇形段按照凝固收缩量设定辊缝收缩量，使铸坯凝固末端的辊缝收缩刚好补偿铸坯自由凝固收缩量，使铸坯凝固末端两相区的钢水相对树枝晶保持静止，避免浓化钢水发生负吸入而加重中心偏析。

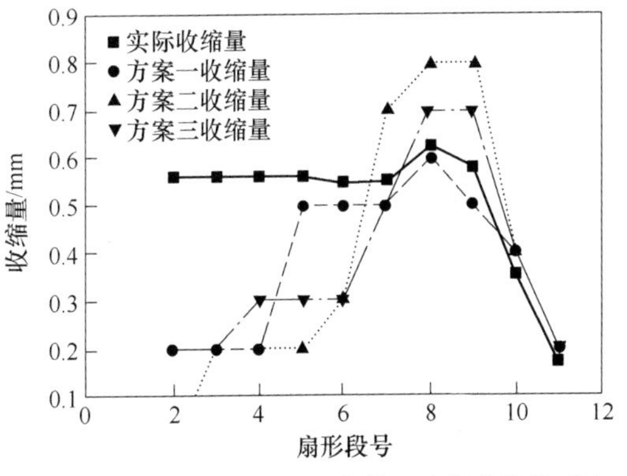

图 11-32 实验辊缝收缩量与铸坯实际收缩量对比

方案二在第 7~10 段加强收缩，收缩量大于凝固收缩量，尤其第 8、9 段收缩量达到 0.8mm，比自由凝固收缩量大 33%。方案三同样在第 7~10 段加强收缩，但收缩量比方案二小；第 8、9 段收缩量为 0.7mm，比自由凝固收缩量大 17%，铸坯凝固末端枝晶间液相的合金元素含量很高，微弱的液相流动也会对局部溶质含量产生很大影响。方案二和方案三对铸坯凝固末端都有压下的作用。

研究结论表明：

（1）结合坯壳和自由凝固收缩量的分布，分析了铸机原来的辊缝加剧板坯中心偏析的原因，即先收缩再放开的辊缝导致凝固末端浓化钢水发生了负吸入。

（2）通过三种实验方案对原铸机辊缝进行了调整，在凝固末端之前 2~3 个扇形段范围内加强辊缝收缩有利于减轻铸坯中心偏析。

（3）辊缝收缩量应该略大于相应位置铸坯的自由凝固收缩量，如果实际测量的辊缝数值明显大于设定值，应适当减小辊缝收缩量。

11. 3. 2 连铸机辊列辊缝的优化控制

11. 3. 2. 1 辊列辊缝的优化控制

文献［19］研究对象为梅钢 1 号连铸机，为二机二流，全弧形单点矫直，采用水喷嘴冷却，夹辊为整体平辊采取外水冷方式。为了提高连铸机产量，改善铸坯质量，综合考虑铸坯在各扇形段的凝固进程、液固相比率、铸坯表面温度和承受的钢水静压力、鼓肚应力及矫直应力等因素，并采用轻压下技术的理念来设计在各扇形段辊缝收缩值分配。

收缩是连铸坯中许多缺陷，如缩孔、缩松、热裂、应力、变形和冷裂等产生的基本原因。因此，它是获得几何形状和尺寸符合要求，以及致密优质铸件的重要铸造性能之一。合金体收缩率是液态体收缩率 $\varepsilon_{液}$、凝固体收缩率 $\varepsilon_{凝}$ 和固态体收缩率 $\varepsilon_{固}$ 的总和，即：

$$\varepsilon_V = \varepsilon_{液} + \varepsilon_{凝} + \varepsilon_{固} \tag{11-25}$$

合金的体收缩特性对许多因素的变化十分敏感，如合金成分、结晶特点、热导率、浇铸温度、浇铸速度等。而钢的碳含量和浇铸温度对液态收缩率有较大影响。

根据实验，钢液温度每下降 100℃，ε_V 为 1.5%~1.75%，所以 ε_V 随碳含量和浇铸温度的增加而增加。以 Q235 钢为例，Q235 钢的凝固收缩率根据其碳含量取 2.0%。Q235 钢的固态收缩分为三个阶段：珠光体转变前收缩率为 1.51%；共析转变期的膨胀为 0.11%；珠光体转变后的收缩为 1.06%。因此线收缩率为：1.51%-0.11%+1.06% =2.46%。对于 210mm 的铸坯，将有 5.17mm 的尺寸收缩。

根据式（11-25），Q235 钢在过热度为 20℃时的总收缩率为：0.3% +2% +2.46% = 4.76%。考虑铸坯最终尺寸偏差及一定加工裕量，取入口为 215mm，出口为 209.6mm，总收缩值为 5.4mm。

在各扇形段辊缝收缩值分配上，综合考虑铸坯在各扇形段的凝固进程、液固相比率、铸坯表面温度和承受的钢水静压力、鼓肚应力及矫直应力等因素，并采用轻压下技术的理念，设计各扇形段辊缝收缩值（见表 11-2）。

表 11-2 各扇形段辊缝收缩值

扇形段	入 口	出 口	收缩值/mm	扇形段	入 口	出 口	收缩值/mm
1	215	214.8	0.2	6	213.40	213	0.4
2	214.80	214.60	0.2	7	213	213	0
3	214.60	214.20	0.4	8	212.90	212.80	0.1
4	214.20	213.80	0.4	9	212.70	212.60	0.1
5	213.80	213.40	0.4	10	212.50	212.40	0.1

续表 11-2

扇形段	入口	出口	收缩值/mm	扇形段	入口	出口	收缩值/mm
11	212.30	212.20	0.1	16	210.40	210.40	0
12	211.90	211.60	0.3	17	210.20	210.20	0
13	211.40	211.20	0.2	18	210	210	0
14	211	210.80	0.2	19	209.80	209.80	0
15	210.60	210.60	0	20	209.60	209.60	0

在扇形段1~6段采用连续收缩，本区段收缩值为2mm，占总收缩值的37.04%；8~14段采用段内收缩和段间阶梯收缩相结合，本区段收缩值为2.2mm，占总收缩值的40.74%；15~20段则采用段内不收缩、段间阶梯收缩，本区段收缩值为1.2mm，占总收缩值的22.22%。

辊缝收缩位置的选择是收缩辊缝技术应用的要点。为了有效地解决凝固末端的缩孔、疏松、中心裂纹和偏析等缺陷的发生，压缩位置的确定依赖于凝固末端位置的确定，为此首先需要确定凝固末端位置。根据1号连铸机辊列布置图以及实际连铸工艺控制参数，根据铸坯拉速（0.95~1.20m/min）和综合凝固系数（26~27mm/min$^{1/2}$）的不同，液相穴深度在14.3~19.6m之间，即扇形段的8~14段。此区段是凝固缺陷易发生区段，为此采用段内收缩和段间阶梯收缩相结合的辊缝收缩策略，并采用较大的收缩量。

总结上例连铸机辊列辊缝优化控制如下：

（1）本设计采用段内收缩和段间阶梯收缩相结合的辊缝收缩策略，并在凝固末端位置后的辊列采用较大的收缩量。即采取在扇形段1~6段采用连续收缩，收缩值为2mm；8~14段采用段内收缩和段间阶梯收缩相结合，收缩值为2.2mm；15~20段则采用段内不收缩、段间阶梯收缩，收缩值为1.2mm。

（2）连铸辊轴承和垫片间隙的控制是稳定和延长辊缝周期的关键技术之一。本设计根据1号连铸机的具体情况，采用连铸辊对板坯压下量为1.5~2.0mm。

11.3.2.2 扇形段的预变形优化研究

文献［18］的研究者还结合辊缝实际测量数据和扇形段结构特征的分析，查明了引起板坯铸机扇形段内部辊缝变大的主要原因是扇形段内弧辊架梁受力变形而致，提出扇形段预变形优化方法，按照扇形段内部辊缝变大的程度来确定铸机实施调整的区域，实施后将扇形段内部辊缝增大量控制在0.2mm以内。

11.3.3 板坯连铸机辊缝波动对浇铸状态的影响

连铸机液压扇形段在生产过程中由于上框架在浇铸方向的自重等原因，造成辊缝在弧形扇形段出现严重的“锯齿”，影响了铸坯质量和铸辊、轴承的使用寿命。为研究辊缝波动对浇铸状态的影响，文献［20］采用三维热力耦合有限单元法，在考虑金属高温蠕变性能对铸坯变形的影响下，建立了铸坯与辊道相互作用多体接触的有限元连铸仿真模型。通过对铸坯在理想辊缝、锯齿辊缝和1/2锯齿辊缝的多工况仿真分析，得到了连铸过程中铸坯坯壳蠕变的变形规律和三种辊缝状态下铸辊的受力波动情况，其研究成果为实际生产中辊缝的调节提供了技术指导。

研究者以某钢厂板坯连铸工程为依托，以辊缝波动对浇铸状态的影响为研究对象，根据黏弹性理论，并考虑高温金属蠕变对铸坯变形的影响，运用 MARC 有限元分析软件建立了连铸过程铸坯与辊道相互作用的三维热力耦合有限元连铸模型，重点研究了连铸过程的几何模型、材料模型、边界条件的设定和网格的划分技巧，以保证连铸过程的仿真研究的正确。

11.3.3.1 几何模型的建立

铸坯与辊道相互作用的连铸几何模型包括铸辊、铸坯和辅助截面。其中，波动的辊缝和连铸过程随钢水凝固坯壳厚度增加现象的处理是建立多辊连铸几何模型的难点。

A 波动辊缝的实现

为分析不同扇形段之间辊缝的锯齿状波动，在分析某扇形段时，该扇形段前后各两对铸辊也同时在模型内出现。波动的辊缝需要靠各个铸辊定位波动和铸坯外形尺寸波动两者共同实现。一般情况下，下框架与地基进行刚性固定，无法发生过大的刚性变形，因此设定铸坯外弧面不变。内弧面铸辊位置根据对应外弧面辊和辊缝值确定。利用 MARC 软件的圆柱坐标系，建立铸辊几何模型。图 11-33 所示为辊缝放大后的铸辊模型。

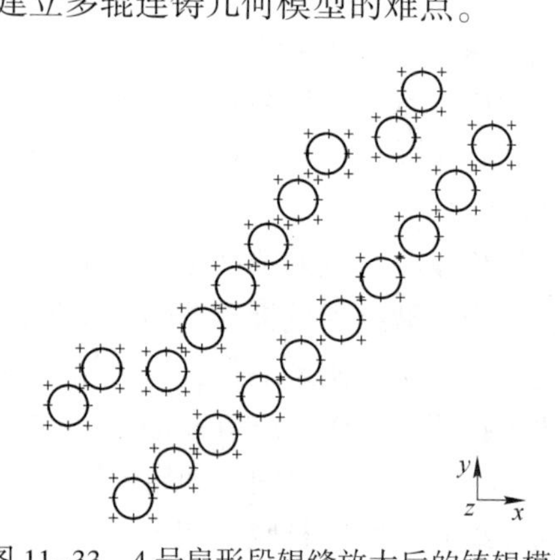

图 11-33 4 号扇形段辊缝放大后的铸辊模型

B 变化的铸坯厚度与液芯大小的实现

铸坯的截面形状由铸坯的规格、波动的辊缝和变化的坯壳厚度共同决定，几何形状较为复杂，改用 PROE 建模，HYPERMESH 划分网格，再导入 MARC 中进行有限元计算分析。

C 防止铸坯两端翘起的实现

高温下铸坯较软，在受到钢水静压力的作用时，铸坯两端若无铸辊的约束易产生翘起现象。为防止此现象，在铸坯两端添加两个刚性平面，使刚性平面与铸坯两端面内部节点粘在一起。

11.3.3.2 模型网格的优化

网格疏密程度直接影响着仿真计算的精度和收敛速度，合理高效的有限元模型需满足两点：收敛稳定且能满足计算精度；计算时合理。连铸过程仿真模型复杂、模型较大，因此对模型进行网格的优化具有重要意义。通过多工况计算发现，x 和 y 方向网格细化对计算结果影响较小，因此 x 和 y 方向均可以采用较粗的网格，x 方向单元边长可选 80mm，y 方向划分两层网格即可。z 方向网格细化，铸辊压力计算结果精度明显提高，因此 z 方向应该采用较密的网格。考虑计算成本，实际分析时采用 z 方向单元边长为 5mm。

11.3.3.3 仿真计算结果

A 坯壳蠕变变形行为的研究

理想辊缝曲线下坯壳的变形云图如图 11-34 所示。从图 11-34a 中可以看出两铸辊间坯壳产生了规律的鼓肚变形。图 11-34b 为铸坯运动两个辊距距离后坯壳的等效蠕变应变分布云图，从图 11-34 中可以看出：

(1) 铸坯蠕变变形主要发生在坯壳的内表面，这主要是由于内表面温度（1475℃）大于外表面温度（850℃）。

(2) 铸坯内表面，即铸辊下方等效蠕变应变最大。这主要是由于铸坯与铸辊之间存在相互作用，因此应力最大。

B 辊缝波动对浇铸状态的影响

应用连铸模型，对理想辊缝、锯齿辊缝和 1/2 锯齿辊缝三种典型辊缝（见图 11-35）进行铸辊受力仿真分析。在分析中，理想辊缝值是逐渐减小的，从 1 号扇形段入口处的 257mm 逐渐减小到 5 号扇形段出口处的 255mm；锯齿辊缝值周期波动且总体趋势辊缝值减小，以扇形段为周期单元，波动幅值约 3mm；1/2 锯齿辊缝为锯齿辊缝与理想辊缝的平均值。分析得到 1~5 号扇形段铸辊压力值的仿真计算结果，如图 11-36 所示。

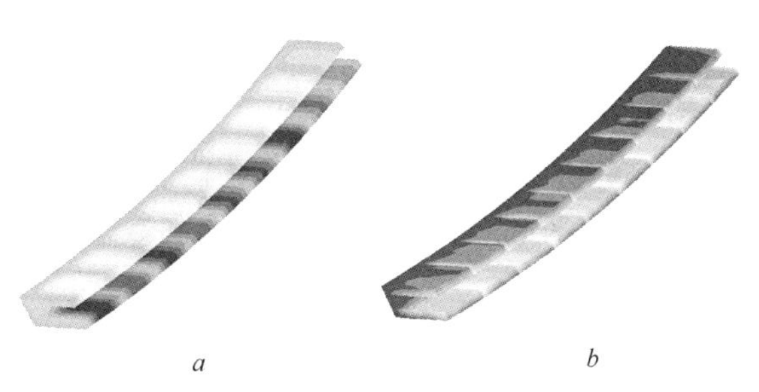

图 11-34 理想辊缝曲线下坯壳的变形云图

a—鼓肚变形位移云图；*b*—等效蠕变应变云图

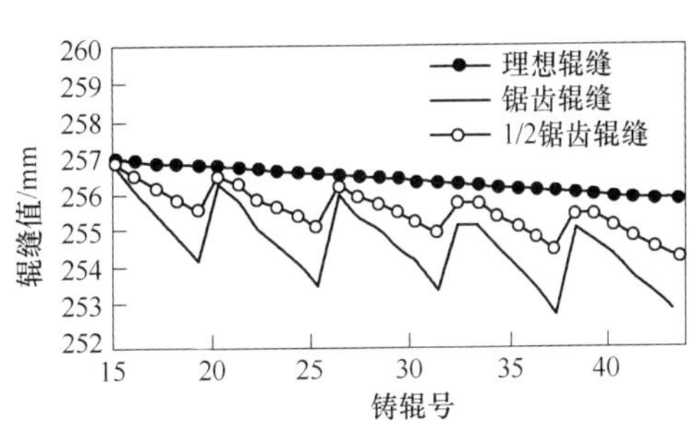

图 11-35 三种典型辊缝曲线

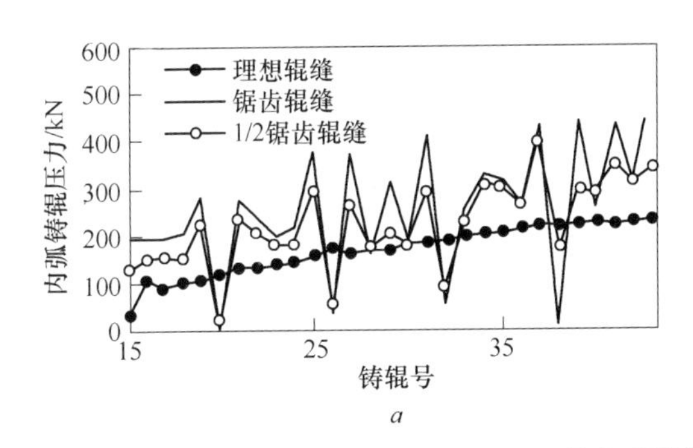

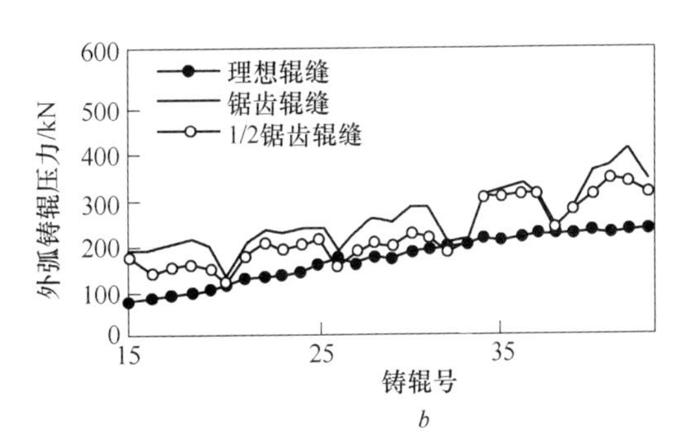

图 11-36 1~5 号扇形段铸辊压力值的仿真计算结果

a—1~5 号扇形段内弧铸辊压力；*b*—1~5 号扇形段外弧铸辊压力

分析表明：理想辊缝状态时，铸辊所受压力呈平稳上升变化趋势，铸辊压力在 70~230kN 之间变化，且内外弧铸辊受力相同，显然造成此现象的原因是钢水静压力的稳定增大。锯齿辊缝状态时，内弧铸辊所受压力出现了剧烈波动现象，主要表现为：扇形段第一辊与前一扇形段最后一辊的辊缝值存在负偏差，导致扇形段第一辊受力明显偏少，甚至不受力；由于第一辊几乎不受力，导致第二辊受力偏大；从第三辊开始波动减小，且总体呈上升趋势；最后一辊一般出现最高受力；外弧铸辊受力虽然也出现了与内弧辊相似的波动，但幅度明显小得多。1/2 锯齿辊缝状态时，铸辊压力分布规律与锯齿辊缝相似，但其波动幅度明显减小。

各扇形段最大铸辊压力：与理想辊缝相比，锯齿辊缝状态下最大铸辊压力明显增大，内弧辊平均为 1.93 倍，外弧辊平均为 1.51 倍；与锯齿辊缝相比，1/2 锯齿辊缝最大铸辊受力均略有下降，约为实测锯齿辊缝时的 86%。

运用三维热力耦合有限元技术，在考虑金属高温蠕变的基础上，建立了较为精确实用的连铸仿真模型。利用该模型研究了不同辊缝对浇铸状态的影响，研究表明：（1）理想辊缝时，铸辊所受压力呈平稳上升趋势。（2）锯齿辊缝时，内弧铸辊压力出现了剧烈波动现象，外弧铸辊波动幅度较小。（3）各扇形段最大铸辊压力一般出现在最后一辊处，与理想辊缝相比，锯齿辊缝状态下最大铸辊压力明显增大，内弧辊平均为 1.93 倍，外弧辊平均为 1.51 倍；1/2 锯齿辊缝状态时，辊缝波动减小 50%，最大铸辊压力减小约 86%。

11.3.4　板坯连铸机悬浮式液压扇形段工作特性研究

某炼钢厂在近年来新建的板坯连铸机中采用悬浮式液压扇形段，在生产过程中辊缝精度难以准确控制，频繁发生漂移，严重影响铸机动态轻压下功能的实现，甚至造成液压扇形段的局部零件承载过荷而发生断裂失效。基于此，文献［21］以该厂的实际数据为基础，对该类型液压扇形段的局部关键零部件及整体进行三维数值仿真分析，明确这类液压扇形段的辊缝变化特征与控制方法，为生产现场的实际辊缝控制及设备维护提供了合理的技术支撑。

11.3.4.1　液压扇形段模型建立

为了分析悬浮式液压扇形段的工作特性，必须建立扇形段的三维整体有限元分析模型，但由于扇形段结构复杂，采用分块建模、整体组装的建模方法，即将整体模型分成上下框架、铰接杆及铸辊等部分，先分别简化、网格化，然后再组装成整体模型。建好的整体网格模型如图 11-37 所示。该模型共有单元数 31292、节点数 44130。在整体模型中，坐标系统定义为：自然状态重力加速度的反方向为 y 向；铸辊的轴向为 x 向，x 正方向背离设备的对称面；根据右手定则，指定 z 的正方向。

模型中建立有多个接触对：在分节辊与轴承座之间、拉杆与上下框架的安装孔内表面均建立有多个接触对。

11.3.4.2　不同工况下扇形段工作特性分析

A　扇形段离线静置时的辊缝状态分析

扇形段离线静置时 y 向位移云图如图 11-38 所示。分析表明，下框架的变形很小，平均水平仅为 0.004mm 左右；上框架变形较大，辊子向下变形的位移最大，为 0.048mm；在 x 方向和 z 方向变化很小，平均水平在 10^{-3} ~ 10^{-4}mm 之间。

B　安装上线空载时辊缝状态仿真分析

安装上线空载时与离线静置状态不同处在于：上线后扇形段倾斜放置，如弧形段某个扇形段上线后倾斜角度为 44.204°。为了加载及结果处理时方便，实际分析时并未将上线后的扇形段模型进行旋转，而是将重力加速度的方向进行相应的旋转来模拟扇形段的受力状态和扇形段倾斜的情况。

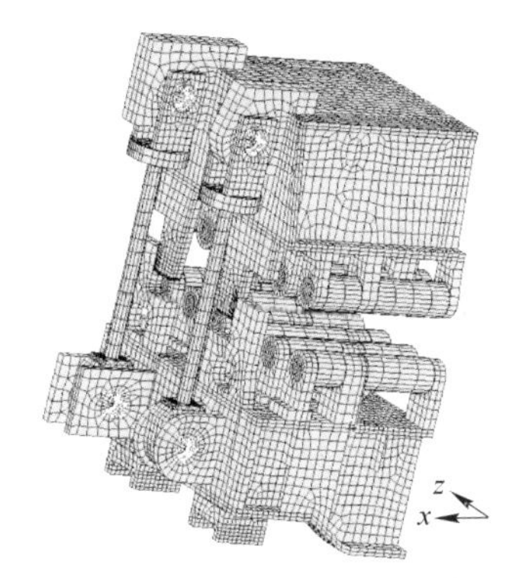

图 11-37 扇形段整体网格模型

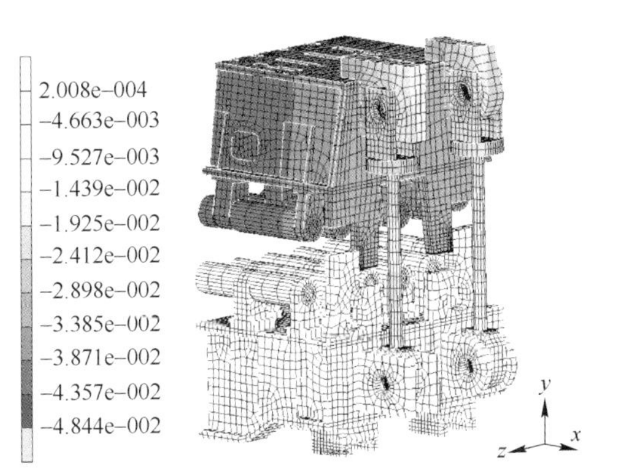

图 11-38 扇形段离线静置时 y 向位移云图

依托所建立的三维整体有限元模型及定义的初始边界条件即可进行运算，安装上线空载（不考虑结构间隙）时，y 方向和 z 方向的位移云图如图 11-39 所示：上框架辊子 y 方向位移偏置较大；$+y$ 方向位移偏置最大值发生在 32 号辊组，为 0.0465mm；$-y$ 方向位移偏置最大值发生在 37 号辊组，为-0.121mm；由于重力的作用，基本上发生的是 $+z$ 方向的位移；下框架变化不明显，上框架最顶部产生了较大偏置，最大为 0.378mm；6 组铸辊的变化量从 0.278~0.202mm 不等。

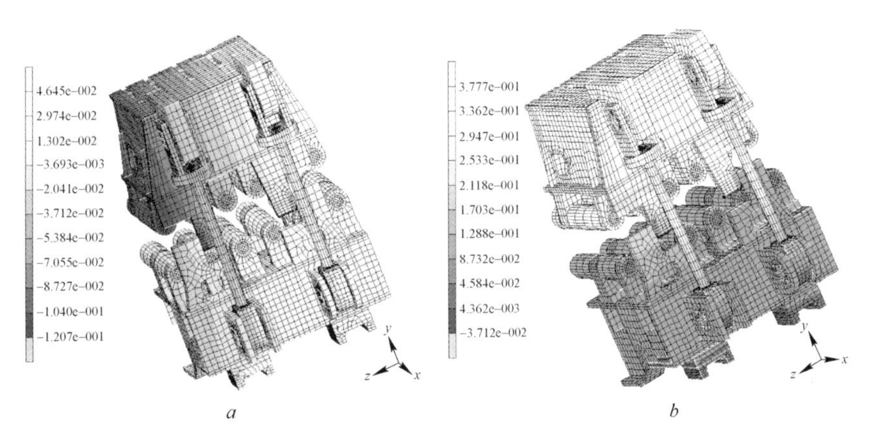

图 11-39 安装上线空载时的位移云图

a—y 方向位移云图；*b*—z 方向位移云图

参 考 文 献

[1] 盛义平，孙蓟泉，章敏．连铸板坯鼓肚变形量的计算［J］．钢铁，1993，28（3）：20~25.

[2] 王朕增，张国彬．连铸板坯鼓肚计算模型［J］．钢铁研究学报，1992，4（4）：35~41.

[3] 王岩，赵美，常国威．连铸板坯鼓肚量的计算［J］．辽宁工学院学报，2005，25（1）：23~25.

[4] 刘明延，等．板坯连铸机设计与计算［M］．北京：机械工业出版社，1990.

[5] 王忠民，刘宏昭，杨拉道，等．连铸板坯的黏弹性板模型及鼓肚变形分析［J］．机械工程学报，2001，37（2）：66~69.

[6] Michel Bellet，Alban Heinrich. A Two-dimensional Finite Element Thermomechanical Approach to a Global Stress - Strain Analysis of Steel Continuous Casting［J］. ISIJ International，2004，44：1686~1695.

[7] Okamura K, Kawashima H. Three-dimensional elasto-plastic and creep analysis of bulging in continuously cast slabs [J] . ISIJ International. 1989, 29 (8): 666~672.

[8] Tooru Matsumiya. Recent topics of research and development in continuous casting [J]. ISIJ International, 2006: 1800~1804.

[9] Joo Dong Lee, Chang Hee Yim. 有限元法研究连铸钢坯非稳态鼓肚机理分析 [J] . 钢铁, 2000: 35.

[10] Ha J S, Cho J R, Lee B Y, et al. Numerical analysis of secondary cooling and bulging in the continuous casting of slabs [J] . Journal of Materials Processing Technology, 2001, 113: 256~257.

[11] 焦晓凯, 秦勤, 吴迪平, 等. 板坯连铸铸坯鼓肚变形的仿真研究 [J] . 冶金设备, 2007, 161 (1): 9~12, 20.

[12] 宁振宇, 吴迪平, 秦勤, 等. 板坯连铸三维鼓肚变形仿真研究 [J] . 冶金设备, 2007, 162 (2): 5~8, 78.

[13] 何重阳. 连铸坯鼓肚遗传特性与辊列设计技术研究 [D] . 北京: 北京科技大学, 2011.

[14] 杨拉道, 雷华, 曾晶, 等. 直弧形连铸机辊列设计中基本概念的最新阐述 [J] . 重型机械, 2006 (2): 4~8.

[15] 邹冰梅. 连铸多点弯曲多点矫直与连续弯曲连续矫直辊列设计计算 [J] . 钢铁技术, 2006 (2): 12~17, 38.

[16] 郭亮亮, 李百炼, 姚曼, 等. 现代大方坯连铸机辊列设计 [C] . 大方坯圆坯异形坯连铸技术研讨会文集, 2007: 1~8.

[17] 陈驰, 王鑫荣, 刘春岩, 等. 大方坯连铸机辊列计算机辅助设计 [C] . 圆坯大方坯连铸技术论文集, 2009: 179~184.

[18] 马长文, 陈松林, 郑天然, 等. 基于凝固收缩的板坯铸机辊缝研究 [J] . 钢铁, 2008, 43 (3): 44~48.

[19] 厉英, 刘喜梅, 刘欢, 等. 连铸机辊列辊缝的优化控制 [C] . 中国钢铁年会论文集, 2009: 2-542~2-545.

[20] Qin Qin, Li Jingjing, Wu Diping, et al. Research on load distribution rules of rollers under the roll-gap fluctuation [C] . International Conference on Mechanic Automation and Control Engineering (MACE), 2010.

[21] 段明南, 周永, 杨建华, 等. 板坯连铸机悬浮式液压扇形段的工作特性研究 [J] . 宝钢技术, 2010 (4): 61~65.

12　连铸过程检测技术

连铸过程的自动化控制是保证连铸机正常生产、提高连铸生产率和改善铸坯质量的有效手段。可以说在连铸生产中，要把设备使用和工艺操作控制在最佳状态，主要取决于过程自动控制和检测仪表的精密程度。随着连铸技术的不断发展，需要在连铸机上配备精度越来越高的检测仪表和先进的自动控制装备，并应用计算机控制系统来实现连铸过程自动化[1]。

12.1　钢包下渣检测

连铸过程中，由钢包进入中间包的钢渣量对最终成品质量有着至关重要的影响。因此，连铸过程中为了避免钢渣进入结晶器，需要在钢水从钢包到中间包的长水口和中间包到结晶器的浸入式水口位置进行下渣检测。常见的下渣检测装置有两种形式：一种为涡流感应式，另一种为光导式[1]。

12.1.1　涡流感应式下渣检测仪

涡流感应式下渣检测仪是在钢包或者中间包出钢口的下方安装一个闭合的通以高频电流的检测线圈，这一检测线圈产生磁通 Φ_1。在 Φ_1 的作用下，钢水产生电涡流 i_e，而 i_e 又产生磁通 Φ_2，Φ_2 和 Φ_1 方向相反，并与钢水的电导率有关，当钢水变成钢渣时，电导率减小，从而使 i_e 减少，Φ_2 也就随之减少，这时检测线圈中总磁通 $\Phi=\Phi_1+\Phi_2$ 也就发生变化。当钢水成分、检测线圈及安装位置一定时，Φ 的变化说明检测线圈的阻抗发生变化。对测得阻抗的变化信号进行处理就能区别流出来的是钢水还是钢渣，当发现是钢渣时就紧急关闭水口，阻止钢渣流入中间包和结晶器，保证钢水质量[1]。

12.1.2　光导式下渣检测仪

光导式下渣检测仪装置如图 12-1 所示。该装置将光导棒装在钢包和中间包之间的钢流保护装置上，光导棒经光纤引至光强检测器，钢水中有无渣，光的强度不同，如发现光

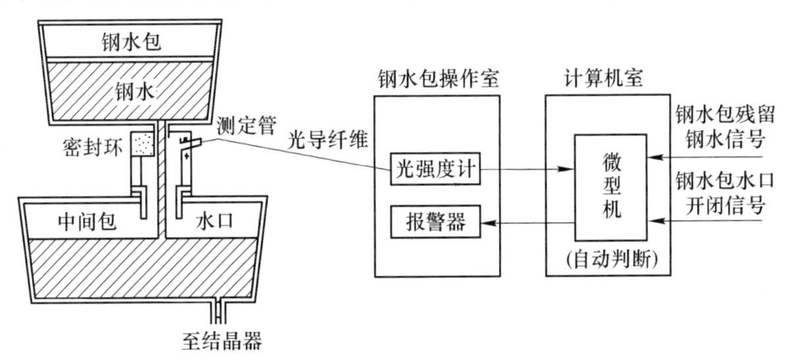

图 12-1　光导式下渣检测仪装置

强度有明显的变化，经信号处理后，即可发出报警信号，立即关闭钢包的水口。

12.2　中间包钢水温度测定

浇铸温度是连铸的重要工艺参数之一。连铸过程对钢水温度有严格的要求，尤其中间包内的钢水温度应稳定。因此，需要对中间包内的钢水温度进行准确测定。

12.2.1　中间包钢水温度的点测

一般用快速测温头及数字显示二次仪表来测温。快速测温头的结构如图 12-2 所示。其中，热电偶国内外均采用 Pt-Rh-Pt10 分度号为 S 的热电偶，精度较高；也有用双铂铑的，但精度稍差。图 12-2 中 1 是保护外罩，可以用铝或钢制成，用来保护测温头中的石英管在通过渣层插入钢水时不致被渣损坏。当测温头到达钢水时，保护罩即被熔化，石英管 2 直接接触钢水，使铂铑热电偶 3 升温，使用透明石英管能使热电偶同时接收传导和辐射传热，以提高测温速度和精度。4 是高温浇筑水泥，要求水泥热导率低、电阻大、凝固时间要合适[1]。

测温头的质量是保证测温准确的关键，每批测温头都要抽样检查。测温枪也要经常检查是否绝缘，补偿导线与测温枪金属管之间的绝缘电阻不应低于 50MΩ，否则数字仪表将不能正常工作。测温显示仪表一般用智能数字仪表，它具有自动选择测温平台及显示保持的功能，此外还有输出接口供连接计算机用。

典型的钢水温度测量曲线如图 12-3 所示，当测温枪插入钢水时，热电势迅速升高，如 *AB* 段所示，直到与钢水温度一致时（见图中 *B* 点）热电势不再上升，达到平衡状态，温度曲线出现“平台”。测出 *B* 点“平台”极为关键，它是钢水的准确温度。此时可把测温枪从钢水中提出，当测温头与渣层接触时，如渣温高出 *C* 点，继续提枪，电势就迅速下降，智能仪表能将测温过程的干扰排除，准确判断“平台”并计算平台值显示的钢水温度[1]。

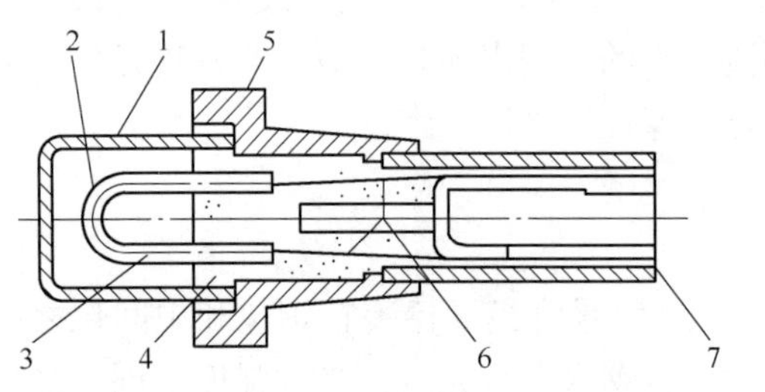

图 12-2　快速测温头的结构

1—保护外罩；2—石英管；3—铂铑热电偶；
4—高温浇筑水泥；5—外壳；6—补偿电路；7—插接件

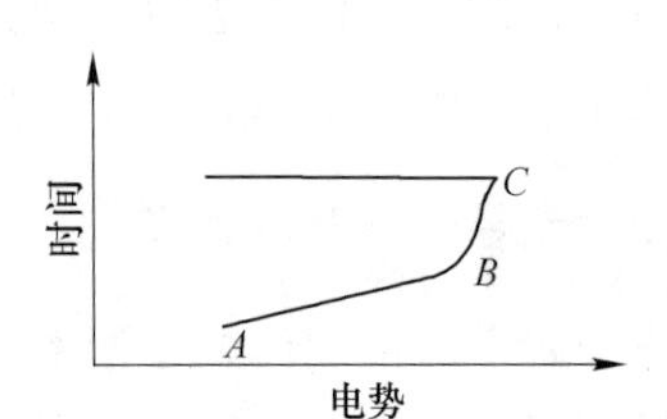

图 12-3　典型的钢水温度测量曲线

12.2.2　中间包钢水温度的连续测定

中间包内的钢水连续测温可以连续记录中间包钢水温度变化的全过程，其装备如图 12-4 所示。图中的金属陶瓷套管用 MgO+Mo 制成，壁厚为 5mm。内衬高纯氧化铝管是为防止包衬耐火材料中所排出的气体污染，以延长热电偶的寿命，用双铂铑热电偶也是为了保证其测温寿命。安装时，保护套管伸出包壁的长度不应小于 50mm，否则测温不准确。

由于热电偶有两层套管，热容量较大，测温数据有一定的滞后[1]。

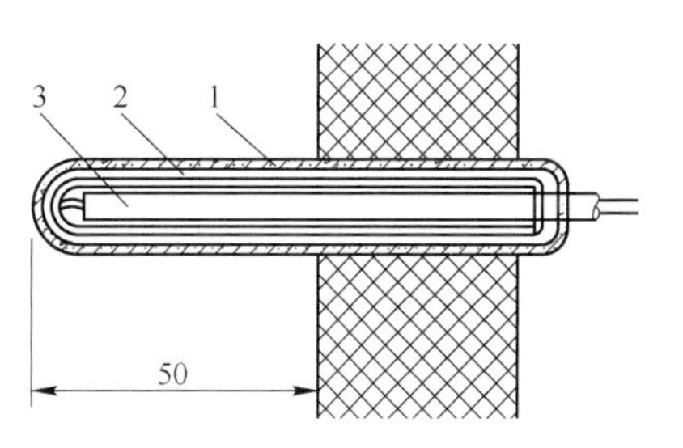

图 12-4 连续测温热电偶

1—金属陶瓷套管；2—氧化铝管；3—双铂铑热电偶

12.2.3 黑体空腔式钢水连续测温方法

黑体空腔式钢水连续测温系统是东北大学自动化仪器仪表中心研制的一种新式钢水测温方法，其连续测温仪的测温原理是将预热的测温棒放入中间包，并浸入钢水中，浸入深度超过 280mm，测温管底部温度与钢水温度相等。位于测温管出口安装的探测器接收测温管底部发出的辐射能，并将其转换成相应的电信号传至信号处理器，以单片机为核心的信号处理器对探测器输入的信号进行处理，通过显示屏显示测量温度。通过通信接口将温度信号传至系统总线转换器，通过系统总线转换器传递给计算机（见图 12-5），该连续测温系统的技术指标如下[2]：

（1）测量范围为 1400~1600℃；

（2）测量误差不大于 3℃；

（3）测温棒的平均使用寿命不低于 24h；

（4）系统提供标准输出信号为 4~20mA 或 1~5V。

黑体空腔式钢水连续测温系统的核心是黑体空腔式钢水连续测温传感器，它主要由黑体空腔测量管、测温探头和附件三部分组成，其结构如图 12-6 所示[3,4]。

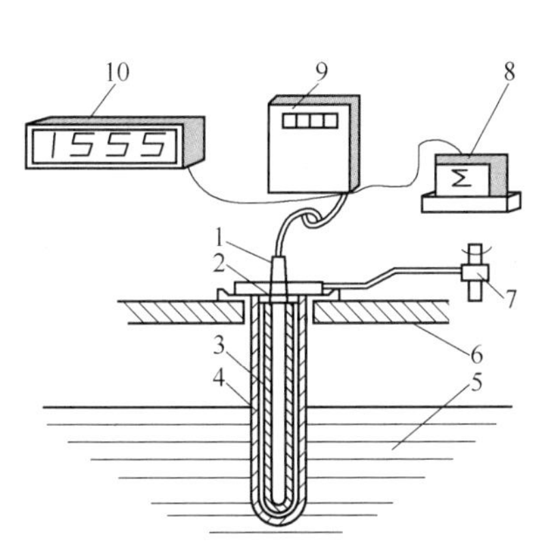

图 12-5 黑体空腔钢水连续测温系统

1—测温探头；2—透镜；3—测温管；4—保护管；5—钢水；6—中间包盖；7—升降支架；8—计算机；9—信号处理器；10—大屏幕温度显示器

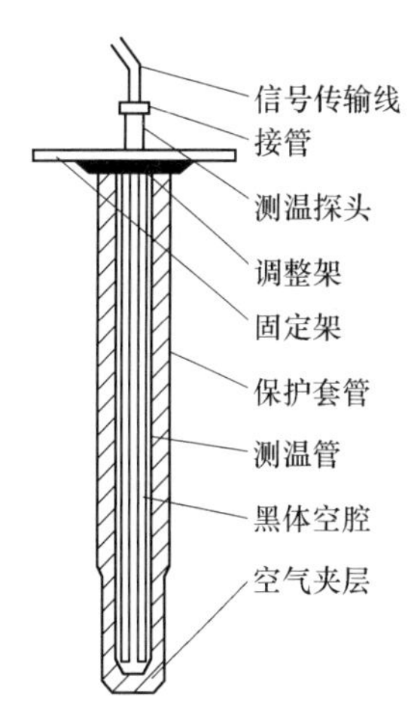

图 12-6 黑体空腔式钢水连续测温传感器结构

（1）黑体空腔测量管。测量管是由内外套管组成的一端开口，一端封闭的复合腔体。内管为测温管，是用某种辐射特性稳定和具有镜-漫反射特性的材质制成，具有良好的抗氧化性能、较高的导热系数和材料发射率。测温管内壁形成黑体空腔，为提高腔体壁面材料发射率，应对材料进行粗糙加工，如可在其表面加工直线 V 形槽。外管为保护管，由耐高温、耐钢水冲刷、抗热震性好和导热性能好的材质制成，并外涂特制的防氧化涂层，以延长测量管使用寿命。测温管与保护套管之间为空气夹层。测温时将传感器插入到钢水中至少 250mm，保护套管直接与钢水相接触，感知其温度，再传至测温管。

（2）测温探头。测温探头由保护玻璃、光学透镜、光电探测器、变送器、环境温度补偿电路、信号传输线（光纤）及冷却风路等组成。光电探测器采用光电管，其峰值波长的选择应与测量管相匹配。测温管腔体发出的热辐射经保护玻璃和光学透镜聚焦成像在光电管上，产生与温度成一定关系的电压信号，此电压信号经电缆线传至信号处理器。

（3）附件部分。附件部分由接管、调整架、固定架和支撑管等组成，主要用于传感器的连接与固定。

12.3　结晶器内钢水液面检测

结晶器中钢水液面保持稳定，可使结晶器的热交换稳定，对保证铸坯质量，特别是在防止非金属夹杂物的卷入、防止拉漏、提高铸机的生成率和改善操作条件等方面都起着重要的作用。

钢水液面稳定靠液面的准确检测与控制，目前已开发出的结晶器液面高度检测方法主要有射线法、电磁法、涡流法、热电偶法和激光法等[1]。

12.3.1　射线型液面检测

最具代表性的射线型液面检测法是放射性同位素测量法。放射性同位素钢水液位仪由放射源、探测器、信号处理及输出显示等部分组成，其测量原理如图 12-7 所示。放射源通常采用放射性元素^{60}Co 或者^{137}Cs，利用放射源不断射出的 γ 射线穿过被测钢液时一部分被吸收，而使 γ 射线强度变化，其变化规律是：随着钢水液面高度的增加，能吸收 γ 射线的区域扩大，γ 射线强度减弱就越多。探测器安装在相对的结晶器铜板上，检测出 γ 射线强度变化就可以转换出钢水液面高度的变化，结晶器内钢水液位的高度与探测器所接收到的射线强度之间的关系为[1]：

$$I = I_0 e^{-\mu h} \tag{12-1}$$

式中　I——结晶器内钢水高度为 h 时探测器所接收到的射线强度；

I_0——结晶器内无钢水时探测器所接收到的射线强度；

h——结晶器内钢水的液位高度；

μ——介质对射线的吸收系数。

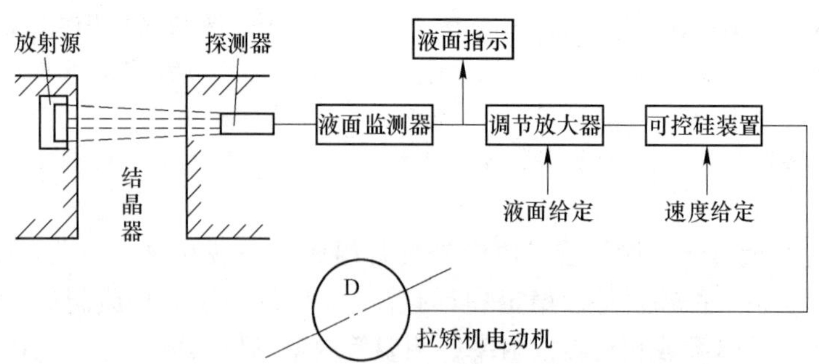

图 12-7　放射性同位素钢水液位仪测量原理

放射源装在专门的铅室中，射线从铅室的一个小孔或窄缝中射出。探测器将射线强度信号转换成电脉冲信号，经前置放大送至显示仪表整形、计数，最后显示成液位数值。这种方法结构简单，性能可靠、稳定，测量精度高（±3mm），动态响应较灵敏，使用范围广（适用于各种结晶器），使用寿命长，安装方便，且检测元件（放射源）不与被测介质直接接触，放射源的辐射不受介质温度、压力等影响。但是，由于放射性同位素的辐射射线对人体是有害的，因此在安装、维护放射源时要注意安全，在不使用时应及时关闭放射源，其保存和人员的防护措施都必须严格执行国家在这一方面的标准[1]。

12.3.2 电磁型液面检测

12.3.2.1 检测原理

在结晶器上装一个特殊传感器，在发射线圈里加一交变励磁，在结晶器壁里产生涡流，从而产生二次磁束。钢水液面变化时，二次磁束及接收线圈的感应电势发生变化，由此可检测出液位[5]。

发射和接收线圈都装在密封的钢盒中，固定安装在结晶器壁上，要保证线圈盒正面与结晶器铜壁一致，成为结晶器的一部分。线圈在盒内受到保护，以防钢水溅出或溢出受到损坏。从电磁液位计的工作原理（见图 12-8）可以看出：线圈盒只有在与连铸机电隔离的状态下才能正常工作，也就是说线圈盒与连铸机的任何部分都不能产生电接触，为此生产厂家在提供液位计的同时还提供了安装用的绝缘板和螺丝。该装置由线圈盒、前置放大器、电源变压器、接收机单元和操作盘组成。此装置是瑞典开发的，先后为美国、德国、瑞士和日本所采用[5]。

12.3.2.2 试验曲线

电磁液位计的液位与信号之间的基本关系如图 12-9 所示[5]。

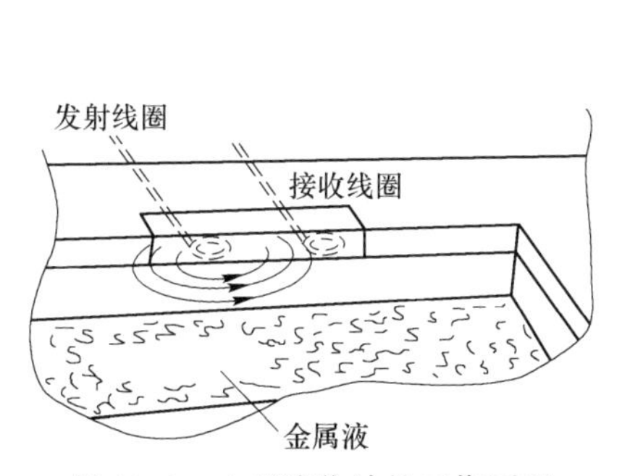

图 12-8 电磁液位计的工作原理

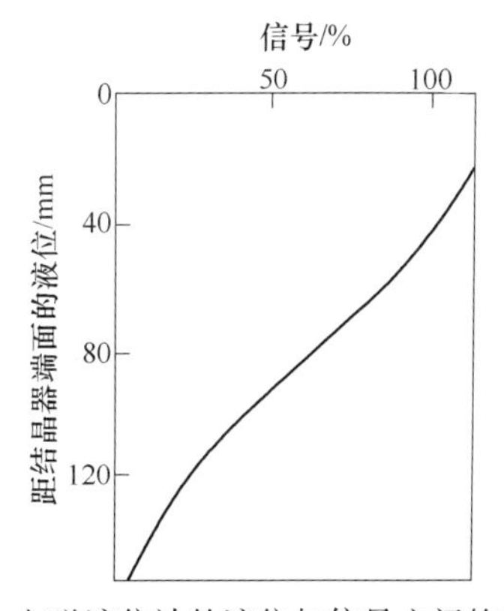

图 12-9 电磁液位计的液位与信号之间的基本关系

在电子放大器中，用线性化电路，把一个基本弯曲的液面信号变成近似直线的关系。

12.3.2.3 检测器的基本性能

分辨能力 <0.2mm

精度 ±2mm

稳定性 ±8mm（深度 20~120mm）

测量范围　　　20~160mm（在结晶器的顶部下面）
调节精度　　　±3mm
探头寿命　　　>2000h（在正常工作条件下）

12.3.2.4　检测系统的特点

由于钢水温度达到760℃（居里点）以上时是不导磁的，而钢渣是导磁的，因此电磁液位计能测量结晶器内钢水的实际液位，不受保护渣的影响；而光学法和放射检测法得到的是钢水和钢渣的总液位。电磁液位检测精度为±2mm。电磁型液面检测系统各部件不妨碍结晶器内部及其周围的工作运行，易于安装和维护。电磁型液面检测系统成本较低，只有激光成本的1/2~1/3[5]。

电磁型液面检测系统易受电磁搅拌影响，只有在结晶器上不设置电磁搅拌时才能采用；由于是安装在结晶器上的，每个结晶器必须安装一套，不像涡流法检测元件安装在结晶器上面的空间里，更换结晶器时仍可用该检测元件，不必另备一套。

12.3.3　涡流型液面检测

12.3.3.1　测量原理

涡流法液位检测仪由日本和意大利相继研制。其工作原理是利用测量线圈使钢液表面产生涡流，从而产生新的磁场，这个磁场引起测量线圈感抗的变化，由反馈放大器将其变化测出，就能测出线圈与钢水液面的距离，即结晶器内钢水液位的高度，如图12-10所示。

12.3.3.2　测量系统构成

涡流法液位检测仪主要由检测器、信号处理放大器和专用电缆组成。除测量系统各主要组成部分外，还设有断线断电报警及自动增益控制电路（AGC），对标准液面只需按电钮就能自动校准，操作简便。此外，在线路上考虑温度的影响，还附加有温度补偿电路，经补偿后输出电压的温度系数为0.2%/10℃。涡流法液位检测仪反馈放大器的输出特性如图12-11所示[5]。

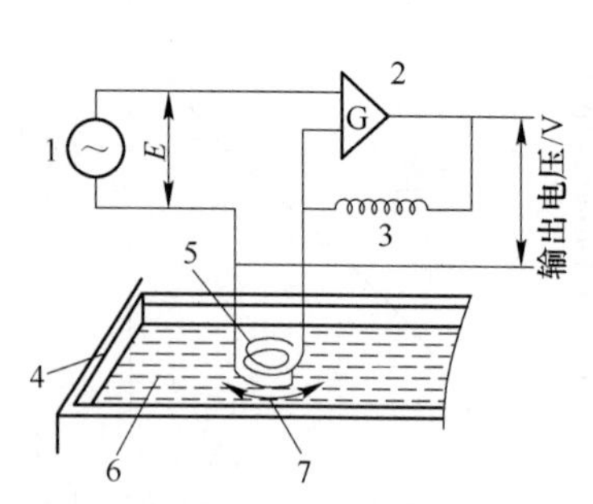

图12-10　涡流法液位检测仪原理
1—标准振荡器；2—反馈放大器；3—反馈线圈；
4—结晶器；5—测量线圈；6—钢水；7—涡流电

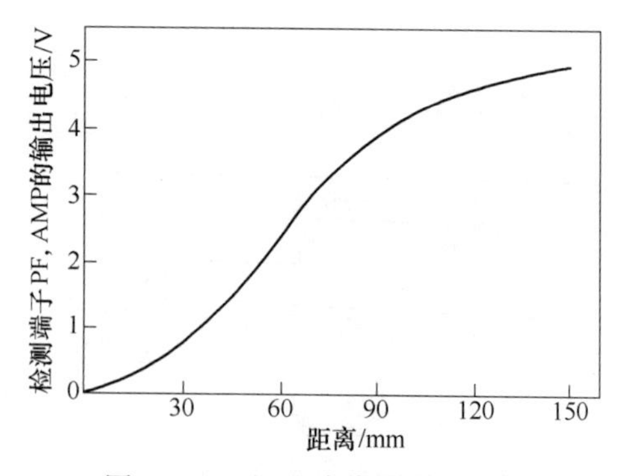

图12-11　涡流液位检测仪反馈放大器的输出特性

12.3.4　热电偶法液面检测

热电偶法液面检测的基本原理是：沿结晶器铜壁高度，按一定的间隔（通常为10~

25mm）、以一定的深度（离内壁表面 5~10mm）埋设一组热电偶。通过测量结晶器的温度分布，利用钢水液面附近温度场急剧变化的现象，再假定钢水交界面上下两支热电偶温度梯度近似直线，计算出液面高度[5]。

12.3.5 激光法液面检测

激光法测液位简称 LADAR（laser detection and ranging）。激光法的基本原理是利用激光发射与接收脉冲之间的时间延迟与敏感部件到钢水液面之间的距离成正比[5]。

由 E&H 公司研制生产的 LADAR 装置于 1982 年开始试验。它的主要优点是测量范围大，能在结晶器整个高度上测量液位，测量间距能方便地进行调整，结晶器壁不需要特殊配置。但由于保护渣的存在，测量不准，实际应用还不成熟，有待进一步试验[5]。

12.4 结晶器热流检测与防漏钢在线预报

漏钢是连铸生产中常见的恶性事故，它导致大量的钢水外流，不但危害人身和设备安全，而且严重影响铸坯质量，造成巨大的经济损失。

发生黏结漏钢的原因是由于使用不适当的保护渣或结晶器液面控制不好，造成液面波动使凝固坯壳与结晶器铜板黏结。黏结漏钢发生过程如图 12-12 所示[1]：

（1）粘在结晶器铜板上的坯壳（*A*）与向下拉的坯壳（*B*）被撕开一条裂缝，如图 12-12*a* 所示；

（2）紧接着钢水流入坯壳（*A*）和（*B*）之间的裂缝并形成新的坯壳（*C*），这时坯壳外表面形成皱纹状痕迹（*D*），如图 12-12*b* 所示；

（3）由于结晶器振动，新形成的薄坯壳再次被拉断，然后再次形成薄坯壳，如图 12-12*c* 所示；

（4）随着每次振动，重复（2）和（3）的过程，同时被拉断的部位因拉坯向下运动，如图 12-12*d* 所示；

（5）当被拉断的部位拉出结晶器下口时就发生漏钢，如图 12-12*e* 所示。

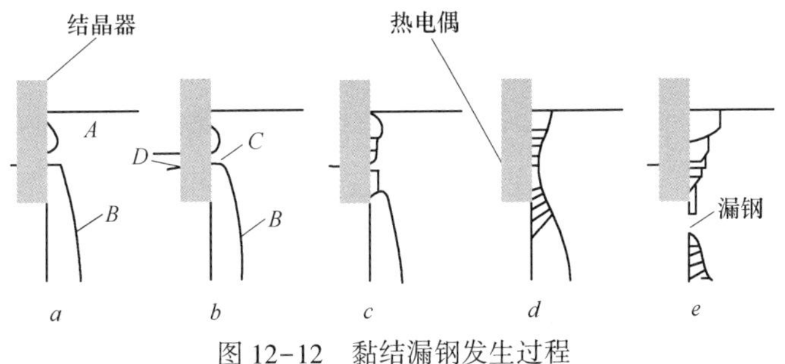

图 12-12 黏结漏钢发生过程

由于结晶器是按某一频率、某一规律上下振动，发生黏结的坯壳始终向下运动，而发生黏结处的坯壳不断地被撕裂和重新愈合。因此，黏结漏钢部位的坯壳薄厚不均，振痕紊乱，有明显的 V 形缺口，V 形的坯壳裂处向纵横方向扩大的同时下降到结晶器下口而造成漏钢。

为防止漏钢事故的发生，20 世纪 80 年代开始，人们研发出了漏钢预报技术。具体的方法很多，概括起来有如下几种[5]：

（1）结晶器热交换分析法。当出现坯壳破裂或铸坯鼓肚等现象时，结晶器内的换热量就会发生变化。根据结晶器冷却水流量及其进出口水温差的测量值计算出结晶器内的瞬间换热量，然后根据换热量的变化就可做出漏钢预报。结晶器热交换分析法简单易行，不足之处是结晶器热交换情况分析起来比较复杂，所以这种方法不够快速且准确性不够，只能作为辅助预报方法。

（2）热电偶测温法。当结晶器内的铸坯壳出现裂口或铸坯壳与结晶器发生黏结时，结晶器铜板温度会升高。据此在结晶器铜板中埋设一定量的热电偶，根据热电偶读数的变化就可做出较为准确的预报。

（3）摩擦力测量法。漏钢事故中有很多是由铸坯壳与结晶器壁发生黏结而造成的，所以通过安装于结晶器振动臂上的应力传感器和位移传感器检测到铸坯壳与结晶器壁间的摩擦力，就可预报黏结漏钢的发生。由于目前对发生黏结时的摩擦力变化机理还不太清楚，因此这种方法仅处于实验探索阶段。

（4）振动波形分析法。根据漏钢时结晶器振动波形的变化现象，通过结晶器实际振动波形与其参考信号波形的相位之差就可对漏钢事故做出预报。但是，该方法实施起来比较复杂，用于漏钢预报有一定的困难。

（5）超声波探测法。这种方法是为了检测结晶器窄边鼓肚引起的漏钢事故，在结晶器两个窄边铜板中各安装一个超声探头，通过对接收到的超声信号做自相关分析，最终做出漏钢预报。这种方法由于需要在结晶器中安装超声探头，且只限于检测结晶器窄边鼓肚现象，因此其实用性很有限。

在上述各种方法中，基于热电偶测温的逻辑漏钢预报方法最为成熟，它基本能测出每次的裂口或黏结现象，但是误报率较大。这可能与热电偶系统和逻辑判断方法都不太完善有关，因为逻辑判断方法需要建立一个温度逻辑预报模型，而对于像钢水凝固这样一个复杂的过程，这是很难实现的。另外，现在国外已经有神经元网络拉漏预报系统投入使用，其预报准确性较传统的逻辑判断方法有较大提高。

基于热电偶测温的逻辑漏钢预报法的热电偶在结晶器中的埋设方法如图 12-13 所示[6,7]，一般采用两排热电偶的方式，其工作原理如图 12-14 所示。在正常情况下，结晶器内钢水凝固发生收缩，凝固壳与结晶器之间有微小的空隙，结晶器液面以下铜板的温度

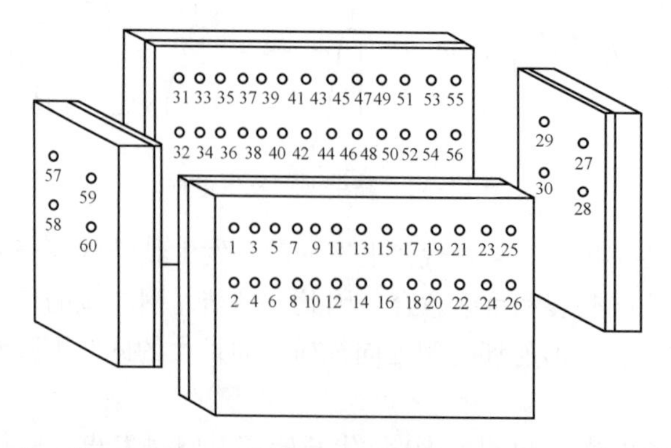

图 12-13　基于热电偶测温的逻辑漏钢预报法的热电偶在结晶器中的埋设方法

并不高，热电偶的温度曲线比较平稳；当结晶器内坯壳黏附断裂时，钢水流出凝固壳，直接与铜壁接触，因此上部热电偶温度首先达到峰值（预报拉漏），如图 12-14*b* 中曲线①*A* 处，此时如不降低拉速而继续拉坯，断裂部位拉至下排热电偶时，温度曲线也升至峰值，如图 12-14*b* 中曲线②*B* 处，此时如还不降低拉速或暂停拉坯，使凝固坯壳加厚，则将拉漏。

为了降低误报率，也有一些拉漏预报系统采用在结晶器铜板中埋设上、中、下三排热电偶的方式，如我国宝钢连铸机的漏钢预报中在结晶器铜板宽面各埋设 18 个热电偶，窄面各埋设 3 个热电偶，但是实际应用效果不理想。

另外，郭戈等人[8]提出可以利用裂口的横向扩散特性来降低误报率，也具有一定的实用性。

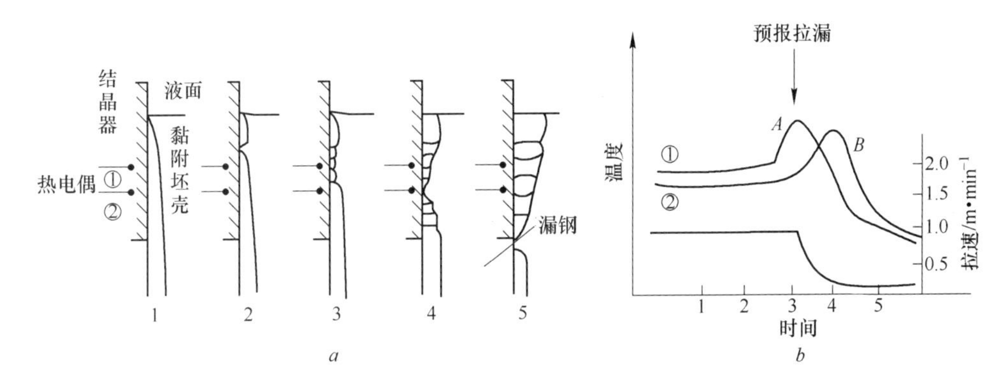

图 12-14 结晶器内坯壳黏附断裂漏钢机理（*a*）及热电偶温度变化（*b*）

12.5 铸坯表面温度检测技术

铸坯表面温度是连铸中的一个重要参数，是优化拉坯速度、确定二冷冷却强度、判断液相穴深度等的主要依据之一。它不仅取决于结晶器和二冷区的冷却强度，还受到浇铸温度、铸坯断面尺寸、钢种、拉坯速度和坯壳厚度等各方面因素的影响。研究二冷区内的温度测量与控制能有效优化二冷配水制度，对防止铸坯鼓肚和漏钢事故、减少铸坯内外部缺陷，进而提高铸坯内部质量具有积极意义。

由于连铸过程环境的特殊与恶劣性，给二冷区铸坯表面温度的测量带来了困难：首先，二冷区空间狭小，喷淋水管、喷头与密排辊子等设备拥挤复杂，这给测温装置的安装和调试带来了不便；其次，二冷区周围环境条件差，铸坯附近温度高，且充满水雾蒸汽，并伴有冲刷掉落的氧化铁皮等杂质，这就要求测温装置能够耐高温、耐潮湿且有一定的外部保护措施；第三，铸坯在一定拉速运动过程中，除了水雾遮挡外，表面又附有氧化铁皮和水膜，导致测温装置无法顺利接触或感应被测表面，从而影响所采集数据的准确性。

二冷的环境的特殊性对温度的测量和控制提出了挑战，因此温度测量工具和方法的选择就尤为重要。温度测量方式可分为接触式和非接触式两大类，分别以热电偶接触式和红外非接触式测温方法为代表，且各有优缺点。热电偶测温方法相对简单、可靠、测量精度高，但需要充分热交换导致时间延迟和操作误差，且使用寿命很短；而红外测温方法则是利用热辐射原理，只能测量物体表面，且易受外界环境因素影响，但是测温元件无需与被测介质接触，量程范围广，不受温度上限限制，不破坏被测物体的温度场，反应速度快。从生产角度看，红外测温方法无需就近测温，大大降低劳动强度，使用寿命长，设备耗损成本小，且测量误差与热电偶相比在可接受范围内。因此现代的测温技术多为非接触式[9]。

12.5.1　红外测温原理

红外测温原理主要由以下定律构成：普朗克定律、斯忒藩-玻耳兹曼定律和维恩位移定律。

普朗克定律——单位面积黑体在半球面方向、单位时间的光谱辐射能量是波长 λ 和黑体温度 T 的函数，其表达式为：

$$M_{(\lambda,\ T)} = C_1\lambda^{-5}/[\exp(C_2/\lambda T) - 1] \tag{12-2}$$

式中　T——绝对温度，K；

λ——波长，m；

C_1——常数，等于 $3.743\times10^{-16}\mathrm{W\cdot m^2}$；

C_2——常数，等于 $1.4387\times10^{-2}\ \mathrm{m\cdot K}$。

斯忒藩-玻耳兹曼定律——温度为 T 的物体，其辐射出射度 M（辐射源在单位面积上向半球空间发射的总辐射功率）由 T 决定，其表达式为：

$$M = \varepsilon\sigma T^4 \tag{12-3}$$

式中　σ——斯忒藩-玻耳兹曼参数；

ε——物体表面的发射率。

发射率是表征被测量物体吸收、透过和发射红外波段能量的能力的参数，其值为 0（极光滑的镜面）~1.0（黑体），随被测物体的波长而改变。

维恩位移定律——在任意温度下，黑体光谱辐射通量最大值所对应的峰值波长 λ_m 与温度 T 乘积为一常数，其表达式为：

$$\lambda_m T = a \tag{12-4}$$

式中　λ_m——光谱辐射出射度的峰值波长；

a——常数。

由式（12-4）可看出，光谱辐射出射度的峰值波长与绝对温度成反比。

红外测温仪就是根据以上定律，通过接收目标物体发射、反射和传导的能量来测量其表面温度的[9]。

12.5.2　红外测温方式

根据红外测温的方式的不同，红外测温仪器可以分为全场分析探测系统和逐点分析探测系统两种。全场分析探测系统又称为红外热像仪，它是用红外成像镜头把物体的温度分布图像成像在传感器阵列上，从而获得物体空间温度场的全场分布；逐点分析探测系统又称为红外测温仪，它是把物体一个局部区域的热辐射聚焦到单个探测器上，并通过已知物体的发射率，将辐射功率转化为温度。

红外测温仪包括红外点温仪、红外热电视、红外行扫仪。连铸二冷段测温中常使用红外点温仪。红外点温仪发展比较成熟，其测量方法主要有全辐射测温法、亮度测温法、双波段测温法、多波段测温法和最大波长测温法；按设计原理不同，红外点温仪可分为全辐射测温仪、单色测温仪（又称亮度测温仪）和比色测温仪三大类，各有优缺点。

红外热像仪是一种利用红外探测器将看不见的红外辐射转换成可见图像的被动成像仪器，是目前发展较快、性能最高的、应用广泛的现代化的红外辐射测温系统，还在不断发展中。下面分别对红外点温仪和红外热像仪的应用展开讨论[9]。

A 红外点温仪的应用

红外点温仪测温技术相对比较成熟，其在二冷测温中的研究成果很多，这里通过测温的各个因素对其应用的影响逐一进行分析。

a 提高测温准确性措施

二冷的测温环境为高温、高热，目标温度随冷却时间和强度不断变化，铸坯周围充满水气和烟尘，表面覆盖有水膜和氧化铁皮，这些都会影响红外测温的准确性。

对于周围有其他高温辐射体的待测面，红外探测器接收到的辐射由两部分组成：待测面自身的热辐射、待测面对环境辐射体辐射的反射。红外测温时应选择正确的测试角度和位置，或设置必要的屏蔽措施，以减少环境物体辐射的影响。施德恒等人[10]在一个实时测温仪的基础上，着重讨论了环境辐射对测温精度的影响，提出了抑制环境辐射对仪器测温精度影响的措施，试验结果表明测温范围内仪器测温精度不低于0.2%[9]。

待测对象的发射率受温度、仪器工作波长、待测面对环境辐射的反射和测温仪所处环境等多种因素的影响，其值随之变化。铸坯表面温度在二冷区随水冷时间实时变化，发射率也随温度的改变而不同。同时，水冷过程中还伴随着铸坯表面的组分和氧化程度的变化，从而引起发射率的变化。因此二冷过程的铸坯表面发射率很难直接确定，Ruediger Brandt 等人[11]利用已知发射率涂层来确定被测物体表面发射率，刘玉英等人[12]同时采用热电偶与辐射测温仪相互校验得到被测表面的发射率，具有借鉴意义。现在还没有红外测温工具可以直接标定物体表面发射率，只能通过间接手段得到，增加了额外工作量。

水雾、水膜和烟尘等对测温有屏蔽作用，水雾区厚度和减弱系数对连铸测温结果影响很大，要充分考虑。李琦、施卫等人[13]以风帘方式消除红外传感器到铸坯之间辐射通道的烟雾、水汽影响，把水、雾、汽对红外光路系统的影响限制在最小范围。马钢第一钢轨总厂黄永前[14]研究认为红外探头的工作波长对水雾有较好的穿透能力，在安装时保持窥视管端头距钢坯100mm以内就可以忽略水雾的吸收影响，但是由于窥视管端头放在两个导辊之间，给设备的安装维护带来困难。

水膜影响研究方面，徐荣军[15]采用两个石英片之间充水形成一定厚度的水膜来模拟二冷段的水膜，研究其吸收衰减作用，并在实际观察铸坯表面过程中发现只要水膜不连续，就可以用仪表的抗干扰滤波值测温功能避免水膜对测温的影响。

以上大都是利用增加额外硬件的方法来消除测温误差，虽然切实提高了温度测量的准确性，但是却在原有的基础上增加了设备复杂性，更对设备的安装维护以及检修带来了困难，增加了劳动强度。不仅如此，在高温条件下，添加设备的使用寿命也无法保证，造成设备损耗率的增大，增加了成本负担。

b 温度数据处理

研究人员还致力于研究温度数据的处理方法，利用软件通过对红外测温温度进行筛选、计算，消除影响因素，得到准确温度。随着计算机速度的不断提高，可以满足实时在线反馈温度的需求，下面对现有的温度数据处理方法进行分析和总结。

张建立等人[16]以某钢厂引进的板坯连铸二冷动态控制系统为研究对象，设计出连铸板坯二冷区表面温度神经网络控制器，预测结果与实际生产数据的误差满足生产要求。刘庆国和曾小平等人[17]在连铸板坯表面温度在线实测的研究中，处理温度数据时利用温度记录曲线上的峰值做出算术平均值代表真实温度值，再进行误差分析去除可疑数据得到温度表达式。李琦和施卫等人[13]结合生产实际，采用人工智能算法剔除铸坯表面氧化铁皮对测量结果的干扰，利用 VB 编程实现了连铸铸坯表面温度场多点测量，在线实时显示温度场的瞬态分布和随时间的演化过程。陈永和李茂林等人[18]利用测温程序对所测温度进行“过滤”处理，每隔 30s 对接收到的数据进行筛选，将其中的最高温度作为该时间区间内的铸坯温度，从而减小其他因素的不良影响。叶渊和赵镭等人[19]用模糊辨识的方法对铸坯表面温度测量系统建立起初始模糊模型，并提出用梯度下降法对初始模型进行修正，仿真结果精度较高，有实用性。

随着计算机及自动化的不断发展，利用神经元网络和人工智能等控制算法能更快、更直观地得到二冷铸坯表面的真实温度，且人机交互简单、易操作，降低了劳动强度。但是，由于二冷环境的特殊性，程序的算法设计要考虑到多种影响因素，涉及不同的数学模型。因此，选择合适的算法来适应不断变化的生产条件，切实降低误差，提高实时响应速度，还需要不断地深入研究和反复验证[20~23]。

c　应用实例

图 12-15 所示为雾冷室测温专门设计的红外测温装置[24]，它由一个窥视管、安装架、红外探头、信号处理显示器构成。为了防止锈蚀，窥视管由优质不锈钢制成。快速安装架便于窥视管的拆卸，它有 10°的调整量使其瞄准测点。置于管内的红外探头具有较小的视场，窥视管直径较小也不至于遮挡它的视场。窥视管尾部有一个可快速拆装的水封气管接头，工作时清洁空气从此导入窥视管，吹扫出一条无水雾的光路并保护红外探头。靠近气管接头有一个水封电缆接头把红外探头的电信号导出和送入信号处理显示器，信号处理显示器具有发射率和峰值保持及时间常数调节功能，把电信号转换成 4~20mA 的线性输出，显示测量温度，并提供超温报警。

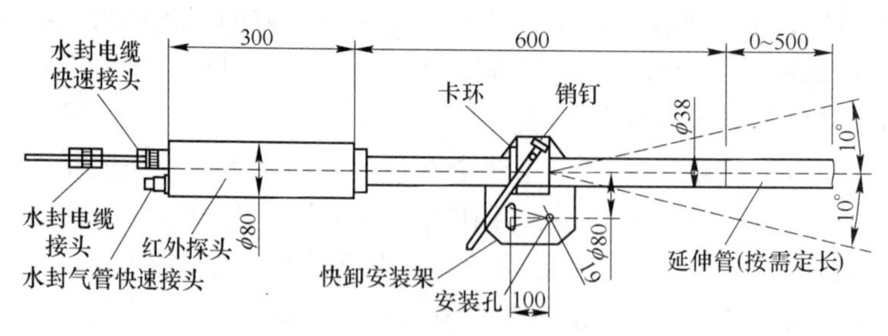

图 12-15　红外测温装置

连铸钢坯的温度在 980~1200℃之间。由于雾冷室内充满水雾，室内温度不会超过 100℃，因此红外探头不需要再考虑水冷措施。红外探头的工作波长对水雾有较好的穿透能力，安装时要保持窥视管的端头距钢坯在 100mm 以内，这样水雾对测温的吸收影响可以忽略不计。

前述装置必须用空气吹扫，否则时间长了透镜会污染，透过率降低，使测量数值降低。

B 红外热像仪法的应用

红外热像仪能够测量被测对象的温度场分布情况，且具有测量精度高的特点。但是，由于受到连铸现场环境恶劣、温度测量数据量巨大、数据处理困难等因素的影响，热像仪在铸坯表面测温的在线应用方面一直无人尝试。编者对某厂合金钢连铸凝固末端位置进行研究，为了对凝固过程仿真结果进行验证，采用热像仪的方法对铸坯表面的温度场进行了测试，结果如图 12-16 所示。热像仪与点温仪对同一位置温度的测试结果对比分析表明，热像仪的铸坯温度场测试结果是可信的，并具有详细表征视场内温度分布的优点。

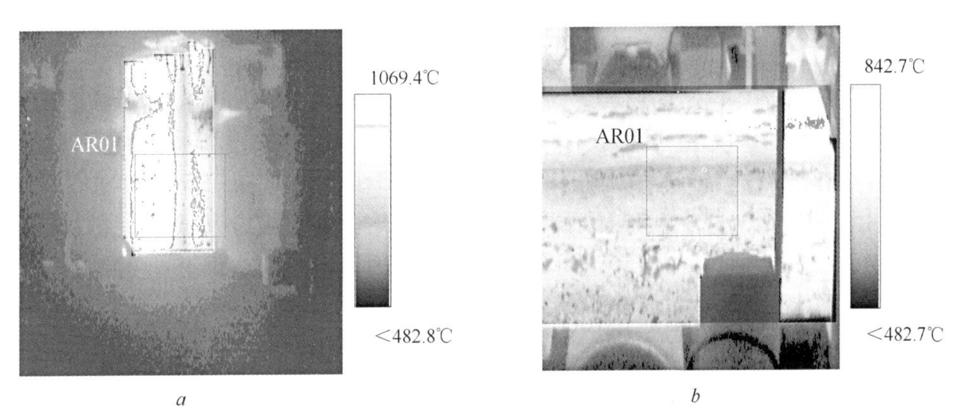

图 12-16 红外热像仪法矩形坯连铸铸坯表面温度场现场测试结果

a—二冷喷水区测温结果；*b*—空冷区测温结果

12.6 连铸坯凝固坯壳厚度射钉法测量

目前，铸坯凝固末端位置及坯壳厚度测量方法主要有以下几种[25,26]：

(1) 穿刺坯壳法。穿刺坯壳法是在连铸生产过程中，在扇形段刺穿坯壳，使钢水流出，然后测量坯壳厚度。

(2) 放射性元素法。在某一时刻，向结晶器中加入放射性元素 Au^{198}，Au^{198} 随着铸流冲入到液芯深处。已凝固的坯壳不含有 Au^{198} 元素，不具有放射性；未凝固的区域含有 Au^{198} 元素，具有放射性。将不同位置的铸坯切下，做放射性照相，即可得到铸坯凝固时的真实情况。

(3) 示踪元素法。在某一时刻，向结晶器中加入示踪元素（S、Pb 等），等铸坯完全凝固后，做硫印分析，即可得到铸坯液芯的形状及铸坯的凝固状态。

(4) 激光—超声波检测法。激光—超声波检测法是用脉冲激光照射铸坯表面，以便在铸坯内部产生超声波信号，然后分析超声波信号，来判断铸坯的凝固状态。

(5) 射钉法。将作为示踪材料的钢钉击入正在凝固的坯壳，然后在铸坯相应位置取样进行分析。射钉为普通碳素钢，在钉子上加工有两道含有硫化物的沟槽，在射钉进入铸坯液相穴后，低熔点的硫化物会迅速扩散，所以能够用酸侵蚀和硫印的方法根据硫化物的扩散情况确定铸坯的液芯厚度，从而测出连铸坯凝固壳厚度[27]。

以上方法中，穿刺坯壳法为破坏性实验；示踪元素法和放射性元素法类似，但是示踪元素法由于不具有放射性，对人体和环境不会造成影响，因此取代了放射性元素法；激光—超声波检测法是研究比较前沿的方法，目前还只处于理论研究阶段，在工业上应用还不成熟[28]。相对于前面各种方法，射钉法由于精确度高、不浪费铸坯、对生产造成的影响小，因此在工业上得到广泛应用，成为目前液芯位置检测的最普遍的方法。下面将对射钉法进行具体的介绍。

12.6.1　射钉试验方法及原理

射钉法是将以硫为示踪剂的钢钉击打入铸坯，在铸坯相应的位置取样进行分析，由于击入铸坯的钢钉遇到液相钢水后被熔化，在铸坯的固相区和液相区形貌不同，可以通过金相分析、硫印分析等手段测量凝固层厚度。

射钉系统由射钉枪（见图 12-17）、支座、击发控制器组成。击发时，射钉在火药爆炸强大的冲击动能作用下射入铸坯。射钉本体为普碳钢，长度视铸坯尺寸大小而定，射钉两侧有两道硫槽。两道硫槽有两个作用：第一是硫槽中的硫是示踪剂，硫随射钉进入铸坯，并在液相穴中扩散，在硫印照片中可以标记坯壳熔化的位置，从而找到射钉位置处的坯壳厚度；第二是对含射钉的铸坯进行机加工时确定射钉的位置，防止把射钉刨掉，而找不到射钉的熔化位置。

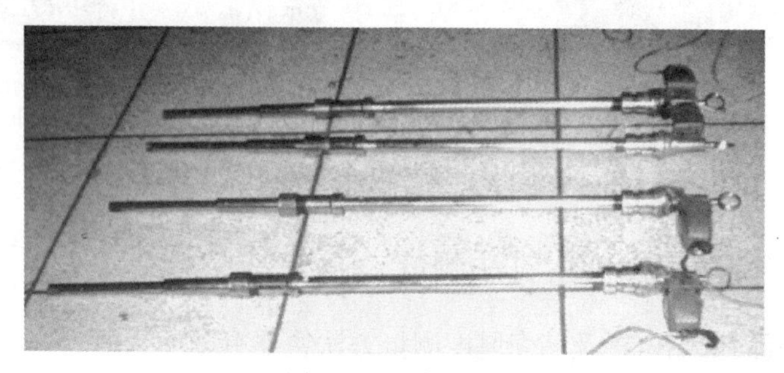

图 12-17　射钉枪

12.6.2　射钉试验工作步骤

现场射钉试验一般包括以下步骤：

（1）现场射钉。射钉之前首先应确定射钉的位置，且在确定射钉位置时应考虑以下几方面的因素：

1）射钉区域应尽量靠近铸坯的最终凝固点位置。

2）方便射钉枪的安放与射钉。

3）射钉位置坯壳温度不能太低，应便于射钉的打入。

4）对于方坯与矩形坯连铸，内弧面与侧面都是可以考虑的合适的射钉位置；对于板坯连铸，则只能在内弧面进行射钉，并且由于板坯连铸液芯一般呈 W 形，一般横截面 1/4 处的铸坯温度最高、坯壳最薄，因此板坯连铸一般取横截面 1/4 处为射钉位置。

5）另外，为了研究坯壳厚度沿液芯的变化情况，一般应沿铸坯前进方向进行多点射钉。

其次，由于射钉过程存在一定的危险性，且为了保证射钉位置的准确性，一般需要根据现场情况制作安装必要的辅助支架，如图 12-18 所示。

a *b*

图 12-18 射钉辅助支架

a—水平射钉辅助支架；*b*—内弧面射钉辅助支架

在以保证人员安全为首要条件下，实际多点射钉时，为了试样切割与下料的方便性，应采用顺次激发策略，使所有射钉在铸坯的同一位置附近射入。

（2）下料与试样加工。在铸坯冷却后对试样进行下料并加工，加工后受检面应具有足够高的光洁度，以便于后续的硫印实验。

（3）低倍与硫印实验。钢钉成功打入、钢坯冷却且解剖工作完成以后，判断钢钉熔化状态的方法有两种：硫印法及低倍组织检测法。典型的试验结果如图 12-19 所示。

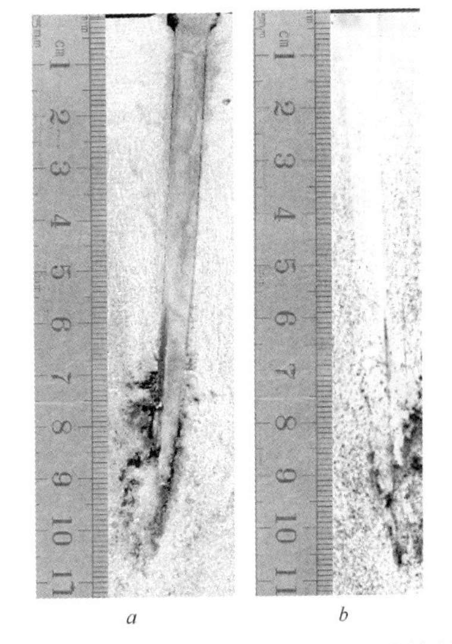

a *b*

图 12-19 坯壳厚度测试射钉试验结果

a—低倍检验结果；*b*—硫印检验结果

12.6.3 射钉坯壳厚度测试结果的应用

通过射钉方法得到某工况特定位置的坯壳以后，可以通过以下两种方法来确定液芯的长度。

（1）理论法反推液芯长度。利用特定位置坯壳厚度射钉测试结果及凝固定律可以反推液芯长度，即：

$$L=\frac{d^2v}{4K^2} \tag{12-5}$$

式中 L——液相穴长度，m；

d——铸坯厚度，mm；

v——拉速，m/min；

K——综合凝固系数，mm/min$^{1/2}$。

综合凝固系数可由式（12-6）计算：

$$K=\frac{D}{\sqrt{l/v}} \tag{12-6}$$

式中 D——射钉位置凝固坯壳的厚度，mm；

l——射钉位置距离结晶器弯月面的距离，m。

（2）结合凝固过程仿真分析反推液芯长度及铸坯全域温度场。结合凝固过程仿真分析反推液芯长度及铸坯全域温度场时，特定位置坯壳厚度射钉测试结果可以当做凝固过程模型调试的验证标准来用，坯壳厚度射钉结果与计算机仿真分析结果的比较如图 12-20 所示。通过调整凝固模型的边界条件参数，使仿真过程坯壳厚度增长规律与射钉结果相符，可提高凝固过程仿真结果的准确性。而凝固过程的精确仿真又有利于获得连铸过程铸坯的全域温度场及其变化规律。

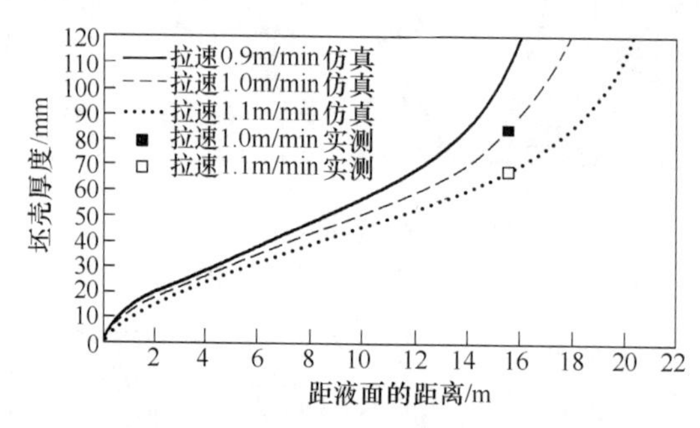

图 12-20　坯壳厚度射钉结果与计算机仿真分析结果的比较

（方坯 240mm×240mm，GCr15，比水 0.11）

12.7 辊间距检测方法

连铸机都配有支承辊和拉矫辊，其开口度要符合工艺要求。但实际生产中常有磨损、偏心、前后辊位差、基准线不准等现象产生，当这些偏差超过一定范围就会使铸坯产生内裂、鼓肚等缺陷，影响铸坯质量。因此，必须对辊间距进行检测，然后调整或维修[1]。

1986 年，我国科研工作者在吸取国外技术的基础上，研制出第一台连铸辊缝仪，应用于太钢三炼钢的连铸机上。后于 1991 年开发出测头装在引锭杆上采用记录仪形式的连铸辊缝仪，并应用于太钢二炼钢板坯连铸机上，其测量误差不大于±0. 1mm、铸坯最小厚度 160mm、测量时辊缝仪在铸机上的运行速度约 1m/min；同年，在首钢小板坯连铸机上首次配备了新开发的由测头、电缆收放线装置、双向位移传感器标定装置、系统标定装置和微机测试系统构成的辊缝仪。1992 年，又开发出无线电发射型连铸辊缝仪，并在舞钢板坯连铸机上使用[28]。

但总的来讲，国内的辊缝仪在功能上相对比较单一，而且测量精度与国外同类产品存在一定的差距。如芬兰劳得罗奇（Rautaruukki）公司生产的辊缝仪，在辊距测量的基础上还具有测量辊套磨损、测量辊子弯曲度、测量轴承缺陷等功能。又如德国维克（Wiegard）公司生产的辊缝仪，除测量辊间距外，增加了测量铸机弧半径偏差、辊子旋转情况、轴承状况、二冷段喷嘴喷水情况等功能[29]。

12.7.1 无线电式辊间距测定装置

无线电式辊间距测定仪测量原理如图 12-21 所示，其采用的是差动变压器，两个差动变压器分别检测两夹辊，其输出相加后即代表两辊间的距离。此种检测信号经处理后可显示辊间距、辊子的偏心等。差动变压器输出在测量处进行放大，可以用存储式传输或无线电传输。该装置一般装在引锭杆头部，送入引锭杆进行一次性测量，当它通过各辊道时将两辊之间的距离变成电量，通过无线电发射机传递给过程计算机进行数据处理和信息显示[1]。

还有一种是德国曼内斯曼的辊间距测量装置，如图 12-22 所示。这种测量装置有一个链条机构和一个运送装置，可导向、宽度可调的支承框架两侧成对地安装有定心辊压紧辊道，每侧至少有一个驱动辊，定心轴中间与其轴垂直安放传感探测器，用电缆或无线方式将传感器与显示或记录测量值的输出装置连接[1]。

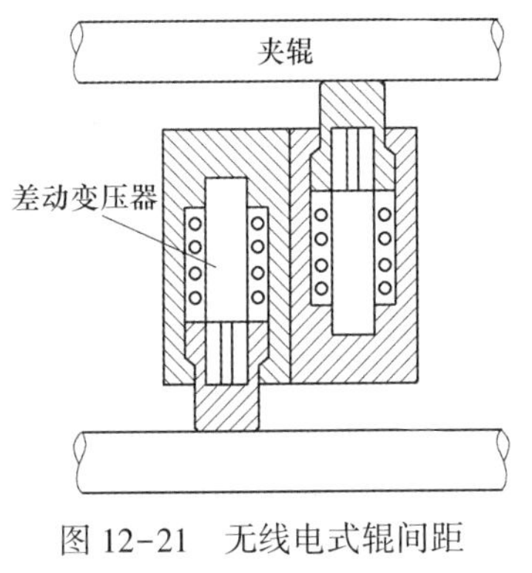

图 12-21 无线电式辊间距测定仪测量原理

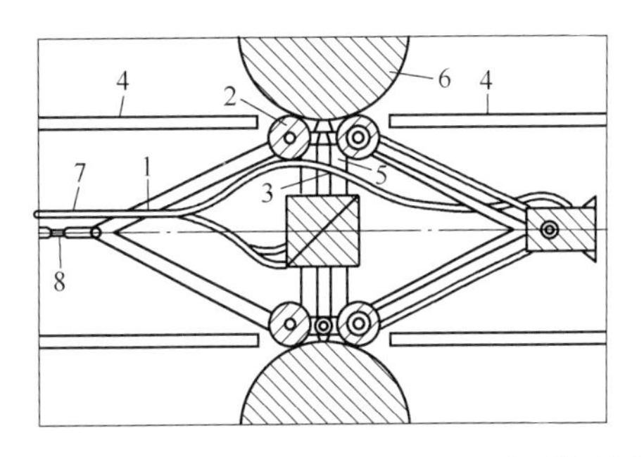

图 12-22 德国曼内斯曼的辊间距测量装置图

1—气动可调整剪型牵引装置；2—压紧辊；3—带变送器的传感器；4—皮带；5—气缸；6—连铸机；7—电缆；8—链条

12.7.2 激光法辊间距测定装置

日本神户钢厂采用了一种激光式辊子定位测定装置，如图 12-23 所示。由结晶器上部以激光作为假设的基准线，对辊子间距、基准线和辊子中心线间的夹角、基准线和辊间中心之间的偏移量等参数进行测定。测定时采用了 V 形检测小车，小车上有宽面和窄面辊子检测装置。小车升降位置的精度为±1mm，重复测定精度为±0.04mm[1]。

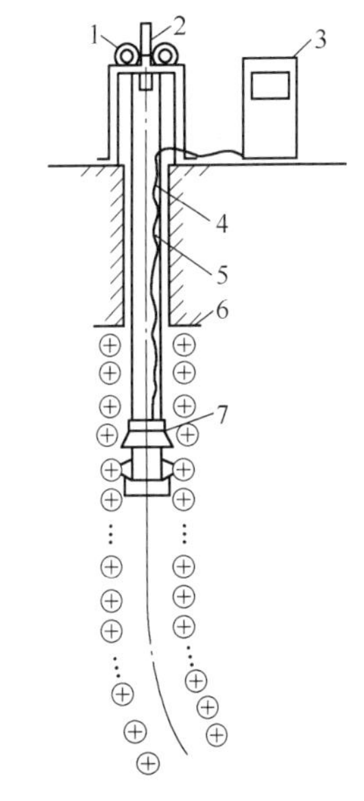

图 12-23 日本神户钢厂激光式辊子定位测定装置

1—升降装置；2—激光；3—信号处理装置；4—信号电缆线；5—吊绳；6—结晶器；7—检测部件

12.7.3 多功能辊缝仪

目前国际上的辊缝仪都以多功能化为特征，常见的辊缝测量以外的功能主要有外弧对接状况（ORC）检测、辊弯曲检测、外弧对中（ORA）检测、辊转动检测及二冷喷水检测等。

12.7.3.1 外弧对接状况（ORC）检测

ORC 测量示意图如图 12-24 所示，通过整个辊缝宽度范围辊间距的多点测量可以获得全宽范围内的辊缝信息：当出现正数值时，表明支承辊已磨损或有弯曲。支承辊最左端和最右端出现负数值时，表明支撑辊上积聚了油污或碎片。若整个显示区的宽度之内全都是正数值，则表示有两种可能性：要么是整个支撑辊已塌陷，要么可能是由于内弧辊被提升而使得辊缝仪升高并与外弧辊相脱离[30]。

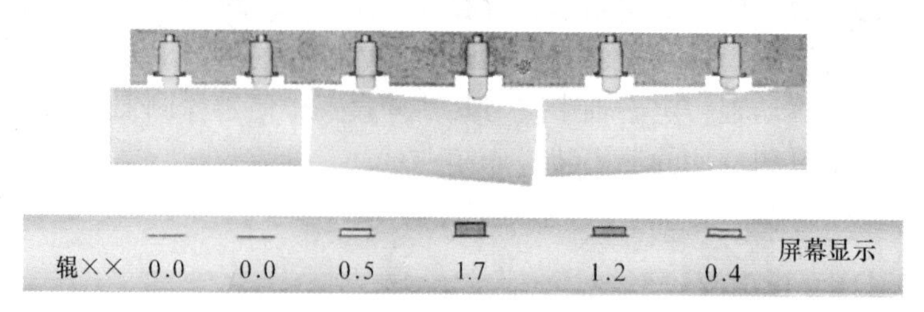

图 12-24 ORC 测量示意图

12.7.3.2 辊弯曲检测

在辊缝仪前进和支撑辊转动过程中，辊缝仪会对转动的支撑辊同一位置进行多次测量，如果多次测量的结果出现偏差，则说明支撑辊可能发生了弯曲或存在偏心。例如，辊缝仪对转动的支撑辊同一位置测得的最大值为 220.5mm，最小值为 220.0mm，则可能的支撑辊弯曲量（或偏心量）为 0.25mm。辊弯曲检测结果可以为支撑辊弯曲现象的发现提供第一手资料，但最终的确定仍然需要进一步的视觉检查。

12.7.3.3 外弧对中（ORA）检测

ORA 测量原理如图 12-25 所示。外弧对中检测主要通过辊缝仪的角度仪板功能来实现：当角度仪板平稳地搭在两个相邻的支撑辊上时，可以同时测得角度仪板各自与水平方向的夹角以及角度仪板相互之间的夹角；且同一位置的角度在辊缝仪前进过程中会被多次测量，通过对测得的角度数据分析处理，就可以得到相邻两个外弧支承辊的设计位置偏差值，从而实现对连铸机的背弧对中状况的测量[30]。

12.7.3.4 辊转动检测

辊转动测量原理如图 12-26 所示。辊转动检测是通过辊缝仪上的转动测量辊来实现的：辊缝仪以恒定速度拉过连铸机，如果连铸机的支承辊自由转动，则支承辊表面线速度与辊缝仪的运动速度相同，这时测量辊不转动；如果连铸机的支承辊不能自由转动，则其表面速度小于辊缝仪前进速度，从而引起测量辊转动。最后将整个辊缝全程测量辊转动数据处理成百分率的方式（0%表示自由转动，100%表示完全滞死），即获得了整个铸机的辊转动情况[30]。

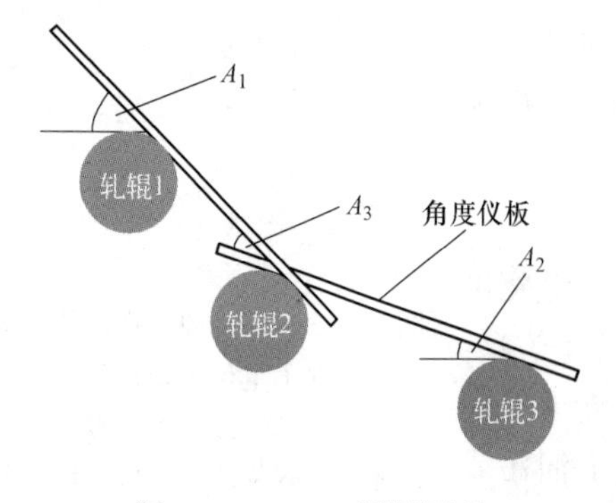

图 12-25 ORA 测量原理

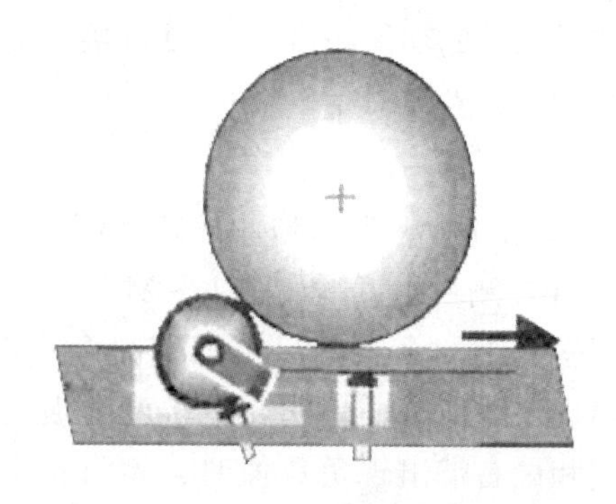

图 12-26 辊转动测量原理

12.7.3.5 二冷喷水检测

二冷水的喷水状况检测通过辊缝仪上的喷水量测量传感器来实现：喷水量测量传感器沿辊缝仪整个宽度方向布置，当喷水测量传感器通过喷水区时，传感器向辊缝仪内部计算机输送一个变化的电压信号（传感器越靠近喷水区中心，喷水量越大，电压越高），计算机将存储在整个喷水区内获得的最大电压值；通过各喷水位置测量值的比较，可以获得喷水量的相对分布状态[30]。

12.8 结晶器铜管锥度检测

结晶器铜管锥度有两种表示方法：一是每米长度上的锥度，二是铜管上下口两相对面的尺寸偏差。部分钢厂及铜管制造厂家经常用后一种锥度表示方法来衡量铜管锥度是否符合设计要求。

结晶器铜管锥度测量采用电子锥度测量仪和百分表。电子锥度测量仪由测量小车、专用充电器、便携式表头打印机及锥度仪测量软件组成，其测量结果显示尺寸偏差和每米长度上的总锥度，测量精度为 0.01mm。百分表测量上下口的尺寸偏差，测量精度为 0.01mm。

结晶器铜管锥度电子锥度测量仪测量步骤：（1）先将测量小车、充电器及便携式表头打印机连接好；（2）将铜管平放，测量小车放入铜管上口，端平小车推杆；（3）从便携式表头打印机上调出待测铜管尺寸，然后调零；（4）从表头按“开始”键后，均匀地推动测量小车至铜管下口；（5）从表头处按“结束”键，打印机打出锥度测量值，完成结晶器铜管锥度测量[31]。

12.9 铸坯表面缺陷在线检测

近年来，为了节省能量，连铸坯热送技术有了很大的发展。热送、直轧要求铸坯表面无缺陷，因而需要在热状态下对铸坯表面缺陷进行在线监测。下面介绍几种主要的铸坯表面缺陷在线检测方法。

12.9.1 工业电视摄像法

工业电视摄像法是一种非接触式的光学检测法，其装置由光源、工业摄像机、信号处理输出装置等组成，如图 12-27 所示。因铸坯温度较高，并有热辐射，需要对表面用强光照射，通常采用三个水银灯照射铸坯表面，并用三台摄像机从不同角度摄像，将所得的视频信号进行处理，去掉振痕及凹凸不平的信号，仅留下裂纹信号在荧光屏上显示，缩小比例后在打印机上打出图形，打印纸移动速度与铸坯运动速度同步，操作者通过观察打印结果就可判断铸坯的表面质量，决定切割尺寸及是否热送，并可在键盘上进行设定。该方法可检测出长度为 50mm 以上的裂纹[1]。

12.9.2 涡流检测法

涡流检测法装置组成如图 12-28 所示。

涡流法连铸坯表面缺陷检测原理如图 12-29 所示。铸坯作为平面导体，在它上方设置一个检测线圈，当检测线圈通过交流电时，在线圈中产生磁通 Φ_1，而在铸坯表面产生涡

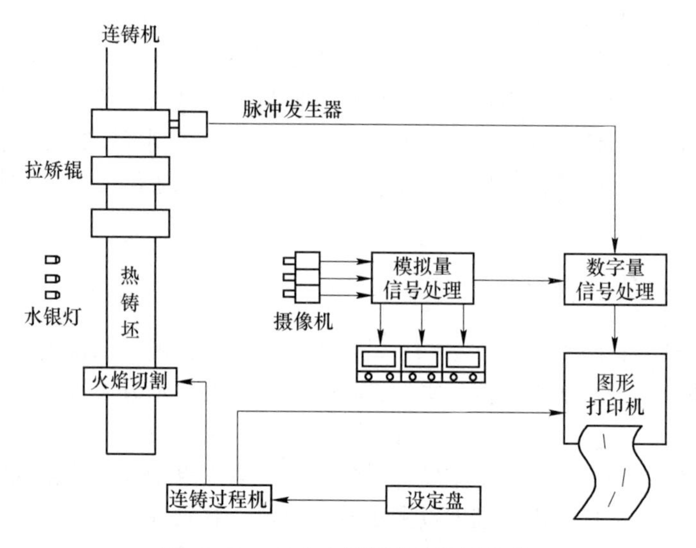

图 12-27 工业电视摄像法装置组成

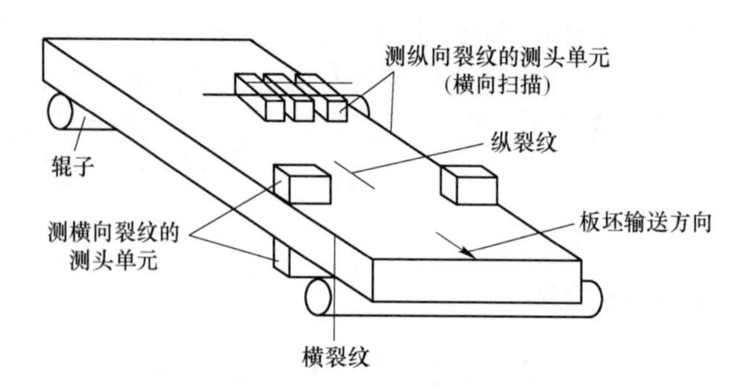

图 12-28 涡流检测法装置组成

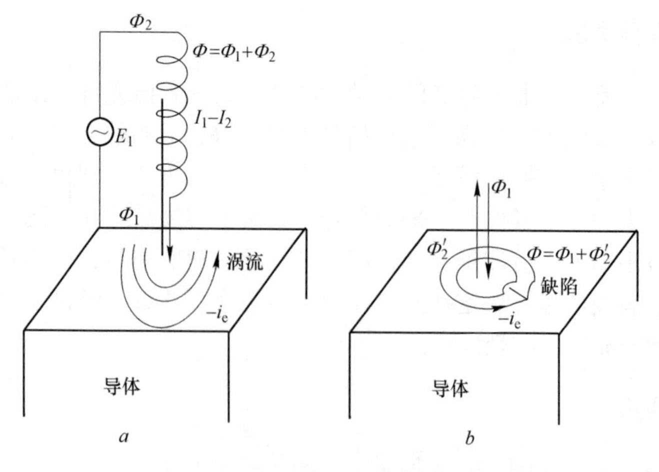

图 12-29 涡流法连铸坯表面缺陷检测原理

a—无缺陷；*b*—有缺陷

流 i_e，而 i_e 又产生磁通 Φ_2，Φ_2 的大小与加在线圈上的电压大小、线圈与导体（被检测的表面）的距离、导体的电导率以及初始磁导率等有关。当检测区存在缺陷时，涡流的路线会增长（见图 12-29），即缺陷的存在使铸坯的电导率减小，Φ_2 也随之减小，检测线圈中总磁通量为 $\Phi=\Phi_1+\Phi_2$ 也就随表面缺陷而变化。由于表面缺陷将导致磁通 Φ_2 的改变，而影响线圈阻抗改变，因此测出线圈阻抗的改变就能测得铸坯表面缺陷。在测量过程中，铸坯表面温度、表面振痕、线圈距铸坯表面距离等电特性的参数对测量结果都有影响，而实际测量过程中由于缺陷影响的阻抗变化又非常小（$\Delta E/E=10^{-5}\sim10^{-7}$），需要进行放大处理，这样测量结果精度受到限制。为提高测量精度，可以采用一些特殊处理，如采用双差动线圈、采用铁氧体磁芯等。整个检测装置用计算机控制，涡流传感器信号被输入模拟线路，采样数字化后，缺陷的特征被送入微机组成的分析机，进行缺陷类型及严重程度判断，同时还可以通过监视屏将缺陷信号显示出来[1]。

参 考 文 献

[1] 贺道中. 连续铸钢 [M]. 北京：冶金工业出版社，2007.

[2] 胡署名，俞晓光，虞哲彪，等. 黑体空腔式中间包钢水连续测温系统与应用 [J]. 炼钢，2004，12 (6)：48~50.

[3] 谢植，次英，孟红记，等. 基于在线黑体空腔理论的钢水连续测温传感器的研制 [J]. 仪器仪表学报，2005，26 (5)：446~448.

[4] 薛鹏，王毅. 黑体空腔钢水连续测温系统的实践应用 [J]. 莱钢科技，2008，25~26.

[5] 曹广畴. 现代板坯连铸 [M]. 北京：冶金工业出版社，1994.

[6] Haers F，Thomton S G. Application of mould thermal monitoring on the two strand slab caster at Sidmar. Ironmaking and Steelmaking，1994，21 (5)：390~398.

[7] 郝培峰，徐心和，裴云毅，等. 连铸漏钢预报系统数据采样与热电偶埋设方式 [J]. 东北大学学报 (自然科学版)，1997，18 (4)：400~403.

[8] 郭戈，乔俊飞. 连铸过程控制理论与技术 [M]. 北京：冶金工业出版社，2003.

[9] 黄利，张立，王迎春. 连铸二冷区铸坯表面测温综述 [J]. 宝钢技术，2010 (1)：27~30.

[10] 施德恒，刘玉芳，余本海. 环境辐射对实时测温仪测温精度的影响及抑制 [J]. 激光杂志，2008，29 (4)：62~64.

[11] Ruediger Brandt，Colin Bird，Guenther Neuer. Emissivity reference paints for high temperature applications [J]. Measurement，2008，41：731~736.

[12] 刘玉英，张欣欣，黄志伟. 水雾遮蔽表面辐射测温问题的实验研究 [J]. 工业加热，2008，37 (5)：16~18.

[13] 李琦，施卫，刘涵，等. 连铸机铸坯表面温度在线实时测量系统的研究 [J]. 西安理工大学学报，2000，16 (2)：16~18.

[14] 黄永前. 连铸二冷区红外测温 [J]. 中国计量，2005 (8)：65~66.

[15] 徐荣军. 连铸二冷水热传输及人工智能优化模型与控制 [D]. 上海：中国科学院上海冶金研究所，2000：110.

[16] 张建立，马胜刚，王长松. 连铸板坯表面温度控制器的设计 [J]. 冶金能源，2008，27 (1)：19~22.

[17] 刘庆国，曾小平，孙蓟泉，等. 连铸板坯表面温度在线实测的研究 [J]. 钢铁，1998，33 (2)：18~20.

[18] 陈永，李茂林，伍兵，等．连铸二冷区铸坯表面温度测量［J］．钢铁钒钛，1999，20（2）：52~56.

[19] 叶渊，赵镭，李天石．连铸机铸坯表面温度测量系统模糊模型的建立［J］．中国铸造装备与技术，1999（1）：29~31.

[20] 孙晓刚，李云红．红外热像仪测温技术发展综述［J］．激光与红外，2008，38（2）：101~104.

[21] 张健，杨立，刘慧开．环境高温物体对红外热像仪测温误差的影响［J］．红外技术，2005，27（5）：419~422.

[22] 孙晓刚，李云红．红外热像仪测温精度的理论分析［J］．西安工程科技学院学报，2007，21（5）：635~639.

[23] 史永征，全学文，王冰然，等．用 Visual Basic 编程语言开发的红外热像图分析软件［J］．红外，2006，27（10）：21~23.

[24] 黄永前．连铸二冷区红外测温［J］．中国计量，2005（8）：65~66.

[25] 田陆，詹志伟，江兵，等．基于射钉法的连铸板坯液芯测量［C］．中国金属学会 2007 年大方坯圆坯异型坯连铸技术研讨会，2007：57~66.

[26] 林建农．舞钢连铸板坯液芯长度测定［J］．宽厚板，2005（1）．

[27] 卢盛意．连铸坯质量［M］．北京：冶金工业出版社，1994.

[28] 樊俊飞，吕朝阳．连铸坯凝固终点测定［J］．宝钢技术，1997（1）：1.

[29] 嵇美华，许冀胜．辊缝仪的技术演变及应用前景［J］．连铸，1997（2）：42~44.

[30] 王覃，刁红敏．辊缝仪传感器的设计原理与应用［J］．可编程控制器与工厂自动化，2009（2）：84~86.

[31] 吕长海，朱波，魏潇，等．方坯结晶器铜管锥度的测量与分析［J］．山东冶金，2009，31（6）：34~35.